铝及铝合金的近净锻造成形技术

伍太宾　著

任广升　审

北　京

冶　金　工　业　出　版　社

2020

内 容 简 介

本书较系统地介绍了铝及铝合金近净锻造成形工艺过程和实用方法。内容包含铝及铝合金材料的成形工艺性能、近净锻造成形方法、坯料的制备方法、锻造过程中的加热、铝及铝合金锻造过程中的润滑、纯铝的冷挤压成形、铝合金的冷锻成形、铝合金的精密热模锻成形、大型铝合金零件的近净锻造成形、铝合金的多向模锻成形，并对铝及铝合金的近净锻造成形工艺和应用实例做了全面的介绍与分析。

本书撰写的主要目的是给在生产现场和科研、教学实践第一线进行铝及铝合金成形加工、近净锻造成形加工的工程技术人员提供具体、可靠的参考和指导。为此，在讲清成形方法和工艺流程的前提下，力求深入浅出、切实可行，使所介绍的成形工艺及模具设计具有较强的可操作性。

本书可作为从事有色金属材料、材料成形加工方面的工程技术人员、科研人员的参考书，也可作为大专院校机械制造、材料成形与控制、金属材料等相关专业的选修课教材。

图书在版编目（CIP）数据

铝及铝合金的近净锻造成形技术/伍太宾著 . —北京：冶金工业出版社，2020.10

ISBN 978-7-5024-4999-5

Ⅰ.①铝… Ⅱ.①伍… Ⅲ.①铝—锻造—成形—工艺学 ②铝合金—锻造—成形—工艺学 Ⅳ.①TG319

中国版本图书馆 CIP 数据核字（2020）第 185673 号

出 版 人 苏长永

地 址 北京市东城区嵩祝院北巷 39 号 邮编 100009 电话 (010)64027926

网 址 www.cnmip.com.cn 电子信箱 yjcbs@cnmip.com.cn

责任编辑 于昕蕾 美术编辑 彭子赫 版式设计 禹 蕊

责任校对 王永欣 责任印制 李玉山

ISBN 978-7-5024-4999-5

冶金工业出版社出版发行；各地新华书店经销；三河市双峰印刷装订有限公司印刷

2020 年 10 月第 1 版，2020 年 10 月第 1 次印刷

787mm×1092mm 1/16；28.5 印张；692 千字；441 页

160.00 元

冶金工业出版社 投稿电话 (010)64027932 投稿信箱 tougao@cnmip.com.cn

冶金工业出版社营销中心 电话 (010)64044283 传真 (010)64027893

冶金工业出版社天猫旗舰店 yjgycbs.tmall.com

（本书如有印装质量问题，本社营销中心负责退换）

前　言

铝及铝合金以其密度小、比强度高、加工性好等优点在各个领域都得到了广泛的应用。为了达到节能、减重的效果，美国、日本和西欧等发达国家都在不断加大对铝合金锻造材料及其工艺的研发力度，铝合金锻造技术更是被作为一项核心技术来重点支持和发展。

近净锻造成形技术是指零件成形后仅需少量加工或不再加工就可用作机械构件的成形技术。它是建立在新材料、新能源、信息、自动化技术等多学科高新技术成果的基础上，改造了传统的毛坯锻造成形技术，使之由粗糙锻造成形变为优质、高效、高精度、轻量化、低成本、无公害的锻造成形，使得锻造成形的机械构件具有精确的外形、高的尺寸精度和形位精度、好的表面粗糙度。近净锻造成形技术可用于成形复杂形状、高强度、高精度的各种机械零件，具有节能、节材、改善劳动强度及环境条件、提高生产效率等优点，在汽车、摩托车、五金、兵器、电器等行业已经获得了广泛的工业应用，并具有广阔的发展前景。

目前，国外铝及铝合金近净锻造成形技术已经日趋成熟，不论在工艺研究、设备设计和制造，还是在理论研究和应用等方面都有很大的发展。我国卓有成效的铝及铝合金近净锻造成形技术的试验研究与产品开发始于改革开放以后汽车工业的飞速发展需要，经过四十来年的发展，近净锻造成形的铝及铝合金锻件品种越来越多，形状越来越复杂，从简单形状的汽车冷凝器管体，到复杂形状的直升机用支撑接头、飞机机翼后大梁隔框接头，都已成批生产，但仍不能适应我国国民经济发展的需要，与国外相比尚存有一定差距，因此，有待我们进一步努力研究和推广。

铝及铝合金的近净锻造成形技术目前仍处于发展阶段。国内尚缺少较全面和系统地介绍铝及铝合金近净锻造成形技术的书籍，作者较详细地收集了国内、外有关铝及铝合金近净锻造成形技术的资料，结合作者长期积累的实践和见解，编写了本书。此书若能为广大从事有色金属加工、锻造加工的工程技术人员借鉴和引用，那就是作者最大的欣慰。

在撰写过程中，作者本着理论与实际相结合的原则，通过典型生产实例，着重讨论并介绍了铝及铝合金近净锻造成形过程中的成形工艺分析、成形工艺方案的确定、锻件图的制订、成形工艺过程、模具结构和模具零部件设计等，介绍了纯铝的冷挤压成形、铝合金的冷锻成形、铝合金的精密热模锻成形、大型铝合金零件的近净锻造成形、铝合金的多向模锻成形的成形工艺及模具设计，提供了铝及铝合金近净锻造成形工艺和模具设计的必要技术知识。

本书分为 11 章：第 1 章，概论；第 2 章，铝及铝合金材料的成形工艺性能；第 3 章，近净锻造成形方法；第 4 章，坯料的制备方法；第 5 章，锻造过程中的加热；第 6 章，铝及铝合金锻造过程中的润滑；第 7 章，纯铝的冷挤压成形；第 8 章，铝合金的冷锻成形；第 9 章，铝合金的精密热模锻成形；第 10 章，大型铝合金零件的近净锻造成形；第 11 章，铝合金的多向模锻成形。

本书的出版得到了有关单位的大力协助，并承蒙我国著名的金属锻造成形专家、机械科学研究总院北京机电研究所任广升教授认真审阅。

由于作者水平有限、经验不足，书中难免存在不妥之处，恳请读者朋友批评指正。

伍太宾

2020 年 5 月 30 日

目　　录

1 概 论

1.1 铝及铝合金

铝是地壳中储量最丰富的元素之一，其总储量约占地壳质量的 7.45%。由于科学技术的发展，铝的制备技术有了很大的提高，使铝成为价廉而应用广泛的金属。一般用作导线和耐蚀材料，工业上则广泛使用铝合金。

1.1.1 纯铝

铝是元素周期表中第三周期主族元素，原子序数为 13，为面心立方晶系，无同素异构转变。铝在室温下的理论密度为 2698.72kg/m³，约为铜的 1/3，是制造各种轻质结构材料的基本金属[1]。

工业纯铝的纯度越高，则密度越低。铝的熔点对纯度比较敏感，常压下纯度 99.996% 的铝的熔点为 660.37℃，纯度 99.20% 的铝的熔点为 657℃。

工业纯铝的导电性和导热性都很好。20℃ 时纯度为 99.996% 的工业纯铝的电阻率为 $2.6548 \times 10^{-8} \Omega \cdot m$；与同质量的铜相比较，工业纯铝的导电性为铜的 188%；与同体积的铜相比较，工业纯铝的导电性为铜的 57%。工业纯铝的导热性为铜的 56%。

工业纯铝的化学性质很活泼，在空气中能与氧结合，形成一层致密的、坚固的氧化铝（Al_2O_3）薄膜，保护下层金属不再继续氧化，故工业纯铝具有优良的抗腐蚀性能。

工业纯铝是很理想的冷锻成形材料，不仅变形抗力小（纯度 99.7% 的铝在退火状态下的抗拉强度仅为 65MPa）、塑性好（断面收缩率 $\psi = 82\%$，伸长率 δ 可达 40%），而且冷作硬化不强烈，是一种冷锻成形性能良好的材料。

因此，工业纯铝目前被广泛用于电器工业和热传导机械中，如电线、电缆、电容器外壳等。

工业纯铝的牌号用"1×××"四位数表示，其中"1"表示纯铝，第一个"×"为原始纯铝的改型情况（A~Y），后两个"××"为最低铝含量（百分数，99%）小数点后的两位数。如 1A97 为原始纯铝，最低铝含量为 99.97%。

常用工业纯铝的主要化学成分及力学性能见表 1-1。

表 1-1 工业纯铝的化学成分及力学性能

牌号	主要化学成分		状态	力 学 性 能				
	Al 含量/%	杂质含量/%		σ_b/MPa	σ_s/MPa	δ/%	ψ/%	HB/kg·mm⁻²
1A70	99.7	0.3	退火（M）	70~110	50~80	35	80	15~25
1A60	99.6	0.4						
1A50	99.5	0.5						
1A30	99.3	0.7	冷作硬化（Y）	150	100	6	60	32

1.1.2　变形铝合金

工业纯铝的强度很低，不能制造承受载荷的结构零件。为了提高其强度，通常在铝中加入其他合金元素制成铝合金。铝合金化后，可以极大地提高铝的强度，并可保持密度小和抗腐蚀性好的优点，可以用来代替部分钢铁制造密度低、结构稳定性强的产品。因此，铝合金在民用和军用飞机上的用量分别占 60%～80% 和 40%～60%；除航空和航天工业外，铝合金还广泛用于兵器和舰艇等国防工业以及交通运输、化工、机械、电力、电子、仪表、建筑、农业和轻工业等部门，日常生活用品用铝及铝合金制造也非常普遍[2]。

变形铝合金可根据不同的分类方法进行分类：

（1）按照热处理分类。变形铝合金按其能否通过热处理沉淀强化的性质，分为可热处理强化铝合金和不可热处理强化铝合金两类。

（2）按照使用性能分类。变形铝合金按使用性能可以分为硬铝合金、超硬铝合金、锻铝合金、防锈铝合金和特殊铝合金等。

（3）按照合金化系统分类。变形铝合金按合金化元素可以分为铝铜合金系、铝锰合金系、铝硅合金系、铝镁合金系、铝镁硅合金系、铝锌合金系和其他合金系。

以上三种分类方法，主要是为了便于研究、生产和使用变形铝合金而人为划分的，实际上每个牌号的铝合金都可以在每个分类中找到自己的位置。例如，在锻件中应用最广的 2A12 铝合金，在合金化系统分类中属于铝铜合金系，在热处理分类中属于可热处理强化铝合金，而在使用性能分类中属于硬铝（或较高强度）合金。

1.1.2.1　变形铝合金牌号的表示方法

从 1997 年 1 月 1 日起我国变形铝和铝合金牌号的表示方法开始使用新标准（GB/T 16475—1996）。该标准按照"变形铝和铝合金国际牌号注册协议组织"推荐的国际四位数字体系牌号命名方法制定。

它包括两种牌号命名方法：

（1）凡是已在"变形铝和铝合金国际牌号注册协议组织"注册命名的变形铝和铝合金，直接采用国际四位数字体系牌号，如 7075 铝合金。

（2）凡是"变形铝和铝合金国际牌号注册协议组织"未命名的变形铝和铝合金，则按照四位字符体系牌号的规定命名，如 7A09 铝合金。

我国的四位字符体系牌号命名方法类似国际四位数字体系牌号命名方法。即第 1、3 和 4 位为数字，其意义与国际四位数字体系牌号命名方法中的第 1、3 和 4 位数字相同。第 2 位用英文大写字母，表示合金的原型或改型，例如，2A50 为原型，2B50 为改型。

各个铝合金系的具体标记如下：

1）2×××铝铜合金系；

2）3×××铝锰合金系；

3）4×××铝硅合金系；

4）5×××铝镁合金系；

5）6×××铝镁硅合金系；

6）7×××铝锌合金系；

7）8×××其他合金系；

8）9×××备用合金系。

1.1.2.2 我国变形铝合金的主要化学成分

我国常用变形铝合金的主要化学成分示于表1-2。

表1-2 我国常用变形铝合金的主要化学成分（GB/T 3190—2008） （%）

牌号	Si	Fe	Cu	Mn	Mg	Ni	Zn	Ti	Zr	Cr	其他元素合计	Al
2A02	0.30	0.30	2.6~3.2	0.45~0.7	2.0~2.4		0.10	0.15			0.10	余量
2A11	0.70	0.70	3.8~4.8	0.4~0.8	0.4~0.8	0.10	0.30	0.15			0.10	余量
2A12	0.50	0.50	3.8~4.9	0.3~0.8	1.2~1.8	0.10	0.10	0.15			0.10	余量
2A14	0.6~1.2	0.70	3.9~4.8	0.4~1.0	0.4~0.8	0.10	0.30	0.15			0.10	余量
2A16	0.3	0.30	6.0~7.0	0.4~0.8	0.05		0.10	0.10~0.20	0.20		0.10	余量
2A50	0.7~1.2	0.70	1.8~2.6	0.4~0.8	0.4~0.8	0.10	0.30	0.15			0.10	余量
2B50	0.7~1.2	0.70	1.8~2.6	0.4~0.8	0.4~0.8	0.10	0.30	0.02~0.10		0.01~0.20	0.10	余量
2A70	0.35	0.9~1.5	1.9~2.5	0.2	1.4~1.8	0.9~1.5	0.30	0.02~0.10		0.01~0.20	0.10	余量
2014	0.5~1.2	0.70	3.9~5.0	0.4~1.2	0.2~0.8		0.25	0.15		0.10	0.15	余量
2024	0.50	0.50	3.8~4.9	0.3~0.9	1.2~1.8		0.25	0.15		0.10	0.15	余量
2124	0.20	0.30	3.8~4.9	0.3~0.9	1.2~1.8		0.25	0.15		0.10	0.15	余量
2224	0.50~1.2	0.30	3.9~5.0	0.4~1.2	0.2~0.8		0.25	0.15		0.10	0.15	余量
3A21	0.60	0.70	0.2	1.0~1.6	0.05		0.10	0.15			0.10	余量
5A02	0.40	0.40	0.1	0.15~0.4	2.0~2.8			0.15			0.15	余量
5A03	0.50~0.8	0.50	0.10	0.3~0.6	3.2~3.8		0.20	0.15			0.10	余量
5A05	0.50	0.50	0.1	0.3~0.6	4.8~5.5		0.2				0.10	余量
5A06	0.40	0.40	0.1	0.5~0.8	5.8~6.8		0.2	0.02~0.10			0.10	余量

牌号	Si	Fe	Cu	Mn	Mg	Ni	Zn	Ti	Zr	Cr	其他元素合计	Al
6A02	0.50~1.2	0.50	0.2~0.6	0.15~0.35	0.45~0.9		0.20	0.15			0.10	余量
7A04	0.50	0.50	1.4~2.0	0.2~0.6	1.8~2.8		5.0~7.0	0.10		0.1~0.25	0.10	余量
7A09	0.50	0.50	1.2~2.0	0.15	2.0~3.0		5.1~6.1	0.10		0.16~0.30	0.10	余量
7A33	0.25	0.30	0.25~0.55	0.05	2.2~2.7		4.6~5.4	0.05		0.1~0.20	0.10	余量
7050	0.12	0.15	2.0~2.6	0.10	1.9~2.6		5.7~6.7	0.06	0.08~0.15	0.04	0.15	余量
7075	0.40	0.50	1.2~2.0	0.30	2.1~2.9		5.1~6.1	0.20		0.18~0.28	0.15	余量
7475	0.10	0.12	1.2~1.9	0.06	1.9~2.6		5.2~6.2	0.06		0.18~0.25	0.15	余量
8090	0.20	0.30	1.0~1.6	0.10	0.6~1.3		0.25	0.10	0.04~0.16		0.10	余量

1.1.2.3 常用的变形铝合金

A 防锈铝合金

防锈铝合金是 Al-Mn 系和 Al-Mg 系铝合金两类。常用的防锈铝合金有 3A21、5A02、5A03、5A05、5A11 等。

3A21 是 Al-Mn 系铝合金，含 Mn 量为 1.0%~1.6%。室温时的组织为 α 固溶体和在晶粒边界上的（α+Al$_6$Mn）共晶体，所以它的强度高于工业纯铝。Mn 虽能溶于 Al 而形成有限固溶体，但其溶解度甚低；而且从高温到室温时的溶解度变化也小，因此其时效效果甚微，故不能通过热处理得到强化，而只能用冷作硬化的方法来强化。其冷作硬化状态下的力学性能为：$\sigma_s = 220\text{MPa}$、$\delta = 15\%$、$HB = 55\text{kg/mm}^2$。这种合金的组织虽然是两相共存，因化合物 Al$_6$Mn 与 α 固溶体的电极电位几乎相等，故其耐蚀性较好。

5A02、5A03、5A05、5A06、5A11 等均属于 Al-Mg 系铝合金，Mg 在 Al 中的溶解度较大（在 451℃时可溶 15%），Mg 与 Al 还能形成脆性很大的化合物。为了便于加工，防锈铝合金中的含 Mg 量一般均在 8% 以下，在实际生产条件下使其具有单一的固溶体组织。由于其组织单一，所以这种防锈铝合金有很好的抗蚀性。又由于固溶强化，所以这种防锈铝合金具有比工业纯铝及 3A21 防锈铝合金更高的强度；含 Mg 量越大，合金的强度越高。这类防锈铝合金也不能进行热处理强化。

防锈铝合金在航空、汽车、铁路运输等工业行业应用较多，特别是 Al-Mg 系铝合金由于耐震、耐疲劳、抛光性好，很适宜用于内燃机的各种管道、油箱，铁路客车、飞机的行李架、窗框、灯具，以及各种装饰材料。

表 1-3 所示为 5A02 和 3A21 防锈铝合金的化学成分及力学性能。

表 1-3   5A02 和 3A21 防锈铝合金的化学成分及力学性能

牌号	主要化学成分			状态	力学性能				
	Al 含量/%	Mg 含量/%	Mn 含量/%		σ_b/MPa	σ_s/MPa	δ/%	ψ/%	HB/kg·mm^{-2}
5A02	97.85~96.8	2.0~2.8	0.15~0.4	退火(M)	190	80	23	64	45
				半硬	250	210	6		60
3A21	99.0~98.4		1.0~1.6	硬化(Y)	220	180	5	50	55
				退火(M)	130	50	23	70	30

B   硬铝合金

a   普通硬铝合金

普通硬铝合金是 Al-Cu-Mg 系铝合金，它是能热处理强化的铝合金中应用最广泛的一种。合金中 Cu 和 Mg 能形成化合物，在时效时起强化作用。在这种合金中还可加入少量的 Mn，用来提高淬火后的强度，并改善合金的耐蚀性。Mn 溶于 Al 使固溶体强度提高，由于其析出倾向小，故不参加时效强化过程。在普通硬铝合金中有时还加入少量的 Ti 或 B，其作用是细化晶粒，从而可以提高普通硬铝合金的力学性能。

普通硬铝合金的耐蚀性差，容易产生晶间腐蚀。

普通硬铝合金的淬火温度范围很窄，如 2A11 硬铝合金的淬火温度是 505~510℃；低于此温度范围淬火后固溶体过饱和程度不足，不能发挥最大的时效效果；超过此温度范围，则容易使晶界熔化。在适宜的温度范围淬火和时效，则可得到很高的强度，普通硬铝合金淬火后经过 4~7 个昼夜的自然时效，强度可达到最高值。采用人工时效虽然可缩短时效时间，但其力学性能和抗蚀性能均不如自然时效。

2B16、2A20 硬铝合金有很好的塑性，常常用来制造铆钉。

2A11 硬铝合金为标准硬铝合金，既有相当高的硬度又有足够的塑性，经过 350~420℃ 的退火处理后，可进行冷锻成形加工，时效热处理后又可大大提高其强度。因此，2A11 硬铝合金在飞机制造业中被广泛用于制造梁、隔框、操纵滑轮等。

2A12 硬铝合金的含 Mg 量比 2A11 硬铝合金高，其时效强化效果也比 2A11 硬铝合金显著。为了充分发挥硬铝合金材料的潜力，可将 2A12 硬铝合金在时效热处理后再进行冷作硬化加工，进一步提高其强度。这种硬铝合金的工作温度可达 200℃，故在飞机制造业中应用较广，在铁路上常用来制造电力机车受电弓滑板。

2A11 和 2A12 硬铝合金的化学成分和力学性能见表 1-4。

表 1-4   2A11 和 2A12 硬铝合金的化学成分及力学性能

牌号	主要化学成分					状态	力学性能（室温）		
	Cu 含量/%	Mg 含量/%	Mn 含量/%	杂质含量/%	Al 含量/%		σ_b/MPa	δ/%	HB/kg·mm^{-2}
2A11	3.8~4.8	0.4~0.8	0.4~0.8	1.80	余量	退火（M）	<240	12	55~65
						淬火（CZ）	380~420	8~12	95~110
2A12	3.8~4.9	1.2~1.6	0.3~0.9	1.50	余量	退火（M）	<240	12~14	55~65
						淬火（CZ）	440~470	8~12	110~120

b　耐热硬铝合金

耐热硬铝合金是 Al-Cu-Mn 系铝合金，如 2A16、2A17 等属于这一类。其特点是高温下具有高的蠕变强度，常温下强度并不高，热态下的塑性较好。

C　超硬铝合金

超硬铝合金是 Al-Zn-Cu-Mg 系铝合金，还含有少量的 Cr 和 Mn。Zn、Cu、Mg 与 Al 能形成多种复杂的固溶体和化合物，如 $MgZn_2$、Al_2CuMg 和 AlMgZnCu 都是超硬铝合金的强化相，其中 $MgZn_2$ 和 AlMgZnCu 的强化作用更为强烈，这就是这种铝合金在时效热处理后能获得超过硬铝合金的高强度的原因。Cr 和 Mn 能提高合金的强度和耐蚀性。

超硬铝合金自然时效速度较慢，故常采用淬火后人工时效。

超硬铝合金的主要缺点是：

（1）耐热性较差。工作温度超过 120℃ 就会很快软化。

（2）耐蚀性较差。超硬铝合金是飞机的重要结构材料，用来制造飞机的大梁、肋骨、空气螺旋桨等重要部件。

D　锻铝合金

a　Al-Mg-Si 系锻铝合金

Al-Mg-Si 系锻铝合金，如 6A02 锻铝合金等属于这一类，是热锻性和耐蚀性较好的一种锻铝合金，它的强化相为 Mg_2Si；它的强度较低，热态下塑性很高，容易锻造。

b　Al-Mg-Si-Cu 系锻铝合金

Al-Mg-Si-Cu 系锻铝合金，主要是用锻造方法来生产形状比较复杂的零件。这类铝合金具有良好的锻造成形工艺性能，在室温下有较高的强度，其含 Cu 量比硬铝合金要低，不会形成脆性的 Al_2Cu。这类铝合金的强化相主要是 Mg_2Si，不同牌号的锻铝合金还分别含有 Al_2Cu、Al_2CuMg 或 $FeNiAl_9$ 等强化相，如 2A50、2B50 和 2A14 锻铝合金就属于这一类，由于加入了 Cu 其强度提高了、塑性稍有降低，但锻造成形工艺性能较好。这类锻铝合金时效热处理以后的强度较高，切削加工性能也较好，但耐蚀性和可焊性较差。

在铁路上常用 2A50 制造内燃机车的导风轮和压气机叶轮等。

c　Al-Cu-Mg-Fe-Ni 系锻铝合金

Al-Cu-Mg-Fe-Ni 系锻铝合金主要是 2A70、2A80、2A90 锻铝合金，这类锻铝合金是含有 Fe、Ni 的耐热锻铝合金；Fe、Ni 和 Al 形成 $FeNiAl_9$ 化合物，提高了合金的耐热性。这类锻铝合金的工作温度可达 370℃。

铁路上常用 2A70 锻铝合金制造内燃机车的活塞套和活塞裙，用 2A80 来制造活塞和活塞套等。

2A14 锻铝合金的化学成分和力学性能见表 1-5。

表 1-5　2A14 锻铝合金的化学成分及力学性能

牌号	主要化学成分					状态	力学性能（室温）			
	Cu 含量 /%	Mg 含量 /%	Mn 含量 /%	Si 含量 /%	Al 含量 /%		σ_b /MPa	ψ /%	δ /%	HB/kg·mm^{-2}
2A14	3.9 ~4.8	0.4 ~0.8	0.4 ~1.0	0.6 ~1.2	余量	退火	190~215	43.5	10~15	62~65
						淬火	>460	25	>10	>130

1.1.3　变形铝合金的应用概况

变形铝合金的应用概况如表 1-6 所示。

表 1-6　变形铝合金的应用概况

牌号（旧牌号）	应　用　概　况
2A02（LY2）	固溶热处理加人工时效强化。用于制造 300℃ 以下的航空发动机压气机叶片
2A11（LY11）	固溶热处理加自然时效强化，具有较高的强度和中等塑性。用于制造中等强度的受力构件
2A12（LY12）	经固溶热处理加自然时效或人工时效强化后有较高的强度。该合金 T3 状态用于制造飞机蒙皮、桁条、隔框、壁板、翼肋、翼梁和尾翼等零部件，是航空和航天工业中使用最广的铝合金之一。其性能随热处理状态的不同而有显著差异
2A14（LD10）	固溶热处理加人工时效强化。用于制造截面面积较大的高载荷构件
2A16（LY16）	固溶热处理加人工时效强化。可在 250~350℃ 长期工作。该合金无挤压效应，挤压件的纵、横向性能很接近
2A50（LD5）	固溶热处理加人工时效强化。适于制造形状复杂及承受中等载荷的锻件
2B50（LD6）	合金的成分在 2A50 基础上加入少量的 Cr 和 Ti，其特征与用途与 2A50 基本相同
2A70（LD7）	固溶热处理加自然时效强化，锻件主要为 T6 状态
2014	同 2A14
2024	同 2A12
2124	在 2024 合金基础上降低铁和硅等杂质的含量，采用特殊工艺生产
2214	在 2024 合金基础上减少杂质铁的含量，韧性得到改善。特征与用途同 2A14，与 2024 基本相同
3A21（LF21）	不可热处理强化变形铝合金。合金的耐蚀性很好，接近纯铝，模锻件和自由锻件的供应状态为自由加工状态（H112）
5A02（LF2）	不可热处理强化变形铝合金。合金的耐蚀性好、强度低
5A03（LF3）	不可热处理强化变形铝合金。合金的耐蚀性很好、强度低、塑性高；退火状态切削性能差，建议在冷作硬化状态切削加工
5A05（LF5）	不可热处理强化变形铝合金。采用冷作硬化提高合金的强度
5A06（LF6）	不可热处理强化变形铝合金。中等强度，退火状态腐蚀性能良好
6A02（LD2）	经固溶热处理和自然时效或人工时效强化后具有中等强度和较高的塑性，是耐腐蚀性较好的结构材料
7A04（LC4）	可热处理强化的高强度变形铝合金。合金的强度高于硬铝，屈服强度接近断裂强度、塑性低、对应力集中敏感
7A09（LC9）	可热处理强化的高强度变形铝合金。该合金综合性能较好，T6 状态的强度最高，T73 状态耐应力腐蚀优异，T76 状态抗剥落腐蚀性能好。该合金是我国目前使用的高强度铝合金之一，也是飞机主要受力件的优选材料
7A33	可热处理强化的耐腐蚀、高强度结构铝合金。适用于制造水上飞机、舰载飞机、沿海使用飞机、直升机的蒙皮和结构件材料
7050	可热处理强化的高强度变形铝合金。强度、韧性、疲劳和抗应力腐蚀性能等综合性能优良，淬透性好，适于制造大型锻件

牌号（旧牌号）	应 用 概 况
7075	可热处理强化的高强度变形铝合金。可以制造各种品种和尺寸的产品，是目前应用最广的高强度铝合金。它有几种热处理状态：T6、T73 和 T76，其中 T6 状态强度最高，但断裂韧性偏低
7475	在 7075 合金基础上研制的新型可热处理强化的高强度变形铝合金，提高了合金的纯度。其综合性能更好。用于制造飞机隔框和蒙皮等，进一步提高了飞机的安全可靠性和使用寿命
8090	可热处理强化的变形铝-锂合金，强度水平与 2A14 相当，但密度降低 10%，弹性模量提高 10%。用于制造结构件

1.2　锻造成形技术在铝及铝合金上的应用

　　铝及铝合金由于其密度小、比强度高、比刚度高等一系列优点，已大量使用在各个工业部门，铝合金锻件已成为各个工业部门机械零件必不可少的材料。凡是用低碳钢可以锻出的各种锻件，都可以用铝合金锻造出来。铝合金可以在锻锤、机械压力机、液压机、顶锻机、扩孔机等各种锻造设备上锻造，可以自由锻、模锻、轧锻、顶锻、辊锻和扩孔。

　　一般来说，尺寸小、形状简单、偏差要求不严的铝锻件，可以很容易地在锤上锻造出来；但是对于规格大、要求剧烈变形的铝锻件，则宜选用液压机来锻造。对于大型复杂的整体结构的铝锻件则非采用大型模锻液压机来生产不可。对于大型精密环形铝锻件则宜用精密轧环机轧锻。

　　随着机械工业向现代化、高速化方向发展，机械机构的轻量化要求日趋强烈，以铝代钢的呼声越来越大，特别是轻量化程度要求高的飞机、航天器、铁道车辆、地下铁道、高速列车、货运车、汽车、舰艇、船舶、火炮、坦克以及机械设备等重要受力部件和结构件，近几年来大量使用铝及铝合金锻件以替代原来的钢结构件，如飞机结构件几乎全部采用铝合金模锻，汽车（特别是重型汽车和大中型客车）的轮毂、保险杠、底座大梁，坦克的负重轮、炮台机架，直升机的动环和不动环，火车的气缸和活塞裙，木工机械机身，纺织机械的机座、轨道和绞线盘等都已应用铝合金锻件来制造[3~19]。而且，这些趋势正在大幅度增长，甚至某些铝合金铸件也开始采用铝合金锻件来代替。

　　图 1-1 所示为铝及铝合金锻件实物。

1.2.1　铝合金锻件的特性及应用领域

1.2.1.1　铝合金锻件的特性

铝合金锻件的特性有：

　　（1）密度小。铝及铝合金锻件的密度只有钢锻件的 34%、铜锻件的 30%，是轻量化的理想材料。

　　（2）比强度大、比刚度大、比弹性模量大、疲劳强度高。适宜于制造轻量化要求高的关键受力部件，其综合性能远远高于其他材料。

　　（3）内部组织细密、均匀、无缺陷。铝及铝合金锻件的安全性和可靠性远远高于铝合金铸件和压铸件，也高于其他材料铸件。

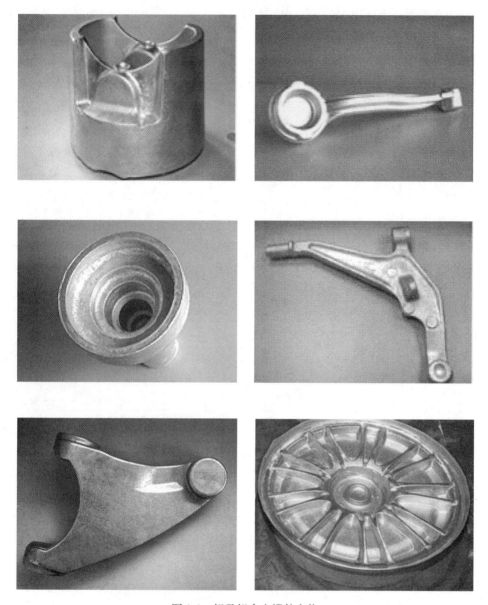

图 1-1 铝及铝合金锻件实物

（4）铝及铝合金的塑性好。铝及铝合金可加工成各种形状复杂的高精度锻件，其机械加工余量小（一般为铝合金拉伸厚板加工余量的 20%左右），因此可以大大节省机械加工工时和降低制造成本。

（5）铝及铝合金锻件具有良好的耐蚀性、导热性和非磁性。

（6）表面光洁、美观，表面处理性能良好，耐用。

由此可见，铝及铝合金锻件具有的一系列优良特征，为铝锻件代替钢、铜、镁、木材和塑料提供了良好条件。

1.2.1.2 铝及铝合金锻件的主要用途

近年来，由于铝及铝合金锻件生产成本降低、品种规格扩大，其应用领域越来越大。

铝及铝合金锻件主要用于航天航空、交通运输、汽车、船舶、能源动力、电子通信、石油化工、冶金矿山、机械电器等领域。

铝及铝合金锻件的主要用途如表 1-7 所示。

表 1-7 铝及铝合金锻件的特性及主要用途

类 别	合金状态	强度	耐蚀性	切削性	焊接性	特 性	主要用途
高强度铝合金	2024-T6 2124-T6 2424-T6	B	C	A	D	锻造性、塑性好，耐蚀性差，是典型的硬铝合金	飞机部件、铁路车辆部件、汽车部件、结构件
	7075-T6 7175-T6 7475-T6	A	C	A	D	超硬锻造铝合金，耐蚀性、抗应力腐蚀性差	飞机部件、宇航部件、结构件
	7075-T73 7475-T73	B	B	A	D	通过适当的时效处理改善了抗应力腐蚀性能，强度低于 T6 态	飞机部件、船舶部件、汽车部件、结构件
	7175-T736	A	B	A	D	强度、韧性、抗应力腐蚀性均优	飞机部件、船舶部件、汽车部件、结构件
	7050-T73 7150-T73 7055-T73	A	B	A	D	高强、高韧、高抗应力腐蚀性的新型合金，综合性能优于 7075、7475-T73	用于高受力部件，特别是大型飞机关键部件及宇航部件、重要结构件
	7155-T79 7068-T77	A	B	A	B		
耐热铝合金	2219-T6	B	B	A	A	高温下保持优秀的强度及耐蠕变性，焊接性能良好	飞机部件、火箭部件、汽车部件
	2618-T6	B	C	A	C	高温强度优秀	活塞、增压器风扇、橡胶模具、一般耐热部件
	4032-T6	C	C	C	B	中温下的强度高、线膨胀系数小、耐磨性能好	活塞和耐磨部件
耐蚀铝合金	1100-0 1200-0	D	A	C	A	强度低、耐腐蚀、冷热加工性能好、切削性能不良	电子通信零件、电子计算机用记忆磁鼓
	5083-0 5056-0	C	A	C	A	耐蚀性强、焊接性和低温力学性能好，典型的海上用铝合金	液化天然气法兰盘、石化机械部件、舰船部件、海水淡化结构件
	6061-T6 6082-T6 6070-T6 6013-T6	C	A	B	A	强度中等，耐蚀性、抗疲劳性好，综合性能好	航空航天、轨道车辆、重型汽车部件及转动体部件
	6351-T6 6005A-T6	C	A	B	A	耐热性、耐蚀性能良好，强度略高于 6061	增压器风扇、高速列车车厢构件、运输机械部件等

注：A—优，B—良，C——一般，D—差。

1.2.2 国内外铝及铝合金锻造成形技术的发展及应用概况

1.2.2.1 国外

铝合金锻件的大量生产与应用是从 20 世纪 50 年代开始的。经过几十年的现代化改造，无论在工业装备上，模具设计和制造上，生产工艺和技术上，还是在产品品种规格、生产规模和质量等方面都得到飞速发展，尤其是美国、俄罗斯、德国、日本、法国、意大利、捷克、奥地利、瑞士等国的铝合金锻造生产的发展达到了相当高的水平。

目前，全世界铝合金模锻件产量达到 80 万吨/年左右。

在锻造成形设备方面，随着铝合金模锻件大型化、精密化程度提高，大型精密多向模锻液压机日益受到重视，各国已拥有多台大型多向模锻液压机。其中美国 3 台，最大为 300MN；法国 1 台，为 650MN；英国 1 台，为 300MN；俄罗斯 2 台，为 200MN 和 500MN；德国 1 台，为 350MN。多向模锻机属于精密锻压设备，配备了 PLC 系统和计算机控制系统，可对能量、行程、压力、速度进行自动调节，对关键部件最佳工作点进行控制，对各项工作状态进行监控和显示，对系统故障、设备过载、过温和失控等进行预报和保护，对制品质量进行控制。

在铝及铝合金锻造成形技术方面，研制开发出了大量的锻造成形新工艺、新技术，如液体模锻、半固态模锻、等温锻造、粉末锻造、多向锻造、无斜度精密模锻、分部模锻、包套模锻等，对简化铝合金的加工工艺、减少加工工序、节省能源、扩大品质、增加规格、提高质量和生产效率、保护环境、降低劳动强度、提高经济效益等方面发挥了重大作用。专用的计算机软件对控制锻造温度、锻造成形力、变形程度和润滑等主要工艺参数，控制制品尺寸和内部组织、力学性能等提供了可靠的保证。

在铝及铝合金锻造成形过程的数字化方面，锻造成形过程的数字化是铝合金锻造成形技术的关键，锻件 CAD/CAM/CAE 系统已十分成熟和普及。在美国，CAD/CAM/CAE 系统正被 CIM（计算机一体化）所代替。CIM 包括成套技术、计算机技术、CAD/CAM/CAE 技术、机器人、专家系统、加工计划、控制系统以及自动材料处理等，为模锻件的优化设计和工艺改进提供了条件。如汽车工业上，对前梁、羊角、轮毂、曲轴等零件进行设计和工艺过程优化，可使优化设计后的羊角减重 15%，轮毂减重 30%，曲轴减重 20%，而且大大提高生产效率，降低能耗。

在铝及铝合金锻件的产品品种和质量方面获得了突破性进展，目前世界上研制开发的锻造铝合金有上百种，十几个状态，可大批量生产不同合金、不同状态、不同性能、不同功能、各种形状、各种规格、各种用途的铝合金锻件，规模在 3 万吨/年以上的大型企业已有十来家。目前世界上可生产的铝合金模锻件的最大投影面积达 $5m^2$（750MN），最长的铝锻件达 15m，最重的铝锻件达 1.5t，最大的铝锻环直径达 11.5m，基本上可满足最大的飞机、飞船、火箭、导弹、卫星、航艇、航母以及发电设备、起重设备等的需要。而且铝合金锻件的内部组织、力学性能和尺寸精度也能满足各种用户要求，在产品开发上达到了相当高的水平。

近年来，世界各国在大、中型锻压机的新建和改造方面力度不大，因此，总的来说，世界铝合金锻件的生产尚不能满足交通运输轻量化对铝锻件的需求，有必要新建若干条现代化的大、中型铝合金锻件生产线。

1.2.2.2　国内

目前我国铝合金锻造成形设备有 800MN、450MN、300MN、100MN、60MN、50MN、30MN 等大、中型铝合金锻造成形液压机多台和 1 台 100MN 多向模压水压机及直径 ϕ5m 轧环机 2 台，铝合金锻件年生产能力为 20000t 左右，铝合金模锻件的最大投影面积为 2.5m^2，最大长度为 7.0m，最大宽度为 3.5m，铝合金锻环的最大直径为 ϕ6m，以及盘径为 ϕ534~730mm 的铝合金绞线盘和直径 ϕ650mm 左右的汽车轮箍。

铝合金锻件的产品品种相对较少，例如工业发达国家的模锻件已占全部锻件的 80% 左右，我国只占 30% 左右。

国外模锻件的设计、模具制造方面已引入计算机技术，模锻 CAD/CAM/CAE 和模锻过程仿真已进入实用化阶段，而我国很多锻压厂在这方面才刚刚起步。

锻造成形装备的自动化水平和锻造成形工艺技术水平也相对落后。

因此，目前我国铝合金锻造成形方面，无论是在成形装备、模具设计与制造，还是在产品产量与规模、生产效率与批量化生产、产品质量与效益等方面都与国外存在较大差距。已经不能满足国内外市场对铝合金锻件日益增长的需求，更跟不上交通运输（如飞机、汽车、高速火车、轮船等）的轻量化要求中以铝锻件代替钢锻件的步伐。

1.2.3　铝及铝合金锻件的应用前景分析

1.2.3.1　铝合金锻件的需求状况

由于铝及铝合金锻件所具有的优秀特性，使铝及铝合金锻件在航空航天、汽车、船舶、交通运输、兵器、电信等工业部门备受青睐，应用范围越来越广泛。

据初步统计，1985 年铝及铝合金锻件占世界锻件总产量的 0.5%（即 1.8 万吨），2008 年上升到 18% 左右。目前，世界上消耗锻件 450 万吨左右，其中铝及铝合金锻件占了 80 万吨/年左右。

从铝加工工业的角度来看，目前全世界的铝产量（包括再生铝）为 5000 万吨/年左右，其中 85% 要变成各种加工件，即目前世界上加工件年产量为 4000 万吨左右，其中板、带、箔件占 57% 左右，挤压件占 38% 左右。铝合金锻件由于成本较高，生产技术难度较大，仅在特别重要的受力部位才应用，所占比重不大；但是，铝合金锻件是增长速度最快的铝材。近十多年来，由于军工和民用工业，特别是交通运输业现代化和轻量化的需要，以铝代钢的要求十分迫切，因而，铝合金锻件的品种和应用都得到了迅猛的增长，其在铝加工件中的比例已由 1985 年的 0.5% 增加到了 2009 年的 2.5%，即 80 万吨/年左右。

为了满足军工和民用各部门对铝及铝合金锻件日益增长的要求，世界各国都集中人力、物力和财力发展铝及铝合金锻件的生产，设计和制造各种锻造成形设备，特别是大、中型液压机。但是由于大型锻造成形设备比较昂贵、制造周期长，铝合金锻件的锻造成形技术也比较复杂，因而很难满足市场需要。目前世界上铝及铝合金锻件的生产能力大约为 80 万吨/年，不能满足消费量 100 万吨/年的需求。

中国由于大、重型液压锻造成形设备少，生产能力较低，远远不能满足工业部门对铝及铝合金锻件的需求，年缺口量至少在 4.0 万吨以上。

1.2.3.2 铝及铝合金锻件的应用前景

铝及铝合金锻件主要用于要求轻量化程度大的工业部门，根据当前各国的应用情况，主要的市场分布如下：

（1）航空（飞机）锻件。飞机上的锻件占飞机材料质量的70%左右，如起落架、框架、肋条、发动机部件、动环和不动环等，一架飞机上所用的锻件上千种，其中除了少数高温部件使用高温合金和钛合金锻件外，绝大部分都采用铝合金锻件，如美国波音公司，年产飞机上千架，年需消耗铝合金锻件数万吨。

我国歼击机等军用飞机和民用飞机也在飞速发展，特别是大飞机项目的启动及航母等大型重点项目的实施，需要消耗的铝合金锻件也会逐年增加。

（2）航天锻件。航天器上的锻件主要是锻环、轮圈、翼梁和机座等，绝大部分为铝合金锻件，只有少数为钛锻件。宇宙飞船、火箭、导弹、卫星等的发展对铝合金锻件的需求与日俱增。

近年来，我国研制的超远程导弹用 Al-Li 合金壳体锻件，每件重达300多千克，价值几十万元。

直径 $\phi 1.5 \sim 6m$ 的各类铝合金锻环的用量也越来越大。

（3）兵器工业。如坦克、装甲车、运兵车、战车、火箭弹、炮架、军舰等常规武器上使用铝合金锻件作为承力件的数量大大增加，基本代替了钢锻件。特别是铝合金坦克负重轮等重要锻件已成了兵器器械轻量化、现代化的重要材料。

（4）汽车工业。汽车是使用铝合金锻件最有前途的行业，也是铝合金锻件的最大用户。汽车上的铝合金锻件包括轮毂（特别是重型汽车和大中型客车）、保险杠、底座大梁和其他一些小型铝锻件，其中铝合金轮毂是使用量最大的铝锻件，主要用于大客车、卡车和重型汽车上。

据统计，世界上近年来铝合金轮毂锻件的用量的年增长速度达20%以上，目前的使用量达数十亿个。

铝合金轮毂锻件的力学性能良好，结构强度高，质量轻（壁厚薄），抗冲击能力高，防腐蚀性能和抗疲劳强度优良等优点，可以满足商用车车轮的要求，因此，逐渐成为汽车，特别是高级轿车和大型、重型、豪华型客车与货车用车轮的首选配件，有逐渐替代铸造铝合金车轮的趋势。

美国铝业公司用80MN锻造液压机生产的6061-T6汽车轮毂，其晶粒变形流向与受力方向一致，强度与韧性及疲劳强度均大大高于铸造合金车轮，而质量则减少20%，伸长率可达12%~16%。而且具有相当高的吸震与承压能力，承受冲击能力强。铝合金轮毂锻件的致密度高，无疏松、针孔，表面无气孔，具有良好的表面处理性能如涂层均匀一致、结合力高、色彩调和美观等；同时铝合金轮毂锻件有很好的机械加工性能。因此，锻造铝合金轮毂所具有质量轻、比强度高、韧性和抗疲劳性与抗腐蚀性优良、导热性好、易于机械加工、圆形度好、抗冲击、使用安全、便于维修、使用成本低、节能、环保、美观耐用等特点，是汽车车轮等交通运输转动部件的理想材料，有广阔的应用前景。

（5）能源动力工业。能源动力工业上，铝合金锻件会逐渐代替某些钢锻件制作机架、护环、动环和不动环以及煤炭运输车轮、液化天然气法兰盘、核电站燃料架等。

（6）船舶和舰艇。船舶和舰艇上使用铝合金锻件作为机架、动环和不动环、炮台架等。

（7）机械制造业。在机械制造业上，目前铝合金锻件主要用于制作木工机械、纺织机械等的机架、滑块、连杆及绞线盘等。仅纺织机用绞线盘铝合金锻件，我国每年就需要数万件，产量达 1500 多吨。

（8）模具工业。模具工业上用铝合金锻件制作橡胶模具、鞋模具及其他轻工模具。

（9）运输机械、火车机车工业。在运输机械、火车机车工业上，铝合金锻件大量用作气缸、活塞裙带等。仅国内每年消耗的 4032 合金的气缸和活塞裙等锻件达数万件。

（10）其他方面。如电子通信、家用电器、文体器材等方面也开始使用铝及铝合金锻件替代钢、铜等材料的锻件。

1.3　近净锻造成形技术及其应用概况

材料、能源和信息是当代科学技术的三大支柱，材料成形与加工是现代材料科学的组成要素之一。近年来，随着机械工业，尤其是汽车工业的飞速发展与国际竞争的激化，零部件及其设计与生产过程的高精度、高性能、高效率、低成本、低能耗，已成为提高产品竞争力的唯一途径。常规切削加工技术和普通锻造成形制坯工艺已难以满足发展要求，因此以生产尽量接近最终形状的产品，甚至是以完全提供成品零件为目标应是塑性加工技术变革的必然趋势和发展方向。

近净锻造成形技术作为先进制造技术的主要组成部分，伴随着汽车、摩托车、兵器、航空、航天、电子以及通用机械等支柱产业的需求与发展而得到了迅速的发展，并已成为提高产品性能与质量，提高市场竞争力的关键技术与重要途径。这是因为近净锻造成形不但可以节材、节能，缩短产品制造周期，降低生产成本；而且由于可以使金属流线沿零件轮廓合理分布，获得更好的材料组织结构与性能，从而可以减轻制件的质量，提高产品的安全性、可靠性和使用寿命。

近净锻造成形技术正向着部分或全部取代切削加工，直接生产机械零件的方向发展。近净锻造成形技术发展的总趋势是产品的复杂化、精密化和质量优化，工艺设计的模拟化、准确化，模具设计制造的 CAD/CAM 一体化。

1.3.1　近净锻造成形技术的发展概况

近净锻造成形是指所成形的成形件达到或接近成品零件的形状和尺寸，它是在普通锻造成形工艺的基础上逐渐完善和发展起来的一项高新技术。工业化革命以后的很长一段时间，大都采用自由锻造的方法生产锻件；后来随着锻件所需批量增大、形状复杂，自由锻满足不了要求，便产生了胎模锻和普通模锻，同时为了适应不同形状锻件的成形需要，出现了挤压、辗扩、辊锻等成形方法。近几十年来，为提高锻件尺寸精度，又出现了小飞边、无飞边模锻（即闭式模锻）、径向锻造（旋转锻造）、多向模锻、电热镦粗、摆动辗压、粉末锻造、滚轧、楔横轧、强力旋压和超塑性模锻等；为进一步提高锻件精度和适应精密成形技术等新的成形方法，又出现了闭塞锻造和采用分流原理的锻造成形等新成形方法，原有的成形方法也在采用新工艺的基础上进一步得到了完善，并广泛采用了冷成形和温成形工艺；同时为了适应某些低塑性、难变形材料的成形还采用了等温成形工艺。

1.3.2 近净锻造成形技术的应用领域

目前，近净锻造成形主要用于两大领域：

（1）批量生产的零件，例如汽车、摩托车、兵器、通用机械上的一些零件，特别是复杂形状的零件。

（2）航空、航天等工业的一些复杂形状的零件，特别是一些难切削的复杂形状的零件，难切削的高价材料（如钛、锆、钼、铌等合金）的零件，高性能、轻量化结构零件等。

1.3.3 各种近净锻造成形技术的应用情况[20~22]

1.3.3.1 冷锻与温锻成形

由于汽车、摩托车工业的发展，大大促进了我国冷、温锻造成形技术的发展。例如花键轴、齿轮、轮套、连杆、曲轴等零件均可冷锻成形或温锻成形。冷锻件已从早年开发的活塞销、轮胎螺母、球头销发展到等速万向节、发电机爪极、花键轴、起动齿轮、差速器锥齿轮、十字轴、三销轴、螺旋锥齿轮、汽车后轮轴等。冷锻成形的齿轮单件质量在1.0kg以上，齿形精度达7级。最大汽车冷锻半轴套管重10.0多千克。用冷挤压工艺过程生产的轴类件最大长度达到400mm以上。日本和德国的一辆汽车上开发应用冷锻件达到40.0~50.0kg，我国目前每辆汽车约有30.0kg的冷锻件。

汽车、摩托车以及通用机械的阶梯轴、花键轴类件，大多数采用冷挤压方法生产；螺旋花键轴、蜗杆类零件，大都采用冷滚轧成形；端面齿、小尺寸的直齿圆锥齿轮等零件，大都采用冷摆辗成形。轿车齿轮需采用冷锻工艺，精度可以达到7级。等速万向节的复杂内型腔是采用冷锻或温锻工艺过程成形的，尺寸精度达到0.05~0.08mm，可以直接装机使用。

江苏省是我国冷、温锻造成形技术应用最好的地区之一，如江苏大丰森威集团公司、江苏飞船股份公司、江苏太平洋精密锻造公司等企业的产品、工艺技术和设备水平，目前均代表着我国冷、温锻造成形技术的制高点。

图1-2所示为冷锻或温锻成形的各种精密锻件实物。

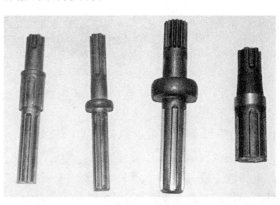

图 1-2　各种冷锻或温锻精密锻件实物

1.3.3.2　闭塞锻造成形

闭塞锻造成形工艺是最先进的近净锻造成形技术之一。与传统的锻造方式不同，它不是通过模具直接锻打坯料成形，而是在封闭的模具型腔内，通过冲头单向或双向复动挤压成形。锻件无飞边，材料利用率达到 85%～90%，生产率为班产 2000～3000 件，制造成本较传统工艺降低 15%～20%；尺寸精度高（一般可以达到：直径方向≤0.04mm，同心度≤0.05mm，厚度方向≤0.15mm）。

闭塞锻造成形技术可用于轿车差速器行星齿轮、半轴齿轮、等速万向节星形套、十字轴、三角恒速器接头、连杆盖、离合器齿轮等高精度复杂零件的生产。这类精密锻件的机加工余量很小，如万向节十字轴仅留 0.30～0.40mm 的磨削余量；伞齿轮的传动精度可达到 GB7 级，齿面可取代机加工直接使用；星形套的内球道直径公差为 0.05～0.08mm。

图 1-3 所示为闭塞锻造的各种锻件实物，图 1-4 所示为十字轴的闭塞锻造成形过程，图 1-5 所示为冷、温闭塞锻造成形用模具。

图 1-3　各种闭塞锻造成形的锻件实物

1.3.3.3　铝合金的精密锻造成形

大批量铝合金锻件的开发与应用，是与汽车工业的飞速发展密切相关的。铝合金锻件需求的迫切性主要是由于汽车"减重"这一大趋势推动的结果。作为汽车生产大国的美国、日本、德国、意大利等发达国家，自然成为铝合金锻件研发与应用的领先者。

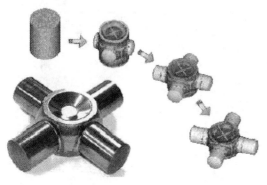

图 1-4 十字轴的闭塞锻造成形过程

图 1-5 冷、温闭塞锻造成形用模具

美国首先将铝合金锻件用在跑车上。1964 年开发出铝合金车轮锻件，然后陆续在轿车上推广应用。目前已有铝合金连杆在跑车发动机上得到应用，新型高性能跑车的前轴铝合金锻件已试制成功。

德国与意大利的轿车也已开始大量应用铝合金锻件，如车轮与各种支架。在重型汽车上，欧、美也应用了铝合金锻件如摇臂，目前正在开发转向节铝合金的锻造工艺。应用7075 高强度铝合金代替传统的合金结构钢锻造重型汽车主轴等大锻件的工艺正在开发过程中。日本在汽车上主要应用压铸铝合金结构件，目前正在开发性能比压铸件优良的铝合金锻件，从而提高汽车的运动性能。

由于铝合金锻件的需求量不断增加，与钢锻件相比，铝合金锻件的附加值要高出 2~4 倍，因此铝合金锻造业成为西欧锻造行业中发展较快的一支力量。

我国铝合金的整体锻造水平较发达国家落后 10~20 年，目前仍处于用单工位的简单镦粗与挤压方式生产形状相对简单的锻件的阶段。20 世纪 60 年代，我国开始研究铝活塞的挤压工艺，并得到广泛应用。在复杂形状铝合金锻造方面的研发单位较少，特别是在大批量工业生产的实用锻造成形技术还鲜有人开发研究；用自由锻造方法单件或小批量生产飞机上的铝合金锻件，由于材料利用率低、成本高，无法在大批量生产上应用。近年来，随着我国汽车工业特别是轿车工业的发展，国内采用冷挤压、温冲压、等温锻造等精密锻造成形工艺进行支架、引信体、安全气囊壳体、通信器材壳体等复杂铝合金锻件的大批量工业生产，满足了生产需要。

图 1-6 所示为各种铝合金精密锻造成形件实物。

1.3.3.4 精密热模锻成形

精密热模锻成形技术是我国汽车工业、摩托车、通用机械、兵器、航空航天等行业广泛应用的制造工艺方法。它可以生产更接近最终形状金属零件，它不仅节约材料、能源，减少加工工序和设备，而且显著提高了生产率和产品品质，降低了生产成本。

图 1-7 所示为各种精密热模锻件实物。

（1）汽车差速器齿轮。图 1-8 所示汽车差速器齿轮（直齿锥齿轮）是精密热模锻成形技术应用最普遍的一例。目前我国载重汽车的直齿锥齿轮基本都是精密热模锻工艺过程生产的，其齿形精度达到 8 级，完全取代了切齿加工。

（2）汽车前轴。前轴是载重汽车上最大的锻件，其质量通常在 70~130kg。对于载重

图 1-6　各种精密锻造成形的铝合金锻件实物

图 1-7　精密热模锻的各类锻件实物　　　图 1-8　精密热模锻的汽车差速器锥齿轮

汽车的前轴，采用如下两种锻造成形方法生产：

　　1）在万吨级的热模锻压力机上常规热模锻成形。目前国内有多条 120MN（12000～12500t）热模锻压力机锻造自动线。热模锻压力机锻造的前轴锻件尺寸精度高、产品质量好，自动化程度高，生产效率高，适合大批量生产。但是锻造成形生产线投资巨大，仅设备投资即超过 1 亿元，而且对厂房、基础、配套设施和运输安装等要求很高，总投资需1.5 亿元左右；而且建设周期需 3 年以上。通常只有大型汽车、拖拉机厂的锻造厂才有可能采用这种生产方式。

2）精密辊锻+整体热模锻的精密锻造成形。针对我国汽车前轴锻件供不应求的市场需求情况和国内锻造企业的现实条件，北京机电研究所开发成功了载重汽车前轴"精密辊锻+整体热模锻"的精密锻造成形技术。该项技术使前轴难以锻造成形的工字梁和弹簧座通过精密辊锻成形，而模锻只对两端弯臂成形，从而大大降低了锻造主机的吨位，只需用25MN（2500t）螺旋压力机即可锻造120.0kg左右质量的前轴锻件，产品精度达到125MN（12500t）热模锻压力机锻件水平，而模具寿命比后者提高50%，生产成本降低20%。

目前在国内已经建成多条前轴"精密辊锻+整体热模锻"生产线，成为前轴锻造企业技术改造的主要方案。

图1-9～图1-11所示为国内某车桥有限公司的前轴"精密辊锻+精密热模锻"成形过程，其中图1-9所示为1000mm自动辊锻机精密成形辊锻过程图，图1-10所示为25MN（2500t）螺旋压力机的弯曲和终锻成形过程图，图1-11所示为精密辊锻+精密热模锻各道工序的锻件实物。

图1-9　1000mm自动辊锻机精密成形辊锻过程

图1-10　25MN（2500t）螺旋压力机的锻造成形过程

1.3.3.5　复合成形

复合成形技术突破了传统锻造加工方法的局限性，或将不同种类的锻造加工方法组合起来，或将其他金属成形方法（如铸造、粉末冶金等）和锻造加工方法结合起来，使变形金属在外力作用下产生塑性流动，得到所需形状、尺寸和性能的制品。复合成形技术扩展了锻造成形技术的加工对象，有效利用了不同成形工艺过程的优势，具有良好的技术经济效益。精冲与挤压、热锻与冷整形、温锻与冷整形、热锻与温整形等各种相互交叉的复合成形技术都在迅速发展。

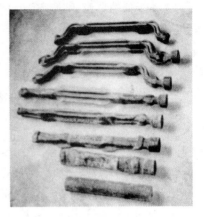

温锻较热锻可获得较高精度的锻件，如等速万向节外套的温锻＋冷精整成形（如图 1-12 所示），30CrMnSiNi2A 超高强度钢壳体零件温挤压＋冷变薄拉深（如图 1-13 所示）。采用温锻＋冷锻联合成形工艺过程（零件质量 3.5kg）生产的等速万向节外套，其型腔精度误差不大于 0.08mm，达到少、无切削的水平。

汽车用交流发电机转子工件通过 4 次温挤（变形力分别为 500kN、1659kN、2000kN、250kN）、5 次冷挤（反挤、弯曲、冲孔、精压，变形力分别为 700kN、1250kN、250kN、3300kN）成形。汽车差速器锥齿轮

图 1-11　精密辊锻＋精密热模锻
各道工序的锻件实物

通过冷镦头、温成形、冲孔、冷精整生产，齿厚公差为 ±0.005mm，齿间误差为 0.01～0.03mm，如图 1-14 所示。汽车联轴节每件重 1～2.5kg，经过 4～5 道温挤（正挤、镦粗、冲边、反挤、成形等），然后再冷成形两次，其公差可达 0.04～0.08mm。还有半闭式挤压预成形件生产带枝杈转向节锻件，冷/温挤联合成形生产直径 $\phi100～400$mm 轴承套圈，采用铸造毛坯再精锻生产有色金属铝合金轮毂锻件，等等。

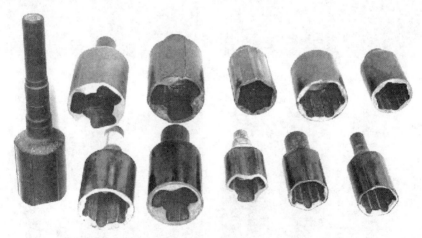

图 1-12　采用温锻＋冷精整成形的等速万向节外套实物

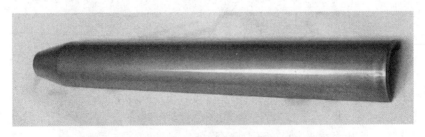

图 1-13　温挤压＋冷变薄拉深成形的超高强度钢壳体实物

坯料 温锻 冷整形

图 1-14 锥齿轮的温锻+冷整形复合精密锻造工艺

1.3.3.6 等温锻造成形

等温锻造成形主要用于钛合金、铝合金、镁合金零件的锻造。在常规条件下，这些金属材料的锻造温度范围比较窄，尤其是在锻造具有薄腹板、高肋条和薄壁锻件时，毛坯料的温度下降很快，需要大幅度地提高锻造设备的吨位才能完成锻造，并且极易造成锻件和模具开裂。

等温锻造成形工艺与其他常规锻造的主要不同点在于：把锻模的温度控制在和毛坯加热温度大致相同的范围内，使毛坯在温度不变的条件下完成锻造的全过程。等温锻造成形由于减小或消除了模具激冷和材料应变硬化的影响，提高了材料的塑性，不仅使变形抗力减小，而且有利于简化锻造成形过程，以较少的变形工步锻造成形具有复杂形状的锻件。

等温锻造成形工艺能批量生产航空、航天、兵器、大型燃气轮机、汽轮机、船舶、石油化工、工程机械、汽车等行业所需的高温合金、钛合金、铝合金锻件。

图 1-15 所示为等温锻造生产的高温合金、钛合金、高强度铝合金锻件实物。

图 1-15 等温锻造成形的钛合金、高温合金、高强度铝合金锻件实物

铝及铝合金材料的成形工艺性能

2.1 概 述

铝及变形铝合金包括工业纯铝以及铝-铜系、铝-锰系、铝-硅系、铝-镁系、铝-镁-硅系和铝-锌系铝合金。

变形铝合金的基本合金元素有 Cu、Mg、Zn、Si、Mn、Ni、Cr 和 Ti 等。一般来说，低合金化和中等合金化，或者说低强度和中等强度的变形铝合金都有足够的塑性和较低的变形抗力，可以在具有拉伸应力和拉伸应变的应力-应变条件下进行塑性加工；但是随着合金化程度的提高，变形铝合金的塑性会下降，而变形抗力会提高。对于大多数的变形铝合金铸锭和高合金化（或高强度）的变形铝合金，应尽可能地在有利于塑性加工的应力-应变状态和低应变速率条件下进行塑性加工，如挤压和闭式模锻等；对于某些塑性极低的变形铝合金，甚至要用反压力挤压的方法进行塑性加工。

另外，变形铝合金的冶金质量对塑性的影响也很大。一般地，变形铝合金铸锭的结晶组织越细小、化学成分不均匀性越小、气孔和夹杂越少，则塑性也越高。

每种变形铝合金都有始锻温度，超过此温度时会因晶粒长大而使塑性下降；与其他合金相同，在接近初熔温度时变形铝合金变脆；因此变形铝合金的始锻温度也要低于其初熔（或凝固）温度。

变形铝合金对应变速率比较敏感。高合金化的变形铝合金最好在液压机上进行锻造成形，也可以在机械压力机或螺旋压力机上进行锻造成形。

对于固溶强化+沉淀强化的变形铝合金，由于其合金化程度高、塑性低，许多属于难变形铝合金，因此在锻造成形这类铝合金时，必须在充分了解合金的锻造成形工艺性能后才能制定出合理的锻造成形工艺。

高合金化的变形铝合金，其塑性介于结构钢与高温合金之间。

工业纯铝和合金化较低的变形铝合金，在锻造成形温度范围内一般都有足够的塑性，有些变形铝合金的塑性还高于普通钢的塑性，因此，它们可以在液压机、机械压力机和螺旋压力机等常用锻造成形设备上进行锻造成形。而合金化较高的变形铝合金，由于其在锻造温度范围内的塑性较低，通常选择在液压机上进行锻造成形，也可以在机械压力机和螺旋压力机上进行锻造成形。

2.2 铝及铝合金的材料参数值和本构关系模型确定

热变形激活能 Q、应力水平参数 α、结构因子 A 及应力指数 n 是铝及铝合金的材料参数，本构关系即应力-应变关系，它是铝及铝合金材料宏观力学性能的综合反映。铝及铝合金的材料参数值和本构关系的确定，为铝及铝合金锻造成形过程的数值模拟分析提供基础数据，为制定和优化铝及铝合金锻造成形工艺奠定基础。

以 2A12 铝合金为例，介绍 2A12 铝合金的材料参数值和本构关系模型确定方法。

将 ϕ 8mm×12mm 的 2A12 铝合金圆柱体试样在 Gleeble-3800 热模拟试验机上按照表 2-1 所列的实验条件进行等温热压缩实验，实验所用润滑剂为 65% 动物油+35% 石墨，实验进行时由 Gleeble-3800 热模拟试验机记录真应力-真应变曲线。图 2-1 所示为在变形温度相同、应变速率不同的条件下等温热压缩时真应力-真应变关系曲线，图 2-2 所示为在应变速率相同、变形温度不同的条件下等温热压缩时真应力-真应变关系曲线。

表 2-1 2A12 铝合金等温热压缩的实验条件

变形温度 T/℃	应变速率 $\dot{\varepsilon}$/s^{-1}	升温速度/℃·s^{-1}	保温时间/min	压缩率/%
350~500	0.001~5.0	20	5	50

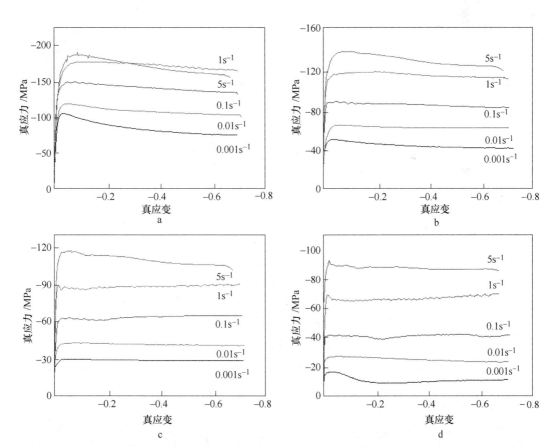

图 2-1 2A12 铝合金在变形温度相同、应变速率不同的条件下等温热压缩时真应力-真应变关系曲线
a—T=350℃；b—T=400℃；c—T=450℃；d—T=500℃

2A12 铝合金材料在等温热压缩变形时，其流变应力行为可以采用 Sellars 和 Tegart 提出的包含热激活能 Q 和绝对温度 T 的 Arrhenius 型方程来表达。

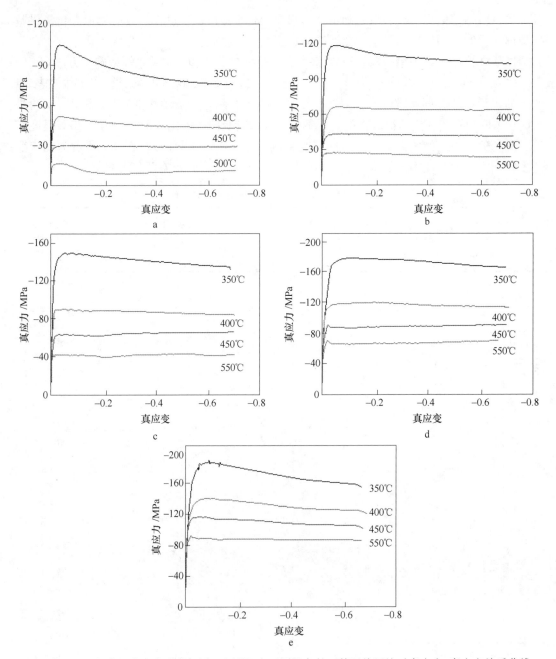

图 2-2　2A12 铝合金在应变速率相同、变形温度不同的条件下等温热压缩时真应力-真应变关系曲线

a—$\dot{\varepsilon}=0.001\text{s}^{-1}$；b—$\dot{\varepsilon}=0.01\text{s}^{-1}$；c—$\dot{\varepsilon}=0.1\text{s}^{-1}$；d—$\dot{\varepsilon}=1\text{s}^{-1}$；e—$\dot{\varepsilon}=5\text{s}^{-1}$

包含热激活能 Q 和绝对温度 T 的 Arrhenius 型方程如下：

$$\dot{\varepsilon}=AF(\sigma)\exp[-Q/(RT)] \tag{2-1}$$

$$F(\sigma)=\sigma^{n_1} \tag{2-2}$$

$$F(\sigma)=\exp(\beta\sigma) \tag{2-3}$$

$$F(\sigma)=[\sinh(\alpha\sigma)]^{n_2} \tag{2-4}$$

式中　　A——结构因子；

n_1，n_2——应力指数；

Q——高温变形激活能，又称动态软化激活能；

R——摩尔气体常数；

T——热力学温度；

$\dot{\varepsilon}$——应变速率；

σ——流变应力；

α——应力水平参数，α 可以由公式 $\alpha = \beta/n$ 求得；

β——σ-$\ln\dot{\varepsilon}$ 关系曲线斜率的倒数。

A、n_1、n_2、α、β 为与温度无关的常数，是描述材料高温流变特性的常值参数。

Zener 和 Hollomon 实验研究证实了热变形条件下应变速率和变形温度对流变应力的影响可以用 Z 参数表示，其物理意义为热变形条件的温度补偿变形速率因子。

Z 参数的表达式如下：

$$Z = \dot{\varepsilon}\exp[Q/(RT)] \tag{2-5}$$

其中式 2-2 应用于低应力水平，即 $\alpha\sigma < 0.8$；式 2-3 应用于高应力水平，即 $\alpha\sigma > 1.2$；式 2-4 为双曲正弦函数，其可描述所有应力水平条件下的流变应力 σ 和参数 Z 的函数关系。

将式 2-2~式 2-4 分别代入式 2-1 中，可得：

$$\dot{\varepsilon} = A\sigma^{n_1}\exp[-Q/(RT)] \tag{2-6}$$

$$\dot{\varepsilon} = A\exp(\beta\sigma)\exp[-Q/(RT)] \tag{2-7}$$

$$\dot{\varepsilon} = A[\sinh(\alpha\sigma)]^{n_2}\exp[-Q/(RT)] \tag{2-8}$$

2.2.1　2A12 铝合金的材料参数值计算[23,24]

2A12 铝合金的材料参数值既可以用图 2-1 所示的真应力-真应变关系曲线求得，也可以用图 2-2 所示的真应力-真应变关系曲线求得。

2.2.1.1　用图 2-2 所示的真应力-真应变关系曲线求解材料参数值 A、n_1、α、β 和 Q

表 2-2 所示为图 2-2 中真应力-真应变关系曲线的真应力峰值。

表 2-2　图 2-2 中真应力-真应变关系曲线的真应力峰值

$\dot{\varepsilon}/s^{-1}$	$T/°C$			
	350	400	450	500
0.001	104.97	51.03	29.89	16.21
0.01	118.75	66.50	43.64	26.91
0.1	149.08	88.96	63.02	41.69
1	177.65	118.20	90.37	70.34
5	190.92	141.10	116.90	93.11

对式 2-6 取对数，并求 $\ln\dot{\varepsilon}$ 对 $1/T$ 的偏微分，得：

$$Q = R\left[\frac{\partial\ln\dot{\varepsilon}}{\partial\ln\sigma}\right]_T\left[\frac{\partial\ln\sigma}{\partial(1/T)}\right]_{\dot{\varepsilon}} \tag{2-9}$$

在式 2-9 中，$\left[\dfrac{\partial \ln \dot{\varepsilon}}{\partial \ln \sigma}\right]_T = n$，它是在温度恒定时 $\ln \sigma$-$\ln \dot{\varepsilon}$ 曲线斜率的倒数。

图 2-3 所示为 σ-$\ln \dot{\varepsilon}$ 的关系曲线，图 2-4 所示为 $\ln \sigma$-$\ln \dot{\varepsilon}$ 的关系曲线。

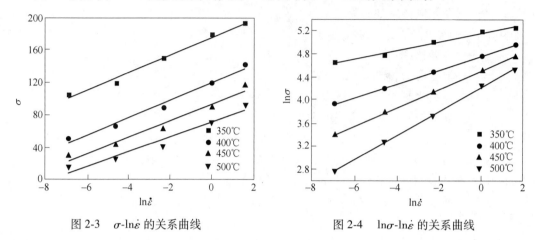

图 2-3　σ-$\ln \dot{\varepsilon}$ 的关系曲线　　　　　　图 2-4　$\ln \sigma$-$\ln \dot{\varepsilon}$ 的关系曲线

由于 2A12 铝合金的流变应力、应变速率和变形温度之间的关系满足双曲正弦函数，所以用 $\ln[\sinh(\alpha\sigma)]$ 代换式 2-9 中的 σ，得：

$$Q = R \left[\frac{\partial \ln \dot{\varepsilon}}{\partial \ln \sinh(\alpha\sigma)}\right]_T \left[\frac{\partial \ln \sinh(\alpha\sigma)}{\partial(1/T)}\right]_{\dot{\varepsilon}} \tag{2-10}$$

当变形温度恒定时，式 2-10 中的 $\left[\dfrac{\partial \ln \dot{\varepsilon}}{\partial \ln \sinh(\alpha\sigma)}\right]_T$ 为 $\ln[\sinh(\alpha\sigma)]$-$\ln \dot{\varepsilon}$ 曲线的斜率的倒数；当变形速率恒定时，式 2-10 中的 $\left[\dfrac{\partial \ln \sinh(\alpha\sigma)}{\partial(1/T)}\right]_{\dot{\varepsilon}}$ 为 $\ln[\sinh(\alpha\sigma)]$-$1000T^{-1}$ 关系曲线的斜率值。

图 2-5 所示为 $\ln[\sinh(\alpha\sigma)]$-$\ln \dot{\varepsilon}$ 的关系曲线。图 2-6 所示为 $\ln[\sinh(\alpha\sigma)]$-$1000T^{-1}$ 的关系曲线。

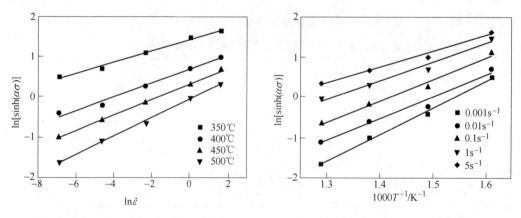

图 2-5　$\ln[\sinh(\alpha\sigma)]$-$\ln \dot{\varepsilon}$ 的关系曲线　　　　图 2-6　$\ln[\sinh(\alpha\sigma)]$-$1000T^{-1}$ 的关系曲线

表 2-3 所示为 $\ln \sigma$-$\ln \dot{\varepsilon}$、σ-$\ln \dot{\varepsilon}$ 关系曲线的斜率值、标准误差值、β 值和 n_1 值，表 2-4 所

示为该曲线的斜率值及其标准误差值，表 2-5 所示为 $\ln[\sinh(\alpha\sigma)]$-$1000T^{-1}$ 关系曲线的斜率值及标准误差值。

表 2-3　$\ln\sigma$-$\ln\dot\varepsilon$、σ-$\ln\dot\varepsilon$ 的斜率值及标准误差值

$T/℃$	$\ln\sigma$-$\ln\dot\varepsilon$			σ-$\ln\dot\varepsilon$		
	斜率值	n_1	标准误差值	斜率值	β	标准误差值
350	0.07419	13.47891	0.0045	10.67123	0.09371	0.71703
400	0.12067	8.287064	0.00137	10.64978	0.093899	0.83581
450	0.15936	6.2751	0.000619	10.09051	0.099103	1.07681
500	0.20773	4.813941	0.00436	9.03797	0.110644	1.15744

表 2-4　$\ln[\sinh(\alpha\sigma)]$-$\ln\dot\varepsilon$ 的斜率值及标准误差值

$T/℃$	斜率值	$\left[\dfrac{\partial\ln\dot\varepsilon}{\partial\ln\sinh(\alpha\sigma)}\right]_T$	标准误差值
350	0.13885	7.202016565	0.00875
400	0.17116	5.842486562	0.01201
450	0.19297	5.182152666	0.00622
500	0.23023	4.343482604	0.0051

表 2-5　$\ln[\sinh(\alpha\sigma)]$-$1000T^{-1}$ 的斜率值及标准误差值

$\dot\varepsilon/\mathrm{s}^{-1}$	斜率值	标准误差值
0.001	6.55329	0.34123
0.01	5.40588	0.58977
0.1	5.28752	0.43296
1	4.59888	0.50585
5	3.94469	0.35109

由表 2-3 可计算出应力指数 n_1 的平均值为 8.21375375，β 的平均值为 0.099339。因 $\alpha=\beta/n$ ，由此可得 α 的值为 0.01209423。

由表 2-4 可求得 $\left[\dfrac{\partial\ln\dot\varepsilon}{\partial\ln\sinh(\alpha\sigma)}\right]_T$ 的平均值为 5.642535。

由表 2-5 可得斜率的平均值为 5.158052，由于 $\left[\dfrac{\partial\ln\sinh(\alpha\sigma)}{\partial(1/T)}\right]_{\dot\varepsilon}$ 的值为该斜率×1000，因此可得：

$$\left[\frac{\partial\ln\sinh(\alpha\sigma)}{\partial(1/T)}\right]_{\dot\varepsilon}=5.158052\times1000=5158.052$$

取摩尔气体常数 $R=8.314\mathrm{J/(mol\cdot K)}$ ，由式 2-10 可得到激活能 Q ：

$$Q=R\left[\frac{\partial\ln\dot\varepsilon}{\partial\ln\sinh(\alpha\sigma)}\right]_T\left[\frac{\partial\ln\sinh(\alpha\sigma)}{\partial(1/T)}\right]_{\dot\varepsilon}$$

$$=8.314\times5.642535\times5158.052=241974.721\quad(\mathrm{J/mol})$$

用 $\ln[\sinh(\alpha\sigma)]$ 代换式 2-6 中 σ 然后再对式 2-1 两边取对数，并假设变形激活能不随温度而变化，整理得：

$$\ln A = \ln\dot{\varepsilon} + Q/(RT) - n\ln[\sinh(\alpha\sigma)]$$

将表 2-2 中的变形温度 T、Q、α、n_1、R 以及在该变形温度下的峰值应力和应变速率代入上式中，可得到：

$$\ln A = 38.4413$$

由此得到了 2A12 铝合金材料参数值，如表 2-6 所示。

表 2-6　2A12 铝合金的材料参数值

$Q/\text{J}\cdot\text{mol}^{-1}$	$\ln A$	α	β	n_1
241974.721	38.4413	0.01209423	0.099339	8.21375375

2.2.1.2　用图 2-2 所示的真应力-真应变关系曲线，求解材料参数值 A、n_1、n_2、α、β 和 Q

对式 2-6~式 2-8 两边取对数，可得：

$$\ln\dot{\varepsilon} = \ln A + n_1\ln\sigma - Q/(RT) \tag{2-11}$$

$$\ln\dot{\varepsilon} = \ln A + \beta\sigma - Q/(RT) \tag{2-12}$$

$$\ln\dot{\varepsilon} = \ln A + n_2\ln[\sinh(\alpha\sigma)] - Q/(RT) \tag{2-13}$$

由式 2-11、式 2-12 可知：在一定温度条件下，$1/n_1$ 为直线 $\ln\sigma$-$\ln\dot{\varepsilon}$ 的斜率，$1/\beta$ 为直线 σ-$\ln\dot{\varepsilon}$ 的斜率，如图 2-7 和图 2-8 所示。为方便计算，取图 2-2 中的峰值应力，用 origin 软件分别以 $\ln\sigma$ 和 $\ln\dot{\varepsilon}$、σ 和 $\ln\dot{\varepsilon}$ 为坐标绘制散点图，并进行数据拟合，得到斜率值及其标准误差。计算图 2-7 中 4 条直线斜率倒数的平均值得：$n_1 = 8.22$；计算图 2-8 中 4 条直线斜率倒数的平均值得：$\beta = 0.1$；通过公式 $\alpha = \beta/n_1$ 求得 $\alpha = 0.0122$。

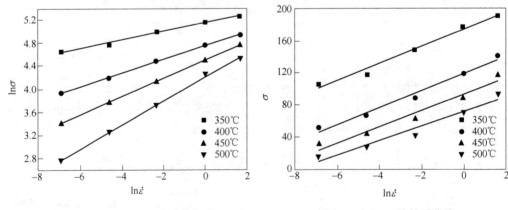

图 2-7　$\ln\dot{\varepsilon}$ - $\ln\sigma$ 的关系曲线　　　　图 2-8　$\ln\dot{\varepsilon}$ - σ 的关系曲线

根据式 2-13 可知，当温度恒定时，$\ln[\sinh(\alpha\sigma)]$ 和 $\ln\dot{\varepsilon}$ 具有线性关系，取峰值应力和对应温度值并进行数据拟合，如图 2-9 所示，求图 2-9 中 4 条直线斜率倒数的平均值得 $n_2 = 5.4555$。

热激活能 Q 可采用 Z 参数法求解。当应变速率恒定时，T^{-1} 和 $\ln[\sinh(\alpha\sigma)]$ 具有线性关系，取峰值应力和对应温度值绘制散点图并用 origin 程序进行数据拟合，如图 2-10 所示，求出斜率平均值，即 $Q/(Rn_2)$。

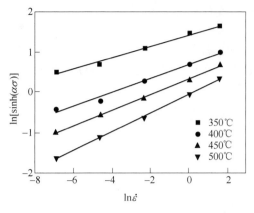

图 2-9 $\ln\dot{\varepsilon}$ 和 $\ln[\sinh(\alpha\sigma)]$ 的线性关系

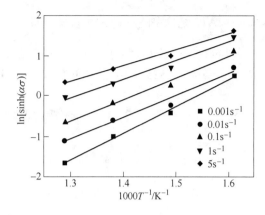

图 2-10 $\ln[\sinh(\alpha\sigma)]$-$1000T^{-1}$ 的线性关系

取摩尔气体常数 $R = 8.314\text{J}/(\text{mol}\cdot\text{K})$，计算得激活能 $Q = 240.2945\text{kJ/mol}$。

对式 2-5 两端取对数，可得：

$$\ln Z = \ln\dot{\varepsilon} + Q/(RT) \tag{2-14}$$

将式 2-13 代入式 2-14 中，可得：

$$\ln Z = \ln A + n_2\ln[\sinh(\alpha\sigma)] \tag{2-15}$$

由式 2-13 知，$\ln A$ 为直线 $\ln[\sinh(\alpha\sigma)]$-$\ln Z$ 的截距。取多次试验对应的参数 $\dot{\varepsilon}$、Q、T，计算求得对应的 $\ln Z$ 值。以 $\ln[\sinh(\alpha\sigma)]$ 和 $\ln Z$ 为坐标轴绘制散点图并用 origin 程序进行数据拟合，如图 2-11 所示。设定直线斜率为 5.4555，得其截距值即为 $\ln A$ 的数值，即 $\ln A = 38.44127$。

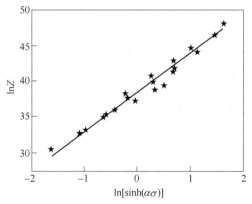

图 2-11 $\ln[\sinh(\alpha\sigma)]$ 与 $\ln Z$ 之间的关系

由此得到了 2A12 铝合金材料参数值，如表 2-7 所示。

表 2-7 2A12 铝合金的材料参数值

$Q/\text{J}\cdot\text{mol}^{-1}$	$\ln A$	α	β	n_1	n_2
240294.5	38.44127	0.0122	0.10	8.22	5.4555

由表 2-6 和表 2-7 可知，不管使用图 2-1 所示的真应力-真应变关系曲线还是使用图 2-2 所示的真应力-真应变关系曲线，所得到的 2A12 铝合金的材料参数值是相同的。

2.2.2　2A12 铝合金的本构关系模型建立

将所得参数代入式 2-11 得 2A12 铝合金的本构方程为：

$$\dot{\varepsilon} = 4.9526 \times 10^{16} \left[\sinh(0.0122\sigma) \right]^{5.4555} \exp\left[-240294.5/(8.134T) \right]$$

2.3　铝-铜系铝合金的成形性能

2.3.1　2A02（LY2）铝合金

2A02（LY2）铝合金的再结晶图和塑性图分别如图 2-12 和图 2-13 所示。

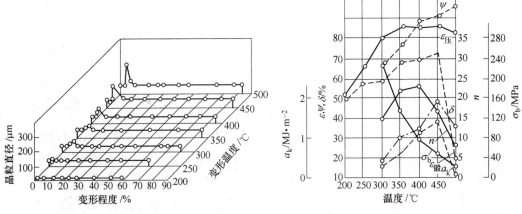

图 2-12　2A02（LY2）铝合金的再结晶图[2]　　　图 2-13　2A02（LY2）铝合金的塑性图[2]

由图 2-13 可以看出，该铝合金的最佳锻造成形温度范围在 350~450℃ 之间。

2.3.2　2A12（LY12）铝合金

2A12 铝合金的塑性图和应力-应变曲线分别如图 2-14 和图 2-15 所示。

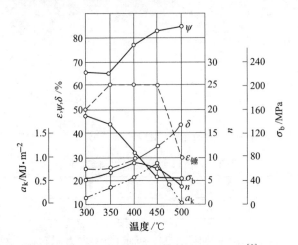

图 2-14　2A12（LY12）铝合金的塑性图[2]

由图 2-14 可知，2A12 铝合金的最佳锻造成形温度范围在 350~450℃ 之间。

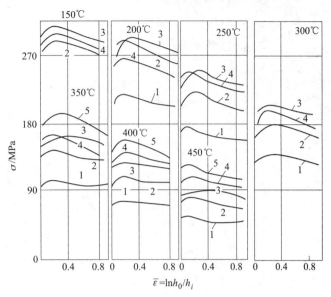

图 2-15 2A12（LY12）铝合金的应力-应变曲线[2]

应变速率: 1—0.01/s; 2—1.00/s; 3—10.00/s; 4—100.00/s; 5—200.00/s

由图 2-15 可知，该铝合金的变形抗力随变形温度的降低和应变速率的提高而提高。

2.3.3 2A14（LD10）铝合金

2A14 铝合金的塑性图、应力-应变曲线和再结晶图分别如图 2-16~图 2-18 所示。

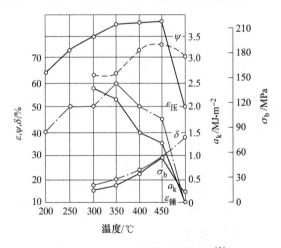

图 2-16 2A14 铝合金的塑性图[2]

由图 2-16 可以看出，该合金在 300~450℃ 范围内的锻造成形工艺性能较好，而且变形状态优于铸造状态。

由图 2-17 可以看出，与其他铝合金相同，该合金的变形抗力随变形温度的降低和应变速率的提高而提高。

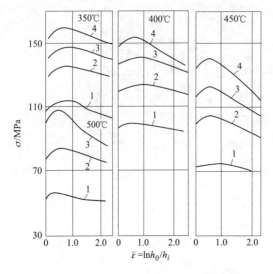

图 2-17　2A14 铝合金的应力-应变曲线[2]
应变速率：1—0.45/s；2—9.00/s；3—101.00/s；4—311.00/s

图 2-18　2A14 铝合金的再结晶图[2]

由图 2-18 可知，该合金的临界变形程度在 15% 以下。

2.3.4　2A16（LY16）铝合金

2A16 铝合金的塑性图和再结晶图分别如图 2-19 和图 2-20 所示。

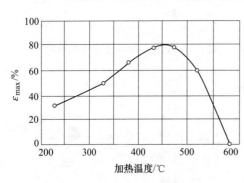

图 2-19　2A16 铝合金的塑性图[2]

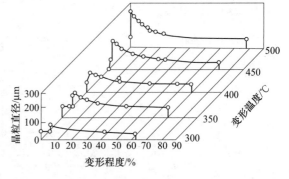

图 2-20　2A16 铝合金的再结晶图[2]

由图 2-19 可知，该铝合金的最佳塑性温度在 380~480℃ 范围内。

由图 2-20 可知，该铝合金在 350℃ 以下，临界变形程度范围较小（6.0%~9.0%），最大晶粒直径为 100~150μm；而在 400~500℃ 范围内，临界变形程度范围增大（2.0%~9.0%），最大晶粒直径也增大至 200μm 以上。

2.3.5　2A50（LD5）铝合金

2A50 铝合金的塑性图、应力-应变曲线和再结晶图分别如图 2-21~图 2-23 所示。

综合分析图 2-21 所示的该铝合金的铸态和变形状态的塑性图可知，该铝合金的最佳塑性温度在 300~450℃ 范围内；从该图还可以看出，在相同温度条件下，变形状态下的允许变形程度大于铸态。

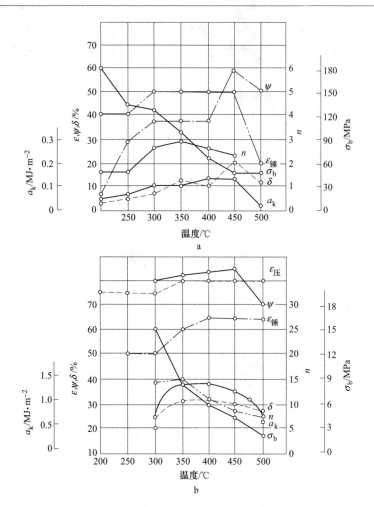

图 2-21 2A50 铝合金的塑性图[2]

a—铸态；b—变形态

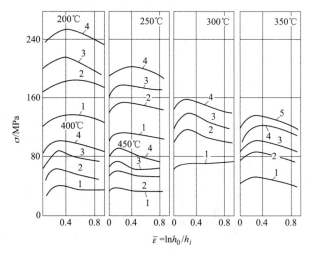

图 2-22 2A50 铝合金的应力-应变曲线[2]

应变速率：1—0.01/s；2—1.00/s；3—10.00/s；4—100.00/s；5—200.00/s

由图 2-22 所示的应力-应变曲线可以看出，与其他铝合金相同，该合金的变形抗力随变形温度的降低和应变速率的提高而提高；而且该合金在 300℃ 以上时变形抗力降低速度比较缓慢。

由图 2-23 可知，该铝合金的临界变形比较明显，其临界变形区都在 2.0%~20.0%。

2.3.6　2A70（LD7）铝合金

2A70 铝合金的塑性图如图 2-24 所示。

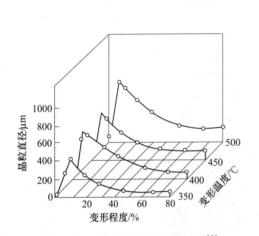

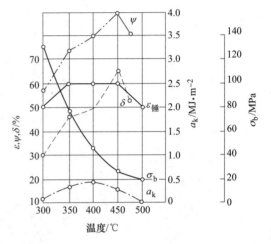

图 2-23　2A50 铝合金的再结晶图[2]　　　图 2-24　2A70 铝合金的塑性图[2]

由图 2-24 可知，该铝合金的最佳塑性温度在 330~450℃。

2.4　铝-锰系铝合金的成形性能

铝-锰系 3A21（LF21）铝合金的塑性图和应力-应变曲线分别如图 2-25 和图 2-26 所示。

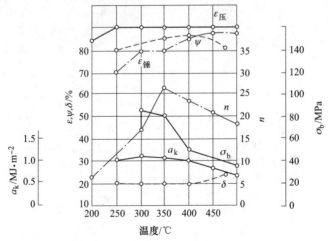

图 2-25　3A21 铝合金的塑性图[2]

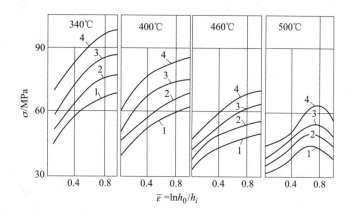

图 2-26　3A21 铝合金的应力-应变曲线[2]

应变速率：1—0.5/s；2—5.00/s；3—20.00/s；4—60.00/s

由图 2-25 可知，该铝合金在 300~500℃ 都有较高的塑性。

由图 2-26 可以看出，该铝合金与其他铝合金有相同的现象，同时各个变形温度和应变速率下的变形抗力绝对值都较低。值得注意的是，铝-锰系铝合金比其他系铝合金具有更明显的挤压效应，即在挤压棒材表层常见有粗晶环。

2.5　铝-镁系铝合金的成形性能

2.5.1　5A02（LF2）铝合金

5A02 铝合金的塑性图和应力-应变曲线分别如图 2-27 和图 2-28 所示。

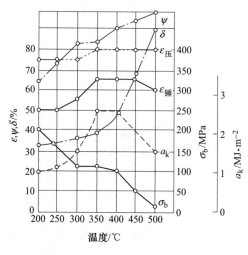

图 2-27　5A02 铝合金的塑性图[2]

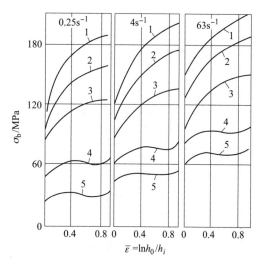

图 2-28　5A02 铝合金的应力-应变曲线[2]

变形温度：1—20℃；2—120℃；3—210℃；

4—360℃；5—480℃

由图 2-27 可知，该铝合金的最佳塑性温度在 350~500℃ 范围内，在压力机上锻造时的变形程度不大于 70%。

由图 2-28 可以看出，当温度超过 360℃ 时，该铝合金的变形抗力明显降低，说明其终锻温度不应低于 350℃。

2.5.2　5A03、5A05 和 5A06 铝合金

图 2-29~图 2-31 所示分别为 5A03(LF3)、5A05(LF5) 和 5A06(LF6) 铝合金的应力-应变曲线。

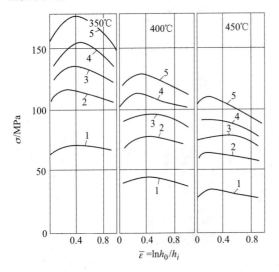

图 2-29　5A03 铝合金的应力-应变曲线[2]
应变速率：1—0.01/s；2—1.00/s；3—10.00/s；
4—100.00/s；5—200.00/s

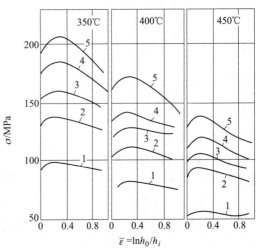

图 2-30　5A05 铝合金的应力-应变曲线[2]
应变速率：1—0.01/s；2—1.00/s；3—10.00/s；
4—100.00/s；5—200.00/s

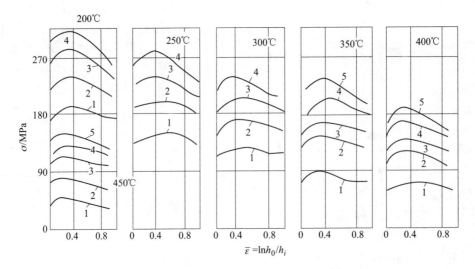

图 2-31　5A06 铝合金的应力-应变曲线[2]
应变速率：1—0.01/s；2—1.00/s；3—10.00/s；4—100.00/s；5—200.00/s

　　比较图 2-29~图 2-31 可以看出，这三种铝合金的应力-应变随变形温度和应变速率变化的规律基本相同；但是在相同的变形温度和应变速率条件下，这三种合金的变形抗力按照 5A03、5A05 和 5A06 的次序依次提高。

　　造成这一变化规律的原因在于合金化程度的不同，这三种铝合金虽都是铝-镁系合金，但含镁量不同，其中 5A03 合金含镁量为 3.20%~3.80%，5A05 合金含镁量为 4.80%~5.50%，5A06 合金含镁量为 5.80%~6.80%；此外，含锰量也有所不同，其中 5A03 和 5A05 铝合金的含锰量为 0.3%~0.6%，而 5A06 铝合金含锰略高，为 0.5%~0.8%。

2.6　铝-锌系铝合金的成形性能

　　铝-锌系合金 7A04（LC4）的塑性图、再结晶图和应力-应变曲线分别如图 2-32~图 2-34 所示。

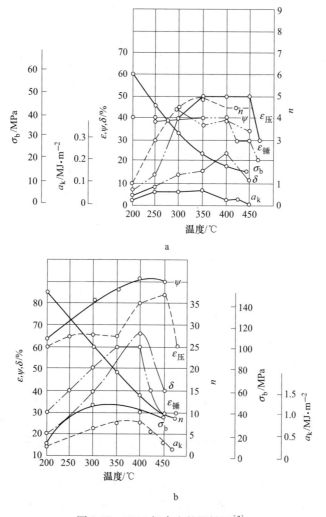

图 2-32　7A04 铝合金的塑性图[2]

a—铸态；b—变形状态

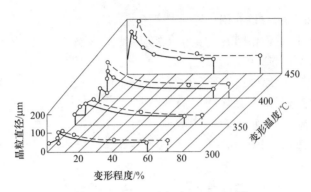

图 2-33　7A04 铝合金的再结晶图[2]
----压力机上镦粗　——锻锤上镦粗

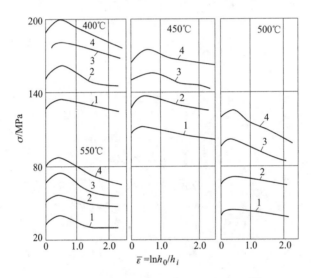

图 2-34　7A04 铝合金的应力-应变曲线[2]
应变速率：1—0.004/s；2—9.00/s；3—101.00/s；4—311.00/s

由图 2-32 可以看出，在每个试验温度范围内，铸态铝合金的允许变形程度都低于变形状态铝合金；就镦粗试样允许的最大塑性变形程度而言，不论是铸态铝合金还是变形状态铝合金，该铝合金的最佳塑性温度基本上都在 300~450℃ 范围内。

从该铝合金在不同温度下镦粗的允许变形程度、拉伸强度（见图 2-32）和压缩的变形抗力（见图 2-33）可知，该铝合金的锻造温度应该在 430~380℃ 范围内选择。

由图 2-34 可以看出，该铝合金的临界变形区在 20.0% 以下。

2.7　几种变形铝合金的成形性能比较

图 2-35 所示为几种变形铝合金在其锻造温度范围内的成形性能比较。图 2-35 中的变形铝合金是我国常用的变形铝合金，包括 7075（7A09、LC9）、7050（英国 7010）、2014（2A14、LD10）和 2618（2A70、LD7）等。

由图 2-35 可以看出，变形铝合金的成形性能与铝合金系及其合金化程度密切相关。

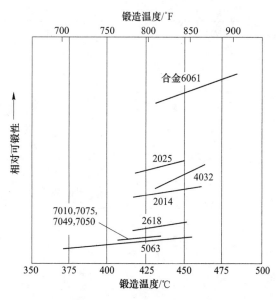

图 2-35　几种变形铝合金的成形性能比较[2]

2.8　铝合金锻造成形工艺参数

表 2-8 所示为我国常用变形铝合金的锻造成形工艺参数。

表 2-8　常用变形铝合金的锻造成形工艺参数[2]

牌号（旧）	变形温度/℃	允许变形/%	备　注
2A02（LY2）	模锻：450~350； 挤压：460~400	80	过烧温度：510℃
2A11（LY11）	470~420	70	
2A12（LY12）	450~350	60	
2A14（LD10）	450~350	挤压材：≤80； 铸锭：≤50	
2A16（LY16）	470~420	80	临界变形程度：2%~9%
2A50（LD5）	模锻：470~380； 铸锭：450~380		临界变形程度：2%~9%
2B50（LD6）	模锻：470~420		
2A70（LD7）	450~350		
2014	440~320		
2024	450~350		
2124	450~320		
2224	450~320		
3A21（LF21）	475~350	80	

牌号（旧）	变形温度/℃	允许变形/%	备　注
5A02（LF2）	475~350	≤70	
5A03（LF3）	430~320		
5A05（LF5）	430~320	≤70	
5A06（LF6）	加热：460； 始锻：420； 终锻：350	≤70	锻造有困难时，应将毛坯表面温度 由460℃降低至420℃后， 以小变形量锻造
6A02（LD2）	470~380	≤70	
7A04（LC4）	430~380	挤压材：≤80； 铸锭：≤50	可制造复杂形状的模锻件， 临界变形程度≤20%
7A09（LC9）	加热：440； 始锻：400； 终锻：320		将毛坯表面温度由440℃ 降低至400℃后，以小变 形量锻造
7B33（LB733）	450~350		
7050	加热：440； 始锻：400； 终锻：280		
7075	加热：440； 始锻：400； 终锻：320		参见7A09
7475	加热：440； 始锻：400； 终锻：320		参见7A09
8090	锻造：450~380； 挤压：480~420； 轧制：500~250		

从表2-8可知，变形铝合金锻造成形的特点：

（1）变形温度范围窄。多数变形铝合金的变形温度在450~350℃范围内；有少部分变形铝合金的始锻温度允许到470℃，另有一部分变形铝合金的终锻温度为280~320℃；绝大多数变形铝合金的锻造温度范围在100℃左右，少数变形铝合金的锻造温度范围甚至只有50~70℃，这些无疑给锻造成形加工带来极大困难。为了争取较长的锻造成形时间，通常将坯料尽量加热到上限温度，这样就要求加热温度应进行精确控制并保证加热温度的均匀性，最好采用空气循环的电炉加热。

（2）对应变速率敏感。由各变形铝合金的应力-应变曲线可知，在相同温度和变形条件下，各类变形铝合金的流动应力都随应变速率的升高而升高。

图2-36所示为应变速率和应变对2014和6061铝合金流动应力的关系曲线。

由图2-36可知，在相同温度和变形条件下，各类变形铝合金的流动应力都随应变速率的升高而升高。

由于变形铝合金对变形速度十分敏感，因此其铸锭通常需要在压应力状态下低速地进行开坯，例如在液压机上进行挤压和锻造成形，或者在轧机上进行轧制成形；许多经过开

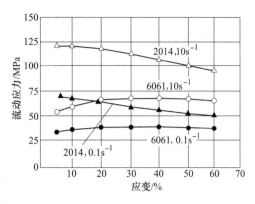

图 2-36　应变速率和应变对 2014 和 6061 铝合金流动应力的影响[2]

坯的铝合金坯料在模锻成形时，往往也需要在液压机、机械压力机或螺旋压力机上进行。

（3）对加热和变形温度要求严格。由于变形铝合金的锻造温度范围窄，为了争取更多的锻造成形加工时间，应尽可能地将其加热到始锻温度允许的上限值，这就要求采用装备温度控制仪表的高精度加热炉控制加热温度，以免产生过热。

多数变形铝合金经过开坯后，其半成品的塑性有所改善，在一般情况下不容易锻裂；但如果不遵守锻造成形工艺规范，如采用高速锻造成形和大变形量锻造成形，则大量变形能转变为热能仍有可能使锻件的温度超过始锻温度的上限值而引起过热，造成锻件组织和性能的不合格。

（4）流动性差、充满模膛困难。变形铝合金与钢质模具之间的摩擦系数大，在锻造成形时金属流动性差，锻造成形时难于充满模具型腔的圆角。为了得到充填饱满的锻件，通常需要增加变形工步和模具，并加大模具的圆角半径。

（5）容易黏模。铝合金的活性大，当进行剧烈大变形量的锻造成形时，从坯料内部露出来的新鲜金属表面往往会黏附在模具上，使锻件和模具两者都报废。

（6）成形性能与铝合金系和合金化程度密切相关。由图 2-35 可知，7×××铝-锌合金系和部分 5×××铝-镁合金系的成形性能最差，6×××铝-镁-硅合金系的成形性能较好，而 2×××铝-铜合金系和 4×××铝-硅合金系的成形性能介于两者之间。

图 2-35 未给出的 1×××工业纯铝和不可热处理铝合金（如 3×××铝-锰合金系和 5×××铝-镁合金系的部分合金），它们的成形性能都是较高的。

由图 2-35 可以看出，高强度和高合金化的硬铝合金和超硬铝合金的成形性能最差；工业纯铝和低合金化的防锈铝合金的成形性能最好；锻铝合金的成形性能属于中等，其合金化程度也属于中等。可见，变形铝合金的成形性能还与合金化程度密切相关。

由上述分析可知，虽然多数变形铝合金的塑性较高、变形抗力也低，但由于其锻造温度范围窄（允许锻造成形加工的时间短）、对变形温度和速度敏感（需要选择工作速度低的锻造成形设备）、需要严格控制加热温度和锻造过程中的温升、摩擦系数大和流动性差使金属充满模膛困难、不均匀变形易引起局部粗晶，以及锻件易黏结在模具上等众多不利因素的存在，使得变形铝合金的锻造成形加工变得十分困难；同时变形铝合金还对裂纹敏感，裂纹若不及时清理，会迅速扩大，从而导致锻件的报废。

2.9　热力学参数对铝合金锻件质量的影响

2.9.1　变形温度的影响

按照变形铝合金的固溶体加第二相的组织结构,变形铝合金的锻造温度范围大致可根据该合金的相图确定。

一般变形铝合金的始锻温度或变形温度应该比固相线低 80~100℃,允许的终锻温度应该比强化相极限溶解温度低 100~230℃。但是,凭借变形铝合金的相图只能大致确定其锻造温度范围,变形铝合金具体的锻造温度范围需要利用该铝合金的塑性图、应力-应变曲线、再结晶图以及生产经验综合确定。

对于可热处理强化的变形铝合金,尽管其热处理参数对锻件组织和性能起决定性的影响,但锻件的锻后组织对锻件热处理(尤其是淬火加人工时效或自然时效)后的组织和性能有直接影响。因此,可热处理强化变形铝合金的锻造温度仍然是获得最佳锻件组织和性能的重要因素。

不可热处理强化的变形铝合金锻件,其晶粒尺寸完全由变形温度决定,因此其锻造温度范围对锻件的组织和性能起着极其重要的作用。

变形温度对于变形铝合金之所以有如此重要的作用,是因为若加热或锻造温度过高(在低于过烧温度情况下),锻件将形成粗晶组织;若锻造温度过低,锻件将产生加工硬化,在随后的热处理过程中,因为加工硬化区的激活能大,将首先产生再结晶,随后该部分晶粒急剧长大形成粗晶,从而降低锻件性能。

2.9.2　变形程度的影响

为保证锻件具有细小、均匀的晶粒组织,除控制变形温度外,还需控制变形程度。

变形程度过大或过小都将导致组织不均匀,从而降低锻件性能。

通常,锻造成形设备每一个工作行程的变形程度应大于该合金再结晶图上相应温度下的临界变形程度(铝合金的临界变形程度多在 15%~20%),尤其是在锻造成形终了时不应落入相应终锻温度的临界变形程度区域,以免引起晶粒粗大和不均匀;变形程度过大(在塑性允许范围内)时,由于变形能导致的锻件温升太高也有可能引起晶粒粗大和不均匀。锻件的晶粒粗大和不均匀是导致其力学性能降低和不稳定的重要因素。

2.9.3　应变速率的影响

在按照锻造成形工艺规程正确操作的情况下,应变速率对于变形铝合金锻件的力学性能无明显影响。

为了提高塑性、减少变形抗力和改善充填模具型腔的能力,通常采用低加载速度的压力机进行锻造成形比较合理。

3 近净锻造成形方法

近净锻造成形技术是指零件成形后，仅需少量加工或不再加工就可用作机械构件的成形技术。它是新工艺、新材料、新装备以及各项新技术成果的综合集成技术。

近净锻造成形技术包括两方面的内容：

（1）产品形状和尺寸的精密锻造成形，以获得近净成形锻件或净成形锻件；

（2）产品内在质量和表面质量的精确控制，以获得具有良好内在质量和表面质量的锻件。

目前，在生产实际中采用的近净锻造成形方法包括精密热模锻、冷锻、多向模锻等。

3.1 精密热模锻成形技术

3.1.1 概述

精密热模锻是在常规热模锻的基础上逐步发展起来的一种少无切削加工新工艺。与常规热模锻相比，它能获得表面品质好、机械加工余量少且尺寸精度较高的锻件，从而能提高材料利用率，取消或部分取消切削加工工序，可使金属流线沿零件轮廓合理分布，提高零件的承载能力。因此，对于生产批量大的中小型锻件，若能采用精密热模锻成形方法生产，则可显著提高生产率、降低产品成本和提高产品质量。特别是对一些材料贵重并难以进行切削加工的工件，其技术经济效果更为显著。有些零件，例如汽车的同步齿圈，不仅齿形复杂，而且其上有一些盲槽，切削加工很困难；而用精密热模锻方法成形后，只需少量的切削加工便可装配使用。因此，精密热模锻是机械加工工业中的一种先进制造方法，也是锻造技术的发展方向之一[21]。

根据技术经济分析，零件的生产批量在 2000 件以上时，精密热模锻将显示其优越性；若现有的锻造设备和加热设备均能满足精密热模锻工艺要求，则零件的批量在 500 件以上，便可采用精密热模锻方法生产。

目前，常规的模锻件所能达到的尺寸精度约为 ±0.50mm，表面粗糙度只能达到 $Ra12.5\mu m$。而精密热模锻件所能达到的尺寸精度一般为 ±0.10 ~ ±0.25mm，甚至可达到 ±0.05 ~ ±0.10mm，表面粗糙度可达到 $Ra0.8 \sim 3.2\mu m$。例如用精密热模锻工艺过程生产的直齿圆锥齿轮锻件，其齿形不再进行机械加工，齿轮精度即可达到国标 IT10 级；精密热模锻的叶片，其轮廓尺寸精度可达 ±0.05mm，厚度尺寸精度可达 ±0.06mm。

3.1.1.1 精密热模锻的特点

精密热模锻是提高锻件精度和降低表面粗糙度的一种先进的热模锻方法。

精密热模锻成形具有如下特点：

（1）精密热模锻件的余量和公差小，锻件精度可达 ±0.20mm，表面粗糙度可达 $Ra0.8 \sim$

3. 2μm 以上，能部分或全部代替零件的机械加工，因而能节约大量的机械加工工时，提高劳动生产率和材料利用率，大大地降低零件的成本。

（2）采用精密热模锻生产的零件，由于金属流线不仅没有被切断，而且流线分布更合理，因此，其力学性能比切削加工的零件高、使用寿命也长。

（3）采用精密热模锻的方法，可以成批生产某些形状复杂、使用性能高，而且难于用机械加工方法制造的零件，如齿轮、带齿零件、叶片等。

（4）精密热模锻对毛坯要求严格，因为毛坯的形状和尺寸直接影响锻件成形、金属充满效果及模具寿命，因此，要求毛坯尺寸精确、形状合理，同时表面要进行清理（如打磨、抛光、酸洗或滚筒清理等），去除氧化皮、油污、锈斑等。这样才能保证锻件质量和延长模具使用寿命。

（5）精密热模锻对毛坯加热质量要求高。为了得到尺寸精确、表面光洁的精锻件，要求采用少、无氧化加热的方法，如在带有保护气氛的加热炉中加热、感应炉中加热以及在电炉中快速加热，或采用在毛坯表面涂刷玻璃润滑剂后进行加热，这样才能保证毛坯表面光洁，使锻件的表面质量好。

（6）精密热模锻后的锻件需要在保护介质中冷却，如在砂箱、石灰坑中冷却或在无焰油炉中进行冷却。

3.1.1.2　精密热模锻的应用范围

目前，精密热模锻主要用于如下两个方面：

（1）生产精化毛坯。生产精度较高的零件时，利用精密热模锻工艺取代粗切削加工，即将精密热模锻件进行精机加工得到成品零件。

（2）生产精密热模锻零件。主要用于生产精密热模锻能达到其精度要求的零件，多数情况下是用精密热模锻制成零件的主要部分，以省去切削加工，而零件的某些部分仍需少量切削加工，有时也可完全采用精密热模锻方法生产成品零件。

3.1.2　精密热模锻的成形方法

常用的精密热模锻成形方法有小飞边开式模锻、闭式模锻、闭塞式锻造、热挤压和等温锻造等。

3.1.2.1　小飞边开式模锻

小飞边开式模锻是一种常用的精密热模锻成形工艺，如图 3-1 所示。其成形过程可分为自由镦锻、模膛充满和打靠三个阶段，如图 3-2 所示。

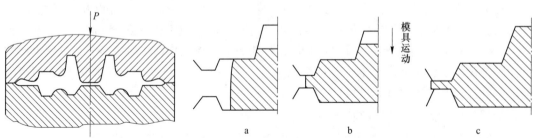

图 3-1　小飞边开式模锻　　　　　　图 3-2　小飞边开式模锻的变形过程
　　　　　　　　　　　　　　　　　　a—自由镦锻；b—模膛充满；c—打靠

小飞边开式模锻模具的分模面与模具运动方向垂直，模锻过程中分模面之间的距离逐渐减小，在模锻的第二阶段（模腔充满阶段）形成横向飞边，依靠飞边的阻力使金属充满模腔。

3.1.2.2 闭式模锻

闭式模锻（如图 3-3 所示）亦称无飞边模锻。其成形过程可以分为三个阶段（如图 3-4 所示）。

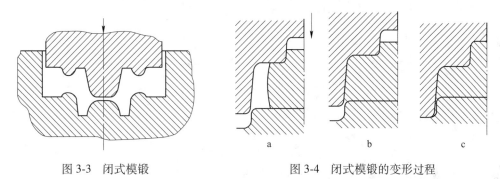

图 3-3 闭式模锻

图 3-4 闭式模锻的变形过程

a—自由镦锻；b—模腔充满；c—形成纵向飞刺

（1）自由镦锻阶段：从毛坯与上模模腔表面（或冲头表面）接触开始到坯料金属与模腔最宽处侧壁接触为止的阶段，在这一阶段金属充满模腔中某些容易充满的部分。

（2）模腔充满阶段：从毛坯金属与模腔最宽处侧壁接触开始到金属完全充满模腔为止的阶段，在这一阶段坯料金属的流动受到模壁阻碍，毛坯各个部分处于不同的三向压应力状态；随着坯料变形的增大，模壁的侧向压力也逐渐增大，直到模腔完全充满。

（3）结束阶段——形成纵向飞刺阶段：多余金属被挤出到上模和下模的间隙中形成少量纵向毛刺，锻件达到预定的高度的阶段。

闭式模锻模具的分模面与模具运动方向平行，在模锻成形过程中分模面之间的间隙保持不变，在模锻的第二阶段（即充满阶段）不形成飞边，即模腔的充填不需要依靠飞边的阻力。如果毛坯体积过大，则在模锻的第三阶段会出现少量的纵向毛刺。

在变形过程可以看出，闭式模锻时要求毛坯体积比较精确。如果毛坯体积过大，在锤上模锻时上模和下模的承击面不能接触（打靠），不但会使锻件高度尺寸达不到要求，而且会使模腔压力急剧上升，导致模具迅速破坏；在曲柄压力机上模锻时，轻则造成闷车，重则导致模具和锻造设备损坏。

闭式模锻与小飞边开式模锻相比，除了没有飞边外，还有如下特点：

（1）小飞边开式模锻时模壁对变形金属的侧向压力较闭式模锻时小，虽然两者的坯料金属都处于三向受压状态，但剧烈程度不同。从应力状态对金属塑性的影响来看，闭式模锻比小飞边开式模锻好，它适用于低塑性金属的锻造。

（2）小飞边开式模锻时金属流线在飞边附近汇集，锻件切边后由于金属流线的末端外露会使锻件的力学性能降低；因此对应力腐蚀敏感的材料如高强度铝合金和各向异性对力学性能有较大影响的材料如非真空熔炼的高强度钢，采用闭式模锻更能保证锻件的质量。

3.1.2.3 闭塞式锻造

闭塞式锻造如图 3-5 所示，也称为闭模挤压、可分凹模锻造、径向挤压、多向模锻等。

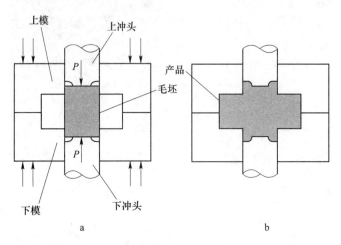

图 3-5　闭塞式锻造

a—成形前；b—成形后

闭塞式锻造是在封闭模膛内的挤压成形，是传统闭式模锻的一个新发展。

闭塞式锻造的变形过程是：先将可分凹模闭合形成一个封闭模膛，同时对闭合的凹模施加足够的压力，然后用一个冲头或多个冲头，从一个方向或多个方向，对模膛内的坯料进行挤压成形。

3.1.2.4　热挤压

热挤压工艺的类型如图 3-6 所示。按挤压时金属流动的方向分为正挤压、反挤压、径向挤压和复合挤压。

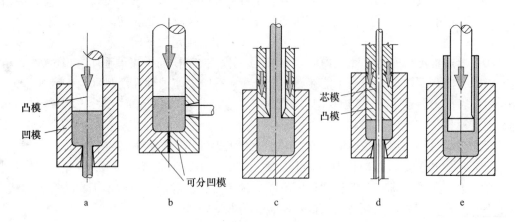

图 3-6　热挤压工艺的类型

a—实心件正挤压；b—径向挤压；c—实心件反挤压；d—空心件正挤压；e—空心件反挤压

热挤压与闭式模锻的区别在于：闭式模锻时当金属充满模膛后，多余的金属一般形成纵向毛刺；而热挤压时金属挤出端处于自由状态，多余的金属只引起锻件挤出部分长度的变化。与闭式模锻相同，热挤压件具有较好的质量。

3.1.3 精密热模锻成形工艺设计

3.1.3.1 零件的成形工艺性分析

零件的成形工艺性分析主要考虑如下因素：

（1）零件的材料。用普通热模锻方法能够锻造的金属材料都可以进行精密热模锻。普通热模锻用的铝合金和镁合金等轻金属和有色金属，因其具有锻造温度低、不易产生氧化、模具磨损少和锻件表面粗糙度低等特点，适宜于采用精密热模锻成形。钢在精密热模锻时因坯料的温度较高，要求模具具有较高的红硬性和热态下的抗疲劳性等；此外坯料加热时容易氧化和脱碳；对于某些耐热合金，其变形抗力很大，模具寿命低，精锻成形更为困难。所以钢质精锻件的精密热模锻比轻合金和有色金属困难。

（2）零件的形状。旋转体零件如齿轮、轴承等最适宜于精密热模锻；形状复杂的零件只要锻造时能从模具模腔中取出，一般就可以进行精密热模锻。

（3）零件的尺寸精度和表面质量。精密热模锻件的尺寸精度约比模具精度低两级。目前温锻件的尺寸精度达到IT4级，热锻件的尺寸精度达到IT5级左右。如果零件的尺寸精度和表面质量（包括表面粗糙度和表面脱碳层深度等）要求不高，普通热模锻即可达到，则应采用普通模锻方法生产；如果零件的尺寸精度和表面粗糙度要求很高，用精密热模锻尚不能达到，则精密热模锻可作为精化毛坯的工序以取代一般精度的切削加工，此时精密热模锻件应留有精加工余量。

（4）生产批量。采用精密热模锻是否经济，直接与生产批量、节约原材料、减少机械加工工时以及模具成本等有关；一般地，零件的生产批量在2000件以上，精密热模锻已充分显示其优点；若现有锻造成形设备和加热设备均能满足精密热模锻工艺要求时，则零件的生产批量在500件以上便可采用精密热模锻方法生产。

3.1.3.2 精密热模锻工艺过程的制订

制订精密热模锻工艺过程的主要内容如下：

（1）根据产品零件图绘制精锻件图；
（2）确定模锻工序和辅助工序（包括切除飞边、清除毛刺等），决定工序间尺寸；
（3）确定加热方法和加热规范；
（4）确定清除坯料表面氧化皮或脱碳层的方法；
（5）确定坯料尺寸、质量及其允许公差，选择下料方法；
（6）选择锻造成形设备；
（7）确定坯料润滑和模具润滑及模具的冷却方法；
（8）确定锻件冷却方法和规范，确定锻件热处理方法；
（9）提出锻件的技术要求和检验要求。

3.1.3.3 对精密热模锻成形工艺的要求

对精密热模锻成形工艺的要求如下：

（1）精密模锻件表面不应有（或允许有少量的）氧化皮，必要时还要控制脱碳层厚度，因此精密热模锻通常采用少无氧化加热坯料，加热前应清除坯料表面氧化皮，必要时还要除去表面脱碳层，或者采用专门方法清除加热坯料表面的氧化皮。

（2）尽量减少热锻件与空气的接触时间，通常是将精密热模锻成形的锻件放入能防止氧化的介质中冷却以防止二次氧化，或者利用保护涂层防止热锻件在空气中氧化。

（3）使用具有较高精度的模具和合适的精锻成形设备。

（4）严格控制模具温度、锻造温度规范、润滑条件和锻造操作等工艺因素。

（5）提高坯料的下料精度和质量。闭式模锻时，对坯料体积精度有严格的要求，最好采用高效率的精密下料方法。

3.1.3.4　精锻件图的制定

精锻件图就是适合精密锻造成形的零件的图形，它是根据成品零件图，考虑到精密锻造成形工艺性和后续机械切削加工的工艺要求进行制定的。精锻件图是编制精密锻造成形工艺过程，进行模具、夹具、量具和刀具设计的原始依据，是与后续的机械切削加工工艺取得协调的重要技术文件。

精锻件图制定以前，必须充分了解成品零件的性能和使用要求，并对其进行全面的锻造成形工艺分析，这样才能确定哪些部位可以直接精密锻造成形，哪些部位还要由后续的机械切削加工完成，零件的尺寸和加工工艺基准是否需要改变，成品零件图上规定的材料是否能够进行精密锻造成形等一系列问题。

在精锻件图制定过程中，不仅要考虑怎样才能把精锻件锻得质量好、耗材少和成本低，也要确定在哪一类锻造设备上进行成形，采用什么样的工艺路线和精密锻造成形模具等。

精锻件图的制定一般应考虑以下内容：

（1）精密热模锻件的机械加工余量。零件图上某些不便模锻成形的部位（如小孔和某些凹槽等），可以加上敷料，简化锻件形状。精密热模锻件的尺寸精度或表面质量达不到产品零件图的要求时，须为后续的机械加工留加工余量。

（2）分模面。其选择原则与普通热模锻相同，应考虑模膛易于充满、能从模膛中取出锻件、易于检查锻件的错移和便于模具加工等问题；分模面的位置与模锻成形工艺直接相关，而且决定着锻件的流线方向；锻件的流线方向对其性能有较大影响，合理的锻件设计应使最大载荷方向与流向方向一致。

因此，在确定分模面时应考虑以下几点：

1）材料的各向异性。必须将锻件材料的各向异性与零件外形联系起来，选择恰当的分模面，以保证锻件的流线方向与主要工作应力方向一致。

2）平面分模。对于带有一个或一个以上腹板的锻件，若其主要工作应力在平行于腹板的平面内，则分模面可布置于腹板中心平面上；对于盘形锻件，分模面可置于外表面或者近于外表面处。

3）曲面分模。为了便于模具加工，应优先选择平面分模；但当受到锻件形状限制时，亦可采用曲面分模。当采用曲面分模时，应保证既得到最合适的流线，又要便于模具制造和尽量减少模锻时的错移力；必要时应在模具中设置锁扣。

4）多向流线。若精锻件的主要工作应力是多向的，则要设法造成与其相适应的多向流线。

（3）模锻斜度。为了便于脱模，锻件侧面上需有模锻斜度；精密热模锻铝合金锻件时的模锻斜度为1°~3°，精密热模锻钢质锻件时的模锻斜度为3°~5°；模锻斜度公差值为

±0.5°或±1.0°。

（4）圆角半径。精密热模锻件的最小圆角半径见表 3-1。

表3-1　精密热模锻件的最小圆角半径 （mm）

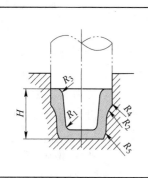

锻件高度 H	一般精度		较高精度	
	R_1、R_2	R_3、R_4、R_5	R_1、R_2	R_3、R_4、R_5
5.0 以下	0.5~0.8	0.4~0.6	0.4~0.5	0.3~0.5
5.0~10.0	1.0~1.5	0.8~1.0	0.8~1.0	0.5~0.6
10.0~15.0	1.5~2.5	1.0~1.5	1.2~1.5	0.8~1.0
15.0~25.0	2.5~3.0	2.0~2.5	2.0~2.5	1.5~2.0
25.0~40.0	3.0~4.0	2.5~3.0	2.5~3.0	2.0~2.5
40.0~80.0	4.0~5.0	3.0~4.0	3.0~4.0	2.5~3.0

（5）筋、凸台和腹板厚度。筋的长度一般超过其高度且大于其宽度的 3 倍。凸台的长度一般小于其宽度的 3 倍，其可以是圆形、矩形或其他不规则形状。推荐采用的锻件筋的最大高宽比 $h:W=6:1$，高宽比上限为 $h:W=8:1$，高宽比下限为 $h:W=4:1$；可锻性较好的材料如铝合金等，当筋的高宽比 $h:W=(6:1)~(8:1)$ 时可以锻造；而可锻性较差的材料如镁合金、钛合金和钢，其筋的高宽比取为 $h:W=(4:1)~(6:1)$ 较适宜。中小型铝合金锻件，其筋的最大高宽比为 $h:W=15:1$，通常采用的筋高宽比范围是 $h:W=(8:1)~(15:1)$；而上限范围 $h:W=(15:1)~(24:1)$ 的筋也可以锻出，但必须采用预锻制坯的方法进行制坯。

3.1.4　精密热模锻成形设备

3.1.4.1　精密热模锻对成形设备的基本要求

精密热模锻的主要特点是要保证所得锻件的尺寸精确和表面光洁。为此，除了需要采用少无氧化加热和其他一些工艺措施外，还必须选择合适的锻造成形设备。

用于精密热模锻用锻造成形设备应满足如下基本要求：

（1）刚度高。刚度是指锻造成形设备所承受的载荷 P 与设备总变形量 ε 之比，即：

$$C = \frac{P}{\varepsilon}$$

式中　C——锻造成形设备的刚度，t/mm；

　　　P——锻造成形设备所能承受的载荷，t；

　　　ε——锻造成形设备的总弹性变形量，mm。

任何锻造成形设备工作时，都要发生弹性变形，因而直接影响着锻件高度尺寸的精度。刚度越高，锻造成形设备的弹性变形越小，锻件高度尺寸越精确。此外，刚度越高，锻造成形设备的弹性变形小，用于弹性变形的能量也少，锻造成形设备的总效率相应提高；刚度越高，锻造时的加载和卸载时间短，锻件在压力作用下与模具的接触时间短，有利于延长模具寿命。

（2）精度好。锻造成形设备的精度同时影响着锻件水平和高度两个方向的尺寸精度。锻造成形设备的精度越好，既能保证锻模不产生错移又不产生倾斜，从而锻出的锻件就越精确；如果锻造成形设备的精度指标较低，特别是导向精度较低时，就应在模具上增加导柱、导套或采取其他导向措施，以弥补锻造成形设备精度差的缺陷。

（3）具有顶出机构。精密热模锻与常规的模锻相比，锻件的拔模斜度很小，甚至没有，因此锻造成形设备必须备有顶出机构，否则在模具结构上必须加以考虑，但这只适用于顶出力很小的情况。

（4）具有超载保险装置。在锻造成形过程中，若锻件的变形抗力大于锻造成形设备允许负荷曲线上的许用力，就会发生超载；机械压力机在超载时会发生闷车现象，甚至损伤设备或模具；螺旋压力机虽有一定的超载能力，但工作时，锻件的变形抗力也是由机身封闭系统的弹性变形来吸收的，锻造成形时最容易发生超载现象。故对于机械压力机和螺旋压力机这两类锻造成形设备必须有超载保险装置，以确保设备安全。

（5）具有能量调节装置。锻件的形状和尺寸不同，精密模锻成形时所需要的能量也不相同。机械压力机是由飞轮自行调节能量的，即锻件成形需要的能量大，飞轮释放出的能量就大；锻件成形需要的能量小，飞轮释放出的能量就小。螺旋压力机就不相同，它们在每次工作行程末了，将其能量全部释放出来；因此，对于这类锻造成形设备，最好具备能量调节装置；在工作时能进行能量调节，以便经济合理地使用设备，同时也有利于提高设备和模具的使用寿命。

3.1.4.2　精密热模锻用成形设备

目前，精密热模锻用锻造成形设备有三大类：机械压力机、螺旋压力机和液压机。在这三大类精密热模锻设备中，机械压力机和螺旋压力机应用比较广泛。

A　液压机

液压机的工作原理如图 3-7 所示，两个充满工作液体的具有柱塞或活塞的容腔由管道连接，件 1 相当于泵的柱塞，件 2 则相当于液压机的柱塞；小柱塞在外力 F_1 的作用下使容腔内的液体产生压力 $p = F_1/A_1$，A_1 为小柱塞的面积，该压力经管道传递到大柱塞的底面上。

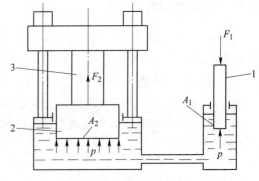

图 3-7　液压机的工作原理
1—小柱塞；2—大柱塞；3—毛坯

根据帕斯卡原理，在密闭容器中液体压力在各个方向上处处相等。由图 3-7 可知，在大柱塞 2 上将产生向上的作用力 F_2，使毛坯 3 产生变形，其中 F_2 为：

$$F_2 = p \times A_2 = \frac{F_1 \times A_2}{A_1}$$

式中　A_2——大柱塞 2 的工作面积。

由于 $A_2 > A_1$，显然 $F_2 > F_1$。这就是说，液压机能利用小柱塞上较小的作用力 F_1 在大柱塞上产生很大的力 F_2。

同时，液压机能产生的总压力取决于工作柱塞的面积和液体压力的大小。因此，要想获得较大的总压力，只需增大工作柱塞的总面积或提高液体压力即可。

液压机的优点：易于得到较大的总压力及较大的工作空间，易于得到较大的工作行程；在行程的任何位置能得到额定的最大压力，并可以进行长时间保压，调压、调速方便，工作平稳，冲击和振动很小、噪声小，结构比较简单、操作方便。

液压机的缺点：生产效率不够高，维修困难，易产生泄漏。

B 螺旋压力机

螺旋压力机是介于锻锤与压力机之间的一种锻压设备，它在工作时的打击性质近似于锤，其工作特性又近似于压力机。

螺旋压力机的工作原理：螺旋压力机是采用螺旋副作工作机构的锻压设备。现以惯性螺旋压力机（如图 3-8 所示）为例说明螺旋压力机的工作原理：它的特征是采用一个惯性飞轮，打击前传动系统输送的能量以动能形式暂时存放在打击部分（包括飞轮和直线运动部分质量），飞轮处于惯性运动状态；打击过程中，飞轮的惯性力矩经螺旋副转化成打击力使毛坯产生变形，对毛坯做变形功，打击部件受到毛坯的变形抗力阻抗，速度下降，释放动能，直到动能全部释放停止运动，打击过程结束。惯性螺旋压力机每次打击，都需要重新积累能量，打击后所积累的动能完全释放；且每次打击的能量是固定的，其工作特性与锻锤接近，这是惯性螺旋压力机的基本工作特性。

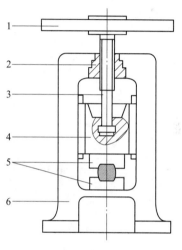

图 3-8 惯性螺旋压力机的工作原理
1—飞轮；2—螺母；3—螺杆；
4—滑块；5—上模和下模；6—机身

螺旋压力机的优点：工艺适应性好，模锻同样大小的成形件可以选用公称压力比热模锻压力机小25%~50%的螺旋压力机，螺旋压力机的滑块位移不受运动学上的限制；模具容易安装、调整，不需要调整封闭高度或导轨间隙；螺旋压力机滑块的最大线速度为 $0.6 \sim 1.5 \mathrm{m/s}$，最适合各种钢和合金的模锻，模具所受应力小；设备结构简单，价格较低，振动小；基础简单，劳动条件较好，操作安全、容易维护；由于有顶出装置，可减少锻件的模锻斜度。

螺旋压力机的不足之处：打击力不易调整，生产效率较低，对于高筋或圆角半径较小的锻件较难充满等。

3.1.5 精密热模锻的变形力和变形功

在精密热模锻成形过程中，精锻件的几何形状和尺寸、原材料的性能、变形金属与模具的温度及其热交换、变形金属与模具接触表面的摩擦以及变形金属在模膛中的非稳定不均匀流动等，都对精密热模锻变形力和变形功有着直接或间接的影响。要完全依靠理论计算方法来精确求出精密热模锻的变形力和变形功是比较困难的，因此在实际工作中常常用经验公式近似计算法来求出精密热模锻的变形力和变形功。

3.1.5.1 精密热模锻的变形力

A 内伯格（Neuberger）和斑纳奇（Pannasch）公式

内伯格和斑纳奇对含碳量为 0.6% 以下的碳钢和低合金钢精密热模锻件的变形力进行

测试时发现，当飞边桥部宽度 b 与其厚度 $h_飞$ 之比 $b:h_飞=2.0\sim4.0$ 时，发现影响锻造变形力的主要因素是精锻件的平均高度 h_a。

h_a 的值可按下式确定：

$$h_a = \frac{Q}{A_t \times \rho}$$

式中　Q——精锻件质量；

　　　　ρ——锻件材料的密度。

变形力 P_t 为：

$$P_t = 10 \times p_a \times A_t$$

式中　p_a——平均压力，MPa，由图 3-9 中查出。

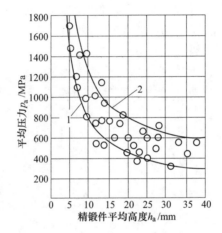

图 3-9　平均压力 p_a 与精锻件平均高度 h_a 的关系

1—用于简单形状的精锻件；2—用于复杂形状的精锻件

图 3-9 中曲线 1 用于简单形状的精锻件，它可用下式表示：

$$p_a = 10 \times \left(14 + \frac{618}{h_a}\right)$$

图 3-9 中曲线 2 用于复杂形状的精锻件，它可用下式表示：

$$p_a = 10 \times \left(37 + \frac{781}{h_a}\right)$$

B　德恩（Dean）公式

若变形金属沿整个飞边桥部产生滑动时，即 $R_s < R_c$ 时，变形力 P_t 为：

$$P_t = \pi \times R_t^2 \times \sigma_s \times \left\{\left[e^{\frac{2 \times \mu \times b}{h_飞}} \times \left(\frac{2 \times \mu \times R_c}{h_飞} + 1\right) - \frac{2 \times \mu \times R_t}{h_飞} - 1\right] + \right.$$

$$\left. \left(\frac{R_c}{R_t}\right)^2 \times \left(e^{\frac{2 \times \mu \times b}{s}} + \frac{2 \times \sqrt{3}}{9 \times h_飞} \times R_c\right)\right\}$$

若金属在飞边桥部既有滑动又有黏附区时，即 $R_c < R_s < R_t$ 时，变形力 P_t 为：

$$P_t = \pi \times R_t^2 \times \sigma_s \times \left\{ \left(\frac{h_{\text{飞}}}{\sqrt{2} \times \mu \times R_t} \right)^2 \times \left[\left(\frac{2 \times \mu \times R_s}{h_{\text{飞}}} + 1 \right) \times \right. \right.$$

$$\left. \left. e^{\frac{2 \times \mu \times b}{h_{\text{飞}}}} - \frac{2 \times \mu \times R_t}{h_{\text{飞}}} - 1 \right] + \left(\frac{R_s}{R_t} \right)^2 \times \left(\frac{1}{\sqrt{3} \times \mu} + \frac{2 \times \sqrt{3}}{9 \times h_{\text{飞}}} \times R_s \right) \right\}$$

$$R_s = R_t - \left(\frac{h_{\text{飞}}}{2 \times \mu} \right) \times \ln \frac{1}{\sqrt{3} \times \mu}$$

式中 R_t——从精锻件中心至飞边桥部外缘的半径；

R_c——从精锻件中心至飞边桥部内缘的半径；

R_s——黏附区的半径；

σ_s——锻件材料的屈服强度。

C 托特（Tot）公式

对于轴对称锻件，其变形力 P_t 为：

$$P_t = \pi \times R_c^2 \times (\sigma_{fl} \times C_{fl} + \sigma_{fg} \times C_{fg})$$

$$C_{fl} = \left(1 + \frac{b}{2 \times R_c} \right) \times \left(1 + \frac{b}{h_{\text{飞}}} \right)$$

$$C_{fg} = 0.28 \times \left(1 + \frac{b}{R_c} \right) + \left(1.54 + 0.288 \times \frac{h_{\text{飞}}}{R_c} \right) \times \ln \left(0.25 + \frac{R_c}{2h_{\text{飞}}} \right)$$

式中 σ_{fl}——飞边部分的屈服强度；

σ_{fg}——锻件本体部分的屈服强度。

对于长轴类锻件，其变形力 P_t 为：

$$P_t = W \times \ln(\sigma_{fl} \times C_{fl} + \sigma_{fg} \times C_{fg})$$

$$C_{fl} = \left(1 + \frac{b}{W} \right) \times \left(1 + \frac{b}{h_{\text{飞}}} \right)$$

$$C_{fg} = \left(2 + \frac{2 \times b}{W} \right) \times \left[0.28 + \ln \left(0.25 + 0.25 \times \frac{W}{h_{\text{飞}}} \right) \right]$$

式中 W——锻件质量（不包括飞边）。

D 列别利斯基（Ребелъскцй）公式

对于轴对称锻件，其变形力 P_t 为：

$$P_t = 6.284 \times (1 - 0.0254 \times D_t) \times \left(1.1 + \frac{0.787}{D_t} \right)^2 \times \sigma_s \times D_t^2$$

对于长轴锻件，其变形力 P_t 为：

$$P_t = 8.0 \times (1 - 0.0287 \times \sqrt{A_t}) \times (1.1 + 0.696\sqrt{A_t})^2 \times \left(1 + 0.1 \times \sqrt{\frac{l_t}{A_t}} \right) \times \sigma_s \times A_t$$

式中 D_t——包括飞边桥部的锻件直径；

A_t——包括飞边桥部的锻件投影面积；

σ_s——屈服强度。

E 摩擦压力机上精密热模锻时变形力计算

在摩擦压力机上精密热模锻时变形力 P_t 可按下式计算：

$$P_t = 100 \times \sigma_a \times A$$

式中　σ_a——锻造温度下的屈服强度，MPa，由表 3-2 查出；

　　　　A——锻件水平投影面积（包括飞边桥部），mm^2。

表 3-2　锻造温度下的屈服强度 σ_a　　　　　　（MPa）

钢　号	σ_a	钢　号	σ_a
20 钢、30 钢	55	30CrMnSi	65
45 钢、50 钢	55	Cr9Si2	70~80
20Cr、15CrV	60	2Cr13	70~80
40Cr、45CrMo	65	合金工具钢	90~100

3.1.5.2　精密热模锻变形功

在制订精密热模锻成形工艺或选用锻造成形设备时，有时需要计算锻造变形功。例如，在螺旋压力机上模锻时，若打击能量过大，则容易损坏锻造成形设备和模具；若打击能量过小，则会增加打击次数，降低生产效率。

锻造时的变形功 E 可按下式计算：

$$E = 10 \times C_2 \times V \times \overline{\varepsilon}_a \times \overline{\sigma}_a$$

$$\overline{\varepsilon}_a = \ln\left(\frac{h_0 \times A_t}{V}\right)$$

式中　$\overline{\varepsilon}_a$——平均应变；

　　　h_0——坯料高度，mm；

　　　C_2——与精锻件复杂程度有关的系数，见表 3-3；

　　　A_t——精锻件在分模面上的投影面积（包括飞边桥部），mm^2；

　　　V——精锻件的体积，mm^3；

　　　$\overline{\sigma}_a$——在平均锻造温度 t_a 和平均应变速率 $\overline{\varepsilon}_a$ 下金属的平均流动应力，MPa，若金属的变形抗力只与应变有关，则应取平均应变 $\overline{\varepsilon}_a$ 下的 $\overline{\sigma}_a$ 值。

表 3-3　与精锻件复杂程度有关的系数 C_2

变形方式	有、无飞边	C_2
简单形状锻件的精密热模锻	无	2.0~2.5
	有	3.0
复杂形状锻件（高筋）的精密热模锻	有	4.0

3.1.6　精密热模锻用润滑剂及润滑方式

润滑在精密热模锻成形过程中有着极为重要的作用。润滑可以减小金属在模腔中的流动阻力，提高金属充满模腔的能力，以及便于从模腔中取出锻件。合理地选择润滑剂，可以有效地提高产品质量，提高模具寿命，提高生产效率，降低变形力和变形功的消耗等。

在精密热模锻成形过程中，由于在一定的温度和高压下成形，给润滑增加了困难。精密热模锻的润滑剂应满足如下要求：

（1）对摩擦表面具有最大的活性和足够的黏度，使润滑剂在摩擦表面形成足够厚的、牢固的润滑层，而且在塑性变形的高压作用下，润滑剂也不会被挤出；

（2）具有良好的润滑性，能有效地减小变形金属与模腔表面间的摩擦；

（3）具有良好的绝热性和热稳定性；

（4）保证锻件有较低的表面粗糙度数值，并能保证锻件顺利脱模；

（5）残渣积聚较少，容易从模具和锻件上清除；

（6）对锻件和模腔表面无腐蚀、氧化及其他有害的化学反应；

（7）对人体无毒害作用；

（8）应具有化学稳定性，便于存放，便于机械化喷涂；

（9）经济，并且容易获得。

3.1.7　精密热模锻用模具设计

设计精密热模锻的模具时，应该根据精锻件图、工艺参数、金属流动分析、变形力与变形功的计算、锻造成形设备参数和精密热模锻过程中模具的受力情况等，确定模具工作零件的结构、材料、硬度等，核算其强度并确定从模腔中迅速取出锻件的方法。然后，进行模具的整体设计和零件设计，确定各模具零件的加工精度、表面粗糙度和技术条件等。

3.1.7.1　模具结构

精密热模锻模具可分为组合凹模（如图 3-10 所示）、可分凹模（如图 3-11 所示）和闭塞锻造模具（如图 3-12 所示）等。

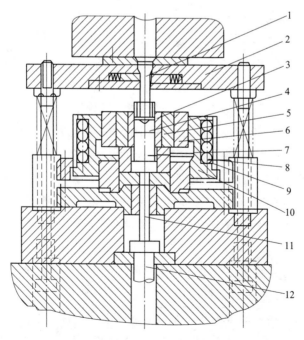

图 3-10　组合凹模式中温反挤压模具

1—冲头；2—卸料板；3—凹模；4—挤压件；5—内预应力圈；6—外预应力圈；
7—凹模顶块；8—加热器；9—金属套；10—固定圈；11—推杆；12—顶出器

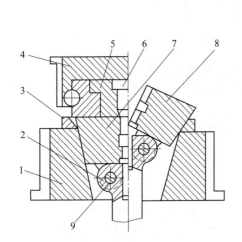

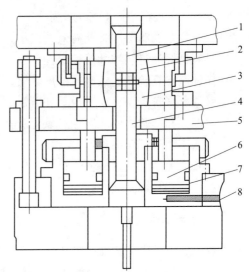

图 3-11　挤压台阶轴锻件的可分凹模式模具　　　　图 3-12　闭塞锻造模具

1—凹模座；2—连接推杆；3—支承环；　　　　　1—上冲头；2—上凹模；3—下凹模；

4—冲头固定器；5—过渡圈；6—冲头；　　　　　4—下冲头；5—活动模架；6—活塞；

7—左凹模；8—右凹模；9—销轴　　　　　　　7—氮气弹簧；8—可进气管道

（1）组合凹模。组合凹模是精密热模锻中常用的模具结构形式，其特点是：可以施加预应力，使凹模能承受较高的单位压力；节约模具材料和便于模具热处理；便于采用循环水或用压缩空气冷却模具。

用 H13 和 3Cr2W8V 等模具钢制造的精密热模锻凹模，若模膛的工作压力为 1000～1500MPa 时，就应采用单层预应力组合凹模；若模膛的工作压力为 1500～2500MPa 时，采用双层预应力组合凹模。

图 3-10 所示为中温反挤压模具，采用双层组合凹模结构，利用预应力圈对凹模施加预应力；为了获得尺寸精度高的挤压件，模具中设置有加热器 8，也可以通过压缩空气冷却模具，使其工作温度控制在规定的范围内；为了提高挤压件的表面质量，利用卸料板 2 和凹模顶块 7 刮刷冲头 1 和凹模 3 上的润滑剂残渣。

（2）可分凹模。可分凹模用于模锻形状复杂的锻件，当锻件需要两个以上的分模面才能进行成形和顺利地从模膛中取出时，采用这种结构；但可分凹模的模具结构较复杂，对模具加工要求高。

采用可分凹模时，往往由于活动凹模部分的刚度不够而产生退让，在分模面上形成飞边（纵向毛刺），并造成锻件的椭圆度。如果飞边（纵向毛刺）尺寸稳定，可在模具设计时预先估计，以获得椭圆度很小甚至没有椭圆度的锻件。但是，由于各种因素的变化，飞边（纵向毛刺）的厚度往往不稳定，所以锻件的椭圆度是不易消除的。只有采用足够刚度的可分凹模，才能防止形成飞边（纵向毛刺），可靠地减少或消除锻件的椭圆度。

图 3-11 所示为在液压机或螺旋压力机上热挤压钛合金台阶轴锻件的可分凹模式模具，两个三棱柱形的半凹模 7 和 8 通过销轴 9 与连接推杆 2 铰接，连接推杆 2 固定在压力机的顶出器上；两半凹模安置在凹模座 1 中，支承表面间的角度为 30°；利用过渡圈 5 把冲头 6 固定在冲头固定器 4 中；利用支承环 3 作凹模顶起时的支承或作为冲头工作行程的限位；采用这种模具挤压锻件时，由于模具弹性变形，在凹模分模面间会出现厚度为 0.1 ~ 1.25mm、宽度为 3~5mm 的毛刺。

3.1.7.2　模具型腔的设计

A　模具型腔的尺寸

在普通热模锻时，终锻模具型腔的尺寸是按热锻件图确定的，由于仅考虑了锻件的冷却收缩，没有考虑其他因素，所以锻件的公差较大；对于精度要求较高的精密模锻件，应考虑各种因素的影响，合理地确定模具型腔的尺寸。

如图 3-13 所示的精密模锻锻模的模具型腔尺寸可按下式简化确定，然后通过试锻修正；另外还应在锻件公差中考虑模具型腔的磨损等因素。

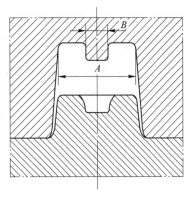

图 3-13　模具型腔尺寸简图

模具型腔直径 A 按下式计算：

$$A = A_1 + A_1 at - A_1 a_1 t_1 - \Delta A$$

凸模直径 B 按下式计算：

$$B = B_1 + B_2 at - B_1 a_2 t_1 + \Delta B$$

式中　A——模腔直径，mm；

A_1——成形件相应直径的公称尺寸，mm；

a——坯料的线膨胀系数，1/℃；

t——终锻时锻件的温度，℃；

a_1——模具材料的线膨胀系数，1/℃；

t_1——模具工作温度，℃；

ΔA——模锻时模腔直径 A 的弹性变形绝对值，mm；

B——凸模（模腔冲孔凸台）直径，mm；

B_1——成形件孔的公称直径，mm；

ΔB——模锻时凸模直径 B 的弹性变形值（当直径 B 变大时，ΔB 为负值，当直径 B 减小时，ΔB 为正值），mm。

B　模具型腔的尺寸公差和表面粗糙度

模具型腔的尺寸和表面粗糙度要根据锻件所要求的精度和表面粗糙度等级选定。一般地，中小型锻模和形状不太复杂的模具型腔尺寸公差取 IT1~IT3 级精度；大锻模和形状复杂的模具型腔尺寸公差取 IT4~IT5 级精度。如果锻件要求较高的精度，则要相应提高模具型腔的制造精度，因而使模具制造难度增加。

确定模具型腔的表面粗糙度应考虑成形加工的可能性，为了利于金属流动和减小摩擦，应尽可能降低模具型腔的表面粗糙度。通常，模具型腔中重要部位的表面粗糙度应为 $Ra < 0.4\mu m$，一般部位应具有 $Ra\ 0.8 \sim 1.6\mu m$ 的粗糙度。

3.1.7.3　凹模尺寸和强度计算

A　组合凹模

当凹模型腔内侧表面承受较大的接触面上平均工作内力时，就应该采用预应力组合凹模以对凹模芯施加预压应力，以提高凹模芯的承载能力；对于由 3Cr2W8V 和 W18Cr4V 等模具钢制造的凹模芯，当模具型腔内侧表面承受的接触面上平均工作内压力为 1000 ~ 1500MPa 时就应该采用单层预应力组合凹模（如图 3-14 所示），当模具型腔内侧表面承受的接触面上平均工作内压力为 1500~2500MPa 时就应该采用双层预应力组合凹模（如图 3-15 所示）。当模具型腔内侧表面承受的接触面上平均工作内压力虽没有达到 1000MPa 以上，但为了节约模具材料，仍可采用单层或双层预应力组合凹模。

组合凹模各个预应力圈的直径可参考图 3-14 和图 3-15 来确定。配合锥面的角度 γ 一般为 1°30′，凹模外套外径 d_3 与凹模芯内孔型腔直径 d_1 的比值一般为 4.0~6.0。

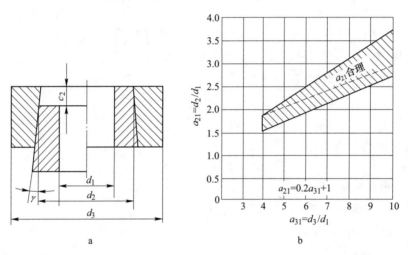

图 3-14　单层预应力组合凹模

图 3-14a 的左边表示单层预应力组合凹模压合前的配合情况，其右边表示压合后的状态。图 3-14b 所示为确定凹模芯外径 d_2（也就是凹模外套的公称内径）的线图；图中阴影线区域为凹模芯外径 d_2 与凹模芯内孔型腔直径 d_1 比 $a_{21} = d_2/d_1$ 的合理范围，根据凹模芯内孔型腔直径 d_1 和选定的凹模外套外径 d_3 即可计算出总直径比 $a_{31} = d_3/d_1$，由此 a_{31} 值做横坐标的垂线向上与阴影线区域相交截，即可求得 a_{21}，从而确定 d_2。

图 3-15a 的左边表示双层预应力组合凹模压合前的配合情况，其右边表示压合后的状态。图 3-15b 所示为确定凹模芯外径 d_2（也就是凹模中套的公称内径）和凹模中套的公称外径 d_3（也就是凹模外套的公称内径）的线图；根据凹模芯内孔型腔直径 d_1 和选定的凹模外套外径 d_4 即可计算出总直径比 $a_{41} = d_4/d_1$，由此 a_{41} 值做横坐标的垂线向上与阴影线区域相交截，即可求得 a_{21} 和 a_{32}，由 $a_{21} = d_2/d_1$ 和 $a_{32} = d_3/d_2$ 来确定 d_2 和 d_3。图 3-15a 中 c_2 和 c_3 分别表示凹模芯与凹模中套的轴向压合量和凹模中套与凹模外套的轴向压合量。

组合凹模各部分的径向过盈量和轴向压合量，应根据强度计算决定。不论模具是在压合状态还是在工作状态，凹模芯和凹模外套中的应力均应小于其材料的许用应力，且凹模外套不应产生塑性变形。

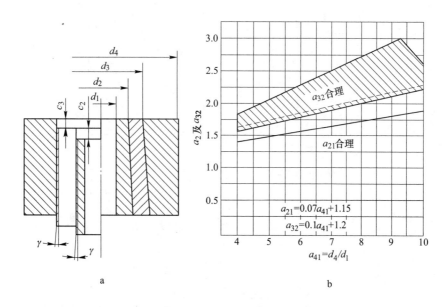

图 3-15 双层预应力组合凹模

B 可分凹模

为了防止在凹模分模面间形成毛刺，可分凹模应有足够的刚度和夹紧力。如图 3-16 所示，可分凹模的夹紧力可按下式计算：

$$\frac{P_1}{F_1} \geqslant \frac{P_n}{F_n}$$

式中　P_1——凹模夹紧力，kN；

　　　　P_n——冲头总压力，kN；

　　　　F_1——锻件在凹模分模平面上的投影面积，mm^2；

　　　　F_n——冲头横截面积，mm^2。

除了对凹模进行上述强度计算外，一般还应核算模具内孔型腔底面承受的挤压应力；当凹模芯受到较大的弯曲应力时，还应核算其弯曲应力。

3.1.7.4 凸模尺寸和强度计算

对于凸模，除了核算抗压强度外，还应该核算纵向弯曲的稳定性。

图 3-17 所示为高速钢凸模自由部分长度 l 与直径 d 之比 l/d 与许用单位压力 p 的关系。

表 3-4 和表 3-5 列出了热挤压凸模和凹模尺寸，表 3-6 列出了凸模紧固部分尺寸。

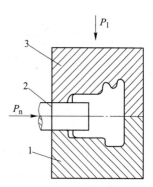

图 3-16 可分凹模的受力
1—下凹模；2—冲头；3—上凹模

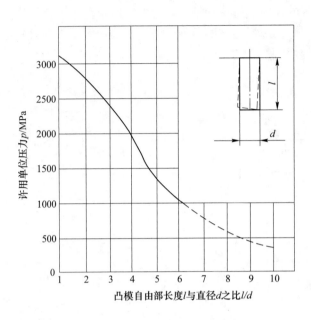

图 3-17　高速钢凸模的许用单位压力曲线

表 3-4　热正挤压凸模和凹模尺寸

示　意　图	代号	尺寸/mm
	D	模具型腔设计时确定
	D_1	$D-0.1$
	D_2	$D_1-(1.0~2.0)$
	d	模具型腔设计时确定
	d_1	$d+(0.4~0.8)$
	H	H_0+R_1+10（H_0 为坯料高度）
	h	$<0.5d$
	h_1	$(1.0~1.5)×D≥25~30$
	h_2	$10.0~15.0$
	R_1	$2.0~5.0$
	R_2	$1.0~2.0$
	R_3	$1.5~2.0$
	2α	$90°~120°$
	γ	$1°30'$（用于组合凹模）

表 3-5 热反挤压凸模和凹模尺寸

示 意 图	代号	尺寸/mm
	d	模具型腔设计时确定
	d_1	$d-(1.0\sim2.0)$
	d_2	$0.5d$
	D	模具型腔设计时确定
	D_1	$1.2D$
	D_2	$(2.0\sim2.5)D$
	H	$H_0+R_2+(5.0\sim10.0)$（H_0为坯料高度）
	h	$<0.5d$
	h_1	$(1.5\sim2.0)h$
	R、R_1	$1.0\sim2.0$
	R_2	$2.0\sim5.0$
	2α	$120°\sim150°$
	β	$0\sim30'$
	γ	$1°30'$（用于组合凹模）

表 3-6 热挤压凸模紧固部分尺寸

示 意 图	代号	尺寸/mm
	D	$d+2h\times\tan\gamma$
	h	$(1.0\sim1.5)D$
	R	$3.0\sim5.0$
	γ	$10°\sim15°$

3.1.7.5 模具的导向装置

精密热模锻用模具，一般采用导柱、导套作为模具的导向装置；通常导柱与导套按二级精度 D/dc 配合；对于要求较低的模具，其导柱与导套可采用三级精度滑动配合。当利用凸模和凹模本身作为导向时，凸模与凹模的导向间隙值，对于压力机用精密热模锻用模具可取 $0.05\sim0.30$mm（双边间隙）；在压力机上模锻有色金属精锻件时，凸模与凹模的导向间隙值可查表 3-7。

表 3-7　精密热模锻有色金属锻件时凸模与凹模之间的导向间隙　　　　（mm）

凹模孔直径或尺寸	圆形导向孔		非圆形导向孔	
	铝合金	铜合金	铝合金	铜合金
≤20	0.05	0.10	0.10	0.15
20~40	0.10	0.15	0.15	0.20
40~60	0.15	0.20	0.20	0.25
60~100	0.20	0.25	0.25	0.30
100~150	0.30	0.40	0.40	0.50

注：表中数值为双边间隙。

3.1.7.6　模具的顶出装置

精密热模锻时，为了能迅速地从模具型腔中顶出成形件和使模具可靠地工作，在模具设计和制造中对模具的顶出装置应给予足够的重视。

在机械压力机、螺旋压力机上精密热模锻时，可利用压力机中的顶出装置迅速把成形件从模具型腔中顶出。

图 3-18 所示为机械压力机精密热模锻用模具，由压力机中的液压顶出器或机械顶出器推动推杆 1，通过调节垫板 3 推动锻模顶杆 5 而顶出锻件。

图 3-19 所示为摩擦压力机精密热模锻用模具，它是利用摩擦压力机中的机械顶出装置来顶出锻件。这种机械顶出装置的优点是当滑块回程时立刻把锻件顶出，工作可靠；但只有当顶杆处于最高位置不妨碍坯料在凹模中的正确安放和定位时，才能采用这种顶出装置。

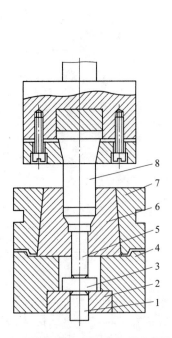

图 3-18　有顶出装置的机械压力机精密热模锻用模具

1—推杆；2—垫板；3—调节垫板；4—下模板；

5—顶杆；6—凹模；7—预应力圈；8—冲头

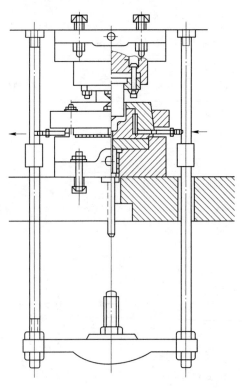

图 3-19　有顶出装置的摩擦压力机

精密热模锻用模具

图 3-20 所示为在 2500t 液压机上有顶出装置的精密热模锻用模具。

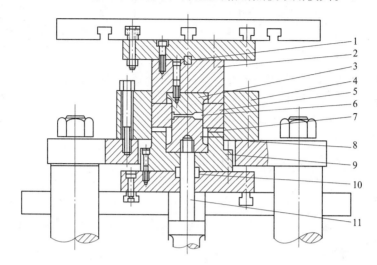

图 3-20 2500t 液压机精密热模锻用模具
1—定位销；2—上模固定板；3—上冲头；4—预应力圈；5—凹模；6—锻件；7—垫板；
8—下冲头；9—下模固定板；10—定位环；11—顶杆

3.2 冷锻成形技术

3.2.1 概述

冷锻成形工艺作为一种少无切削加工的制造工艺方法，已经在生产领域中得到广泛应用。

所谓冷锻是指在冷态条件下的精密锻造成形加工，即在室温条件下利用安装在锻造设备上的模具将金属坯料锻造成形为具有一定形状及一定使用性能的冷锻件的塑性成形方法。

与热模锻、粉末冶金、铸造及机械切削加工相比，冷锻成形具有如下优点：

（1）冷锻件的精度高，强度性能更好；

（2）节省原材料；

（3）生产效率高，易实现自动化；

（4）能耗较低；

（5）生产成本较低；

（6）对环境无污染。

由于冷锻成形工艺具有上述优点，它已越来越多地用来大量生产软质金属、低碳钢、低合金钢锻件。

要实现冷锻成形加工，需要有如下的要求：

（1）所需冷锻成形设备的吨位较大。冷锻成形时的变形抗力大。在冷挤压成形时，单位挤压力可以达到坯料材料强度极限的 4.0~6.0 倍甚至更高。

（2）对模具材料要求高。在冷锻成形过程中，单位冷锻力常常接近甚至超过模具材料的抗压强度。在冷挤压成形时，其单位挤压力可以高达 2500~3000MPa；在冷压印或冷精压时，其单位成形力可以高达 3500MPa。

（3）模具制造工艺复杂。冷锻成形模具不仅对模具材料的要求很高，而且需要设计、制造两层或三层的预应力组合凹模。

（4）对所加工的原材料要求高。冷锻成形时，坯料在冷态下产生很大的变形；坯料的高度可能被镦粗至原来的几十分之一，坯料的截面积可能被挤至原来的几分之一至几十分之一。为了避免在冷锻成形过程中对坯料进行多次中间软化退火，必须选用组织致密和杂质少的材料。

（5）坯料往往要进行软化退火和表面润滑处理。

3.2.2 冷锻成形的基本工序[21,25]

冷锻成形主要包括冷镦锻、冷型锻、冷挤压、冷压印和冷模锻等基本工序。

3.2.2.1 冷镦锻

冷镦锻是利用冷锻成形设备通过冷锻模具对金属坯料施加轴向压力，使其产生轴向压缩、横截面增大的冷锻成形方法，如图 3-21 所示。

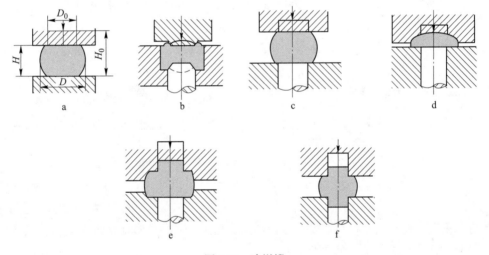

图 3-21 冷镦锻

冷镦锻的特点是坯料的横截面积增大。

根据坯料变形部位的不同以及模具工作部分形状的不同，冷镦锻可分为：冷整体镦锻，如图 3-21a 和 b 所示；冷顶镦（或镦头），如图 3-21c 和 d 所示；中间锻粗，如图 3-21e 和 f 所示。

冷整体镦锻是使整个坯料由轴向压缩转为横向扩展的一种冷锻成形工序，冷整体镦锻的变形特点与镦粗的变形特点相同。

冷顶镦（镦头）是在坯料一端的头部产生轴向压缩、横向扩展的冷镦锻工序（如图 3-22 所示），冷顶镦的变形特点与镦粗工序完全相同。冷顶镦模具工作部分的设计应注意如下几点：

（1）冷顶镦所用凹模要有夹持好坯料不变形部分的功能，凹模口部边缘应有圆角。

（2）冷顶镦外凸曲面形镦头件时，凸模工作部分的形状要有相应的内凹曲面形状。

（3）当冷顶镦件头部外曲面的端面粗糙度要求不高时，凸模内凹中心处一般设计出气孔（如图3-22b所示）。如果端面形状精度要求较高，凸模面上不允许有出气孔，可用预成形或机加工法加工出符合要求的圆弧端面再顶镦。

（4）形状复杂的头部（如螺栓六角头等）的工件冷顶镦时，应按多次顶镦逐步成形的工艺方案进行模具设计。

中间镦粗是指使坯料的中间部位产生轴向压缩、横向扩展的冷镦锻工序，如图3-23所示，中间镦粗的变形特点与镦粗工序基本相同。中间镦粗的模具工作部分设计要点如下：

（1）凹模的设计原则与顶镦凹模相同；

（2）凸模工作部分要带有内孔，且孔口边缘要成圆角；

（3）中部形状要求较高的工件中间镦粗时，应采用半封闭式冷镦锻；

（4）中部形状复杂的工件中间镦粗时，应按逐步成形多次冷镦锻的工艺方案进行模具设计。

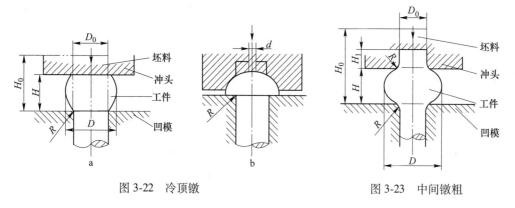

图 3-22 冷顶镦   图 3-23 中间镦粗

3.2.2.2 冷型锻

冷型锻是利用冷锻成形设备通过模具对金属坯料施加压力使其产生横向压缩变形的冷锻成形方法，如图3-24a所示，冷型锻的特点是坯料的横截面变薄。

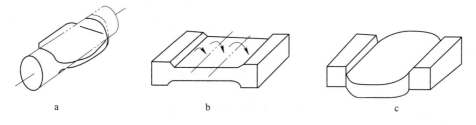

图 3-24 冷型锻
a—型锻件；b—轴向伸长压扁；c—展宽压扁

根据坯料变形部位的不同，冷型锻可分为端部拔长和中间压扁两种基本工序，如图3-24b和c所示。

端部拔长是使坯料的一端沿其横向压缩、轴向伸长的一种冷型锻工序。

中间压扁是在坯料的中间部位沿其横向压缩而变薄的一种冷型锻工序，它分为如下两种成形方式：

（1）轴向伸长的压扁。如图 3-24b 所示，中间压扁时，阻碍材料在宽度方向上的扩展，迫使其沿轴向扩展。

（2）展宽压扁。如图 3-24c 所示，中间压扁时，由于变形区内轴向变形阻力大于宽向变形阻力，材料沿宽度方向扩展相对容易，而且由于变形区的轴向切应力相对增大，不变形区对变形区的剪切阻力的作用相对减弱。

3.2.2.3　冷压印

冷压印是利用冷锻成形设备通过模具对金属坯料施加压力使之产生轴向压缩、横向不明显扩展的冷锻成形方法，如图 3-25 所示；冷压印的特点是压缩量不大，横向变形量及总体变形量不大，但压力很大。

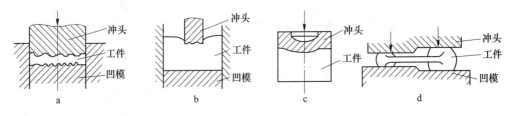

图 3-25　冷压印
a—双面压花压印；b—压印文字；c—压凹；d—精压

依据坯料形状的不同以及所用模具结构特点的不同，压印可以分为压花压印、压凹及精压三种基本工序。

（1）压花压印。在平板形坯料的上、下表面上成形出深度浅而清晰的凸凹花纹、图案或文字符号的一种压印工序叫压花压印，图 3-25a 所示为双面压花压印，如各种硬币的制造；图 3-25b 所示为压印文字符号，其压印出的文字符号深度相对于坯料的厚度（高度）很小，一般不需凹模。

（2）压凹。在坯料的端面上成形出有一定深度的凹坑的压印工序叫压凹，如图 3-25c 所示；压凹压出的凹坑深度比压花压印的深度要大一些，但坯料的横向变形量及总变形量并不很大。

压凹不仅可以成形出带有凹坑的冷锻零件，也可以为挤压和平面精压等工序制坯。

（3）精压。为了提高半成品的尺寸精度及形状精度而进行的轻微压缩变形的一种压印工序叫精压，如图 3-25d 所示；精压分为立体精压和平面精压，其中平面精压应用较多。

虽然精压的变形量很小，但由于其压缩面积大，因而所需的变形力很大。

3.2.2.4　冷挤压

冷挤压是在冷态下将金属坯料放入模具模腔内，在强大的压力和一定的速度作用下，迫使金属从模腔中挤出，从而获得所需形状、尺寸以及具有一定力学性能的冷挤压件，如图 3-26 所示。根据金属被挤出方向与加压方向的关系可将冷挤压分为正挤压、反挤压、复合挤压、径向挤压和减径挤压等基本工序。

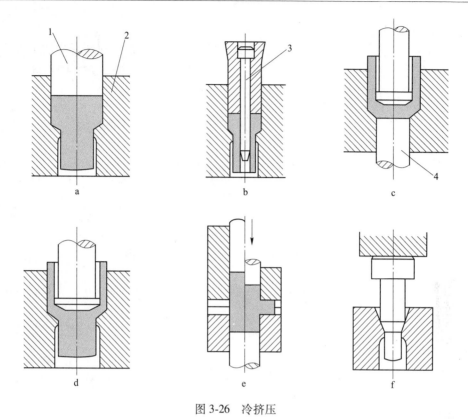

图 3-26 冷挤压

a—实心件正挤压；b—空心件正挤压；c—反挤压；d—复合挤压；e—径向挤压；f—减径挤压
1—冲头；2—凹模；3—冲头芯轴；4—顶料杆

（1）正挤压。在成形过程中金属被挤出方向与加压方向相同的挤压成形方法叫正挤压，如图3-26a、b 所示；正挤压件的断面形状既可以是圆形也可以是非圆形。

（2）反挤压。在成形过程中金属被挤出方向与加压方向相反的挤压成形方法叫反挤压，如图3-26c 所示；反挤压法适用于制造断面是圆形、矩形、"山"形、多层圆形、多格盒形的空心件。

（3）复合挤压。在成形过程中一部分金属的挤出方向与加压方向相同，另一部分金属的挤出方向与加压方向相反的挤压成形方法为复合挤压，如图3-26d 所示。复合挤压是正挤和反挤的复合；复合挤压法适用于制造断面是圆形、方形、六角形、齿形等的杯-杯类、杯-杆类或杆-杆类挤压件，也可以是等断面的不对称挤压件。

（4）径向挤压。在成形过程中金属的流动方向与凸模轴线方向垂直的挤压成形方法为径向挤压，如图3-26e 所示；径向挤压法用于制造某些需在径向有突起部分的工件。

（5）减径挤压。在成形过程中坯料断面仅做轻度缩减的正挤压成形方法为减径挤压，如图3-26f 所示；减径挤压的挤压力低于坯料的屈服力，坯料不会产生镦粗，其模具可以是开式的，因此减径挤压也称"开式挤压"或"无约束正挤压"；减径挤压法主要用于制造直径差不大的阶梯轴类挤压件以及作为深孔薄壁杯形件的修整工序。它特别适合于长轴类件的挤压，是加工带有多台阶轴的有效方法，并适合于加工沟槽浅的花键轴和三角形齿花键轴。

3.2.2.5   冷模锻

冷模锻是利用冷锻成形设备通过带有型槽的凸模和凹模，对金属坯料施加压力并使之充满模具型腔的冷锻成形方法，如图 3-27 所示。根据金属坯料流动方式的不同，冷模锻可以分为开式冷模锻、半闭式冷模锻和闭式冷模锻三种基本工序。

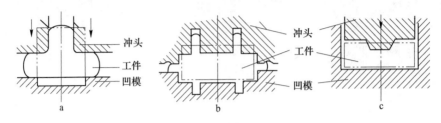

图 3-27   冷模锻

a—开式冷模锻；b—半闭式冷模锻；c—闭式冷模锻

（1）开式冷模锻。开式冷模锻时，受轴向压缩的坯料在侧面是敞开的模具内做比较自由的横向变形，如图 3-27a 所示。

（2）半闭式冷模锻。半闭式冷模锻指的是带有飞边槽的冷模锻，如图 3-27b 所示。半闭式冷模锻模具工作部分设计要点：

1）模腔形状、尺寸及圆角应由冷锻件图要求决定；

2）飞边槽是由桥部与仓部两部分组成；

3）应设计拔模斜度，以便取出工件。

半闭式冷模锻件有飞边，须安排切边工序。

（3）闭式冷模锻。将金属坯料完全限制在模具型腔内进行冷锻成形的工序叫闭式冷模锻，如图 3-27c 所示；闭式冷模锻的变形分为镦粗、充满模腔和挤出端部毛刺三个阶段。闭式冷模锻的变形力很大。

3.2.3   冷锻成形工艺过程的设计

3.2.3.1   冷锻件的设计原则

冷锻件和冷锻成形工艺过程的设计目标和要求是：工艺上合理、经济上合算。

冷锻件的设计是冷锻成形工艺设计的基础。

冷锻件图是根据产品零件图、考虑冷锻成形工艺和机械加工的工艺要求及经济原则而设计的。

设计冷锻件图时，必须遵循下列基本原则：

（1）设计的冷锻件形状要易于冷锻成形，使模具受力均匀；

（2）确定的冷锻件尺寸及精度要求应该在冷锻成形可能范围之内；

（3）用机械切削加工等方法更适宜实现形状和尺寸要求的零件，不应强求用冷锻成形方法，否则经济上不一定合算。

3.2.3.2   冷锻件的结构工艺性

A   对称性

冷锻件的形状最好是轴对称旋转体，其次是对称的非旋转体，如方形、矩形、正多边形、齿形等；冷锻件为非对称形时，模具受侧向力，易损坏（如图 3-28 所示）。

B 断面积差

冷锻件不同断面上，特别是相邻断面上的断面积差设计得越小越有利；断面积差较大的冷锻件，可以通过改变成形方法、增加变形工序而获得（如图 3-29 所示）。

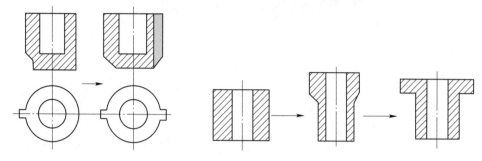

图 3-28 零件结构的对称性　　　　图 3-29 减少断面积差的设计

C 断面过渡及圆角过渡

冷锻件断面有差别时，通常应设计从一个断面缓慢地过渡到另一个断面；为了避免急剧变化，可用锥形面或中间台阶来逐步过渡（如图 3-30 所示），且过渡处要有足够大的圆角。

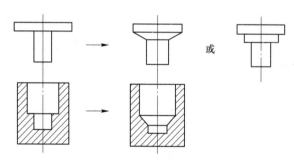

图 3-30 断面的合理过渡

D 断面形状

a 锥形问题

锥形件冷锻会产生一个有害的水平分力，故应先冷挤成形为圆筒形，然后单独镦粗成形外部锥体或切削加工出内锥体（如图 3-31 所示）。

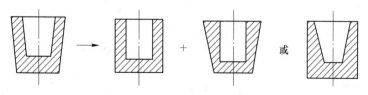

图 3-31 锥形件的冷锻

b 阶梯形

对如图 3-32 所示的阶梯形冷锻件适宜于正挤压或减径挤压，但差异很小的阶梯形件采用冷锻成形并不经济；对如图 3-33 所示的空心阶梯形件，其阶梯之间的尺寸相差很小，最好冷锻成形为大阶梯形或简单空心件，然后切削出来。

　　c 避免细小深孔

　　冷锻直径很小的孔或槽是很困难的，也是不经济的，应尽量避免。对如图 3-34 所示的零件，其深孔 1、侧孔 2、沟槽 3 及螺纹 4，均不宜用冷锻成形的方法成形，而需要用机械切削加工的方法来制造。

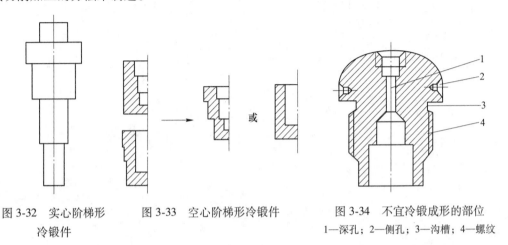

图 3-32 实心阶梯形　　　图 3-33 空心阶梯形冷锻件　　　图 3-34 不宜冷锻成形的部位
　　　　冷锻件　　　　　　　　　　　　　　　　　　　　　　1—深孔；2—侧孔；3—沟槽；4—螺纹

3.2.3.3 冷锻成形工艺方案的制订

　　对于任何一种冷锻件，从不同的角度和设计观点出发，会有多个工艺方案。在制订工艺方案时，既要考虑到技术上的可能性和先进性，又要注重经济效益。应该拟定两个或更多个工艺方案，然后进行经济技术分析，以便得出合理的工艺方案。

　　（1）冷锻件图的制订：冷锻件图可根据零件图来制订，以 1∶1 比例绘制。冷锻件图的制订，其内容包括：

　　1）确定冷锻成形和进一步加工的工艺基准。

　　2）对于不需机械切削加工的部位，不加余量，应按零件图的技术要求直接给出公差；而对于需进行机械切削加工的部位，应考虑加工余量，并按冷锻成形可以达到的尺寸精度给出公差。

　　3）确定冷锻成形后多余材料的排除方式。

　　4）按照零件的技术要求及冷锻成形可以达到的精度，确定冷锻件的表面粗糙度等级和形位公差值。

　　（2）制订冷锻成形工艺方案的技术经济指标。为了确保冷锻成形工艺方案在技术经济上的合理性和可行性，常采用下述几个指标来衡量：

　　1）冷锻件的尺寸。冷锻件的尺寸越大，所需冷锻成形设备吨位随之增大，采用冷锻成形加工的困难性增加。

　　2）冷锻件的形状。冷锻件的形状越复杂、变形程度越大，所需的冷锻成形工序数目就越多。

　　3）冷锻件的精度。冷锻件的精度和表面粗糙度有一定限度，增加修整工序可提高冷锻件精度。

4）冷锻件的材料。冷锻件的材料影响冷锻成形的难度和许用变形程度。

5）冷锻件的批量。冷锻件的批量大时可以使总的成本降低。

6）冷锻件的费用。冷锻件的制造成本一般包含材料费、备料费、工具及模具制造费、冷锻成形加工费及后续工序加工费等，这是一项综合指标，往往是决定工艺方案是否合理、可行的关键因素。

对于上述几个指标进行全面分析、平衡之后，就可以选择一个最佳的冷锻成形工艺方案。

最佳的冷锻成形工艺方案的具体标志是：采用尽可能少的冷锻成形工序和中间退火次数，以最低的材料消耗、最高的模具寿命和生产效率，冷锻成形出符合技术要求的冷锻件。

冷锻成形加工的全过程应包含下料工序、预成形工序、辅助工序、冷锻工序以及后续加工工序等，其中冷锻成形工序的设计是制订冷锻成形工艺方案的核心工作。

3.2.3.4 不同冷锻成形工序的一次成形范围

不同冷锻成形工序的一次成形范围是指在当前的技术条件下，一次成形所允许的加工界限。它是根据不超出许用变形程度、一定的模具使用寿命以及良好的工件质量等原则来确定的。

A 正挤压件的一次成形范围

正挤压件的典型形状如图 3-35 所示。

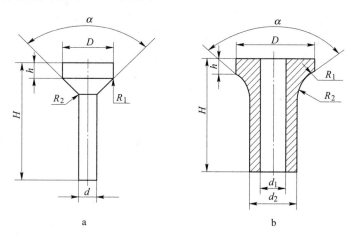

图 3-35 正挤压件的典型形状
a—正挤压实心件；b—正挤压空心件

正挤压时，若坯料的高度（h_0）与直径（D）之比 h_0/D 过大，会加大摩擦阻力，增大挤压力；因此，正挤压时坯料的高径比一般应限制在 $h_0/D < 5.0$ 范围内。

正挤压时，若正挤压实心件的杆部直径 d 过小，其变形程度会超出许用变形程度。对于黑色金属实心件的正挤压，其一次成形的杆部直径 d 应在控制在如下范围内：$0.5D < d < 0.85D$。

正挤压时，其余料厚度 h 值过小，单位挤压力会急剧增加；而且对于实心件的正挤压还会出现缩孔缺陷。正挤压实心件余料厚度 h 不宜小于挤出部分直径的 0.5 倍，正挤压空

心件余料厚度 h 则不宜小于挤出部分的壁厚。

凹模锥角 α 是影响正挤压件质量与单位挤压力的主要因素之一，凹模锥角 α 的大小往往取决于零件的技术要求；正挤压时，若凹模锥角 $\alpha = 180°$，为了降低单位挤压力和改善质量，就要对零件的结构做适当的修改或增加一道镦粗工序。

生产中，凹模锥角 α 应根据冷挤压件的材料和变形量选择。对于黑色金属，其凹模锥角 α 一般取为：$\alpha = 90° \sim 120°$，变形程度小时取大值；对于有色金属，其凹模锥角 α 取为：$\alpha = 160° \sim 180°$。若在变形程度大时凹模锥角 α 取为：$\alpha = 180°$，就会出现死角区、缩孔和表面裂纹缺陷；严重时会出现死区剥落现象。

B　反挤压件的一次成形范围

反挤压杯形件的典型形状如图 3-36 所示。

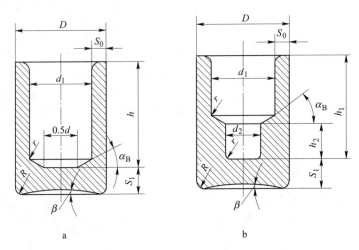

图 3-36　反挤压杯形件的典型形状
a—直孔杯形件；b—阶梯孔杯形件

反挤压时，为了保证反挤压凸模在挤压成形过程中不失去稳定性，其孔深 h 应受凸模长径比的限制。不同材料的杯形挤压件允许的相对孔深 h/d_1 分别为：对于有色金属及其合金，其杯形挤压件的相对孔深 $h/d_1 = 3.0 \sim 6.0$；对于黑色金属，其杯形挤压件的相对孔深 $h/d_1 = 2.0 \sim 3.0$。

反挤压时，反挤压杯形件的杯壁 S_0 越薄，则反挤压的变形程度越大，所以反挤压件的壁厚 S_0 受材料的许用变形程度的限制。

反挤压时，若反挤压杯形件的底厚 S_1 过小，除了会引起挤压力的急剧上升以外，还可能会在底部转角处引起缩孔缺陷。因此，一般情况下应使 $S_1 \geq S_0$（S_0 为壁厚），特殊情况才允许 $S_1 < S_0$，最低限度必须保证 $S_1 \geq 0.8 S_0$。

反挤压时，为了保证反挤压时不超出模具的许用单位压力，根据反挤压单位压力与变形程度的关系，内孔径 d_1 的一次成形范围应受最小许用变形程度和最大许用变形程度的限制。黑色金属反挤压时，合适的变形程度应控制在下述范围内：$25\% \leq \varepsilon_A \leq 75\%$，经换算后，其内孔径 d_1 的一次成形范围应为：$0.5D \leq d_1 \leq 0.86D$。

带阶梯内孔的杯形件反挤压时（如图 3-36b 所示），凸模工作带会加长，成形压力随之加大，凸模寿命就会大大缩短。因此，一般情况下应使阶梯孔杯形件的小孔长径比 $h_2/d_2 \leqslant 1.0$，只在特殊情况下才允许 $h_2/d_2 > 1.0$，但必须限制 $h_2/d_2 < 1.2$。

采用平底凸模反挤压时，挤压力较大。一般在反挤压黑色金属时凸模顶角 α_B 取为 $7° \sim 27°$；反挤压铝、铜等有色金属时，其凸模顶角 α_B 取为 $3° \sim 25°$。采用锥形凸模反挤压时，其凸模顶角 α_B 仍取上述数值。反挤压的孔底也可采用半球形孔底，它只适用于变形程度较小时。若变形程度超过60%时，则所需的单位挤压力会急剧上升。

C 复合挤压件的一次成形范围

复合挤压件的典型形状如图 3-37 所示。

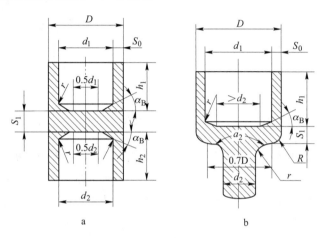

图 3-37 复合挤压件的典型形状

a—双杯类复合挤压件；b—杯杆类复合挤压件

由于复合挤压力总不会超过单纯正挤压或单纯反挤压的挤压力，因此，复合挤压件的一次成形范围应比单纯正挤压或单纯反挤压大些；在生产实际中，复合挤压件的一次成形范围可参照单纯正挤压和单纯反挤压的一次成形范围来确定。如双杯类挤压件按单个反挤压杯形件的一次成形范围来确定其一次成形范围。而对于杯杆类挤压件，其正挤压成形的杆径大 d_2 的一次成形范围可以扩大一些，因为这时的实际挤压变形程度要比名义变形程度小。

对于黑色金属，一般可以取 $d_2/D \geqslant 0.4$，其他尺寸仍按与单个正挤压件相同的成形范围来确定。

D 减径挤压的一次成形范围

减径挤压件的典型形状如图 3-38 所示。

减径挤压是一种在开式模具内变形且变形程度较小的变态正挤压。坯料在进入变形区以前不能有任何的塑性变形，因此，减径挤压件的一次成形范围应综合考虑坯料材料的变形抗力、挤压件的变形程度、模具的许用单位压力以及不产生内部裂纹等因素，由此来确定其主要尺寸参数。碳钢零件减径挤压的一次成形范围是：当锥角 $\alpha = 25° \sim 30°$ 时，若采用的坯料经退火处理则取 $d_1/d_0 \geqslant 0.85$；若采用经冷拉拔加工的坯料则取 $d_1/d_0 \geqslant 0.82$。

E 镦挤复合成形工艺的一次成形范围

镦挤复合成形工艺在多台阶零件中应用较广，多台阶零件又分为长轴类和扁平类两种。

（1）多台阶长轴类冷锻件的镦挤复合成形。多台阶长轴类冷锻件的台阶在 2 个以上，在设计此工艺时，考虑到一次行程中完成多台阶的镦挤成形，势必要选定合理的坯料直径 d_0（如图 3-39 所示）。

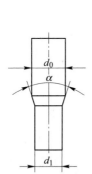 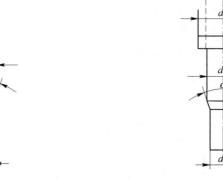

图 3-38　减径挤压件的典型形状　　　　图 3-39　长轴类冷锻件的镦挤复合成形工艺

坯料直径 d_0 与自由减径直径 d_1 与镦粗头部直径 d_2 的关系要满足的条件：由坯料直径 d_0 自由缩径至 d_1 时，其变形程度 ε_A 应控制在 25% ~ 30% 之间，凹模锥角 $\alpha = 25° ~ 30°$；而由坯料直径 d_0 镦粗至 d_2 时，必须符合镦粗变形规则。此工艺的变形特点是先进行自由缩径而后再进行头部镦粗。

（2）扁平类多台阶冷锻件的镦挤复合成形。常见扁平类多台阶冷锻件的镦挤复合成形工艺如图 3-40 所示。

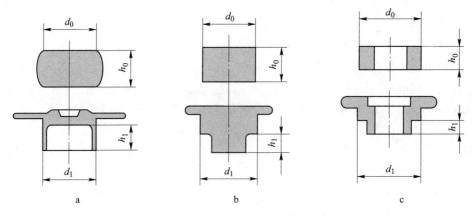

a　　　　　　　　　　　b　　　　　　　　　　　c

图 3-40　扁平类冷锻件的镦挤复合成形工艺

图 3-40a 所示零件的毛坯一般由棒料切断后镦粗获得。设计时应注意 h_1 的高度，当挤压部分变形程度较大时，$h_1 = (0.3 ~ 0.5) d_0$。因为金属在变形过程中产生轴向与径向两个方向的流动，轴向流动变形抗力较大，大部分的金属朝径向流动，所以取毛坯直径 $d_0 \approx d_1$。

图 3-40b 所示零件的毛坯 $d_0 = d_1$，由正挤压与头部镦粗复合成形，h_1 的高度取决于正挤压的变形程度。

图 3-40c 所示零件除具有镦粗及正挤压外，还具有反挤压的性能。h_1 的高度受正挤压变形程度的影响，与图 3-40b 相似，所不同之处在于反挤大孔，加速了金属朝径向流动，h_1 的高度在较大的正挤压变形程度下，会有所下降。

在镦挤复合工艺的金属流动过程中，应尽可能减少已镦粗的头部金属向正挤压方向流动。这样不会因为头部尺寸的增大，而增加了正挤压的变形程度，造成正挤压的困难。镦挤复合工艺中，若存在反挤压，最好的选择是反向流动金属不要过多地参加镦粗，这样就可尽量地减少由于金属经轴向流动后再参加径向流动，确保挤压件的质量。

F 镦挤联合工艺设计

正挤压件头部的凸缘尺寸较大或反挤压后杯形件底部带有较大的凸缘时，因冷挤压的单位压力很大，就不能采用最大尺寸作为毛坯外径，而应分成二道或更多的成形工序即挤压之后采用镦头的办法来获取所需的工件。

如图 3-41 所示，若采用外径 $\phi35$ 的环形毛坯一次挤压，则正挤压的变形程度达 $\varepsilon_A = 93\%$，单位挤压力高达 3500MPa，模具强度承受不了此负荷。为了降低单位挤压力，只有降低变形程度，把一次成形工序改为多次成形。采用声外径 $\phi26$ 的环形毛坯进行正挤压，而后微粒头部，达到产品要求。

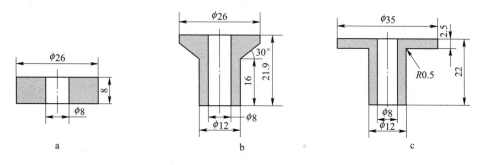

图 3-41 低碳钢（10 钢）钢套镦挤联合成形工艺
a—坯料；b—空心件正挤制坯；c—镦头

G 镦粗工艺

图 3-42 所示为各种镦粗方式的加工界限，在此范围内可以获得一次或二次镦粗成圆柱体或鼓形头部。

图 3-43 所示为粗腰类锻件的局部镦挤的一次成形范围（即在上、下固定的凹模间隙内，将材料镦出凸缘的加工界限）。图中实线包围的区域为可以一次成形范围；阴影线部分为引起纵向弯曲或表面裂纹的区域。如当间隙 Z 和毛坯直径 d_0 的比值 $Z/d_0 = 0.7 \sim 0.8$ 范围内时，凸模行程 l_0 和直径 d_0 的比 $l_0/d_0 = 4.25$ 时，不产生裂纹和纵弯曲，可以镦出凸缘（材料为 10 钢经退火，磷皂化处理，直径 $d_0 = 12.7mm$，$Z = 12.7mm$，凸模工作速度为 212.00mm/min）。

3.2.3.5 中间工序的设计要点

中间工序是得到中间预制坯的工序。中间工序主要进行坯料体积变形量的分配，为冷锻件做形状和尺寸方面的准备。它对冷锻工艺的成败和冷锻件的质量与尺寸精度都有极其重要的影响。

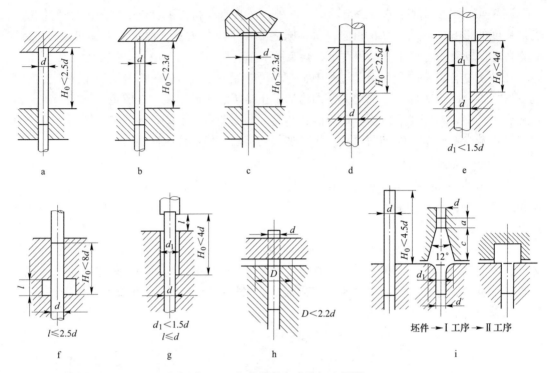

图 3-42　各种镦粗方式的加工界限

a—有约束的局部镦粗；b—无约束的局部镦粗；c—有约束的局部镦粗；d—在模具内局部镦粗；
e—在模具内局部镦粗；f—在模具内局部镦粗；g—在模具内局部镦粗；h—中间带凸起的局部镦粗；i—多工序镦挤

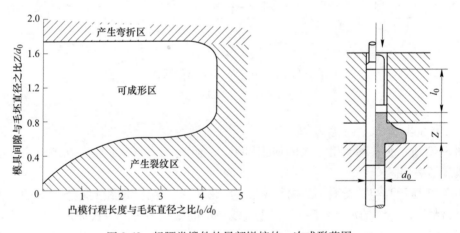

图 3-43　粗腰类锻件的局部镦挤的一次成形范围

A　中间预制坯的形状和尺寸的确定

确定中间预制坯的形状和尺寸最主要的是符合金属变形的规律和零件冷锻变形的具体要求。

（1）中间预制坯的尺寸、形状设计，应该最大限度地满足冷锻成形工艺和冷锻件的质量要求。比如，冷挤压带有凸缘的深孔杯形件时，如果中间预制坯是平底的，那么在冷挤压时，在孔底转角附近就会出现收缩缺陷，如图 3-44a 所示。如果将中间预制坯的底部设计成阶梯形，使其小端尺寸与冷挤压件的杯体一致，则冷挤压件的形状就很理想，如图 3-44b 所示。又如镦挤锥齿轮时，顶部不易成形饱满，故中间预制坯的锥角应比冷挤压件的圆锥角小，为 7°~12° 最为适宜。

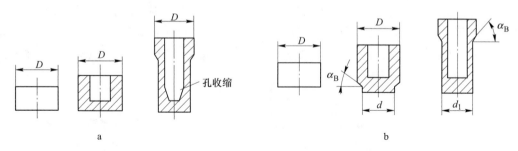

图 3-44 中间预制坯形状对冷锻件的影响

（2）选择中间预制坯形状时，一般有外台阶的冷锻件，取用锥形过渡能改善变形条件。

（3）在确定中间预制坯的形状与尺寸时，应该考虑冷锻件局部成形的工艺需要及所需要的材料储备。例如，反挤底部中间圆柱高于四周的圆柱形零件时，中心圆柱的高度应在中间工序里先挤压出来（如图 3-45 所示）。

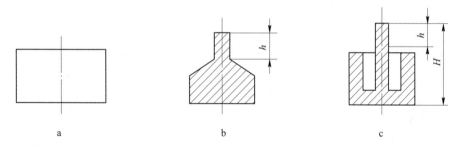

图 3-45 考虑冷锻件局部形状的中间预制坯设计
a—坯料；b—中间预制坯；c—冷锻件

（4）采用多道次工序挤压锥形件时，中间预制坯形状不应与冷锻件的锥体形状一致，且一般是前者的锥形角要大些（如图 3-46 所示），这样做能使中间预制坯放入凹模后，与模壁及模腔下部有一定空隙存在（称之为工艺悬空），使得在成形过程中成形力减小，最后又能提高成形件锥体部分的表面质量。

B 各道工序间的尺寸配合

在多道次工序挤压成形过程中，合理地确定各道工序间的尺寸配合关系也是很重要的，可以使各道工序配合良好，确保冷锻件的尺寸精度及质量要求。

径向尺寸配合关系的原则是能使坯料或中间预

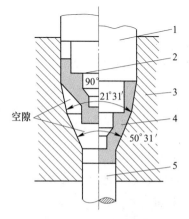

图 3-46 锥形冷锻件的中间预制坯形状
1—冲头；2—冲头芯轴；3—凹模；
4—锥形冷锻件；5—顶料杆

制坯能够自由放入下一道工序的模腔内。在确定各道工序尺寸时，应从冷锻件开始反过来推算。如图 3-47 所示的冷挤压件，其外径尺寸为 D，中间预制坯上的相应尺寸应减小一间隙值 Z_2，坯料外径又要比中间预制坯的外径小一间隙值 Z_1（即中间预制坯的外径尺寸为 $(D-Z_2)$，坯料的外径尺寸为 $(D-Z_2-Z_1)$，间隙值 Z_2 和 Z_1 视挤压件的精度要求而定，通常在 $0.05 \sim 0.1\mathrm{mm}$ 之间）。如果冷挤压件的内孔径为 d_2，则中间预制坯相应的孔径为 $d_2 + Z_3$。由于各道工序的变形性质与质量要求不同，配合间隙取值是不一样的。一般规律是，从坯料到冷锻件，间隙值应逐渐减小。

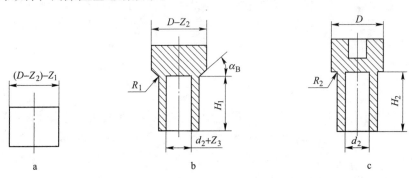

图 3-47　冷挤压工序间的尺寸配合关系
a—坯料；b—中间预制坯；c—冷挤压件

轴向尺寸的配合关系时应考虑在冷挤压时，将有部分金属挤入凹模型腔内，使轴向尺寸增加一高度 ΔH。因此，中间预制坯的轴向尺寸 H_1 应略小于冷挤压件相应处尺寸 H_2，即 $H_2 - H_1 = \Delta H$。该增长量 ΔH 的大小要视具体零件的形状尺寸、变形特点、材料性能及变形程度的大小来决定。

为了防止金属滞留，中间预制坯的过渡部位应设计成锥形。为了避免金属的堆积和折叠，中间预制坯的圆角半径应与冷锻件相应处的圆角半径相协调，即 $R_1 \geqslant R_2$。

3.2.4　冷锻变形力的计算

冷锻变形力即冷锻变形所需要的作用力。它是设计模具、选择成形设备的依据，并可衡量冷锻变形的难易程度。冷锻变形力受变形材料及状态、变形程度、速度、润滑条件及模具结构等因素的影响。

3.2.4.1　单位接触面上的平均压力

在冷锻成形过程中，单位接触面积上的平均压力是非常高的，这是冷锻成形过程中必须注意的一个关键问题。

A　冷镦锻

在冷镦锻成形时，如果润滑充分，金属在模具表面上能够自由滑动时，则单位接触面上的平均压力 p 等于变形抗力 $\bar{\sigma}$，即：

$$p = \bar{\sigma}$$

在如图 3-21a 中，如果取模具表面的摩擦系数为 μ（润滑情况好时 $\mu = 0.05$，润滑情况不好时 $\mu = 0.1 \sim 0.15$），则在 μ 小时有如下的关系式：

$$p \approx \overline{\sigma} \times \left(1 + \frac{\mu}{3} \times \frac{D}{H} \right)$$

式中　D——冷镦锻件的直径，mm；

　　　H——冷镦锻件的厚度，mm。

也就是说，μ 值越大或 D/H 越大时，即冷镦锻件的形状越扁平，单位接触面积上的平均压力 p 就越要大于变形抗力 $\overline{\sigma}$。当 $\mu = 0.05$、$D/H = 20$ 时，p 值可达 $2.1\overline{\sigma}$。

现将上式改写为：

$$p = C \times \overline{\sigma}$$

式中　C——约束系数，作为表示变形抗力倍数的尺度。

图 3-48 所示为冷镦锻盘类锻件时的约束系数 C 值。

若金属能够自由变形时（$\mu = 0$ 的镦锻），其约束系数 $C = 1.0$。由于摩擦使金属变形受到约束，因而 C 变得更大。

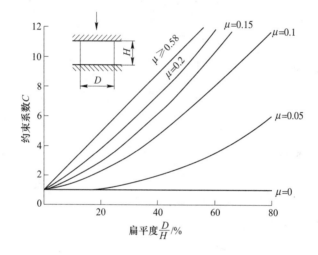

图 3-48　冷镦锻盘类锻件时的约束系数 C 值

B　半闭式冷模锻

图 3-49 表示具有高度 l 等于直径 d 的圆柱体坯料在半闭式模具中冷模锻时（如图 3-27b 所示），开始出现飞边之前的约束系数 C 值。由于金属在横向方向的移动受到阻碍，所以飞边的厚度 t 和直径 d 之比越小，C 值就急剧地变大；在出现飞边并且在飞边处的摩擦大的情况下，则飞边越是变得扁平，C 值就越大。

C　冷挤压

在冷挤压成形时（如图 3-26a 和图 3-26f 所示），当坯料的长度比直径大时，则产生稳定变形；这时的约束系数 C 值取决于断面收缩率 ε_F、凹模或凸模角度 α 以及摩擦系数 μ。

图 3-50 所示为利用直角凹模或平面凸模、摩擦系数取 $\mu = 0.05$ 时计算出来的约束系数 C 值。在冷挤压成形时，材料除在挤压出口处以外，均受到模具的约束；所以当 ε_F 增加时 C 值理应变大；如果 $\varepsilon_F \approx 100\%$，则 C 值会变得无限大。

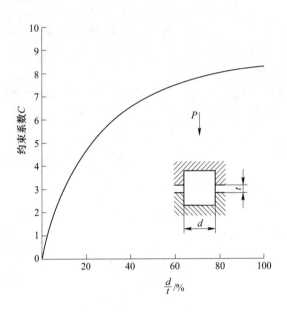

图 3-49 圆柱体坯料半闭式冷模锻成形时的约束系数 C 值

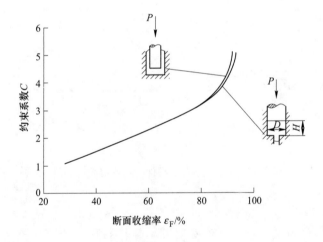

图 3-50 实心件正挤压和筒形件反挤压时的约束系数 C 值
（稳定挤压，摩擦系数 $\mu = 0.05$）

在利用约束系数 C 值计算单位接触面积上的平均压力 p 时，可采用下式：

$$p = C \times \overline{\sigma}_{\mathrm{m}}$$

式中　$\overline{\sigma}_{\mathrm{m}}$ ——平均变形抗力。

在棒料正挤压成形时，p 为作用在凸模上的单位接触面积上的平均压力。

筒形件反挤压成形时，凸模上的单位接触面上的平均压力 p' 可用下式表示：

$$p' = \frac{C}{\dfrac{\varepsilon_F}{100}} \times \overline{\sigma}_m$$

图 3-51 所示为筒形件反挤压成形时 C 值与断面收缩率 ε_F 之间的关系。由图 3-51 可知，当断面收缩率 $\varepsilon_F \approx 50\%$ 时，$\dfrac{100 \times C}{\varepsilon_F}$ 为最小。

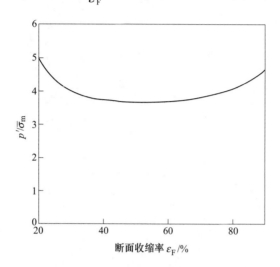

图 3-51   筒形件反挤压成形时凸模平均压力的约束系数 C 值
（稳定挤压，摩擦系数 $\mu = 0.05$）

即使是反挤压（如图 3-52a 所示），如果从材料流动的角度来看，也是以凸模的圆锥半角 α 越小越合适。可是在这种情况下，凸模尖端的润滑剂会立即流掉，因而摩擦增加，C 值增高。因此，筒形件反挤压成形时凸模的圆锥半角 α 应尽可能取 75°或大于 75°。

如果正挤压的模具角度 α（如图 3-52b 所示）变小，材料的流动就变得平滑起来，多余的剪切变形就会减少，因而 C 值减少；可是如果 α 非常小时，材料在凹模内流动的面积就会增加，作用在模具面积上的摩擦力就会增加，从而使材料的流动变得困难，因而 C 值增大。在润滑良好时：$\varepsilon_F = 20\%$，$\alpha = 20°$左右；$\varepsilon_F = 50\%$，$\alpha = 45°$左右；$\varepsilon_F = 75\%$，$\alpha = 60°$左右，此时 C 值最低。

在复合挤压成形时，对于材料的约束来说，无论是比正挤压成形或比反挤压成形的任何一方都应该减少。如图 3-53 所示，其中如果两个方向出口的面积相等复合挤压与一个方向为闭口的复合挤压相比，其 C 值最多要下降到 40%左右。

D 开式冷模锻

对于如图 3-27a 所示的开式冷模锻，可以将它视为是冷镦锻成形，采用图 3-48 所示的约束系数即可。

E 闭式冷模锻

在闭式冷模锻成形过程中（如图 3-27c 所示），要使材料完全充满模具的尖角，则 C 值必然变得很高，所以是危险的。即使把模具尖角充满到一定程度，约束系数 C 值也可能达到 3.0~5.0。模具的凹、凸深度越大，或者模具的角部越尖，则 C 值越

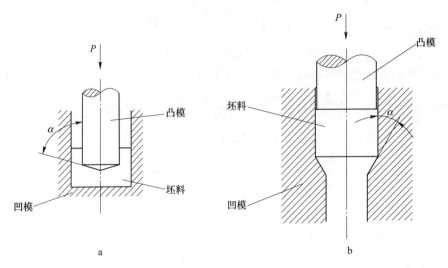

图 3-52　冷挤压成形的模具锥角 α

a—反挤压；b—正挤压

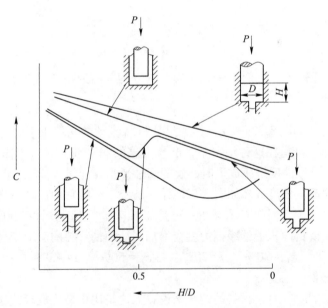

图 3-53　正挤压、反挤压、复合挤压中约束系数 C 值的变化

高。在图 3-54 中，模具的形状为正方形、十字形或齿轮形，若将圆形坯料放进与圆形截然不同的模具中，要使材料充满模具时，也需要使用完全封闭的模具，因此 C 值很高。所以，除了特别软的材料之外，要制造这种形状的工件，则需要首先利用开式冷模锻或半闭式冷模锻进行加工，然后再利用冲裁等其他工序制成所需要的零件外形（如图 3-54c 所示）。

　　F　冷压印

　　对于如图 3-55 所示的冷压印成形，如果压入深度 H 为模具宽度（或直径）D 的一半

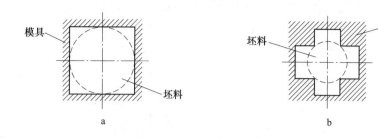

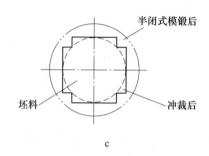

图 3-54　非圆形截面零件的锻造成形方法

a—在闭式锻模中冷模锻（正方形截面）；b—在闭式锻模中冷模锻（十字形截面）；

c—先半闭式冷模锻再冲裁（十字形截面）

以下时，其约束系数 C 值为 2.5~3.0；如果压入深度 H 更深，则约束系数 C 值也可能达到 5.0 左右。

　　单位接触面上的平均压力 p 值不能超过模具钢的强度。如果模具钢的硬度为 60HRC，则 p 值应为 1800~2000MPa；如果高速钢的硬度为 63HRC，则 p 值应为 2000~2200MPa，这是为了延长模具寿命允许的最大限度。

　　凸模越长，p 值就越小。

3.2.4.2　冷锻变形力和变形功

冷锻变形力 P 可用下式计算：

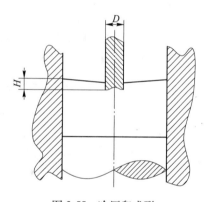

图 3-55　冷压印成形

$$P = p \times F = C \times \overline{\sigma}_m \times F$$

式中　F——从受力方向上看材料和模具的最大接触面积（如图 3-56 所示）；

　　　$\overline{\sigma}_m$——平均变形抗力。

　　在图 3-56c 中，材料中心部分有一个孔，该孔不包含在 F 内。在图 3-56e 中的飞边斜面部分也不算在接触面积 F 之内。

　　因此，除了挤压成形之外，在一般冷锻成形加工中接触面积 F 是变化的。在这种情况下，接触面积 F 的大小大致可以根据体积不变法则计算出来。

　　以冷镦锻成形为例（如图 3-56b 所示），取坯料的直径为 d，高度为 h；若将此坯料压缩至高度为 H、直径为 D 的锻件时，就可根据体积不变的条件求得下式：

$$\frac{\pi}{4} \times d^2 \times h = \frac{\pi}{4} \times D^2 \times H$$

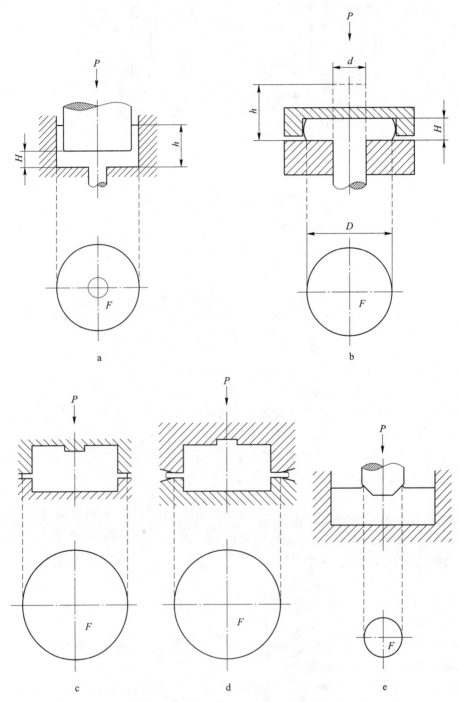

图 3-56 计算冷锻变形力时的接触面积 F 值

a—复合挤压；b—冷镦锻；c—半闭式冷模锻；
d—半闭式冷模锻；e—压印

如果忽略材料侧面的鼓胀，则接触面积 F 可由下式求得：

$$\frac{\pi}{4} \times D^2 = \frac{\pi}{4} \times d^2 \times h \div H$$

在冷镦锻成形过程，高度 H 逐渐减小而直径 D 逐渐增大，其扁平度 D/H 可由下式求得：

$$\frac{D}{H} = \frac{d}{H} \times \sqrt{\frac{h}{H}}$$

由图 3-48 可知，在冷镦锻成形过程中有摩擦时约束系数 C 值是随着 H 的减少而增加的。

实际上，在冷镦锻成形过程中，接触面积 F 越大，坯料表面的润滑薄膜就越容易被切断，摩擦系数 μ 就越大；此时，平均变形抗力 $\overline{\sigma}_m$ 也因为加工硬化而逐渐升高，其结果是冷镦锻变形力 P 伴随坯料高度 h 被压缩而急剧增加（如图 3-57 所示），最终的变形力就是最大变形力 P_m。

在冷挤压成形过程中，接触面积 F 并不增加，而且在稳定变形中无论是约束系数 C 值还是平均变形抗力 $\overline{\sigma}_m$ 都是基本不变的；当冷挤压成形即将结束时，约束系数 C 值虽然有所减少，但因平均变形抗力 $\overline{\sigma}_m$ 并不增加，所以冷挤压的变形力 P 和材料的压余高度 H 的关系如图 3-58 所示，其最大变形力 P_m 一般出现在冷挤压成形的初始阶段。

在半闭式冷模锻和开式冷模锻成形过程中，其变形力 P 的变化情况和图 3-57 相同。

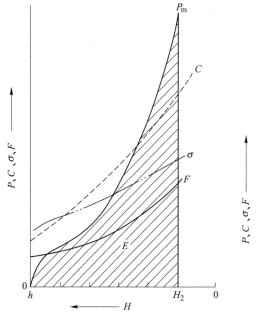
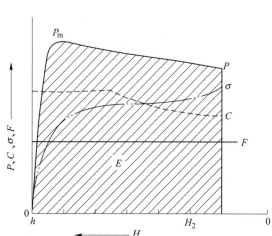

图 3-57　冷镦锻成形时变形力 P 的变化情况　　图 3-58　冷挤压成形时变形力 P 的变化情况

F—接触面积；C—约束系数；σ—变形抗力；E—变形功　　F—接触面积；C—约束系数；σ—变形抗力；E—变形功

在闭式冷模锻成形过程中，当材料大体上充满模具型腔时，其变形力基本上是直线上升的；因此，在这种情况下必须注意防止挤压过度；特别是使用高刚性的曲轴压力机或肘杆式压力机进行冷锻成形加工时，如果坯料体积比预计体积大得多，模具或压力机就会损坏。

在选用冷锻成形设备时，必须使加工最大变形力在成形设备的额定吨位以下；此外，在使用机械压力机时，如果加工能量过大，则因飞轮的能量不足，会造成压力机停车或运转得非常缓慢。

冷锻成形的变形功 E 可根据图 3-57 和图 3-58 所示的变形力 P 与加工高度 H 的曲线图所包围的面积（斜线部分）计算出来。如果变形力 $P = 1000\text{kN}$，加工高度 $H = 30\text{mm} = 0.03\text{m}$，则锻造成形的变形功 E 为：

$$E = P \times H = 1000 \times 0.03 = 30\text{kJ}$$

冷锻成形模具对冷锻变形的顺利进行和冷锻件质量的稳定起到保证作用。冷锻成形模具可分为：下料模、型锻模、预制坯模、顶镦模、正挤模、反挤模、复合挤压模、镦挤模、压印模和缩径模等。冷锻成形模具中，下料模、型锻模及模锻模基本上与热锻模相同或相似；而缩径模与正挤模基本相同，因此具有冷锻变形特点的模具主要是顶镦模、正挤模、反挤模、复合挤压模、镦挤模和压印模。

3.2.5   冷锻成形模具的结构组成

3.2.5.1   冷锻成形模具的特点

冷锻成形模具由于工作时承受很高的压力，必须特别重视模具的强度、刚度和使用寿命等问题。冷锻成形模具的特点如下：

（1）模具结构应紧凑、合理，模具安装及模具易损件的更换、拆卸方便；

（2）模具工作部分的形状及尺寸的设计，应有利于坯料的塑性变形、降低单位冷锻变形力；

（3）模具的强度、刚度好，模具的工作部分应具有较高强韧性配合；

（4）模具应有良好的导向，保证冷锻件的精度要求；

（5）冷锻成形凹模大多采用预应力组合模具结构，有时凸模也可采用预应力组合模具结构；

（6）模具型腔应采用较大圆角的光滑过渡；

（7）凹模、凸模与下模座、上模座之间多采用间隙配合。

3.2.5.2   冷锻成形模具的组成

冷锻成形模具中最典型、最重要的是正挤模、反挤模、复合挤压模、镦挤模。

冷锻成形模具的典型构造如图 3-59 所示，它是一种典型的具有导向装置的反挤模，它主要由以下几部分组成：

（1）工作部分：凸模、凹模芯、顶料杆等。

（2）传力部分：上模垫板、下模垫板、下模垫块等。

（3）顶件部分：顶料杆、顶杆、拉杆、拉杆垫板等。

（4）卸件部分：卸料板、卸料圈等。

（5）导向部分：导柱、导套等。

（6）紧固部分：上模压板、下模压板、上模座、下模座、模柄等。

图 3-59 所示的冷锻成形模具是在小型（无顶出装置）压力机上使用的黑色金属反挤

压模具。为便于反挤压件从凹模中取出，设计了间接顶出装置，反挤压力在下模完全由顶料杆 17 承受，顶件力由反拉杆式联动顶出装置（由件 3、20~24 组成）提供，该顶出装置在模座下方带有活动块 22，当挤压件顶出一段距离后，通过带斜面的斜块 24 将 22 撑开，使顶杆 23 的底面悬空，使之靠自重复位，为下一次放置毛坯做好准备。而活动块 22 靠其外圈的拉簧 21 合并；上模也设计了卸件装置，由于杯形挤压件较深，为了加强凸模的强度，除工作段外，凸模的直径加粗并开出 3 道卸料槽，供带有 3 个内爪形的卸料圈 12 卸料；该模具的凹模为组合式结构，其上、下模板要厚，选材要好；导柱直径要大，以满足模具的强度、刚度要求；工作零件尾部位置均加有淬硬的垫板；只要将凸模、凹模、顶料杆 17、下模垫块 18 和 19 加以更换，这副模具就可以挤压不同形状和尺寸的工件；也适用于正挤压和复合挤压。

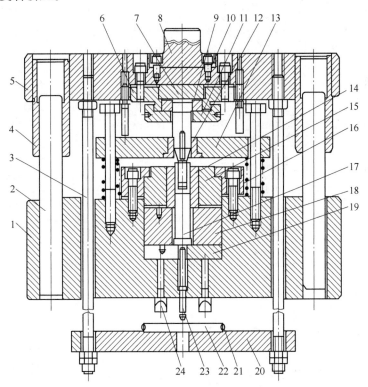

图 3-59 黑色金属杯形件的反挤模
1—下模座；2—导柱；3—拉杆；4—导套；5—上模板；6—上模座；
7—凸模；8—模柄；9—上模垫板；10—凸模定位圈；11—上模压板；12—卸料圈；
13—卸料板；14—凹模芯；15—凹模外套；16—下模压板；17—顶料杆；18，19—下模垫块；
20—拉杆垫板；21—拉簧；22—活动块；23—顶杆；24—斜块

3.2.5.3 冷锻成形模具的材料选择及硬度要求

冷锻成形模具各个零件的材料及硬度要求应根据冷锻件的形状、尺寸、单位变形力以及生产批量等因素选择。

表 3-8 为图 3-59 所示黑色金属杯形件的反挤模模具中除标准件以外的模具零件的材料和热处理硬度要求。

表 3-8　黑色金属杯形件的反挤模的模具材料及热处理硬度

序号	零件名称	材料	热处理硬度 HRC
1	下模座	40Cr	38~42
2	导柱	GCr15	56~60
3	拉杆	45	32~38
4	导套	GCr15	56~60
5	上模板	45	32~38
6	上模座	45	38~42
7	凸模	Cr12MoV	56~60
8	模柄	45	
9	上模垫板	T10A	54~56
10	凸模定位圈	45	38~42
11	上模压板	45	38~42
12	卸料圈	T10A	54~58
13	卸料板	45	38~42
14	凹模芯	Cr12MoV	54~58
15	凹模外套	40Cr	32~38
16	下模压板	45	38~42
17	顶料杆	Cr12MoV	56~60
18	下模垫块	T10A	54~56
19	下模垫块	T10A	54~56
20	拉杆垫板	40Cr	38~42
21	拉簧		
22	活动块	T10A	54~58
23	顶杆	T10A	54~58
24	斜块	45	38~42

3.2.5.4　常见的冷锻成形模具

A　无导向装置的反挤压模

图 3-60 所示为无导向装置的纯铝反挤压模。凸模 11 的导向依靠压力机的导轨来保证，因此要求压力机的导轨具有较高的精度；该模具依靠凹模调整螺钉 9 来调节下模座 8 的位置，以保证下模和上模的同心度；为确保凸模 11 装卸方便、对中准确，采用了上模压板 12、凸模定位圈 13 紧固；内层凹模采用横向分割式结构，皆用硬质合金制造，外面分别装有上凹模外套 4 和下凹模外套 6，靠下模座 8 组合在一起；为了缓和从凹模传来的高压，组合凹模下面衬有淬硬的下模垫板 7；卸料块 1 分成 3 块，外表面装有弹簧 2，以保证卸料块始终紧贴在凸模 11 上。

B　导柱导套导向的正挤压模

图 3-61 所示是用于黑色金属空心零件正挤压的模具简图。模具的工作部分为凸模和

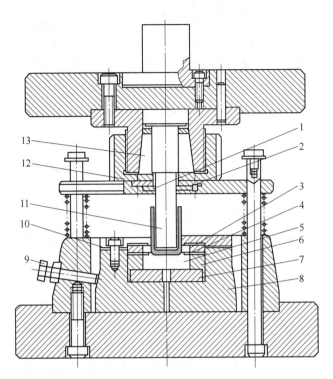

图 3-60　无导向装置的反挤压模

1—卸料块；2—弹簧；3—上凹模；4—上凹模外套；5—下凹模；6—下凹模外套；7—下模垫板；
8—下模座；9—凹模调整螺钉；10—下模压板；11—凸模；12—上模压板；13—凸模定位圈

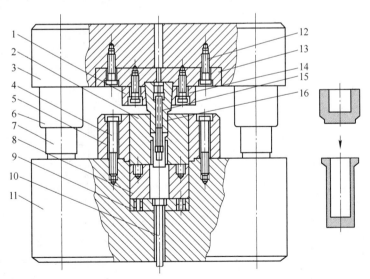

图 3-61　导柱导套导向的正挤压模具

1—上模压板；2—凹模芯；3—上模板；4，12，14—紧固螺钉；5—凹模外套；6—导套；7—导柱；
8—下模垫块；9—下模垫板；10—顶料杆；11—下模板；13—上模垫板；15—凸模芯轴；16—凸模

凹模，凸模 16 的心部装有凸模芯轴 15，芯轴 15 的心部设有通气孔与模具外部相通；凸模 16 的上顶面与淬硬的垫板 13 接触，以便扩大上模板 3 的承压面积；凹模 2 经垫块 8 与垫板 9 固定于下模板 11 上；由于凸模与凹模的中心位置是不能调整的，凸、凹模之间的对中精度完全靠导柱 7 与导套 6 以及各个固定零件之间的配合精度来保证，因此这种模具结构常称为不可调整式模具；对这种不可调整式模具，其制造精度要求很高，但安装方便，而且模架具有较强的通用性，若将工作部分更换，这副模具可以用作反挤压或复合挤压；在凸模回程时，挤压件将留在凹模内，因此需在模具下模板上设置顶料杆 10。

C 导板导向的反挤压模

图 3-62 所示为导板导向的反挤压模。该模具可以保证挤压件具有较小的壁厚差，加工制造也比导柱导套模简便；但为了保证导板起导向作用，导板必须有一定的厚度，这就会增模具的总高度；导板 2 与凸模 1 之间的间隙也不宜过大，否则起不了导向作用，其最大间隙一般不得超过 0.02mm；另外这副模具采用了凸模防失稳的结构，当反挤压黑色金属的凸模长径比大于 2.0 时，为防止凸模失稳，可将凸模成形部分以上的直径加大，并铣出 3 条凹槽，卸件板便在这三点上将套在凸模上的工件卸下，该结构有效地增加了凸模纵向稳定性。

D 模口导向的正挤压模

图 3-63 所示为模口导向的正挤压模。该模具的凸模 1 采用上模压板 3 和凸模定位圈 2 紧固，对中准确，装拆方便；凹模为纵向分割式，内层凹模由件 4、5 构成，有利于防止凹模型腔在转角急剧变化处产生开裂；顶件时由组合式拉杆 8 通过顶杆 7、顶料杆 6 将挤压件顶出；该模具可以保证挤压件具有很高的同心度，均匀的壁厚；但对压力机的导向精度要求较高，对模具的加工要求也较高，如果同心度有较大的误差，就会给模具的调整带来困难。

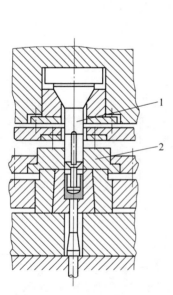

图 3-62 导板导向的冷挤压模具
1—凸模；2—导板

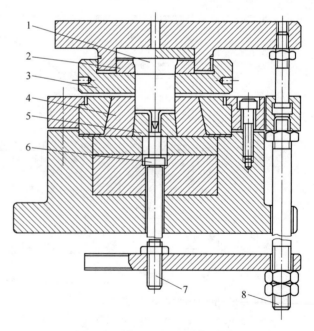

图 3-63 模口导向的正挤压模具
1—凸模；2—凸模定位圈；3—上模压板；4—凹模芯；
5—凹模芯块；6—顶料杆；7—顶杆；8—拉杆

E 冷镦模

图 3-64 所示为凹穴六角螺栓的冷镦模具与冷镦工步简图。

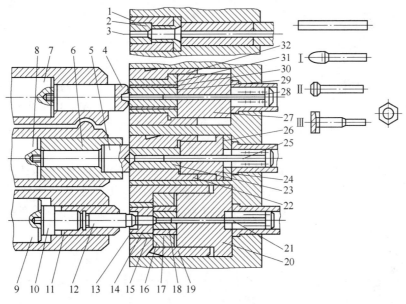

图 3-64 六角螺栓多工位冷镦成形模具

1—切料模外；2—切料模模芯；3—切料模垫块；4——工位凸模；5—二工位凸模；6—二工位凸模套；
7——工位凸模垫块；8—二工位凸模垫块；9—三工位凸模垫块；10—凸模中间垫；11—三工位凸模套；
12—三工位凸模；13—六角凹模芯；14—三工位凹模芯；15—三工位凹模中套；16—缩径凹模外套；
17—缩径凹模中套；18—缩径凹模模芯；19—三工位凹模外套；20—三工位凹模垫块；21—三工位顶杆；
22—二工位凹模外套；23—二工位凹模芯；24—二工位凹模垫块；25—二工位顶杆；26—二工位凹模垫板；
27——工位凹模垫块；28——工位顶杆；29——工位凹模模芯；30——工位凹模中套；
31——工位凹模外套；32——工位凹模座套

该冷镦模的工作部分由冲头与凹模组成，冲头与凹模的对中由设备与模具的装配精度来保证；凹模的结构与冷挤压凹模相似，也有整体凹模、部分凹模（件 13、14）和预应力组合凹模（聚料凹模、缩径凹模等）等几种结构形式；由于该螺栓的生产批量很大，为了提高凹模的寿命，有些预应力组合凹模的模芯用硬质合金制成，如件 18 与件 29。

3.2.5.5 模具工作零件

A 上、下模垫板

冷锻成形时作用在凹模与凸模上的工作压力相当高，一般可达 2000~2500MPa；这样高的工作压力若直接作用在通用模架的模板上，将会引起通用模架的模板产生弹性变形，长期使用后将有可能会产生局部塌陷，影响通用模架的精度；为了防止这种情况发生，延长通用模架的使用寿命，必须在凹模、凸模与通用模架的模板之间设置一个用淬硬的工具钢制作的支承垫块即上、下模垫板，以便把冷锻变形力均匀分布地传递到冷锻成形设备的机身上，起支承和缓冲的作用。

下模垫板的结构一般是圆环状，而上模垫块一般是圆盘状。

上、下模垫板应具备如下性能：

（1）具有足够的强度。能够经受住一定的压力作用，并确保在长期的使用过程中不压塌变形、不发生破断；为此上、下模垫板的材料一般选用优质模具钢，热处理硬度一般在 54~56HRC 之间。

（2）具有足够的厚度和较大的接触面积。能够将集中载荷分散并均匀地传递到通用模架的模板上和冷锻成形设备的机身上，而不发生塑性变形，并将弹性变形限制到最低限度。

（3）具有高的精度。为了保证冷锻成形模具装配后的总精度符合要求，上、下模垫板的上、下两端面平行度要求一般在 0.01~0.04mm 之间，表面粗糙度控制在 $Ra0.8\mu m$ 以下。

对于不同形式的冷锻成形模具结构，由于其顶料方式的不同，下模垫板有如下 3 种结构形式：

（1）埋入式下模垫板（如图 3-65 所示）。埋入式下模垫板就是下模垫板连同凹模一起埋入下模座内。其中图 3-65a、b 是最简单的直孔整体式结构，在实际生产中应用最广泛；图 3-65c 是将整体式结构作成分割形式，便于加工制造；图 3-65d 是具有台阶孔整体式结构。

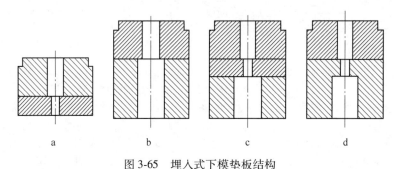

图 3-65　埋入式下模垫板结构

（2）带梅花瓣孔的下模垫板（如图 3-66 所示）。带梅花瓣孔的下模垫板，主要用于空心支承，以增大凹模的支承面积。

（3）预应力组合下模垫板（如图 3-67 所示）。对于厚度较小的凹模，应采用刚性好的下模垫板；此时，可以采用预应力组合结构。

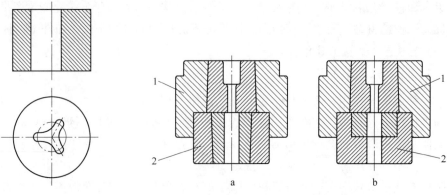

图 3-66　带梅花瓣孔的下模垫板　　　　　图 3-67　预应力组合下模垫板

a—圆锥面过盈配合；b—圆柱面过盈配合

1—凹模；2—下模垫板

B 顶出装置

将冷锻件从凹模中顶出的方式很多，其结构形式主要取决于冷锻成形件的形状、成形方式和模具结构，图 3-68 所示为外顶式顶出的基本类型。

图 3-68a 是最简单的顶杆推顶结构，它是利用顶杆 3 将滞留在冷锻凹模 2 中的冷锻件推顶出来；其中顶杆直接参与坯料的变形，是直接受力零件。图 3-68b 是套筒推顶结构，它是利用圆环形顶出套 5 将滞留在冷锻凹模 1 中的冷锻件 2 推顶出来；此时，环形顶出套与冷锻件隔开一定距离，只起顶料作用；它常用于中心有孔的冷锻件及圆形轴套类冷锻件。

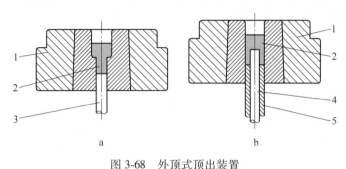

图 3-68 外顶式顶出装置
a—顶杆推顶；b—推管推顶
1—冷锻凹模；2—冷锻件；3—顶杆；4—下冲头；5—推管（环形顶出套）

如图 3-69 所示为内顶式推顶的基本类型。其中图 3-69a 是顶杆式内推顶结构，它是在

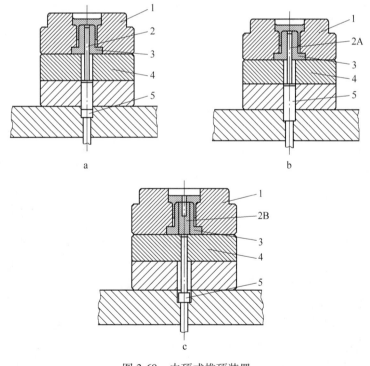

图 3-69 内顶式推顶装置
a—顶杆式；b—顶柱式；c—内套式
1—冷锻凹模；2—顶料杆；3—凹模芯块；4—下模垫板；5—顶杆；2A—顶柱；2B—顶套

下部环形凹模芯块 3 的中心安放了芯杆式的顶料杆 2，顶出时顶料杆 2 推挤冷锻件底部，将其从冷锻凹模 1 中顶出。图 3-69b 是圆柱式内推顶结构，其顶料杆 2 与图 3-69a 的顶料杆 2 不同的是其结构为台阶形，下部的直径大于其上部的直径，这种结构简单而紧凑；它只能用在凹模芯块 3 直径较大的场合。

在实际生产中，常见的顶出装置有三种：

（1）芯块推顶（如图 3-70 所示）。它是利用装在冷锻凹模 1 型腔中的凹模芯块 2 和顶杆 4，将冷锻件从冷锻凹模 1 内顶出。这种顶料形式的缺点是冷锻件有可能将凹模芯块带出冷锻凹模外；其优点是结构简单，便于加工，节省材料。

（2）顶杆推顶（如图 3-71 所示）。它是利用装在冷锻凹模 1 型腔中的顶料杆 2 和顶杆 4，将冷锻件从冷锻凹模 1 内顶出。它是目前普遍采用的一种退料方法。

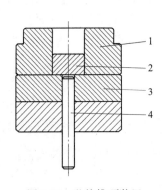

图 3-70　芯块推顶装置

1—冷锻凹模；2—凹模芯块；3—下模垫板；4—顶杆

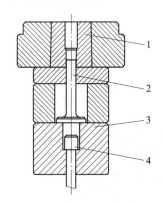

图 3-71　顶杆推顶装置

1—冷锻凹模；2—顶料杆；3—下垫板；4—顶杆

（3）套筒推顶（如图 3-72 所示）。它是利用套在下模芯冲 3 上的具有粗大底部的筒状环形顶出套 2，兼有从下模芯冲 3 上卸料与从冷锻凹模 1 中顶出的双重作用；主要用于下部带有孔的冷锻件顶出卸料。它利用 3 个 120°等分均布的顶杆 4 带动环形顶出套 2 将冷锻件从冷锻凹模 1 中顶出。

C　冷锻凹模的结构

冷锻凹模从结构形式上可分为整体式凹模和组合式凹模两大类，如图 3-73 所示；组合凹模又分为预应力组合凹模和分割型组合凹模。

（1）整体式凹模。整体式凹模如图 3-73a 所示。此种凹模加工方便，但强度低。在凹模内孔转角处有严重的应力集中现象，容易开裂，如图 3-74 所示。

（2）预应力组合凹模。预应力组合凹模如图 3-73b 所示。冷锻成形时，凹模内壁承受着极大的压力。如冷

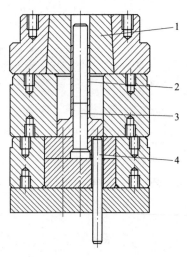

图 3-72　套筒推顶装置

1—冷锻凹模；2—顶出套；
3—下模芯冲；4—顶杆

挤压黑色金属时，凹模内壁的单位压力高达 1500~2500MPa，在如此高的内压力作用下，靠增加凹模的厚度已不能防止凹模的纵向开裂。而在凹模的外表面上套装具有一定过盈量

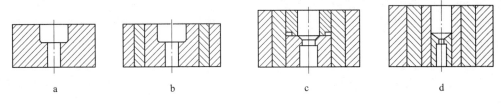

图 3-73 冷锻凹模的型式

a—整体式凹模；b—预应力组合凹模；c—横向分割组合凹模；d—纵向分割组合凹模

δ 的预应力圈，可以提高凹模的整体强度。

（3）分割式组合凹模。为了消除整体式凹模转角处的应力集中，可将整体式凹模于内孔转角处分割为两部分，即为分割式组合凹模，如图 3-73c 和 d 所示。

D　预应力组合凹模的结构设计

预应力组合凹模就是利用过盈配合，用一个或两个以上预应力圈把凹模芯紧套起来而制成的多层组合式结构，如图 3-75 所示。这种组合式结构可以使两个预应力圈之间及预应力圈与凹模芯之间，由于过盈配合而产生接触压应力，这样，凹模芯的内壁处便承受着径向外压力，这就可以部分或全部抵偿产生在凹模芯内壁的切向拉应力，有效地防止凹模芯内壁的纵向开裂。

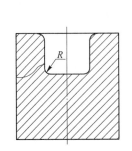

图 3-74　整体式凹模的开裂

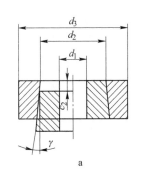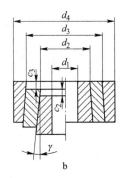

图 3-75　预应力组合凹模

a—单层预应力组合凹模；b—双层预应力组合凹模

a　预应力组合凹模的优点

可以使凹模芯内壁处的切向拉应力大大地减小，甚至可以使凹模芯内壁完全没有切向拉应力的作用，从而提高凹模芯的强度，延长模具的使用寿命；可以减少昂贵的、高强韧性配合的模具材料消耗，大大降低模具成本，这是因为在预应力组合凹模中仅凹模芯采用昂贵的、高强韧性配合的模具材料，而预应力圈一般用一般合金工具钢或调质钢；由于凹模芯尺寸大大减小，使之便于进行热处理和易于达到规定的技术要求。

预应力组合凹模的设计，就是根据单位变形力、冷锻件的材料及形状尺寸、模具材料的许用应力等设计预应力组合凹模的预应力圈内径和外径、凹模芯的外径、压合斜度、过盈量 δ 的大小等。

b　预应力圈的内孔斜度及高度确定

在预应力组合凹模中，预应力圈承受着较大的切向拉应力，因此，预应力圈必须具有足够的壁厚以满足预应力组合凹模承载能力的要求。

在实际生产中，预应力组合凹模的压合斜度一般取 $\gamma = 1° \sim 1.5°$。因此，预应力圈的内孔斜度 $\gamma = 1° \sim 1.5°$。

预应力圈的高度尺寸（即凹模的厚度）的确定，主要考虑冷锻件的形状与尺寸、冷锻成形过程中的实际工作内压作用区域、模具导向和退料的要求、模具的结构和模具封闭高度等。

为了便于压合以及使预应力圈与凹模芯接触面积率达到 75% 以上，预应力圈的内孔锥面应进行磨削加工，其表面粗糙度应控制在 $Ra1.6\mu m$ 以下。预应力圈的高度通常比凹模芯短 $1.0 \sim 2.0mm$，以便使凹模芯与通用模架中的下模垫板紧密接触。

  c 凹模芯的结构形式

整体的凹模型腔，除了制造加工容易以外，存在如下缺点：材料不能充分发挥作用，凹模型腔底部容易压塌、变形和开裂等；因此这种整体结构的凹模芯只适合于塑性极好、变形程度较小的材料的冷锻成形加工。因此，对于形状复杂、断面变化较大的冷锻件，凹模芯应尽可能采用分体组合形式。凹模芯的分割形式可以根据工作载荷的分布选择，分割的目的是均布载荷以减少应力集中而导致开裂，并且便于制造和更换。

凹模芯的分割方式包括横向分割、纵向分割。横向分割就是分割面与凹模芯轴线相互垂直，纵向分割就是沿与凹模芯轴线相同的方向进行分割。

对凹模芯进行分割时，一般将分割开来的较小部分做成单独的镶块；也有将整个预应力组合凹模分成上、下两部分，它们各自单独形成一个预应力组合凹模，两部分之间一般采取 $\phi \dfrac{H6}{h5}$ 这种间隙配合。

凹模芯的分割原则是将磨损较快的部位，尽量做成镶块；在转折及断面变化的地方进行分割；对于形状复杂的凹模芯，为了便于加工，可以分割成许多镶块。

实际生产中，常见的凹模芯分割形式如图 3-76 和图 3-77 所示。空心模腔的下部有顶料杆作成形的支承面。

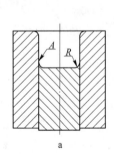 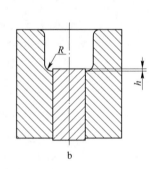 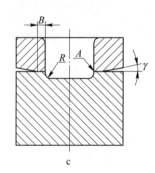

图 3-76 实心凹模芯的分割形式

a—纵向分割；b—纵向分割；c—横向分割

采用图 3-76a 和图 3-77a 所示纵向分割形式的凹模芯，在设计时除了应考虑便于装配、保证压装品质及凹模型腔尺寸与圆角 R 的相接一致以外，还应避免在圆角 R 与凹模型腔相接处出现空隙；空隙是由受力不同的两部分（镶块与压套）的变形（弹性膨胀与压缩）

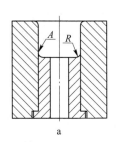 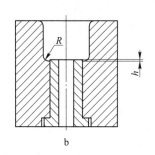 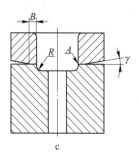

图 3-77　空心凹模芯的分割形式

a—纵向分割；b—纵向分割；c—横向分割

差异所引起的，其控制方法是选择合适的预过盈，并根据载荷分布选择与之相适应的材料和热处理工艺规范。

采用图 3-76b 和图 3-77b 所示纵向分割形式的凹模芯，在设计时应考虑成形时镶块的压缩变形量 h。为此，镶块顶面应比凹模转角处高出一些，但高出量甚小，原则上为 $h = 0.2mm$；这一高出量若不合适，成形以后冷锻件的底部将留有压痕。

采用图 3-76c 和图 3-77c 所示横向分割形式的凹模芯，在设计时其分割面应选择在凹模芯圆角之上 1~2mm 处，将凹模芯分割成上、下两个独立的部分；这种模具分割形式的加工制造容易，使用更换方便，互换性好。为了防止成形加工时金属进入接合面间，应该控制上、下两部分接触环形面积的大小；一般是将单面接触宽度 B 控制在 $B = 2.0~3.0mm$ 以内，其余部分做成 1°~3°的斜面，并采取强有力的紧固方式，以增大环形面上的接触压力；此外，还必须考虑型腔分割处的衔接一致，它可由分割的上、下两部分之间的配合关系和加工精度保证。

d　预应力组合凹模的压合工艺

为了保证冷锻凹模有足够的预应力，除了保证过盈量 δ 外，凹模芯与预应力圈的配合面表面粗糙度应控制在 $Ra < 0.8\mu m$，并保证配合面间良好接触。通常用红丹来检验凹模芯和预应力圈在配磨过程中的接触情况：先将已磨内孔的预应力圈紧固在专用工装上或夹钳上，再用少量红丹均匀地涂敷在凹模芯的外圆表面上，将凹模芯轻轻地插入预应力圈内并均匀地转动，然后取出凹模芯，观察凹模芯的外圆表面的红丹分布情况或接触斑点情况。在冷锻成形工艺中，要求凹模芯与预应力圈之间的接触面积不应小于总配合面积的 80%，而且要求小端处接触面积几乎为 100%。

热镶套压合方法：先将预应力圈加热，再将凹模芯放入热态的预应力圈内，当预应力圈冷却收缩后将凹模芯包紧的方法，就称为热镶套，亦称"红套"；其中凹模芯和预应力圈的配合面为圆柱面，加工容易；对于横向分割的预应力组合凹模，采用热压配合不会在剖分面上产生间隙。同时在热镶套过程中，预应力圈的温度始终不能太低，否则在热镶套过程中会出现"卡死"现象，使该项模具无法用于生产。此外，当预紧的过盈量 δ 过大时，预应力圈的加热温度就可能高于凹模芯材料的回火温度，从而导致凹模芯的硬度降低，影响冷锻凹模的使用寿命。在实际生产中，热镶套的预应力圈加热温度不宜超过450℃，否则易产生氧化皮而影响压配质量。热镶套方法仅适用于小过盈量的压合。

冷压配合压合方法：把凹模芯置于干冰或低温处理装置内进行低温处理，使凹模芯外径基本上冷缩到预应力圈内径的加工值，然后把凹模芯压进到预应力圈中。由于预应力圈和凹模芯的配合面为锥面，所以压合可在液压机上进行。这种方法不存在热镶套的缺点，但压配时的轴向压合力很大；同时由于冷却温度有一定限度，因此只适合于过盈量较小的压合。

冷、热结合压合方法：预应力圈与凹模芯压配合时，采用较大的过盈量 δ，可以大大提高模具的使用寿命。对于过盈量 δ 较大的这种冷锻凹模，就可以使用冷、热结合的方法进行压配即将预应力圈放在油炉内加热至 400℃ 左右保温一段时间，与此同时将凹模芯放入冰箱中冷却到 -20℃ 左右并保温一段时间，然后将凹模芯放入预应力圈内进行压配。

室温锥度压合方法：在室温状态下，将配合面为锥面的凹模芯和预应力圈压合在一起。其压合斜度 γ 一般采用 1°~3°。当压合斜度 γ 超过 3° 以后，在模具的使用过程中凹模芯和预应力圈会自动松脱；室温锥度压合时，将凹模芯置于压力机上的下模垫板上，然后将预应力圈套在凹模芯上，进行压装；压合以后，由于凹模芯的内腔直径有所减小而预应力圈的外径尺寸有所增大，因此，应对凹模芯内腔和预应力圈外径再次进行精加工，以保证所要求的尺寸精度和形位公差要求。

3.2.6　作用在模具上的力

3.2.6.1　作用在凸模上的力

对于正挤压成形，作用在凸模上的单位接触面上的平均压力 p 为：

$$p = C \times \overline{\sigma}_{\mathrm{m}}$$

对于镦锻成形，作用在凸模上的单位接触面积上的平均压力 p 为：

$$p \approx \overline{\sigma}_{\mathrm{m}} \times \left(1 + \frac{\mu}{3} \times \frac{D}{H}\right)$$

因为在镦锻成形过程中，凸模的整个截面要大于接触面积 F，故计算出来的平均压力值要低于 p 值，但是在设计模具时采用接触面积 F 上的平均压力 p 是较为安全的。

对于筒形件的反挤压成形，作用在凸模上的单位接触面积上的平均压力 p' 为：

$$p' = \frac{C}{\dfrac{\varepsilon_{\mathrm{F}}}{100}} \times \overline{\sigma}_{\mathrm{m}}$$

如图 3-78 所示，若反挤压成形的筒形件是偏心的，或者反挤压凸模或反挤压凹模是非对称形的，则在反挤压成形过程中凸模还要承受弯曲应力作用；在实际的反挤压成形过程中即使反挤压成形的筒形件是轴对称的，有时也会因为反挤压凸模和反挤压凹模的安装误差而导致凸模与凹模之间同轴度差，或者因为锻造成形设备本身精度较差而使凸模与凹模之间同轴度差，这时凸模上仍要承受弯曲应力。若凸模的损坏形式是从根部横裂，可以认为是由这种弯曲应力引起的。同时，在反挤压成形过程中，如果凸模工作部分的长度达到其直径的 2 倍以上时，则施加在凸模上的平均单位压力必须低于凸模材料的弹性极限。

3.2.6.2　作用在下凸模或顶料杆上的力

如图 3-79 所示，当锻件的截面积和顶料杆的截面积相同时，作用在顶料杆上的平均压力 p 为：

$$p = C \times \overline{\sigma}_{\mathrm{m}}$$

作用在顶料杆截面上的平均压力 p，只能低于凸模上的平均压力 p'；顶料杆越细，作用在起截面上的平均压力 p 就越高（如图 3-79b 所示），这是因为在冷锻变形过程中材料内部的压力越接近于材料流动的中心就越高，越靠近材料流动的出口就越低。

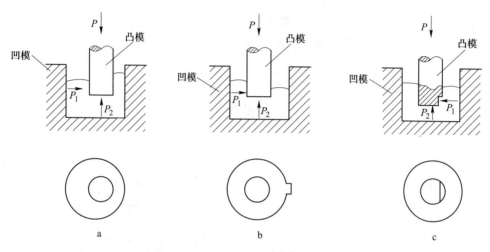

图 3-78　筒形件反挤压成形时由于非对称性而附加在凸模上的横向力

a—凸模位置偏心；b—挤压件外形偏心；c—凸模形状偏心

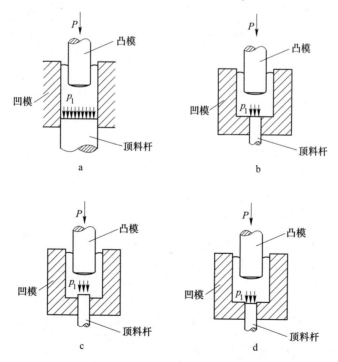

图 3-79　在冷锻成形过程中作用在顶料杆上的力

a—全底面顶料杆；b—局部底面顶料杆；c—凸起顶料杆；d—下凹顶料杆

在图 3-79c 中，由于顶料杆的上端面高于凹模型腔的底平面，所以作用在顶料杆截面上的平均压力 p 最高；特别是当材料还没有达到凹模底部时，冷锻成形的全部压力都要由这个顶料杆来承受；与其相反，在图 3-79d 中，由于顶料杆的上表面低于凹模型腔的底平面，所以作用在顶料杆截面上的平均压力 p 就较低。

3.2.6.3　作用在凹模上的力

图 3-80 所示为冷锻成形过程中作用在凹模型腔内表面上的力。

对于如图 3-80a 所示的、作用在凹模型腔内表面上的内压力，可以由下式来推算：

$$p = C \times \overline{\sigma}$$

式中　　p ——单位接触面积上的平均压力；

　　　　C ——约束系数，作为表示变形抗力倍数的尺度。

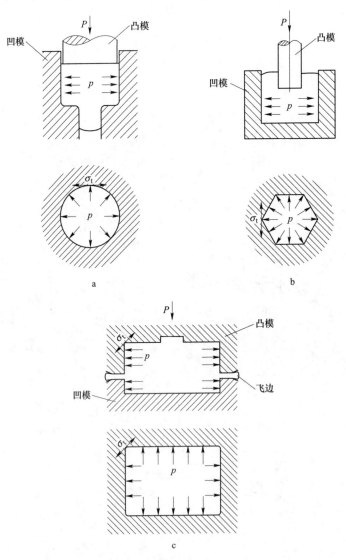

图 3-80　冷锻成形过程中作用在凹模型腔内表面上的内压力

a—实心件正挤压；b—筒形件反挤压；c—半闭式冷模锻

如图 3-80a 所示，即使是形状简单的圆筒形凹模，在内压力作用下也会使凹模型腔的内表面上产生较大的切向拉应力 σ_t；而对于凹模型腔的横截面和纵截面存在有如图 3-80b 所示的棱角时，则在此棱角部位将产生更大的拉应力，因此在实际生产中必须将这种凹模的棱角改为圆角，以避免因棱角部位的应力过大所引起的凹模的早期失效。

3.2.7 模具内的应力和应变

在冷锻成形过程中，由于冷锻模具受到很大的加工压力和摩擦力作用，因而在进行冷锻模具设计时必须合理选择模具材料和模具热处理方法、模具的结构和模具加工精度等。冷锻模具设计的好坏，直接决定了冷锻模具的使用寿命。

在设计冷锻模具时，必须了解冷锻模具在冷锻成形过程中的受力以及模具内部的应力、应变状态。

3.2.7.1 承受均匀内压的凹模

在冷锻成形过程中圆筒形凹模在内压力的作用下有产生径向开裂的倾向。

图 3-81 所示为冷锻成形过程中凹模内的应力分布状态。

图 3-81a 表示没有经过预应力加强的凹模在平均工作内压 p 作用时的应力分布状态，其中 σ_t 为切向应力，σ_r 为径向应力；这种结构的凹模在内侧表面上产生最大的切向拉应力，此切向拉应力是使凹模破坏的最大原因；假如凹模内侧表面上的切向拉应力 σ_t 超过凹模材料的屈服应力，即使凹模的外侧表面没有屈服也要从其内侧表面开始屈服，因此不管凹模外径尺寸有多大都是没有意义的。在这种情形下，则需要采用 1 层或 2 层的热压配合或冷压配合的预应力组合模具结构，以减少凹模内侧表面的切向拉应力。

图 3-81b 所示为具有一层预应力圈加强的预应力组合凹模在平均工作内压 $p=0$ 时的应力分布状态。由图 3-81b 可知，在凹模外套所施加的预应力状态下凹模芯的内侧表面产生了切向压应力 σ_t。

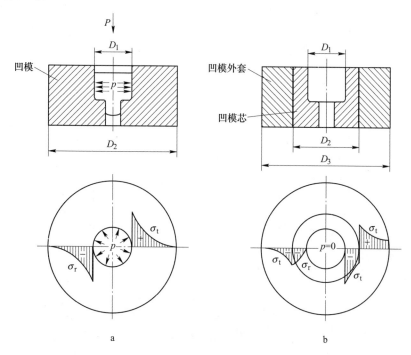

a   b

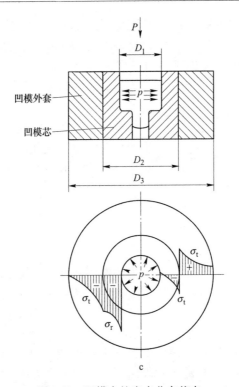

图 3-81 凹模内的应力分布状态

a—凹模；b—预应力组合凹模（1 层预应力圈，$p=0$）；c—预应力组合凹模（1 层预应力圈，$p>0$）

图 3-81c 所示为具有 1 层预应力圈加强的预应力组合凹模在平均工作内压 p 作用时的应力分布状态。由图 3-81c 可知，即使在平均工作内压 p 的作用下预应力组合凹模的凹模芯内侧表面的拉应力 σ_t 有所减少或者 $\sigma_t=0$，也就是说，通过采用预应力组合模具结构，可以使凹模内产生的应力分散，由整个模具来承受，从而起到加强模具的作用。

如图 3-82 所示，厚壁圆筒在内压力 p_i 或外压力 p_o 作用时，该圆筒内的切向应力 σ_t 和

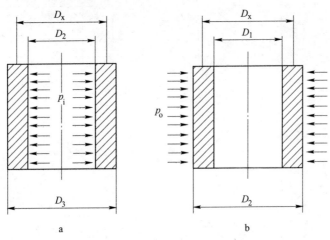

图 3-82 承受均匀压力的厚壁圆筒

a—外厚壁圆筒；b—内厚壁圆筒

径向应力 σ_r 以及直径的弹性变化量 e 计算公式如表 3-9 所示，这些计算公式是由 Lame′ 给出的；它是冷锻模具设计的基本公式，但这些公式只适用于厚壁圆筒的内壁或外壁承受均匀压力的情况。

表 3-9　厚壁圆筒承受均匀压力时其应力和直径弹性变化量的计算公式

项目	切向应力 σ_t	径向应力 σ_r	直径的弹性变化量 e
外厚壁圆筒（如图 3-82 a 所示）承受均匀内压 p_i 作用	$\sigma_{tx} = \dfrac{Q_o^2}{1 - Q_o^2} \times \left(1 + \dfrac{D_3^2}{D_x^2}\right) \times p_i$	$\sigma_{rx} = \dfrac{Q_o^2}{1 - Q_o^2} \times \left(\dfrac{D_3^2}{D_x^2} - 1\right) \times p_i$	$e_x = \dfrac{Q_o^2 \times D_x \times p_i}{m_o \times E_o \times (1 - Q_o^2)} \left[\dfrac{D_3^2}{D_x^2}(m_o + 1) + m_o - 1\right]$
	$\sigma_{t3} = \dfrac{2Q_o^2}{1 - Q_o^2} \times p_i$	$\sigma_{r3} = 0$	$e_3 = \dfrac{2Q_o^2 \times D_3 \times p_i}{E_o \times (1 - Q_o^2)}$
	$\sigma_{t2} = \dfrac{1 + Q_o^2}{1 - Q_o^2} \times p_i$	$\sigma_{r2} = -p_i$	$e_2 = \dfrac{D_2 \times p_i}{m_o \times E_o \times (1 - Q_o^2)} \left[Q_o^2 \times (m_o - 1) + m_o + 1\right]$
内厚壁圆筒（如图 3-82 b 所示）承受均匀外压 p_o 作用	$\sigma_{tx} = \dfrac{-1}{1 - Q_n^2} \times \left(1 + \dfrac{D_1^2}{D_x^2}\right) \times p_o$	$\sigma_{rx} = \dfrac{-1}{1 - Q_n^2} \times \left(1 - \dfrac{D_1^2}{D_x^2}\right) \times p_o$	$e_x = \dfrac{-D_x \times p_o}{m_n \times E_n \times (1 - Q_n^2)} \left[\dfrac{D_1^2}{D_x^2}(m_n + 1) + m_n - 1\right]$
	$\sigma_{t2} = -\dfrac{1 + Q_n^2}{1 - Q_n^2} \times p_o$	$\sigma_{r2} = -p_o$	$e_2 = \dfrac{-D_2 \times p_o}{m_n \times E_n \times (1 - Q_n^2)} \left[Q_n^2 \times (m_n - 1) + m_n + 1\right]$
	$\sigma_{t1} = -\dfrac{2}{1 - Q_n^2} \times p_o$	$\sigma_{r1} = 0$	$e_1 = \dfrac{-2D_1 \times p_o}{E_n \times (1 - Q_n^2)}$

注：$Q_o = D_2/D_3$，$Q_n = D_1/D_2$，m_o 为外厚壁圆筒的泊松数，m_n 为内厚壁圆筒的泊松数，E_o 为外厚壁圆筒的弹性模数，E_n 为外厚壁圆筒的弹性模数。

由表 3-9 可知，外厚壁圆筒在受到内压力 p_i 作用下发生屈服时的屈服条件如下：

（1）Mises 屈服条件：

$$S = \sqrt{\sigma_\tau^2 + \sigma_r^2 - \sigma_\tau \times \sigma_r} \leqslant \sigma_s$$

式中　S——相当应力；

　　σ_s——单向应力状态时材料的屈服强度。

这时外厚壁圆筒所能承受的最大容许工作内压 p_{max} 可由下式求得：

$$p_{max} = \dfrac{1 - Q_o^2}{\sqrt{3 + Q_o^4}} \times \sigma_s$$

若令外厚壁圆筒的外径 $D_3 = \infty$，则 $Q_o = 0$，则有：

$$p_{max} = \dfrac{1}{\sqrt{3}} \times \sigma_s = \dfrac{\sigma_s}{1.732}$$

由上式可知，对于承受内压力的外厚壁圆筒，不管怎样加大外厚壁圆筒的外径，外厚壁圆筒都容易产生塑性变形或破断。

（2）Tresca 屈服条件：

$$\tau_{max} = \dfrac{1}{2} \times (\sigma_\tau - \sigma_r) < k = \dfrac{1}{2}\sigma_s$$

式中　　τ_{max}——在外厚壁圆筒产生的最大剪切应力；

　　　　k——材料屈服状态的最大剪切应力。

这时外厚壁圆筒所能承受的最大容许工作内压 p_{max} 可由下式求得：

$$p_{max} = \frac{1}{2} \times (1 - Q_o^2) \times \sigma_s$$

若令外厚壁圆筒的外径 $D_3 = \infty$，则 $Q_o = 0$，则有：

$$p_{max} = \frac{1}{2} \times \sigma_s$$

3.2.7.2　承受部分工作内压的凹模

在实际的冷锻成形过程中，凹模并不一定只承受均匀的工作内压力，如图 3-83 所示。由图 3-83 可知，工作内压力作用在凹模上的位置和形式各不相同。在图 3-83a～c 中工作内压力都作用在凹模的端面及其附近，而在图 3-83d、e 和 g 中工作内压力都作用在凹模高度方向的中央附近，在图 3-83f 中的工作内压力作用在凹模的整个高度上，在图 3-83h 和 i 中的工作内压力均作用在凹模的两处不同位置上。

严格地说，图 3-83 中所示的凹模，其内部的应力、应变是不能使用 Lame' 公式进行计算的，但是在实际冷锻成形过程中可以用 Lame' 公式进行计算，可以得到近似的、大致的结果。

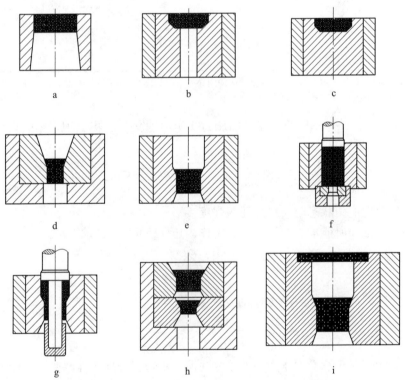

图 3-83　实际冷锻成形过程中凹模的受力情况（黑色部分）

a—剪切凹模；b—镦头凹模；c—压印凹模；d—拉拔凹模；

e—减径挤压凹模；f—实心件正挤压凹模；g—空心件正挤压凹模；

h—多级拉深凹模；i—镦头及减径挤压凹模

图 3-84 所示为承受部分工作内压力的凹模。

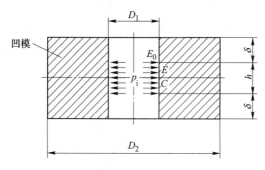

图 3-84 承受部分工作内压力的凹模

如图 3-84 所示，假设单层厚壁圆筒形凹模的内径为 D_1、外径为 D_2，工作内压力 p_i 只作用在凹模内侧表面中央长度为 h 的部分（无内压力作用部分的长度为 δ）。当 $1/m = 0.3$、$h/D_1 = 1.0$ 时，以 δ/D_1 为参数，则对于 D_2/D_1 的最大相当应力值 S_{max} 和内压力 p_i 作用宽度的中央部分 C 点以及端部 E 附近的无内压力作用部分 E_0 点上的切向应力 $\sigma_{\tau c}$、$\sigma_{\tau E_0}$ 的变化如图 3-85 所示。

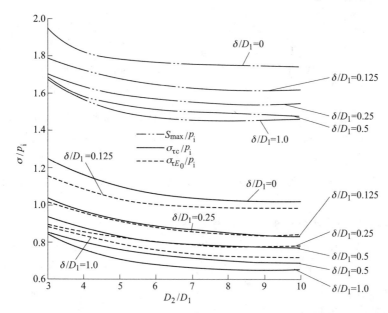

图 3-85 在承受部分内压力情况下凹模内的应力与内、外径比 D_2/D_1 的关系

由图 3-85 可知，对于不同的 δ/D_1 值，当 $D_2/D_1 \approx 5.0$ 时 S_{max}、$\sigma_{\tau c}$、$\sigma_{\tau E_0}$ 明显减少；而当 $D_2/D_1 > 5.0$ 时，S_{max}、$\sigma_{\tau c}$、$\sigma_{\tau E_0}$ 就缓慢地减少。另外，D_2/D_1 很大时，S_{max}、$\sigma_{\tau c}$、$\sigma_{\tau E_0}$ 也具有减小的倾向，这种减小的倾向意味着随着内、外径比 D_2/D_1 越大，在凹模高度方向上离开工作内压力 p_i 作用端越远的部分就越得到加强。

3.2.7.3 拐角部分的应力集中

采用预应力组合模具结构，尽管可以防止冷锻凹模的径向开裂，但在实际冷锻成形生产过程中经常会在凹模的底部边缘拐角处发现开裂现象，其开裂的原因是在该处有应力集中。

　　因此，在实际冷锻成形生产中冷锻凹模一般都采用镶拼式预应力组合模具结构，以避免冷锻凹模的底部边缘拐角处的开裂；但镶拼式预应力组合模具的制造成本较高、制造周期长，其原因是在镶拼式预应力组合模具的加工过程中为了防止镶拼模具的分离，不仅需要采取相应的措施加以紧固，还必须解决剖分面的金属挤入问题；因此，对于形状简单的冷锻件，尽可能采用整体式凹模。

　　对于如图 3-86 所示的整体式凹模，其顶料杆孔径 d 和拐角部分圆角半径 R 对凹模的底部边缘拐角处应力集中的影响如图 3-87 所示（其中 $\sigma_{\tau\max}/p_i$ 为凹模型腔内壁面上的最大切向应力 $\sigma_{\tau\max}$ 与内压力 p_i 之比）。

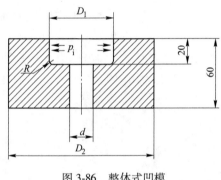

图 3-86　整体式凹模

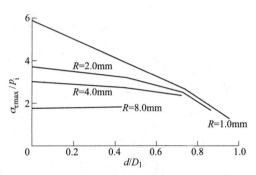

图 3-87　顶料杆孔径 d 与拐角处圆角半径 R
对拐角处应力集中的影响

　　在图 3-87 中，其纵坐标上的圆点与没有顶料杆孔时（即 $d=0$）的应力集中系数相对应，各条折线右端的圆点与相应的 d 具有最大圆角时的应力集中系数相对应。

　　由图 3-87 可知，其拐角部分的最大应力集中发生在设有顶料杆孔的场合，随着顶料杆孔径 d 的增大，应力集中则逐渐减少；在圆弧终端紧接较大的顶料杆孔 d 的情况下，应力集中最小。

　　图 3-88 所示是当 $R=2mm$ 时在凹模拐角处的应力集中情况（其中 σ_τ/p_i 为凹模型腔内壁面上的切向应力 σ_τ 与内压力 p_i 之比，白圆点表示没有顶料杆孔（即 $d=0$）时的应力集中数值，黑圆点表示顶料杆孔径最大（即拐角的圆弧部分紧接顶料杆孔径）时应力集中的数值）。

　　由图 3-88 可知，其应力集中最大的位置在拐角圆弧部分 45° 的位置稍微错开一点之处；由此可知，对于图 3-86 所示的凹模，其损坏就是从这个位置开始的。

　　为了避免冷锻成形过程中凹模上产生应力集中，可以采用加大凹模拐角部分的圆角

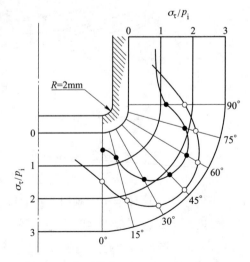

图 3-88　凹模拐角部分的应力状态分布

半径、避免凹模横截面的急剧变化、选用镶拼式模具和选用预应力组合模具结构等措施。

较长的凸模，即使加粗了其根部的直径，也要避免其横截面的急剧变化；因此在进行冷锻模具设计时要尽量将横截面变化的部分做成平滑的过渡曲线，以防止应力集中的产生。

在冷锻模具的表面上即使只有很小的伤痕，也会因应力集中的产生使冷锻模具发生疲劳破坏；因而在冷锻模具的加工过程中，即使是模具磨削加工以后，都要在其长度方向上进行研磨加工，以获得光洁的表面，从而延长模具的使用寿命。

3.2.7.4 承受偏心载荷的凸模

在理想状态下，冷锻成形过程中凸模应该只承受轴向压应力的作用；但是在实际的冷锻成形生产过程中，由于模具的设计和加工上的非对称性以及坯料端面的倾斜等原因，使得冷锻成形过程中的凸模不仅要承受轴向压应力的作用，还要承受弯曲应力的作用。

冷锻成形过程中凸模的失效形式如图 3-89 所示。由图 3-89 可知，有的凸模在根部出现开裂，有的凸模发生弯曲变形或镦粗变形。凸模的开裂一般发生在硬度高于 60HRC 以上的凸模上。

在冷锻成形过程中凸模在受到弯曲应力作用的同时还受到很高的轴向压应力的作用，可不考虑其内部的拉应力作用；但是在冷锻成形过程的终止阶段即凸模退回的瞬间由于凸模受到残余横向推力的作用而在凸模内产生拉应力，这种拉应力可能造成的凸模损坏。

在冷锻成形过程中，凸模和凹模的同轴度差异、放在凹模内的坯料位置不当、凸模的形状不规则等原因，都会使凸模受到附加的弯曲力作用，从而造成凸模的损坏。

如图 3-90 所示为冷挤压成形过程中凸模根部的弯曲预应力测试装置。在图 3-90 中，将把钢制圆筒形坯件放入凹模中，再利用凸模进行冷挤深孔时，通过贴在凸模根部的应变片就能测出发生在凸模根部的弯曲应力 σ。

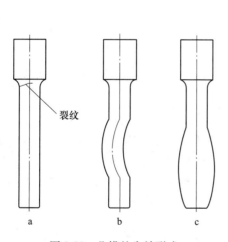

图 3-89　凸模的失效形式
a—裂纹；b—弯曲；c—镦粗

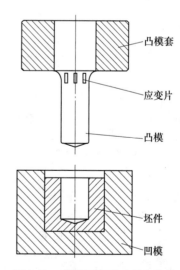

图 3-90　冷挤压成形过程中凸模
根部的弯曲应力测定装置

图 3-91 所示为凸模根部的弯曲应力 σ 与圆筒形坯件的偏心量 e 之间的关系。由图 3-91 可知，在凸模的根部引起的弯曲应力 σ 与圆筒形坯件的偏心量 e 之间大致成正比。

另外，在冷锻成形过程中锻造成形设备的精度差、刚性低和零件松动等原因都会使凸模承受附加外力的作用。为了防止这种有害的附加外力对凸模使用寿命的影响，在进行冷锻模具设计时必须考虑模具的导向精度、刚性和可靠性等问题。

3.2.7.5　垫板的受力

在冷锻成形过程中，由于变形金属的变形抗力，使凸模或凹模单位接触面上的平均压力可达 2000~2500MPa。如此大的平均压力如果直接传递给锻造成形设备，必将在锻造成形设备的滑块或冷锻模具的模座产生局部的凹陷或变形。为了避免锻造成形设备的滑块或冷锻模具的模座产生局部的凹陷或变形，就必须在凸模的底端和锻造成形设备的滑块之间，以及凹模的底面和冷锻模具的模座之间，设置有适当厚度的垫板，以便把凸模或凹模单位接触面上的平均压力均匀地、分散地传递给锻造成形设备的本体，以起到缓冲的作用。

如图 3-92 所示，在垫板的上表面上凸模或凹模单位接触面上的平均压力 p_o 均匀分布在直径 d_o 的范围内。由图 3-92 可知，p_o 由垫板的上表面大致扩展成圆锥状传到垫板的下表面，其压力的分布以加压中心为最大，而在其周边为最小。

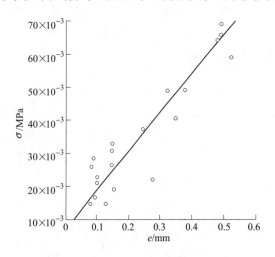

图 3-91　冷挤压成形深孔时孔的偏心量 e
与凸模根部的弯曲应力 σ 的关系

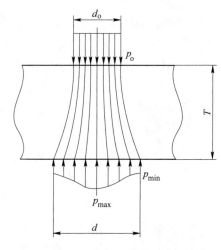

图 3-92　模具垫板上的压力传递状态

图 3-93 所示为垫板的厚度 T 与压力传递范围及传递压力比之间的关系曲线。由图 3-93 可知，在增加垫板厚度 T 的同时，受压面的传递直径 d 在增加，传递的压力 p 在减少。

图 3-94 所示为双层垫板的压力传递状态。由图 3-94 可知，如果垫板的厚度 T 相同，则使用多层垫板要比使用单层垫板扩大一些传递压力的范围；因此在冷锻模具设计时使用多层垫板对于缓冲压力是可行的。

3.2.8　冷锻模具的设计方法

3.2.8.1　冷锻模具设计应考虑的问题

在冷锻成形过程中，由于成形加工方式的不同，其成形加工载荷的特性、材料的变形情况、模具内压力的分布、模具结构和模具强度都有所不同。

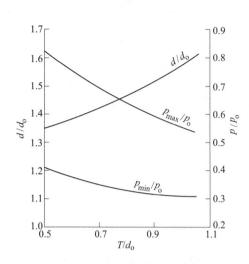

图 3-93　垫板上圆形分布载荷 p_o 的传递半径 d
　　　　和传递压力 p 之间的关系

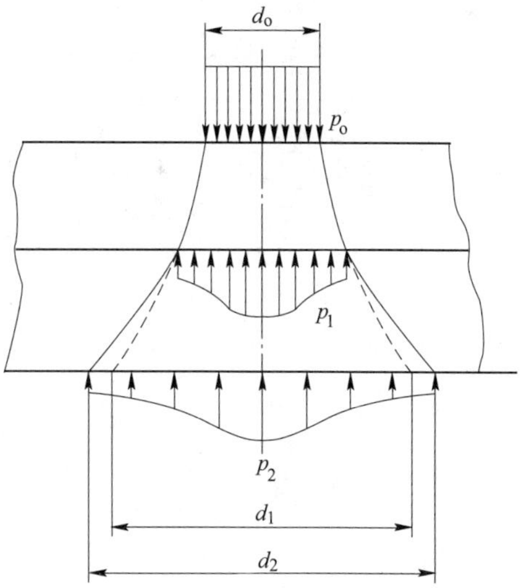

图 3-94　双层垫板上的压力传递状态

在设计冷锻模具时应考虑如下问题:

(1) 选定成形加工方式和成形加工工序数。这时必须考虑冷锻件的材质、形状、尺寸、生产数量、模具寿命和经济性、锻造成形设备的特性等。

(2) 进行成形力 P 或模具单位接触面上平均压力 p 的计算,此时由于成形力 P 或模具单位接触面上的平均压力 p 一般是受凸模的强度所制约,如果成形力 P 或模具单位接触面上的平均压力 p 过大则需要重新选择成形加工方式和成形加工工序数。

(3) 进行模具的工作内压力 p_i 的计算。这时可用下式来计算模具的工作内压力 p_i:

$$p_i = p \times K_1$$

式中,K_1 为按成形加工方式决定的系数。

(4) 确定凹模(或凸模)的外径、厚度、深度等尺寸。这时除了考虑冷锻件的尺寸以外,还要考虑模座及模具的标准化问题。

(5) 进行凹模最大内压力 p_{max} 的计算。此时应将考虑安全系数的凹模最大工作内压力 p_{max} 来作为模具设计的基准,一般 p_{max} 的计算方法如下:

$$p_{max} = C \times p_i$$

式中,C 为安全系数。

(6) 进行模具强度的计算。当凹模或凸模所承受的工作内压力过大时就要重新选择成形加工方式和成形加工工序数,以降低凹模或凸模的工作内压力。

3.2.8.2　单层预应力组合凹模的设计计算

一般的冷锻成形用凹模如图 3-95 所示。图 3-95a 所示为单层预应力组合凹模,它是由直接承受工作内压力的凹模芯和使凹模芯承受压缩预应力的凹模外套所构成的;图 3-95b 所示为双层预应力组合凹模,它是由凹模芯、凹模中套和凹模外套所构成。

对于承受工作内压力的凸模(如半闭式冷模锻等)也需要采用预应力组合模具结构进行加强。

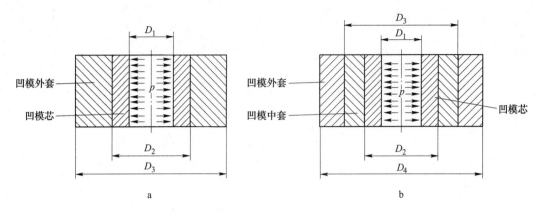

图 3-95　冷锻成形用预应力组合凹模
a—单层预应力组合凹模；b—双层预应力组合凹模

冷锻成形用凹模的最佳设计原则是针对变形力所产生的工作内压力来预估模具的强度（屈服强度或弹性极限强度），以便用最小尺寸的模具来承受最大的成形力。

冷锻模具设计是以模具的屈服条件为前提，模具的屈服条件可根据最大剪切应力理论确定。

A　凹模芯和凹模外套有相同的弹性模数和同时屈服的预应力组合凹模设计

当凹模芯和凹模外套都是钢质材料时，可根据能使凹模芯与凹模外套同时屈服的条件下所施加的最大工作内压力作为预应力组合凹模设计依据。

对于如图 3-95a 所示的单层预应力组合凹模，凹模芯的内径为 D_1、外径为 D_2，凹模外套的外径为 D_3，凹模芯和凹模外套的屈服强度分别为 σ_{s1} 和 σ_{s2}，并设 D_2 的过盈量为 δ。

由于凹模芯在最大容许工作内压力作用时的凹模芯直径值就是最佳设计的凹模芯直径值，它可由下式求得：

$$Q_1 = \frac{Q_2}{\sqrt{k}} = \sqrt{\frac{Q_g}{\sqrt{k}}}$$

$$D_2 = D_1 \times \sqrt{\sqrt{\frac{k}{Q_g}}}$$

$$k = \frac{\sigma_{s1}}{\sigma_{s2}}$$

式中，$Q_1 = D_1/D_2$，$Q_2 = D_2/D_3$，$Q_g = D_1/D_3$。

凹模芯的最大容许工作内压力 p_{max} 和凹模芯的屈服强度 σ_{s1} 之比即容许工作内压比 $\frac{p_{max}}{\sigma_{s1}}$ 可用下式表达：

$$\frac{p_{max}}{\sigma_{s1}} = \frac{k - 2k \times Q_1^2 + 1}{2k}$$

凹模芯和凹模外套的配合直径 D_2 与过盈量 δ 之比 δ/D_2 同凹模芯的屈服强度 σ_{s1} 之比即标准过盈量 $\frac{\delta}{\sigma_{s1} \times D_2}$ 可由下式求得：

$$\frac{\delta}{\sigma_{s1} \times D_2} = \frac{(1 - k \times Q_1^2)^2 \times (1 - Q_1^2) \times (K_2 + K_1)}{2k \times (1 - k \times Q_1^4)}$$

$$K_1 = \frac{m_1 - 1 + (m_1 + 1) \times Q_1^2}{m_1 \times E_1 \times (1 - Q_1^2)}$$

$$K_2 = \frac{m_2 + 1 + (m_2 - 1) \times Q_2^2}{m_2 \times E_2 \times (1 - Q_2^2)}$$

式中 E_2——凹模外套的弹性模数；

  m_2——凹模外套的泊松数；

  E_1——凹模芯的弹性模数；

  m_1——凹模芯的泊松数。

图 3-96 所示为凹模芯的容许工作内压比 $\frac{p_{max}}{\sigma_{s1}}$ 和凹模芯直径比 Q_1 之间的关系。

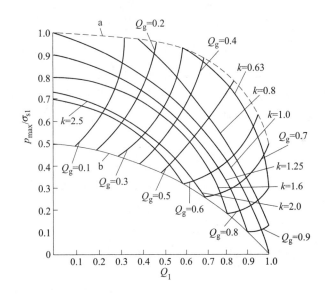

图 3-96 凹模芯的容许工作内压比 $\frac{p_{max}}{\sigma_{s1}}$ 与凹模芯直径比 Q_1 之间的关系

曲线 a—预应力组合凹模结构中凹模芯的承载极限；曲线 b—整体凹模的承载极限

图 3-97 所示为预应力组合凹模的标准过盈量 $\frac{\delta}{\sigma_{s1} \times D_2}$ 和凹模芯直径比 Q_1 的关系（其中 $E_2 = E_1 = 2000\text{MPa}$，$m_2 = m_1 = 3.3$）。

一般情况下，Q_g 越小，即凹模外套的外径越大，凹模芯容许的工作内压比就越大；同样 k 越小即越是提高凹模外套的屈服强度，凹模芯容许的工作内压比也就越大；但在凹模外套所施加的预紧压力的作用下凹模芯内侧表面所产生的压应力必须小于凹模芯的压缩屈服强度。

由图 3-96 可知，不管是采用预应力组合凹模，还是采用整体凹模，其最大工作内压

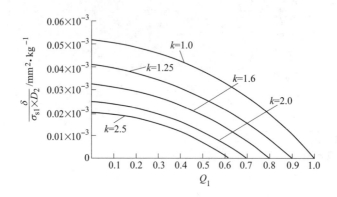

图 3-97　预应力组合凹模的标准过盈量 $\dfrac{\delta}{\sigma_{s1} \times D_2}$ 和凹模芯直径比 Q_1 的关系

力 p_{max} 都不允许超过凹模材料的屈服强度 σ_{s1}。

　　在设计预应力组合凹模时，如果给定凹模容许的最大工作内压力 p_{max}、凹模芯内径 D_1、凹模芯外径 D_2（即 Q_g）以及凹模芯的屈服强度 σ_{s1}，则可求出 Q_1 和 k，进而求得凹模外套的屈服强度 σ_{s2} 和预紧配合直径 D_2，过盈量 δ 可从图 3-97 的标准过盈量中求得；如果给定凹模芯内径 D_1 和凹模容许的最大工作内压力 p_{max} 及屈服强度 σ_{s2} 和 σ_{s1}，便可求得 Q_1 和 Q_g，从而求得凹模外套的内径 D_2 和外径 D_3。

　　B　不使凹模芯产生拉应力的预应力组合凹模设计

　　当凹模芯的内孔型腔横截面为多角形、凹模芯为剖分结构、使用抗拉强度较低的模具材料（如硬质合金）制造凹模芯时，可根据在工作内压力作用下凹模芯型腔内侧表面的切向拉应力与预应力作用下凹模芯型腔内侧表面的切向压应力相互抵消且凹模外套刚刚屈服时所施加的最大工作内压力作为预应力组合凹模设计依据。

　　取凹模的容许工作内压力 p_{max} 和凹模外套的屈服强度 σ_{s2} 之比为凹模的容许工作内压比 $\dfrac{p_{max}}{\sigma_{s2}}$ 时，有：

$$\frac{p_{max}}{\sigma_{s2}} = \frac{1 - Q_2^2}{1 + Q_1^1} = \frac{1}{1 + 2Q_1^2}$$

式中，$Q_1 = D_1/D_2$，$Q_2 = D_2/D_3$。

　　由于凹模芯在容许工作内压比作用时的 Q_1 就是最佳设计的凹模芯直径比，它可由下式求得：

$$Q_1 = \sqrt{Q_g^2 + \sqrt{Q_g^2 + Q_g^4}}$$

$$D_2 = \frac{D_1}{\sqrt{Q_g^2 + \sqrt{Q_g^2 + Q_g^4}}}$$

式中，$Q_g = D_1/D_3$。

　　若凹模外套和凹模芯都是钢质材料，则凹模芯和凹模外套的配合直径 D_2 与过盈量 δ 之

比 δ/D_2 与凹模外套的屈服强度 σ_{s2} 之比 $\dfrac{\delta}{\sigma_{s2} \times D_2}$ 即标准的过盈量可用下式表示：

$$\frac{\delta}{\sigma_{s2} \times D_2} = \frac{(1 + Q_1^2)^2 \times (1 - Q_1^2) \times (K_2 + K_1)}{2 \times (1 + 2 \times Q_1^2) \times (1 + 2 \times Q_1^2 - Q_1^4)}$$

$$K_1 = \frac{m_1 - 1 + (m_1 + 1) \times Q_1^2}{m_1 \times E_1 \times (1 - Q_1^2)}$$

$$K_2 = \frac{m_2 + 1 + (m_2 - 1) \times Q_2^2}{m_2 \times E_2 \times (1 - Q_2^2)}$$

式中　　E_2 ——凹模外套的弹性模数；

　　　　m_2 ——凹模外套的泊松数；

　　　　E_1 ——凹模芯的弹性模数；

　　　　m_1 ——凹模芯的泊松数。

图 3-98 所示为凹模芯的容许工作内压比 $\dfrac{p_{max}}{\sigma_{s2}}$ 与凹模芯直径比 Q_1 之间的关系，图 3-99 所示为预应力组合凹模的标准过盈量 $\dfrac{\delta}{\sigma_{s2} \times D_2}$ 与凹模芯直径比 Q_1 之间的关系（曲线 a 表示凹模芯和凹模外套材料均为钢质材料，其 $E_2 = E_1 = 2000\text{MPa}$，$m_2 = m_1 = 3.3$；曲线 b 表示凹模芯为硬质合金、凹模外套材料为钢质材料，其 $E_2 = 2000\text{MPa}$，$E_1 = 5500\text{MPa}$，$m_2 = 3.3$，$m_1 = 4.25$）。

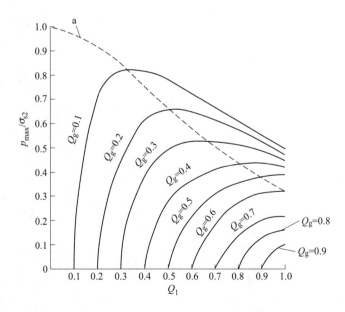

图 3-98　凹模芯的容许工作内压比 $\dfrac{p_{max}}{\sigma_{s2}}$ 与凹模芯直径比 Q_1 之间的关系

曲线 a—凹模芯最佳直径比的关系曲线

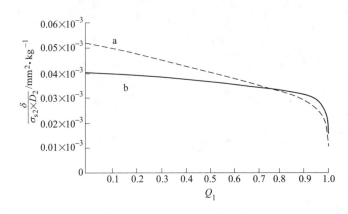

图 3-99　预应力组合凹模的标准过盈量 $\dfrac{\delta}{\sigma_{s2}\times D_2}$ 与凹模芯直径比 Q_1 之间的关系

在进行预应力组合凹模设计时，如果给定凹模芯的容许工作内压力 $p_{\max}$、凹模芯的内径 D_1 和凹模外套的外径 D_3（即 Q_g），就可求出 Q_1、σ_{s2} 及 D_2，这时的过盈量 δ 可由图 3-99 中的标准过盈量 $\dfrac{\delta}{\sigma_{s2}\times D_2}$ 中求得。

3.2.8.3　实际冷锻成形生产用单层预应力组合凹模的设计计算

在上述的预应力组合凹模的设计计算中，都是基于凹模芯为标准的厚壁圆筒、工作内压力作用在厚壁圆筒内侧表面的全部面积的假设条件下建立起来的；但在实际的冷锻成形生产过程中，有许多预应力组合凹模并不符合上述的这种假定条件，因此在对实际冷锻成形用预应力组合凹模进行设计计算时必须对上述设计计算公式进行修正。

A　工作内压力作用区域的修正

由于冷锻成形加工方式和冷锻件形状的不同，在冷锻成形过程中作用在凹模芯内侧表面上的工作内压力是有区别的，其影响也是复杂的（如图 3-100 所示）。

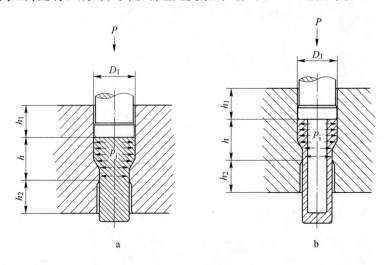

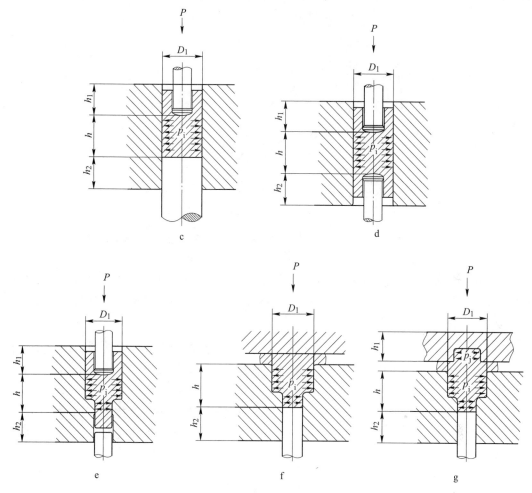

图 3-100　各种冷锻成形加工方式的工作内压力作用区域

a—实心件正挤压；b—空心件正挤压；c—反挤压；d—杯-杆件复合挤压；

e—杯-杆件复合挤压；f，g—镦锻（半闭式模锻）

当工作内压力作用在凹模芯内孔型腔侧表面的某一部分时，它会影响没有工作内压力作用的凹模芯刚性部分；与工作内压力全部作用在凹模芯内孔型腔侧表面情况相比，工作内压力只作用在凹模芯内孔型腔侧表面的某一部分时凹模芯的最大应力和应变就要减小，即能承受更大的工作内压力，即凹模芯的容许工作内压力（或凹模芯的弹性极限应力）上升。

如果令凹模芯的弹性极限应力为 σ_{s1}、凹模芯的容许工作内压力为 σ_{se}，其弹性极限应力的上升率为 k_e，则有：

$$\sigma_{se} = K_e \times \sigma_{s1}$$

因此，在进行预应力组合凹模设计计算时，应该用 σ_{se} 来代替 σ_{s1}。

图 3-101 所示为工作内压力作用在厚壁圆筒中央部分时，其弹性极限应力的上升率。

由图 3-101 可知，工作内压力作用区域的宽度 h 和厚壁圆筒的内径 D_1 之比 h/D_1 越小，或者厚壁圆筒的内、外径之比 $Q_g = D_1/D_3$（或 $Q_g = D_1/D_4$）越小，则弹性极限应力的上升度

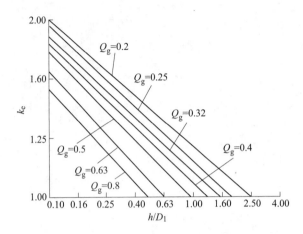

图 3-101   工作内压力作用区高度比 h/D_1 与弹性极限应力上升度 k_e 的关系

k_e 就越大；而当 $Q_g<0.2$ 时，k_e 没有多大变化。可是，当工作内压力作用区域宽度 h 很小而非作用区域宽度很大或者工作内压力作用区域偏向厚壁圆筒的一端时，反而不利。

B   应力集中的修正

从图 3-100 a、b、e~g 中可以看到，当凹模芯的内孔型腔带有台阶的圆角部分、具有四角形和六角形等多角形内孔型腔时，其转角部分要产生应力集中，与圆筒形凹模芯的内孔型腔相比其强度要减弱；这时需要对凹模芯的屈服强度值进行修正。

若凹模芯的内孔型腔为圆筒形型腔时，在工作内压力作用下所产生的应力为 σ；而当凹模芯的内孔型腔有应力集中存在时，在工作内压力作用下所产生的应力为 σ'；若取应力集中系数为 α，则有：

$$\alpha = \frac{\sigma'}{\sigma}$$

因此，在进行预应力组合凹模设计计算时，应该用 $\dfrac{\sigma_{s1}}{\alpha}$ 代替 σ_{s1}。

由于应力集中状态可分为切向和轴向两个主应力方向，因此在进行预应力组合凹模设计时应该根据凹模芯的内孔型腔形状和工作内压力的作用方式选取不同的 α 值。

C   温度升高的修正

在冷锻成形过程中因为摩擦的原因将使预应力组合凹模内的温度上升。冷锻件越大，变形速率越高，这种温升效应就越大；而且在凹模芯中心部分的温升高，凹模芯外围部分的温升低，其温度梯度较陡，造成凹模芯的平均温度与凹模外套的平均温度存在差值。由于凹模芯和凹模外套的平均温度差所引起的热膨胀差，会使预应力组合凹模的实际过盈量 δ 大于当初的设计计算值，因而需要对过盈量 δ 进行修正。

如果凹模芯与凹模外套的平均温差为 $\Delta\theta$、凹模芯的外径为 D_2、模具材料的线膨胀系数为 β，则过盈量 δ 的修正量 $\Delta\delta$ 可由下式求得：

$$\Delta\delta = \Delta\theta \times \beta \times D_2$$

对于冷锻成形用预应力组合凹模，其过盈量修正量 $\Delta\delta$ 可达过盈量 δ 的 10% 左右。

D 凹模芯与凹模外套之间的配合公差

凹模芯与凹模外套之间的配合直径 D_2 或（D_2 和 D_3）的加工公差，对凹模芯的压缩预应力即凹模强度有直接影响，因而需要尽量提高其加工精度。

凹模芯与凹模外套的加工误差包括内、外径误差和形状误差（不圆度和锥形度等）。

凹模芯与凹模外套的内、外径误差最好取过盈量计算值 δ 的 10% 或 5% 以下；其形状公差，应该限制在内、外径公差的 30%~50% 之间。

3.2.9 冷锻成形设备

目前所使用的冷锻成形设备包括由一般压力机发展而成的油压机、肘杆式压力机和曲柄压力机等第一类冷锻成形设备，以及由多工位冷镦机发展而成的多工位成形机等第二类冷锻成形设备。

第一类冷锻成形设备，需要预先切断原料，再由人或用自动上料机构把经过表面处理的坯料送到成形设备上进行冷锻成形。这类成形设备通用性强，适用于中、小批量的冷锻生产。

第二类冷锻成形设备，具有多工位自动冷镦机的特点，是采用自动的方式供给盘料，包括切断在内的几个成形工序全是自动化的，因而在设计变形工序时要使每一次变形量小些，以便有效地利用其多工位的特点，用全部变形工位实现冷锻成形。由于该类成形设备是采用自动下料，其坯料的剪切面不能进行表面处理，在冷锻成形过程中坯料剪切面的润滑不良，因此在制订冷锻成形工艺方案时，要防止剪切面产生较大的变形。该类成形设备适合于大批量工业生产，也适合于同类品种的大批量工业生产。

3.2.9.1 油压机

油压机的任何行程位置都能发生最大压力，可按给定的压力生产行程较长的成形件，因而最适于正挤压轴类和空心类等细长的成形件。

由于滑块的运动是跟随坯料变形进行的，在成形过程中不受附加应力的作用，因而成形件内部的裂纹等成形缺陷较少，对模具有缓冲作用。

普通的油压机由于其加压速度小，因而其生产效率不高。

高速油压机可在 100~150mm/s 的速度下进行加压，其生产效率很高。但这种高速油压机在成形过程中，当油泵向油缸供给的油量跟不上工件的变形速度时，滑块就产生脉动（尤其在正挤压时），就会在成形件的表面上留有带状痕迹。

3.2.9.2 肘杆式压力机

在冷锻成形过程中最广泛使用的是肘杆式压力机。作为冷锻成形专用的冷挤压机，由于改进了肘杆机构，使下死点附近的滑块运动比普通肘节机构慢，从而减缓了成形过程中的冲击，减小了材料流动的惯性。

肘杆式压力机最适用于压印类成形件（即要求细微部分有正确形状的成形件）的冷锻成形加工。由于该类成形设备的滑块运动不存在倾斜问题，所以模具不容易折断；但是由于其加工速度为时间的函数，且是预先给定的，因而不能进行跟随材料变形进行加压的成形工序，同时在成形过程中成形件内部容易产生应力集中和局部变形的集中。

这类成形设备的行程长度最小，以公称能力表示的能够加压的轴向长度也最小，因而它适用于扁平类成形件的成形加工。

3.2.9.3 曲柄压力机

这类成形设备的行程长度比肘杆式压力机要大，能力极限也较大，因而可以进行挤压成形加工。但是由于其滑块的运动受到偏离压力机加工中心线的向前后方向倾斜的分力作用，而在其下死点处改变方向，因而容易引起模具损坏（凸模的折断）。

曲柄压力机每分钟的行程次数比油压机高很多，因此它适合于大批量的工业生产。

3.3 多向模锻成形技术

多向模锻成形技术作为一种锻造成形新工艺，能加工出常规锻造成形工艺无法或较难生产的形状复杂的锻件，改变了传统锻件敷料大、余量大、公差范围宽的落后状况。因此，多向模锻成形技术是一种高效、经济、适用、精密的模锻成形新工艺，它在实现锻件精化、改善产品质量和提高劳动生产率等方面具有许多独特的优点。

3.3.1 多向模锻的工作原理[26]

多向模锻（也可称多柱塞模锻）是在多向模锻液压机上，利用可分凹模和一个（或多个）冲头，对一次加热的坯料进行多向流动成形，以获得无飞边、无模锻斜度（或很小）的多分支或有内腔的形状复杂的锻件的锻造成形工艺，如图3-102所示。

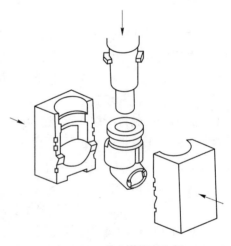

多向模锻的工作原理：在多向分模的凹模闭合后，冲头对坯料进行挤压；在凹模闭合过程中坯料可以产生预变形，也可以仅起夹持作用而不变形；冲头的数目随零件形状而定；在坯料变形过程中，既有部分金属平行于冲头运动方向流动，

图 3-102 多向模锻示意图

又有部分金属垂直于冲头运动方向流动或与冲头运动方向成一角度的方向运动；因而生产出外形多分支、内腔多空型的无飞边锻件。

3.3.2 多向模锻的分模类型

多向模锻可分为垂直分模、水平分模及垂直与水平联合分模三种分模类型，如图3-103所示。

图3-104说明了上述三种分模方式的多向模锻成形过程中模具与冲头运动过程。

（1）垂直与水平联合分模多向模锻：首先是坯料放入下模型腔，上模随即下降与下模闭合，在闭合过程中毛坯产生一定的变形；然后两个水平冲头挤孔，在挤压终止时停止运动，并作为锻件左、右内腔的芯棒；最后上穿孔冲头向下穿孔进行终锻，使锻件内外表面都与模具型腔充满，获得最终形状。

（2）水平分模多向模锻：首先是将坯料放入下模，上模随即下降与下模闭合；然后左右两个水平冲头进行穿盲孔，并使锻件成形。

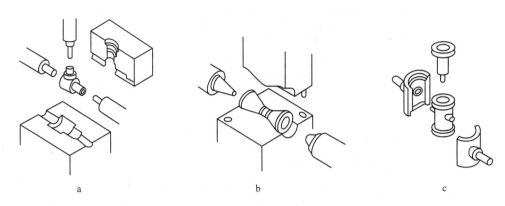

图 3-103 多向模锻的分模方式

a—垂直与水平联合分模；b—水平分模；c—垂直分模

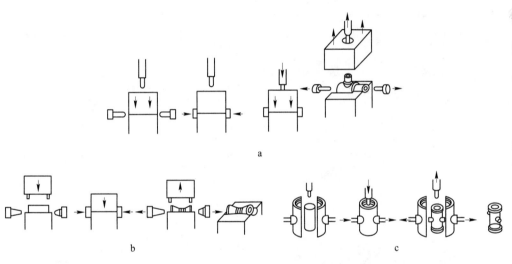

图 3-104 三种分模方式的多向模锻成形过程

a—垂直与水平联合分模；b—水平分模；c—垂直分模

（3）垂直分模多向模锻：首先是左右两个凹模闭合，放入坯料；然后上冲头下降进行穿孔，同时使金属充满型腔成形锻件。

3.3.3 多向模锻时金属的应力状态

由于多向模锻在多方向给坯料施加压力，其变形过程与金属的流动都比锤上模锻复杂。

在封闭式锻模中施行挤压和模锻的应力状态是三向压缩，如图 3-105 所示。在多向模锻成形过程中，由于三向压应力的作用，可以防止和减少模锻过程中出现二次附加拉应力，从而使破坏晶粒间机械联结的晶间滑动很难产生，而仅产生晶内滑动；这样就使金属的塑性显著提高，同时变形抗力增大。从金属塑性成形原理可知，压应力的数目越多、数值越大，则材料的塑性越高。故多向模锻工艺可提高金属的塑性，能达到比较理想的变形程度。一般认为多向模锻的变形程度可超过 75%，这对于加工高强度、低塑性的金属材料非常有利。

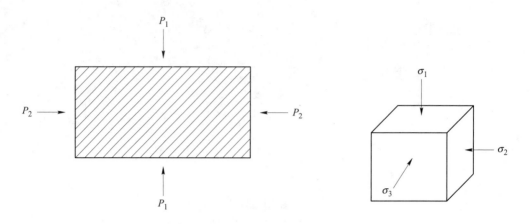

图 3-105　多向模锻时金属的应力状态

3.3.4　多向模锻的特点

多向模锻成形技术实质上是一种以挤压为主的挤、锻复合成形工艺。

3.3.4.1　多向模锻的优点

多向模锻的主要优点有：

（1）材料利用率高。与普通模锻相比，多向模锻可以锻出形状更为复杂、尺寸更加精确的无飞边、无模锻斜度的中空锻件（如图 3-106 所示），使锻件最大限度地接近成品零件形状尺寸，从而可显著提高材料的利用率。

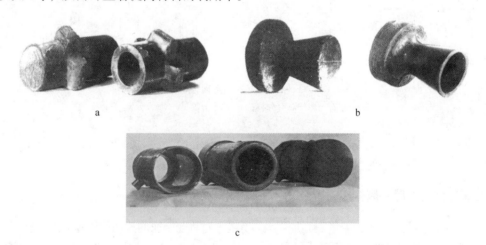

a　　　　　　　　　　　　　　　　　　　　　b

c

图 3-106　多向模锻件与普通模锻件的比较
a—下套筒锻件（其中左为普通模锻件，右为多向模锻件）；b—喷管锻件（其中左为普通模锻件，右为多向模锻件）；
c—小外筒零件和锻件（其中左为小外筒零件，中间为多向模锻件，右为普通模锻件）

（2）提高了锻件的力学性能。多向模锻件的金属流线连续，且金属流线沿零件轮廓分布，因而多向模锻件的力学性能远远高于普通模锻件。与普通模锻件相比，多向模锻件的强度可提高 30%以上，伸长率也有所提高。

（3）生产效率高。多向模锻成形工艺可以使锻件精度提高到理想程度，高精度的多向模锻件不仅能减少后续的机械加工余量和机械加工工时，而且还能使生产效率大大提高，从而降低制造成本。

（4）易于实现机械化和自动化。多向模锻成形工艺往往是在一次加热过程中就能完成锻造成形工序，这不仅减少了金属的氧化烧损量，还有利于实现机械化、自动化操作，也降低了工人的劳动强度。

3.3.4.2 多向模锻存在的不足

多向模锻存在的不足有：

（1）需要配备适合于多向模锻工艺特点的专用多向模锻压力机，锻件成形需要较一般模锻方法高的压力，这就需要大吨位的多向锻造成形设备。

（2）送进模具中的坯料只允许极薄的一层氧化皮，要使多向锻造取得良好的效果必须对坯料进行感应电加热或气体保护无氧化加热，因此其电力消耗量大。

（3）对坯料尺寸要求严格，需要采用精密下料方法。

3.3.5 多向模锻的应用范围

多向模锻成形技术实质上是一种以挤压为主的挤、锻复合成形工艺，它能显著提高金属的塑性、力学性能与允许变形程度，因此多向模锻成形技术不仅适合于常规金属材料如常规钢材和有色合金的锻造成形，也适合于高合金钢和镍铬合金等难变形金属材料的锻造成形。

多向模锻成形技术已经在航空、石油、汽车、拖拉机与原子能工业中获得了比较广泛的应用，如中空的架体、活塞、轴类、筒形件、大型阀体、管接头以及其他受力机械零件都可采用多向模锻成形方法进行锻造成形；飞机起落架、导弹喷管、航空发动机机匣、螺旋桨壳、盘轴组合件及高压阀体、高压容器、筒形件、接管头等都已采用多向模锻成形工艺进行生产，如图 3-107 所示。

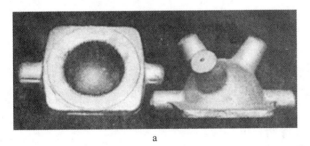
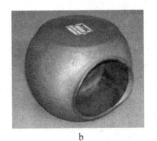

a   b

图 3-107　多向模锻成形件实物

a—球形接头锻件；b—球阀阀体锻件

3.3.6 多向模锻成形设备

3.3.6.1 多向模锻液压机

多向模锻成形设备一般都采用多向模锻液压机。

图 3-108 所示的 40MN/64MN 预应力钢丝缠绕多向模锻液压机，是由我国中国二十二

冶集团有限公司与清华大学、燕山大学联合研发的世界第一台预应力钢丝缠绕多向模锻液压机。该多向模锻液压机采用剖分-坎合的设计思想,机架采用正交预紧结构,预应力钢丝缠绕的正交预应力机架可实现无贯穿件的多向预紧力,可有效改变承载结构的受力特点,提高机架承受多向载荷的能力,而且避免了压机运动机构相互干涉;压机的零部件采用厚板蜂窝焊接结构,中间筋板夹层结构强度和刚度高,减少了原材料的消耗,降低了构件的原料成本,使工件以最少的材料获得最大的受力,从而降低了加工成本。

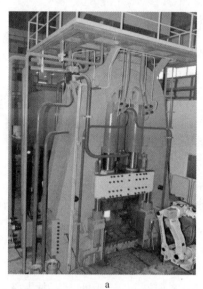 
a　　　　　　　　　　　　　　　　　　　b

图 3-108　40MN/64MN 预应力钢丝缠绕多向模锻液压机及其锻造成形过程
a—多向模锻液压机;b—锻造成形过程

3.3.6.2　多向模锻成形工艺对锻造成形设备的要求

A　刚度要求

为了保证多向模锻成形工艺的正常进行和提高锻件尺寸精度和模具使用寿命,要求多向模锻成形设备应具有足够的刚度。

当用垂直分模模锻时,由于下横梁的弯曲变形、下沉,会使两半凹模的下部产生开模现象,导致锻件下部产生很厚的飞边,影响锻件成形;当用水平分模模锻时,这种情况会影响凹模型腔与水平冲头的同心度,轻则引起冲头与凹模导向部分产生拉毛和擦伤,并会造成锻件壁厚不均,严重时将使冲头弯曲和折断。

由于多向模锻具有分模模锻的特性,所以对多向模锻成形设备刚度的要求要比普通模锻设备的刚度要求要高。

B　动作同步要求

多向模锻成形设备几乎都要设置动作同步系统,尤其是活动横梁。同步系统首先是确保锻件的成形和精度,即要把活动横梁在工作中的倾斜量控制在允许范围内,其次是保护成形设备各部件的安全和可靠使用。

多向模锻成形设备的两个水平工作柱塞同步性的好坏对模具的安装和调整,坯料的放置和定位,锻件的成形以至操作的安全都有直接影响;如有一个柱塞超前就会使坯料发生位移，将破坏锻件的正常成形，严重时甚至将固定模座的螺钉剪断。

C 挤压速度与顶出器（挤压芯棒）回程速度的同步要求

在挤压钢管的过程中，从钢管成形工艺角度，要求压机的挤压速度与顶出器（挤压芯棒）的回程速度保持同步。如果挤压速度大于顶出器的回程速度，必然增加挤压终了时芯棒的脱模力。如果低于顶出器的回程速度，破坏了成形模与芯棒之间的圆形间隙（型腔），导致挤压钢管成形失败。

只有当两者的速度同步时，才能在满足挤压钢管工艺要求，不增大芯棒脱模力的情况下，挤出合格的钢管。

D 其他要求

为了保证多向模锻成形设备的生产能正常进行，多向模锻成形设备除了要求结构合理、技术参数适宜、模具安装、调整方便和便于生产操作外，还要求其配套的设备齐全、性能良好，如应具备坯料感应加热炉、坯料运送装置或机械手、去除坯料氧化皮机、模具预热用箱式电阻炉、模具润滑、冷却装置或机械手、换模机构、热处理和酸洗设备等。

3.3.7 多向模锻的锻件图制订

多向模锻可加工出形状复杂的高精度锻件，故多向模锻的锻件图应尽量接近产品零件的轮廓形状。

多向模锻锻件图的制订，应着重考虑如下因素：

（1）分模面的选择。多向模锻件的主分模面一般有两种类型：一种为垂直分模面，另一种为水平分模面。多向模锻件分模面的选择，除可参照常规模锻的锻件分模面选择原则外，应着重考虑多向模锻件成形特性。

1）组合模块。多向模锻模具有多个分模面，模具分为多个模块。每一个模块的制造比较简单，但是要将多个模块组合起来形成封闭式模具型腔并保证其尺寸精度，必须在设计时考虑模块的组装。

2）夹持力。由于多向模锻液压机的垂直工作缸压力一般是水平侧向工作缸压力的 1.0~4.0 倍，锻件的夹持力大于模锻成形所需要的变形力，因此在一般情况下应将锻件的最大投影面放在垂直工作缸的作用力下，即采用垂直工作缸的作用力作为夹持力。

3）分模面。应避免曲面分模面。分模面尽量选择在多向模锻件的对称面上，使锻件沿分模面能对称分布；对于具有凸台、凸肩的多向模锻件尤其重要。

4）孔的中心线。对于空心、双向空心的多向模锻件，应尽量使孔的中心线在水平方向，其变形方式为镦挤变形；另外，应充分发挥挤压变形特点，尽量减少反镦挤成形。

（2）加工余量与锻件公差。多向模锻属于精密模锻的范畴，在制订锻件图时其加工余量和锻造公差应按精密模锻的锻件加工余量和锻造公差来选取，以减少后续机械加工的切削量。在加热条件较完备的情况下（如感应电加热与无氧化加热），多向模锻件的锻造公差可达到 0.075mm 的精度。

多向模锻件的加工余量及锻造公差可按锤上模锻件的锻造公差及加工余量的 20%~50%选取。

（3）圆角半径。从金属容易充满模腔以及提高模具使用寿命等方面来考虑，圆角半径越大越好。圆角半径越小，则金属流动时的变形阻力越大，不利于成形，但是圆角半径大将导致后续机械加工余量增大，故合理选用圆角半径是锻件图制订的重要环节。

多向模锻件的圆角半径大小可按表 3-10 进行选取。

表 3-10　多向模锻件的圆角半径　　　　　　　　　　（mm）

L	R_1	R_2
<5	0.5~0.8	0.4~0.6
5~10	1.0~1.5	0.8~1.0
10~15	1.5~2.5	1.0~1.5
15~25	2.5~3.0	2.0~2.5
25~40	3.0~4.0	2.5~3.0
40~80	4.0~4.5	3.0~3.5
80~120	4.5~5.5	3.5~4.0

（4）模锻斜度。多向模锻件出模很方便，原则上可以不设计模锻斜度。但在实际的多向模锻成形生产中一般常取 0~0.5° 的模锻斜度。

多向模锻件的深孔模段斜度则视变形方式而定。

在如图 3-109 所示的开式反挤压成形过程中，由于它只有反挤压变形，此时的多向模锻件的深孔不需要设计模锻斜度。

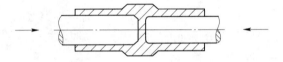

图 3-109　开式反挤压成形

在如图 3-110 所示的闭式反挤压成形过程中，除了有反挤压变形外，两端的圆台及凸台是镦粗变形，此时的多向模锻件的深孔模锻斜度可取 0.5°~1.0°。

（5）冲孔连皮厚度。对于如图 3-111 所示的多向模锻件，其两端均为空心形状，其中间的冲孔连皮必须要有适当厚度。若冲孔连皮的厚度太薄，会使水平工作缸的压力增大，甚至造成多向模锻液压机的工作缸相互撞击。

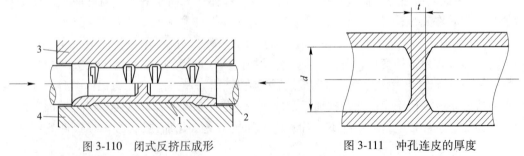

图 3-110　闭式反挤压成形　　　　　　图 3-111　冲孔连皮的厚度

1—多向模锻件；2—冲头；3—上凹模；4—下凹模

合理的冲孔连皮厚度一般可按下式计算：

$$t = (0.1 \sim 0.2)\, d$$

3.3.8 多向模锻的成形力

3.3.8.1 多向模锻成形时的金属流动特点

A 主要变形过程

在图 3-112 中，金属的变形过程是镦粗和挤压的综合成形过程，其变形可以认为是坯料与模具接触镦粗和正挤压变形两个阶段；它是多向模锻中常见的一种变形方式。

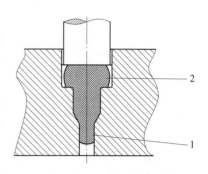

图 3-112 挤压与镦粗的综合变形
1—挤压部分；2—镦粗部分

在多向模锻成形过程中，根据多向模锻件的形状不同，其变形方式可能以模锻（镦粗）为主，也可能以挤压变形为主。

对于中空的多向模锻件，其变形过程常常以挤压变形为主。

图 3-113a 所示的金属流动与冲头作用力的方向相反，虽然上、下两端凸肩是模锻成形，但金属主要的流动方向是反挤压变形过程。

图 3-113b 所示的多向模锻件，在水平方向两个冲头相对作用下金属分两部分反向流动，金属的流向都与冲头作用力方向相反，是反挤压的过程；所不同的，它是在封闭式模腔中完成的双向反挤压变形。

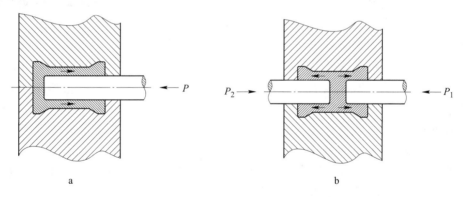

图 3-113 多向模锻中反挤压成形时金属的流动
a—单向反挤压；b—双向反挤压

B 金属流动时温度的不均匀性

对于长筒形多向模锻件，在多向模锻的挤压成形终了阶段一般沿锻件的长度方向上会出现温度不均匀现象，其中间部分的温度接近初锻温度（保持在 1100℃ 左右），而两端部分的温度急剧下降（约为 700℃），这种现象称为金属流动温度不均匀性；造成这种温度不均匀性的原因与多向模锻的变形过程有着密切关系。

C 金属的塑性和变形抗力显著提高

金属的塑性随外力作用状态的不同而表现出不同的效果，即同一牌号的金属材料在不同的受力条件下其变形程度也不同。

金属发生塑性变形是由金属的屈服强度 σ_{s} 和主应力之间的特定关系而决定的，其数学表示式为：

$$2 \times \sigma_{s}^{2} = (\sigma_{1} - \sigma_{2})^{2} + (\sigma_{2} - \sigma_{3})^{2} + (\sigma_{1} - \sigma_{3})^{2}$$

式中　　　σ_{s}——金属的屈服强度；

σ_{1}，σ_{2}，σ_{3}——三个方向的主应力。

由上式可知，金属材料的屈服强度 σ_{s} 是与为了达到塑性变形所必须的应力相关。当上式右边三项之和达到 $2\sigma_{s}^{2}$ 时，金属材料进入塑性状态。受三向压应力状态的金属，其塑性较受拉应力状态的金属塑性高得多。

三向压应力状态提供了改善金属塑性的良好条件，但这种有利于提高塑性的应力状态却需要对变形施加更大的作用力，即多向模锻的设备要求具有较大的压力，这就须相应提高设备吨位。

D　变形程度大

多向模锻成形过程是闭式模锻成形过程，其变形方式往往以挤压变形为主，其金属是在三向压应力状态成形，因此金属有很大的变形程度。在一次加热过程中，多向模锻成形时的变形程度一般可达到75%以上；但是多向模锻成形复杂的凸肩类锻件时就需要较大的压力。若多向模锻液压机的吨位不够即设备提供的变形压力不足时，一次加热就不能完成多向模锻成形过程，此时就必须进行二次加热，需要预锻成形工序。

由以上分析可知，多向模锻件的金属流动特点必然使锻件的性能提高、组织细化，这是因为再结晶后的晶粒度与变形程度、变形温度密切相关；变形程度越大，晶粒越细；变形温度越低，晶粒越细；多向模锻提高了金属的变形程度，从而可以获得细的晶粒组织，使锻件的力学性能得到提高。

3.3.8.2　多向模锻成形力的计算

在多向模锻成形过程中，需要计算垂直工作缸的夹持力以保证上、下凹模闭合所需的压力以及计算水平工作缸的挤压力，或者计算水平工作缸的夹持力与垂直工作缸的挤压力。

多向模锻的成形力主要是为了克服金属自身的变形抗力、金属流动时与模具型腔之间的摩擦力、金属填满模具型腔的抗力与多模块分离抗力等。

为了克服这些抗力，在多向模锻成形过程中，必须施加夹紧模块的夹持力、锻件成形所需的挤压力、辅助冲头的作用力及卸料作用力。

若挤压力与夹持力不够，就不能得到合格的多向模锻件。

A　锻造成形过程中挤压力的变化曲线

以挤压成形方式为主的多向模锻成形过程中，其挤压力的变化曲线如图 3-114 所示。

由图 3-114 可知，其挤压变形的三个阶段为：

(1) 充满模腔阶段。在该阶段的成形过程中，其挤压力直线上升。当冲头与坯料开始接触，对坯料逐渐加压、镦粗并使金属充满部分型腔，然后挤压开始，并达到最大的挤压力。坯料在这个阶段由弹性变形状态转变为塑性变形状态。

(2) 主要成形阶段。在这个阶段，挤压成形力可能上升，也可能下降。这个阶段是锻件挤压主要成形阶段。

(3) 成形结束阶段。在这个阶段，挤压力急剧上升。对于具有圆台及凸耳的多向模锻成形件，其变形抗力很大。在正常生产条件下一般不允许这种压力急剧增加的现象存在，

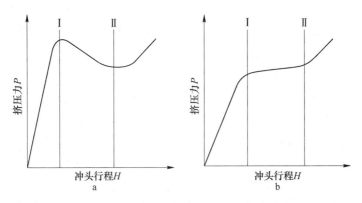

图 3-114 多向模锻成形过程中挤压力与冲头行程之间的关系
a—第一类；b—第二类

其解决办法之一是设计中间预锻工序。

B 挤压力的计算

挤压力是指多向模锻成形过程中的变形力即冲头作用力。挤压力的大小与锻件形状、材料、模具形状、变形程度、润滑剂、加热温度等参数有关。

挤压力 P 的计算，可采用如下经验公式：

$$P = 10 \times \alpha \times \left[2 + 0.1 \times \frac{F \times \sqrt{F}}{V} \right] \times \sigma \times F$$

式中　P ——挤压力，kN；

α ——经验系数（一般取 3.0~5.0，闭式模锻成形时取 5.0）；

F ——锻件在挤压方向投影面积，mm^2；

V ——锻件体积，mm^3；

σ ——终锻温度时金属的屈服强度，MPa。

C 夹持力的计算

多向模锻成形过程中夹紧模块的夹持力使上、下两个凹模块紧紧贴合。在多向模锻成形过程中，若夹持力不够时金属就会沿分模面流出，从而产生不同程度的毛刺。因此，多向模锻成形工艺中必须具有足够的夹持力。

设计多向模锻成形设备时一般把垂直工作缸设计为多级式压力缸。垂直工作缸的夹持力是确定多向模锻成形设备大小的依据。

夹紧模块的夹持力 P_1 的经验计算公式为（挤压成形且 $d/h < 6.0$）：

$$P_1 = K_1 \times F_1$$

$$K_1 = \sigma_s \times \left[2 + \left(1 + \frac{D^2}{d^2} \right) \times \ln \frac{\dfrac{D^2}{d^2}}{\dfrac{D^2}{d^2} - 1} \right]$$

式中　P_1 ——夹紧模块的夹持力；

K_1 ——水平冲头的单位面积挤压力；

σ_s ——屈服强度（对于含碳量大于 0.25% 的低合金结构钢，90MPa< σ_s <150MPa）；

D ——挤压成形孔外径，mm；

d ——挤压成形孔内径，mm；

F_1——锻件在夹紧方向的投影面积，mm^2。

3.3.9 预锻成形工序的设计

一般的多向模锻件都可以一次模锻成形。但若多向模锻件的变形程度超过了金属的许可变形程度、多向模锻液压机的水平工作缸有较大的不同步、变形体内有明显的温度不均匀等情况时就需要二次或多次模锻成形，此时要设计预锻成形工序。

在多向模锻成形过程中，若变形体内金属有明显的温度不均匀时，将会导致低温部分的金属流动困难，难于充填模具型腔，也使成形力急剧增加；而在高温部分的金属容易流动，模具型腔容易充满，但是在冲头回程过程中，如果卸料力超过该部分金属的强度极限，可能会将锻件拉断。

最简单的预锻成形工序就是根据多向模锻件图的形状特征将坯料进行镦粗成形或压扁成形，得到预锻坯件。

采用预锻坯件进行多向模锻成形时，由于在垂直方向加压夹持时预锻坯料在模具型腔中产生局部变形，使预锻坯料与模具表面的摩擦力增加；此时，即使水平冲头不同步也不会将预锻坯料移动，而只是先到的水平冲头先产生变形，后到的水平冲头后产生变形；而且，卸料力也比较均匀。

3.3.10 多向模锻的模具结构

3.3.10.1 多向模锻的模具结构

多向模锻的模具结构有 3 种结构形式：垂直分模结构、水平分模结构和联合分模结构，如图 3-115 所示。

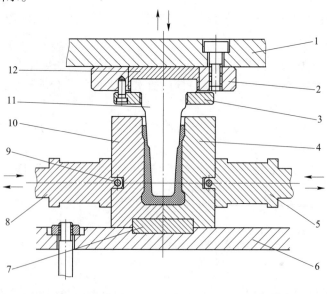

a

1—上模板；2—上模座；3—冲头压板；4—右凹模块；5—右推杆；6—下模板；7—定位块；
8—左推杆；9—圆柱销；10—左凹模块；11—冲头；12—上模垫块

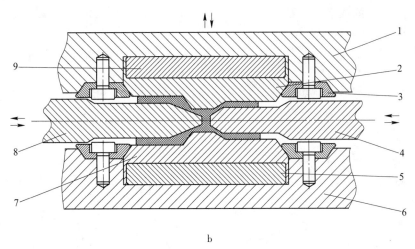

b

1—上模座；2—上凹模块；3—紧固压板；4—右冲头；5—下模垫板；6—下模板；
7—下凹模块；8—左冲头；9—上模垫板

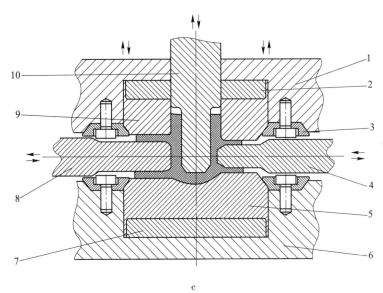

c

1—上模座；2—上模垫板；3—紧固压板；4—右冲头；5—下凹模块；6—下模座；
7—下模垫板；8—左冲头；9—上凹模块；10—上冲头

图 3-115　多向模锻的模具结构形式
a—垂直分模结构；b—水平分模结构；c—联合分模结构

3.3.10.2　模具设计要点

根据多向模锻的模具结构形式和特点，在进行多向模锻模具设计时应考虑以下几个要点：

（1）锻造成形设备的压力中心与模具型腔的压力中心应重合（或接近），以免产生偏心力矩。

（2）计算或测定锻造成形设备的滑块或活动横梁和其他部件在多向模锻成形时的弹性变形量。

（3）注意减小或消除两个水平柱塞不同步时所产生的剪切力，使上、下模座不易错移和模具不易损坏。

（4）模具要便于安装和调整，特别是水平夹持部分和选择水平分模结构形式时冲头和上、下凹模块的安装和调整。

（5）选择垂直分模结构形式时，左、右推杆的设计要有足够的刚度。

（6）对于具有深孔的多向模锻件，要考虑冲头回程时不会使锻件发生变形，尽量将模具型腔设计在凹模中。

（7）当多向模锻件需要垂直分模而水平柱塞的挤压力不足时，可以在凹模外侧设计一个外模套以箍紧凹模块；凹模块的外圆与外模套的内孔的配合面为锥面，其锥面应具有合理的锥度。

（8）为了防止左、右凹模块（或上、下凹模块）发生错移，需要设计导销机构。

（9）多向模锻模具的磨损比较严重，要选用红硬性好、耐磨损的模具材料，并且要求高硬度和低的表面粗糙度。

3.3.10.3　模具工作部分的设计

A　冲头的设计

冲头的形状决定了多向模锻件的内孔成形难易程度，且冲头的形状对成形力有很大的关系。

图 3-116 所示为多向模锻成形过程中冲头的形状与挤压力之间的关系。

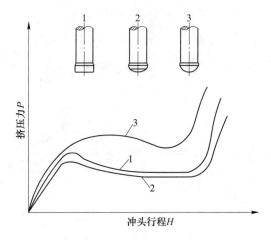

图 3-116　冲头形状与挤压力的关系

由图 3-116 可知，用扁圆头冲头（如图 3-116 中的曲线 2）的挤压力最小，平头冲头（如图 3-116 中的曲线 1）次之，而用圆头冲头（如图 3-116 中的曲线 3）所需的挤压力最大。

从挤压力的分布、冲头的稳定性以及冲头的强度考虑，常用的多向模锻模具用冲头如图 3-117 所示。其中图 3-117c 为平头带斜角冲头，能降低挤压力，工作稳定可靠；图 3-117d 为球形面冲头，需要较大的挤压力，应尽量少用；图 3-117a 为平头冲头，变形程度小时可采用；图 3-117b 为锥形冲头，稳定性较差。

在闭式多向模锻成形过程中，冲头最好采用图 3-117c 所示的冲头形状；这种冲头的稳

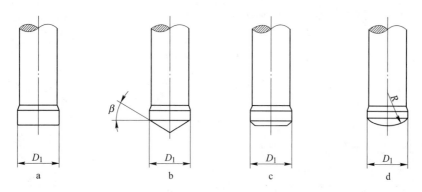

图 3-117 多向模锻模具用冲头的形状

定性好，能减少模具耗损，有利于金属的流动。

多向模锻所用的冲头结构形式如图 3-118 所示，它是由装夹部分、导向部分与工作部分组成；其中装夹部分是通过螺母紧固在工作缸的柱塞上；导向部分起导向作用，保证锻件成形的同轴度；冲头的工作部分决定锻件内孔形状和尺寸，冲头工作部分的形状如图 3-119 所示；冲头的装夹部分要有足够的强度，冲头各部分的过渡圆角不能小于 $R3mm$。

当采用垂直分模时，其左、右冲头要设计得短而粗，以增加冲头的刚性。

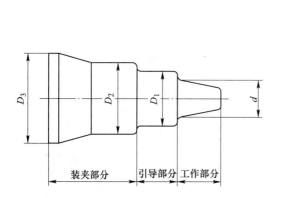
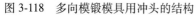

图 3-118 多向模锻模具用冲头的结构

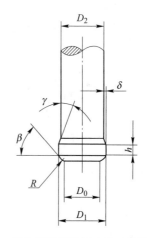

图 3-119 多向模锻模具用冲头工作部分的形状

B 凹模的设计

多向模锻模具用凹模的设计应考虑如下因素：

（1）无论是水平分模或垂直分模，应尽量将模具型腔设计在凹模之中，特别是具有深孔的多向模锻件，以免冲头回程时锻件发生塑性变形。

（2）在考虑模具型腔位置的安排时，应尽量保证夹持力的压力中心与多向模锻成形时的涨模力压力中心相重合。

（3）为了防止因坯料体积超差所引起的多向模锻成形时的涨模力突然增大，可在凹模中设计储料槽（如图 3-120 所示），以容纳多余的金属，减少涨模力。

（4）水平分模时为了使上、下凹模块能顺利合模并防止错移，在凹模块中应设计导销导向机构；导销的直径大小与多向模锻模具的大小有关，一般情况下选择直径为 50mm 左右的导销为宜，其长度可以稍短。

（5）排气孔的设计：由于多向模锻成形过程是可分凹模的锻造成形过程，因此可将多向模锻件上难以充满的部分一般都布置在分模面上，因为分模面的缝隙可以排气；但是对于形状复杂的多向模锻件，为了保证模具型腔的充填，需要在凹模型腔内设计排气孔，如图 3-121 所示，或者在凹模块上设计为如图 3-122 所示的既排气又兼顶出的机构。

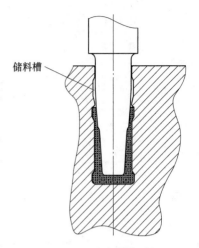

图 3-120　垂直分模时的储料槽示意图

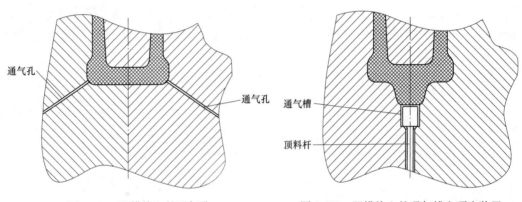

图 3-121　凹模块上的通气孔　　　　图 3-122　凹模块上的通气槽和顶出装置

C　冲头与凹模的导向和间隙

为了保证冲头顺利进入凹模内并与凹模型腔保持同心，必须在凹模的入口处设有导向段，在冲头上也应设导向部分。

对于垂直分模的多向模锻模具，其凹模上的导向部分不仅是为引导左、右冲头而设计的，而且要保证左、右冲头在多向模锻成形过程中具有高的同轴度。

a　凹模导向部分的结构

图 3-123 所示为多向模锻模具中凹模导向部分的结构。

由图 3-123a 可知，当有多余金属时将沿直径方向（轴线垂直方向）产生毛刺，这种毛刺清理比较困难。

由图 3-123b 可知，当有多余金属时坯料将沿直径外圆周产生毛刺（平行于锻件轴线方向），这种毛刺便于清理和机械加工。

b　凹模与冲头的间隙

多向模锻模具的凹模与冲头之间有一定的间隙，如图 3-124 所示。

图 3-124 中的 h 是冲头与凹模之间的间隙值，它可使凹模及冲头在多向模锻成形过程

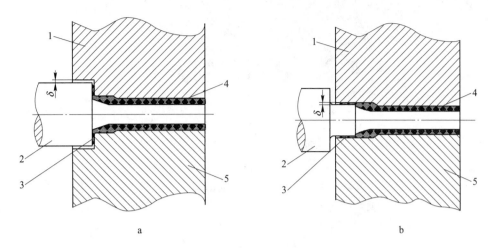

图 3-123 凹模导向部分的结构
1—上凹模块；2—冲头；3—毛刺；4—锻件；5—下凹模块

中有一定的自由度，避免因冲头与凹模间的间隙太小所产生的、不必要的摩擦。

影响凹模与冲头之间间隙 h 的主要因素有：左、右工作缸的同轴度，凹模块的高度及工作台高度的精度，锻造成形设备中各个构件的力学性能（如活动横梁的变形量、立柱的伸长量等），模具的弹性变形量，冲头在装配过程中产生的错移量等。

在多向模锻成形过程中，只要坯料体积计算精确、下料公差合适、金属流动容易，则金属流入凹模与冲头之间的、狭窄的间隙就越困难，就不会产生沿圆周方向的毛刺。

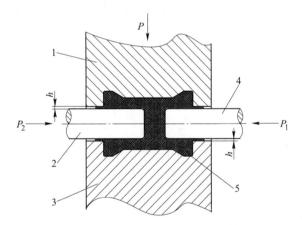

图 3-124 冲头与凹模之间的间隙
1—上凹模块；2—左冲头；3—下凹模块；4—右冲头；5—锻件

在多向模锻成形过程中，凹模与冲头之间的间隙 h 会因磨损而逐渐加大。如果坯料的尺寸公差大，坯料的体积计算不准确，则在多向模锻成形过程中多余的金属就可能流入凹模与冲头之间的间隙中，产生沿圆周方向的毛刺。

在多向模锻成形过程中总是沿水平分模面产生平行于锻件轴向的毛刺，也就是在上凹模块与下凹模块之间的合模面上产生毛刺，这是因为凹模闭合所需的夹持力不够，上凹模块和下凹模块未能充分夹紧、闭合。

4 坯料的制备方法

原材料在锻造成形之前，一般需按锻件大小和锻造工艺要求加工成具有一定尺寸的单个坯料。

常用的坯料制备方法有剪切法、锯切法、车削法等，各种方法所得的毛坯在坯料端面质量、材料利用率、加工效率方面有很大的不同。选择坯料的制备方法时，应考虑生产要求、所需设备的条件和成本、工具和维修费用、材料的损耗、加工成本、所需工序次数及其他因素。坯料的尺寸、形状、需要保证的锻件精度和成形方式也是影响制备方法的重要因素。

4.1 剪 切 下 料

图 4-1 所示为剪切下料的原理。刀口形状和棒料截面相似。小尺寸的棒料多用冷剪。

剪切下料效率高，适用于大批量生产，切口没有材料损耗；但剪切端面质量较差。采用精密剪切工艺和设备，可以改善剪切端面的平整度和减小下料的质量误差；剪切后的端面和轴线的不垂直度可小于 1°，质量误差在 0.5%~1% 以内。

剪切下料通常在专用剪床上进行，也可以在一般曲柄压力机上进行。

4.1.1 剪切下料的特点

大批量的锻造成形生产过程中，剪切下料是一种普遍采用的方法。其特点是效率高、操作简单、断口无金属损耗、模具费用低等。

剪切下料时的受力情况如图 4-2 所示，在刀片作用力影响下，坯料产生弯曲和拉伸变形，当坯料的应力超过坯料材料的剪切强度时便发生断裂。

这种下料方法的缺点是：

(1) 坯料局部被压扁；

(2) 端面不平整；

(3) 剪断面常有毛刺和裂缝。

4.1.2 剪切下料过程[21]

剪切下料过程可分为 3 个阶段，如图 4-3 所示。

(1) 第一阶段：刀刃压进棒料，塑性变形区不大，由于加工硬化有作用，刃口端首先出现裂纹；

(2) 第二阶段：裂纹随刀刃的深入而继续扩展；

(3) 第三阶段：在刀刃的压力作用下，上下裂纹间的金属被拉断，造成"S"形断面。

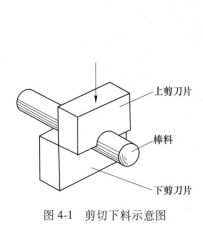

图 4-1 剪切下料示意图

图 4-2 剪切下料时的受力情况

P—剪切力；P_T—水平阻力；P_Q—压板阻力

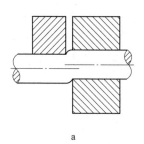 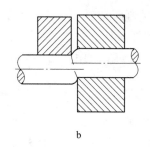 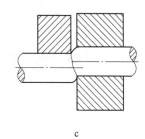

a   b   c

图 4-3 剪切下料过程

a—出现裂纹；b—裂纹扩展；c—断裂

剪切下料所得坯料的端面质量与刀刃锐利程度、刃口间隙大小、支承情况及剪切速度等因素有关。刃口圆钝时，将扩大塑性变形区，刃尖处裂纹出现较晚，结果剪切下料所得坯料的端面不平整；刃口间隙大，坯料容易产生弯曲，结果使坯料的端面与轴线不相垂直；刃口间隙太小，容易碰伤刀刃。剪切速度快，塑性变形区和加工硬化集中，上下两边的裂纹方向一致，则得到平整坯料的端面；剪切速度慢时，情况则相反。

4.1.3 常用的剪切下料方法

剪切下料可以采用专用的棒料剪切机，也可采用剪切模具在普通压力机上进行。剪切下料的常用方法有开式剪切、闭式剪切、渐进剪切、径向夹紧剪切及轴向加压剪切等。

4.1.3.1 开式剪切

开式剪切下料方法如图 4-4 所示。在开式模具内进行棒料切断时，半月牙形切刀首先将棒料的端头压塌变形，剪切后得到的坯料端头有明显的偏斜，此时剪切面 AB 和棒料水平轴线成 α 角，α 角应大于 90°且小于 97°。为了达到直角切断的目的，棒料的轴线必须有一个 0~7°的倾角（β）；由于这种倾斜剪切方法存在加工、调整方面的困难，所以在实际生产中倾斜剪切方法用得很少。

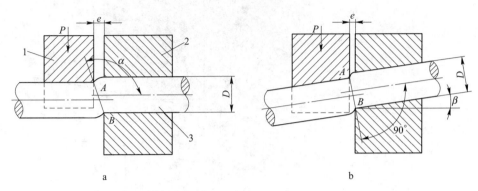

图4-4　开式剪切下料方法

a—水平剪切；b—倾斜剪切

1—活动切刀；2—固定切刀；3—棒料

4.1.3.2　闭式剪切

采用闭式剪切下料方法进行棒料剪切时（见图4-5所示），由于棒料被限制在切刀1和2的孔内，所以剪切下来的坯料质量比开式剪切法要好得多，能够满足近净锻造成形工艺的要求。在近净锻造成形坯料的剪切下料中，图4-5所示的双套筒式圆形剪切模具得到了广泛采用。

4.1.3.3　径向夹紧剪切

施加径向夹紧力的剪切下料原理见图4-6所示。在剪切下料过程，通过施加径向夹紧力，可以使棒料径向夹紧，能稳定棒料位置，消除棒料旋转和弯曲的可能性，从而改善剪切下料坯料的质量。

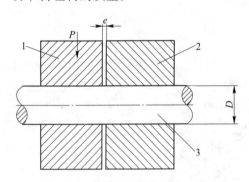

图4-5　闭式剪切下料方法

1—活动切刀；2—固定切刀；3—棒料

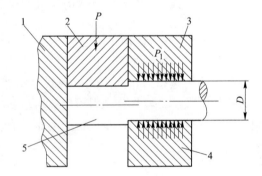

图4-6　径向夹紧剪切下料方法

1—挡板；2—活动切刀；3—夹紧压板；4—固定切刀；5—棒料

4.1.3.4　轴向加压剪切

施加轴向加压的剪切下料方法的原理见图4-7所示。在剪切过程中，施加轴向力的实质就是要改变剪切区的应力状态，使剪切区产生的压应力超过被剪切材料的屈服极限，从而使整个剪切过程在塑性状态下进行。

在径向夹紧剪切和轴向加压剪切的剪切过程中，由于棒料的移动受到约束，这不但可以预防坯料的倾斜，而且可以形成平坦而光亮的剪切表面。

径向夹紧剪切法和轴向加压剪切法最适合于剪切有色金属材料。

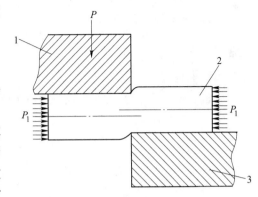

图4-7 轴向加压剪切下料方法
1—活动切刀；2—棒料；3—固定切刀

4.1.4 对剪切下料坯料的要求

为了满足近净锻造成形的工艺要求，对剪切下料的坯料精度有一定的要求。

（1）质量公差。对剪切下料的坯料，其质量应控制在一定的范围内，以便减小随后的机械加工余量，并且避免由于坯料体积过大而造成的近净锻造成形模具和锻造成形设备的损坏。

（2）端面倾斜。剪切坯料的变形应尽可能小，以避免在近净锻造成形过程中近净锻造成形模具承受偏心载荷，并保证近净锻造成形模具的充填均匀。

（3）断裂表面。剪切下料的坯料断裂表面不应有裂纹、折叠、撕裂等现象存在。

4.2 锯 切 下 料

用边缘具有许多锯齿的刀具（锯条、圆锯片、锯带）或薄片砂轮等将材料进行分割的切削加工方法就是锯切下料[27]。锯切下料方法可按所用锯切设备分为弓锯床下料、圆盘锯床下料和带锯床下料等（如图4-8所示）。

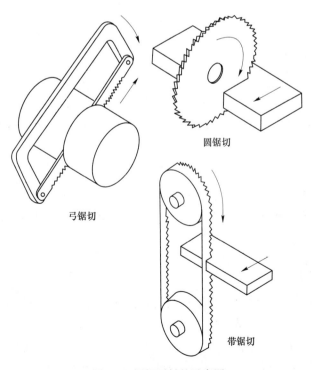

弓锯切

圆锯切

带锯切

图4-8 锯切下料的示意图

4.2.1　带锯床下料

带锯床下料是近十几年来在国内的锻造、机械加工行业获得广泛应用的一种高效、经济、快速的下料方法,如图 4-9 所示。带锯床的切割效率超过了圆盘锯床,它能向冷热锻造成形设备、挤压机、辊轧机、高效六角车床、自动车床等提供金属坯料。

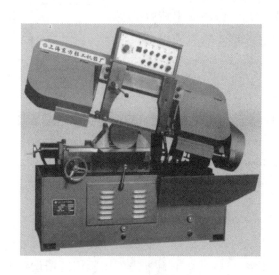

图 4-9　常见的带锯床

带锯床下料具有如下特点:

(1) 下料坯料的精度高。下料坯料的尺寸精度和断面质量高,通常其长度的重复精度一般为±0.20mm,表面粗糙度可达 $Ra6.3 \sim 12.5\mu m$,端面的垂直度不超过 0.2mm(在切 $\phi95mm$ 的棒料时);同时,其端面平整,无弯曲、歪斜、压塌等疵病。

(2) 能耗低。与其他下料方法相比,带锯床下料时的能耗仅为其他下料方法能耗的 5% ~ 6%。

(3) 生产效率高。带锯床的切割效率可以达到 $190 \sim 260cm^2/min$。

(4) 材料利用率高。由于带锯床的锯缝宽只有 1.6mm 左右,而弓锯床的锯缝为 2.5mm 左右,圆盘锯床的锯缝为 3.0mm 左右,因此带锯床下料时的锯缝所消耗的材料少,使材料的利用率显著提高。

4.2.2　高速圆盘锯床下料

在高速圆盘锯床下料过程中,圆锯片做旋转的切削运动,同时随锯刀箱做进给运动,如图 4-10 所示。圆锯片的圆周速度为 0.5 ~ 1.0m/s,比普通的切削加工速度高,故高速圆盘锯床的生产率高;但由于圆盘锯片的厚度一般为 2.5 ~ 8mm,故高速圆盘锯床下料时的金属材料损耗较大;高速圆盘锯床可锯切的材料直径可达 750mm。

图 4-10　高速圆盘锯床

4.3　其他下料方法

4.3.1　车削下料

这种下料方法主要用于单件、中小批量生产或试制用坯料的备料。常用的车削下料方法是指采用车床下料。车床下料的坯料尺寸精度和表面质量都比较高，其尺寸精度一般可达±0.05mm，表面质量可达 $Ra1.6~3.2\mu m$，几何形状比较规则；但车床下料方法的材料利用率低，一般只有 70%~90%，生产效率也比较低。

4.3.2　砂轮片切割下料

砂轮片切割下料是在砂轮切割机上进行的。在砂轮片切割下料过程中，由电动机带动薄片砂轮（厚度在 3mm 以下）高速旋转，并向棒料、板料或型材送进，将棒料、板料和型材切断。

砂轮片切割下料所得到的坯料端面质量好，尺寸精度高，但其生产率不如剪切下料等方法高，且砂轮片消耗大。

5 锻造过程中的加热

通常铝及铝合金在锻造前都需要加热，其目的主要是为了提高金属的塑性，降低变形抗力，以利于金属的变形和获得良好的锻后组织。因此，加热工序是锻造成形工艺过程的一个重要环节。

5.1 锻造的加热方法

5.1.1 对锻造加热的基本要求

对锻造加热的基本要求有：
（1）能达到要求的加热温度，加热质量好，坯料温度均匀，氧化、脱碳少；
（2）加热速度快，生产效率高；
（3）节省燃料，热效率高；
（4）设备结构简单、紧凑，造价低，使用寿命长；
（5）劳动条件好，操作简单，维修方便，尽可能实现机械化和自动化；
（6）对环境污染小。

对于热锻成形来讲，坯料的锻前加热，是热锻成形过程中一个不可缺少的重要工序。其目的是提高金属的塑性，降低金属的变形抗力，以利于坯料的锻造成形；同时锻前的加热还可改善坯料的内部组织，保证锻后的锻件具有良好的组织和力学性能。

对于冷锻成形工艺而言，坯料的软化处理是冷锻成形过程中的重要工序之一。能否把金属坯料转化为高质量的冷锻件，其软化处理的加热温度、保温时间以及冷却速度的确定十分重要。

5.1.2 锻造的加热方式

铝及铝合金的锻造加热方式主要是电加热[21]。电加热将电能转换成热能加热坯料或预热模具。
（1）电加热的优点：
1）加热速度快；
2）加热质量好；
3）劳动条件好；
4）便于实现机械化和自动化等。
（2）电加热的缺点：电加热对坯料的尺寸形状限制严格、适应性差、设备费用高。
（3）电加热的分类。锻造过程中的电加热一般是采用箱式电阻炉加热（如图 5-1 所示）或感应电加热（如图 5-2 所示）。

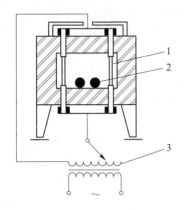

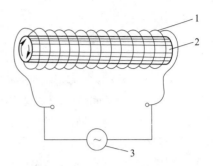

图 5-1　箱式电阻炉的加热原理 　　　　　　图 5-2　感应电加热原理图
1—电热体；2—坯料；3—变压器 　　　　　　1—感应器；2—被加热工件；3—电源

1）箱式电阻炉加热。它是利用电流通过炉内的电热体产生的热量，再通过对流、辐射等传热方式加热炉内的金属材料。这种加热方法的加热温度受到电热体的使用温度的限制，其热效率比其他电加热方法低，但它对坯料加热的适应能力比较强，便于实现机械化、自动化，也可以用保护气体进行少、无氧化加热。

2）感应电加热。它是近年来应用越来越广泛的一种加热方法，特别是大量用于精密锻造成形的加热。这是因为它具有加热速度快、加热质量好、温度容易控制、金属烧损少、操作简单、工作稳定、便于实现机械化、自动化等优点，有利于锻件质量的提高；另外，感应电加热的劳动条件好、对环境没有污染。其缺点是设备投资费用高、每种规格感应器加热的坯料尺寸范围窄、电能消耗较大。

在感应电加热过程中，当感应器（螺旋线圈）通入交变电流，在它周围就产生一个交变磁场，置于感应器中的被加热工件内部便产生感应电流（涡流），由于涡流发热和磁性转变点以下的磁化发热（对有铁磁性材料而言），被加热工件加热。

5.2　热模锻成形前坯料的加热

5.2.1　锻造温度范围

铝合金的塑性受合金成分和变形温度的影响较大。随着合金元素含量的增加，铝合金的塑性不断下降；某些高强度铝合金的塑性还明显地与变形速度有关。

合金化程度低的铝合金，如 3A21 防锈铝合金，在 300~500℃ 的温度范围内都具有很高的塑性，由静压变形改为动载变形时其塑性变化不大。因此，这类铝合金在压力机上锻造时，其变形程度均可达到 80% 以上。

合金化程度较高的铝合金，如 2A50 锻铝合金，在 350~500℃ 的温度范围内具有较高的塑性，在压力机上锻造时的变形程度可达 80% 以上。

合金化程度最高的 7A04 超硬铝合金，在压力机上锻造时的锻造温度范围为 350~450℃，允许的变形程度为 65%~85%。

3A21 防锈铝合金在 300℃、2A50 锻铝合金在 350℃ 终锻时，随变形程度增大，合金的流动压力保持不变，其加工硬化和再结晶的软化效应相互抵消。因此这两种铝合金在该终锻温度终锻时可保证铝合金处于热变形状态。

7A04 超硬铝合金在 350℃时的流动压力曲线随变形程度增大而略有升高，因此该合金在 350℃终锻时有加工硬化存在，不能保证完全热变形。在 400℃时，当变形程度超过 30%后，流动压力随变形程度增加而有所下降。由此可见，在高温下结束锻造时，允许有较大的变形程度。

铝合金的锻造温度间隔比较窄，一般在 150℃左右。某些高强度铝合金的锻造温度范围甚至小于 100℃。例如 7A04 超硬铝合金，其主要强化相是 $MgZn_2$ 和 Al_2CuMg 化合物，Al 与 $MgZn_2$ 形成共晶，其熔化温度是 470℃，因此 7A04 超硬铝合金的始锻温度为 430℃；另外，7A04 超硬铝合金的退火加热温度为 390℃，说明它具有较高的再结晶温度，所以其终锻温度取为 350℃；这样 7A04 超硬铝合金的锻造温度范围仅有 80℃。

尽管铝合金锻造温度范围较窄，但是由于铝合金模锻时模具预热的温度也较高，同时铝合金变形时的热效应也比较明显，因此，在锻造过程中锻件温度降低得很少。

表 5-1 为常用铝合金的锻造温度范围[21]。

表 5-1　变形铝合金的锻造温度范围

合金牌号	锻造温度范围/℃	合金牌号	锻造温度范围/℃
8A06（L6）	470~380	2A50（LD5"铸态"）	450~350
5A02（LF2）	590~380	2A50（LD5"变形"）	475~380
5A06（LF6）	450~380	2B50（LD6）	480~380
3A21（LF21）	500~380	2A70（LD7）	470~380
2A01（LY1）	470~380	2A80（LD8）	470~380
2A02（LY2）	450~350	2A90（LD9）	470~380
2A11（LY11）	475~380	2A14（LD10）	470~380
2A12（LY12）	460~380	7A04（LC4"铸态"）	430~350
6A02（LD2）	500~380	7A04（LC4"变形"）	430~350

5.2.2　铝合金的加热

由于铝合金锻造温度低，锻造温度范围狭窄，容易发生氧化，因此铝合金的加热方法多采用电阻炉加热，也可使用煤气炉或油炉加热。炉内最好装有强迫空气循环的装置，以使炉温均匀，并装有热电偶自动控制仪表，测量温度的准确度应在±5℃的范围内。

铝合金坯料装炉前应除去油污和其他脏物，以免污染炉气，防止硫等有害杂质渗入晶界。

铝合金有很高的导热性，因此坯料不需要预热，可直接高温装炉。铝合金的加热时间较长，以便有足够的时间使合金中的强化相充分溶解，获得均匀的单相组织，提高锻造性能。为使加热温度均匀一致，装炉量不宜过多，相互之间应有一定的间隙，坯料与炉墙距离应大于 50~60mm。铝合金铸锭或大截面坯料加热到一半时间时，应将坯料翻转。

加热到始锻温度时，铸锭必须保温；锻坯和挤压坯料是否需要保温，则以在锻造时是否出现裂纹而定。

根据生产实践，铝合金坯料的加热时间确定如下：

（1）直径或厚度小于 50mm 的坯料，按 90s/mm 计算；

（2）直径或厚度大于 100mm 的坯料，按 120s/mm 计算；

（3）直径或厚度在 50~100mm 的坯料，按下式计算：

$$\tau = 90 + 0.6(d - 50) \tag{5-1}$$

式中　τ——每毫米直径或厚度的加热时间，s；

　　　d——坯料的直径或厚度，mm。

5.3　冷锻成形前坯料的软化处理

为了改善材料的冷锻成形性能，提高塑性、降低硬度和变形抗力，消除内应力和得到良好的金相组织，以降低单位挤压力和提高模具使用寿命，在冷锻成形加工之前或多道次成形加工工序之间，必须对坯料进行软化处理。

5.3.1　软化退火处理的影响因素

在铝及铝合金软化退火的实际操作过程中，影响软化处理效果的主要因素如下：

（1）装炉方法。在大批量生产的条件下，应注意装炉方法即坯料或退火工装在炉中的摆放形式。一般要求不直接放在炉膛板上，或接近炉门，要求与炉膛壁距离不应小于 200mm，同排坯料或工装之间的相互距离不应小于相应截面宽度的 1/2~1/3。

（2）冷却速度。铝及铝合金软化处理的冷却速度不能太快，必须要随炉缓慢冷却。

5.3.2　铝及铝合金的软化处理工艺规范

铝及铝合金的冷锻成形比较常见，其主要原因是铝及铝合金的冷成形加工性能比较优良，但为了提高塑性、降低变形抗力，也必须在冷锻成形之前进行软化处理。

表 5-2 列出了常用铝合金的软化热处理工艺规范[28]。

表 5-2　常用铝合金的软化热处理工艺规范

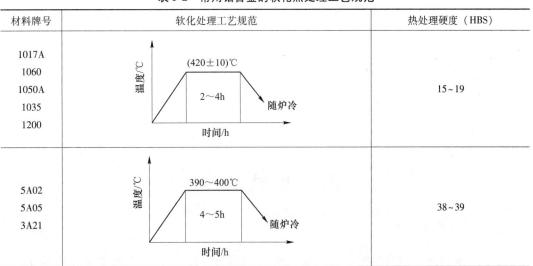

材料牌号	软化处理工艺规范	热处理硬度（HBS）
1017A 1060 1050A 1035 1200		15~19
5A02 5A05 3A21		38~39

续表 5-2

材料牌号	软化处理工艺规范	热处理硬度（HBS）
2A12	温度/℃；240℃；400～420℃；4～5h；随炉冷；时间/h	55～60
2A11	温度/℃；(420±10)℃；1；(400±10)℃；2～3h；随炉冷；时间/h	53～55
2A50	温度/℃；(410±10)℃；4～5h；随炉冷；时间/h	50～51
2A80	温度/℃；(440±10)℃；2～3h；随炉冷；时间/h	约55
2A14	温度/℃；(410±10)℃；4～5h；随炉冷；时间/h	约70

5.4　加　热　设　备

5.4.1　箱式电阻加热炉

利用电流通过电阻发热体产生热量，再通过辐射和对流等传热方式加热金属坯料的装置称为电阻炉。箱式电阻加热炉作为金属材料的热处理加热设备和金属模锻成形加热设备，主要由电阻炉炉体、电炉控制器和热电偶三部分组成。

采用电阻炉加热，炉温容易控制，不污染环境，劳动条件好，但电能消耗大。

对于铝及铝合金的加热，主要采用中温箱式电阻加热炉。其工作温度范围为 $450 \sim 950℃$，电热体材料为 $Cr_{25}Al_{15}$ 铁铬铝合金以及 $Cr_{20}Ni_8$、$Cr_{15}Ni_{60}$ 等镍铬合金，常做成螺旋形，俗称电阻丝。

图 5-3 所示是常用的中温箱式电阻炉。它是由炉壳、炉衬、加热元件及电气控制系统等组成。炉壳由型钢、钢板焊接而成；炉衬采用超轻质耐火砖和优质硅酸铝耐火纤维等材料组合为复合型炉衬；加热元件一般采用螺旋形的 $Cr_{25}Al_{15}$ 铁铬铝合金以及 $Cr_{20}Ni_8$、$Cr_{15}Ni_{60}$ 等镍铬合金电阻丝。

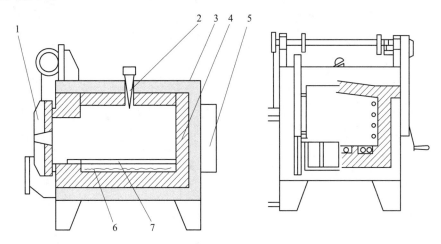

图 5-3　箱式电阻炉的结构
1—炉门；2—热电偶；3—炉壳；4—炉衬；5—罩壳；6—加热元件；7—炉底板

箱式电阻炉与温度控制柜配合使用，可自动或手动控制电炉工作温度；炉膛内插入的热电偶，用于控温及超温报警。

5.4.2　感应加热炉

铝合金精密模锻成形前的加热设备除了中温箱式电阻炉外，也可以采用中频感应加热炉。

5.4.2.1　中频感应加热炉的结构

铝合金的中频感应加热炉主要由电源设备和感应透热装置组成，如图 5-4 所示。

电源设备的主要作用是输出频率适宜的交变电流。中频电流电源设备是发电机组，一般由晶闸管中频变频器和 GRT 系列中频感应透热装置组成。中频感应透热装置包括炉体、上料装置、推料装置、出料装置、谐振槽路、水冷却系统、温度检测与控制系统、电气控制系统、冷却水保护装置等部分。

5.4.2.2　电源频率的选择

选择合适的电流频率，是精密锻造成形用感应器充分发挥其使用性能的关键。

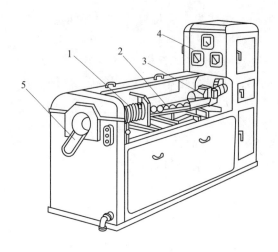

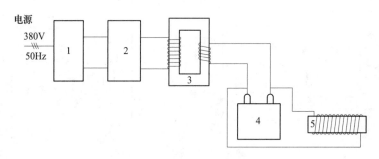

图 5-4　中频感应加热炉简图

1—感应加热器；2—坯料；3—变压器；4—电容器；5—发电机

选择频率依据下列两个基本要素：

（1）感应器的电效率应力求接近极限值；

（2）在保证被加热坯料径向温差（即心表温差）、轴向温差不大的前提下，加热时间应该最短，即一件坯料在感应器中从入料端达到出料端的时间应该最短。

为缩短加热时间，必须使尽可能深的金属层能直接被感应涡流加热。根据电磁场理论，坯料涡流电流密度按指数曲线分布。又由于功率与涡流电流密度的平方成正比，故功率衰减更快，在 $X = \Delta$（其中，X 为距离被加热坯料表面的深度，Δ 为电流透入深度）处，功率只有表面的 13.6%。也就是说，从坯料表面到 $X = \Delta$ 的环状区域内，涡流所产生的功率已占有全部功率的 $1 - 0.136 = 0.864 = 86.4\%$。因此，可将 $X = \Delta$ 时的深度定义为有效加热层的深度。

根据计算表明，当 $X = \Delta = 0.2D_2$ 时，达到了极限值，其中 D_2 为圆柱体坯料直径（单位为 m）。

其电流透入深度 Δ 为：

$$\Delta = 503 \sqrt{\frac{\rho}{\mu f}} \tag{5-2}$$

式中　ρ ——坯料的平均电阻率；

μ——坯料的相对磁导率；

f——电流的频率。

将 $\Delta = 0.2D_2$ 代入式5-2，可求出：

$$f = \frac{6.25 \times 10^6 \rho}{\mu D_2^2} \qquad (5-3)$$

只要频率低于由式5-3计算出的值，即可保证在尽可能深的透入层内用涡流加热，以缩短加热时间。

频率越高，电效率越高。当频率高达一定值以后，电效率趋于极限。

当 $\dfrac{D_2}{\sqrt{2}\Delta} \geqslant 2.5$ 时，即可获得较高的电效率。

将 $\Delta = \dfrac{D_2}{2.5\sqrt{2}} = 0.2\sqrt{2}D_2$ 代入式5-3，则有：

$$f = \frac{3.13 \times 10^6 \rho}{\mu D_2^2} \qquad (5-4)$$

所以坯料感应透热的最佳频率范围是：

$$\frac{3.13 \times 10^6 \rho}{\mu D_2^2} \leqslant f \leqslant \frac{6.25 \times 10^6}{\mu D_2^2} \qquad (5-5)$$

5.4.2.3 加热时间的确定

所谓加热时间，就是指从电流透入深度 $\Delta = X$ 外开始涡流产生的自身热向坯料芯部热传导所经历的时间。这个时间越长，坯料的氧化越严重。

在中小型精密锻造成形用感应加热器的设计中，一般采用芯部和表面温差100℃作为确定加热时间的规范。即使加热结束时，坯料表面温度达到始锻温度，而芯部的温度比表面低100℃。这样在坯料加热终了与对其进行精密锻造成形时的过渡时间内，由于向外界介质（如空气和模具）的散热和向芯部的热传导作用，坯料的温度可以达到足够均匀。

设 Δ_k 为热态时电流透入深度，加热时间 $t_k(\mathrm{s})$ 可用下式计算：

$$t_k = 6 \times 10^4 (D_2 - \Delta_k)^2 \qquad (5-6)$$

为了保证坯料少、无氧化，进一步缩短加热时间，精密锻造成形感应器往往采取快速冲击加热设计。

式5-6适合于使用平均单位功率在 $50 \sim 200\mathrm{W/cm^2}$ 常规感应加热时，所采用的是等匝距线圈。如果能设法保持坯料表面温度恒等于终了温度，则最短加热时间 $t_k(\mathrm{s})$ 可以缩短为：

$$t_k = 2.5 \times 10^4 (D_2 - \Delta_k)^2 \qquad (5-7)$$

比较式5-6和式5-7，可见加热时间缩短为原加热时间的 $1/3 \sim 1/2$。

当然，感应加热中，表面温度恒定为终温是无法达到的，但可先用大的平均单位功率（如 $500 \sim 1000\mathrm{W/cm^2}$），使表面温度很快达到终温，然后用较低的功率将表面温度维持在终温进行保温，仍可在同样心表温差条件下缩短加热时间。实现这种快速冲击感应加热最简单的方法就是感应线圈的变匝距设计，即将出料端的匝距加大。在感应器全部线圈内通过同一电流时，则磁场强度和单位功率在进料端最大，设计时一般使坯料的表面温度升高至最终温度需用总时间的 10%~30%，即在感应器总长 10%~30% 的一段长度内，在其后表面温度一直处于恒定，这能使各层深度材料得到更快的加热。

快速冲击加热使坯料表面温度迅速升至终温，使加热时间大大缩短，但所需保温时间仍较长，为弥补其不足，可采用脉冲加热办法。此法是将坯料从快速升温到良好保温交替进行。这种方法可使加热时间缩短 1/2~3/5，且不使径向温差（即心表温差）超差。在结构上是将其做成分离的几段，每两段之间设置一保温性较好的均温室。

5.4.2.4　感应器内径与坯料外径之比（D_1/D_2）的控制

感应器内径 D_1 与坯料外径 D_2 之比（D_1/D_2）直接影响到感应器的加热效率和坯料的加热质量。

感应器的效率 η：

$$\eta = \eta_u + \eta_t \tag{5-8}$$

式中　　η_u——感应器电效率；

　　　　η_t——感应器热效率。

经过有关推导，得：

$$\eta_u = \cfrac{1}{1 + \cfrac{D_1}{D_2}\sqrt{\cfrac{\rho_1}{\mu\rho_2}}} \tag{5-9}$$

式中，ρ_1 和 ρ_2 分别为感应器与坯料的电阻率。

由式 5-9 可见，D_1/D_2 越大，η_u 越小。

$$\eta_t = \frac{P_t}{P_t + \Delta P_t} \tag{5-10}$$

式中　　P_t——有功功率；

　　　　ΔP_t——感应器热损耗。

$$\Delta P_t = \frac{9.36\pi\lambda L_1}{1000 \times \ln\left(\dfrac{D_1}{D_2}\right)} \times (T_0 - T_1) \quad (kW) \tag{5-11}$$

式中　　λ——隔热材料导热系数；

　　　　T_0——圆柱体隔热层内侧温度（即加热终温）；

　　　　T_1——圆柱体隔热层外侧温度（近似等于紧贴圆柱体隔热层的铜管的温度）；

　　　　L_1——感应器长度，cm。

由式 5-11 可见，D_1/D_2 值大则热效率更高。综合分析电效率和热效率，可见 D_1/D_2 在一个最佳范围内总效率才高。

一般地说 $D_1/D_2 = 1.5$ 时，总效率达最大。当 D_1/D_2 从 1.2 升至 2.0 时，总效率相差不超过 4%。

一般坯料采用高速带锯机或锯床下料，再用车床、无心磨床剥皮或作喷丸处理。经过这样加工后的坯料比较匀整。因此感应器炉衬与坯料外圆之间的间隙可以较小，不仅减小了 D_1/D_2 值，而且使坯料周围的气体流动性更差，氧化脱碳的速度放慢。

5.4.2.5　线圈结构的合理设计

图 5-5 所示为感应线圈的内部结构。

精密锻造成形工艺用感应器应保证工作在
额定工作电压，不宜降低电压使用。因为在功
率相等的条件下，提高电压即可减少电流，相
应地减少了线圈和馈电线路上的能量消耗。在
额定功率的情况下，提高电压则必须增加线圈
的阻抗值，也就是增加线圈的匝数。在电流频
率和加热时间被确定以后，在感应器设计时，
有时要照顾线圈匝数但结构上不好安排，这时
可考虑制作多层线圈。

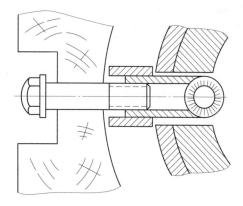

图 5-5　感应线圈的内部结构

5.4.2.6　阻抗的合理匹配

感应器为一感性负载，自然功率因数低，
坯料为铁磁材料时，仅为 0.1~0.3。坯料为非铁磁材料时，则在 0.1 以下。为了提高功率
因数，要并联电热电容器组。这样在感应器和电容器之间就形成了并联谐振电路，其谐振
频率 f（Hz）为：

$$f \approx \frac{1}{2\pi\sqrt{LC}} \tag{5-12}$$

式中　L——感应器的电感值；

　　　C——感应器的电容值。

此时，$W_L - \dfrac{1}{W_C} = 0$，负载呈电阻性，其等效电阻值 R_ω 为：

$$R_\omega = \frac{1}{LC} \tag{5-13}$$

感应器的设计，主要是确定感应器的几何尺寸和线圈匝数，由于其自然功率因数很
低，所以主要是求出感应器的电感值 L。对于精密锻造成形工艺用感应器来说，准确地设
计感应器的电感值 L（匝数）非常重要。因为当 L 确定后，R_ω 值合适与否，只有靠调整感
应器的电容来解决。

当 L 值偏大，R_ω 则大，即在额定中频电压下中频电流小，中频功率达不到额定值。为
保持 R_ω 不变必须相应增大感应器的电容值 C，但导致了谐振频率的降低，使感应器不能
达到应有的效率，从而影响坯料的加热质量。

如 L 值偏小，R_ω 则小，中频电流加大，在中频电压未达到额定值时，中频电流已达额
定值，中频功率要低于额定值。为保持 R_ω 不变，必须减小感应器的电容值 C，但导致了
谐振频率的提高，使电容器的负荷加大，这往往也是不允许的。

因此，如果感应器线圈匝数设计不合理，就会使少无氧化加热受到影响。

5.4.2.7　其他装置的设计

（1）在感应器进料口和出料口加设随生产节拍动作的挡帘，让坯料周围的空气不产生
强烈流动，尽可能减少氧化。

（2）感应器的供电网络是中频的大电流网络，感应器与电热电容器组尽可能靠近，谐
振铜排应尽可能短，布置上不宜折弯。因为铜排的电阻、电抗均与其长度成正比。此外，

感应器与电源之间的距离要尽可能短。电源输出线最好接在感应器的两端。感应器与中频电源之间的连接铜排，其间隔距离也要尽可能小。因为铜排的电抗值与两铜排之间的距离成正比，距离减小有利于减少网络压降。

考虑到中频电流的集肤效应和邻近效应应充分利用导体截面面积。

（3）感应器的炉衬中应加设导轨，导轨的作用除了提高炉衬强度以外，还使坯料处于感应器中心位置，使坯料沿圆周各处的 D_1/D_2 一致，使坯料透热均匀。

6 铝及铝合金锻造过程中的润滑

6.1 精密热模锻用润滑剂

铝合金精密热模锻成形过程中常用的润滑剂有二硫化钼（MoS_2）和石墨[21]。

6.1.1 石墨润滑剂

在铝合金的精密热模锻成形过程中，常采用石墨润滑剂，并在其中加入胶黏剂和某些添加剂，以防止沉淀和利于锻件脱模。

胶体石墨含灰量比鳞状石墨含灰量少，因此模腔中的残渣少。虽然水基、油基和软膏石墨润滑剂均可使用，但一般多采用水基石墨润滑剂。

石墨是目前应用最广泛的精密锻造用润滑材料。石墨是碳的一种结晶体，具有最稳定的层状或片状六方晶格，如图6-1所示。它在同一平面层内碳原子呈六角形排列，相邻碳原子间距为1.42×10^{-10}m，结合强度很高；层与层间碳原子间距为3.4×10^{-10}m，结合强度较弱，因此，受力后总在层与层之间发生滑动。当吸附水汽后，层间键的结合力减弱，更易滑移，增强了石墨的润滑作用。

石墨的摩擦系数和温度的关系如图6-2所示。

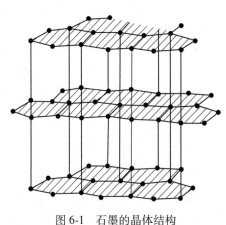

图6-1 石墨的晶体结构

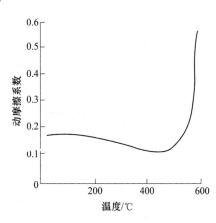

图6-2 石墨的摩擦系数和温度的关系

从图6-2中可知，在空气中石墨加热到500℃时开始氧化生成CO_2，其摩擦系数急剧增加。

用作润滑剂的石墨，粒度选用$0.5 \sim 10 \mu m$。随着加热温度的提高，加热时间的增长，润滑性能将降低。据日本的草田祥平研究，石墨在700℃加热2.5min氧化并不严重；但加热到800℃，2.5min可燃烧掉50%左右；加热到900℃时1.0min就全部烧毁。

石墨润滑剂的润滑方式对润滑效果有较大的影响。目前有些厂家在精密锻造时将雾状水剂石墨直接喷到加热后的毛坯和模具上来润滑和冷却。这种工艺的缺点是毛坯加热时表面没有保护层,易氧化,模腔内积存物比较多,要时常清理。

在实际精密热锻成形过程中,石墨润滑剂的应用最好采用如下润滑方式:先将清洁的毛坯加热到 150~200℃,将毛坯迅速浸入水剂石墨槽中,立即拿出。因为毛坯有温度,粘在表面的石墨很快干燥。将粘有干燥石墨的毛坯放入加热炉中加热到锻造成形所需温度(对于 2A12 硬铝合金,其精密热模锻成形所需温度为 450℃左右),然后进行精密热模锻。这种润滑方式可以防止毛坯加热时氧化,石墨在毛坯表面涂覆得均匀,带入模腔的残留石墨较少。

6.1.2　MoS_2 润滑脂

MoS_2 润滑脂是含有 MoS_2 成分的润滑脂。它是由无机稠化剂稠化的脂类合成油,并加有 MoS_2 固体润滑剂和抗氧化等多种添加剂精制而成的极压润滑脂。在 350℃以下的温度范围内,它具有极好的抗磨性能,摩擦系数低,承载能力强,具有优良的表面吸附性。

在铝合金的精密热模锻成形过程中,MoS_2 润滑脂能很好地附着在坯料和模具工作部位的表面上,起到润滑作用。

MoS_2 润滑脂的润滑方式如下:

(1) 坯料的润滑。将加热、保温后的坯料快速浸入盛有 MoS_2 润滑脂的容器中,再放入模具型腔内进行精密热模锻成形。

(2) 模具的润滑。将 MoS_2 润滑脂均匀地涂抹在模具工作部分的表面上。

6.1.3　常用的润滑剂配方及润滑方法

表 6-1 所示为铝合金常用的精密热模锻润滑剂配方及润滑方法。

表 6-1　常用的热模锻润滑剂配方（成分配比为质量百分比）及润滑方法

润滑剂成分	润滑方法
石墨水悬浮液	A、B
石墨+机油（各 50%）	A、B
石墨 3%+食盐 10%+水 87%	A
豆油磷脂+滑石粉+38 号汽缸油+石墨粉微量	B
机油 95%+石墨粉 5%	B
机油+松香+石墨 30%~40%	A、B
MoS_2 润滑脂	A、B

注：A—喷涂于模具上；B—喷涂于热坯料上。

6.2　纯铝冷锻成形所用润滑剂及其润滑方法

纯铝零件冷锻成形时坯料的润滑是一个重要的问题。国内曾对纯铝的正挤压成形过程(断面收缩率 $\varepsilon_F = 92.5\%$) 进行润滑试验,在不用润滑剂时的单位挤压力要较理想润滑条件下增大20%以上；另外在锥形薄壁纯铝件的反挤压成形过程中，采用不同的润滑剂时单位挤压力可相差3.0倍以上。

6.2.1　常用的润滑剂

冷锻纯铝时常用的润滑有以下几种[29]：

（1）硬脂酸锌。用量为铝坯质量的0.3%，有时还应再少一些。操作时先将坯料倒入由电动机带动的六角滚筒内，使硬脂酸锌均匀而牢固地黏附在坯料表面，滚动15~30min即可。

（2）十八醇+硬脂酸锌。先将坯料加热到100℃左右，倒入滚筒内（滚筒转速为30r/min），加入适量十八醇，滚动2~3min；倒出冷却至室温后再放入硬脂酸锌，滚动2~3min。

（3）十四醇10%，硬脂酸30%，机油60%。

（4）十四醇（或十八醇）60%~80%，机油40%~20%。此种润滑剂的消耗量为100g零件用5g润滑剂。

（5）猪油25%，十四醇10%，液体石蜡30%，余量为四氯化碳。配制时先将猪油加热到200℃左右使其熔化，冷却到室温后加入四氯化碳，搅拌均匀后加入十四醇，再搅拌均匀，然后加入液体石蜡即可。

（6）十八醇80%，硬脂酸20%。使用此种润滑剂冷挤压成形的铝件，表面特别光亮，其表面粗糙度可达$Ra0.8\mu m$。

（7）其他各种润滑剂，如猪油100%、工业豆油（或菜油）100%、蓖麻油100%、炮油100%等。

在反挤压成形薄壁件时，以硬脂酸锌、十八醇+硬脂酸锌两种润滑剂较为理想。采用这两种润滑剂，不仅挤压成形力低，而且成形件的表面粗糙度也很低。

6.2.2　润滑方法

纯铝冷锻成形时的润滑方法有浸渍法、涂抹法（用浸过润滑剂的抹布逐个进行涂抹）、滚筒法三种，其中以浸渍法与滚筒法应用较多。

滚筒法（与浸渍法相比较）具有较好的润滑性能。在滚筒内坯料相互间的摩擦碰撞，促使毛坯表面有微小的凹凸不平，破坏了表面氧化层，提高了金属的塑性，润滑剂可渗透到微小的凹坑内，进一步防止挤压成形时润滑剂的流散，并可降低挤压成形力。

一般地，用滚筒法润滑时的冷挤压成形力比浸渍法（用同样的润滑剂）降低3%~6%。

6.3　铝合金冷锻成形过程中的润滑处理

在冷锻成形过程中，流动的金属和模具间产生剧烈的摩擦，妨碍了金属的流动，由此所产生的附加应力，使塑性较差的铝合金容易产生表面拉裂。

在铝合金的冷锻成形过程中，为了避免冷锻件的开裂，必须创造良好的润滑条件，使流动的变形金属与模具之间处在摩擦系数极低的良好润滑状态。

6.3.1　氧化处理

对铝合金坯料可用氧化处理（即碱洗浸）的方法进行表面处理。经过氧化处理以后的毛坯，其表面上生成一种灰色的氧化膜结晶。它具有较高的抗压抗拉性能，能随着坯料一起变形；这层氧化膜多孔，能细致而紧密地贴附在坯料表面，形成与黑色金属磷化一样的润滑支承层，可以作为润滑剂的储存库，在整个挤压过程中均匀、连续不断地供应润滑剂，不致使润滑剂在变形过程中由于压力大而被挤掉，这就保证了变形金属与模具之间始终处在良好的润滑状态。

氧化处理的工艺过程如下：

（1）去脂处理：一般用汽油清洗；

（2）流动冷水洗；

（3）去除退火引起的氧化皮：用工业硝酸配制而成的酸液 400~800g/L，浸洗时间以目测氧化皮完全去除为准；

（4）流动冷水洗；

（5）氧化处理：用工业氢氧化钠 40~60g/L、温度为 50~70℃、浸洗时间 1~4min，目测氧化膜不宜过厚；

（6）冷水洗；

（7）热水洗（70~80℃）；

（8）自然干燥。

在以上过程中，氧化处理是关键。汽油与硝酸清洗只是为了除去油污及表面上的氧化皮，使金属本体充分暴露，利于在氢氧化钠碱液中氧化，生成均匀细致多孔的氧化膜结晶。氧化处理要注意控制浸洗时间，时间越长，碱洗生成的氧化膜越厚。从以上分析，似乎氧化膜越厚越好，其实不然。实践证明太厚的氧化膜不仅会增加单位挤压力，而且会使工件表面质量下降。只有当铝合金坯料表面呈现淡灰色的氧化薄膜时（而不是完全变成黑色很厚的一层），才能对冷锻成形过程创造良好的润滑支承条件。

6.3.2　其他表面处理

除去采用表面氧化处理作为铝合金冷锻成形的润滑支承层之外，还可采用铝合金的氟硅化处理与磷化处理两种方案。

（1）氟硅化处理：将铝合金坯料置于氟硅酸钠粉末、氟化锌、水组成的处于沸点的溶液中处理约 10min 即可。

（2）磷化处理：将铝合金坯料置于酸性磷酸锌、磷酸、铬酸或 γ-烷基硫酸钠、水组成的处于 70~80℃ 的溶液中处理约 10min 即可。

用氧化、磷化、氟硅化处理三种方案作表面处理，均可有效地防止铝合金材料在冷锻成形时发生裂纹。根据试验，这三者中以氟硅化处理所需冷锻成形力最低。

以上的处理仅是表面处理，在表面处理以后仍需在冷锻成形前加以润滑。

6.3.3　皂化处理

氧化、磷化、氟硅化处理后的铝合金坯料可进行皂化处理。皂化时，一部分肥皂进入膜孔内，另一部分覆盖于最外表面，后者肥皂层比较厚。

用皂化润滑时，虽然冷锻成形件的表面品质不高，但粘模现象极少，表面不易拉伤，操作简单，适宜于大批量工业生产。

皂化处理过程如下：

（1）工业肥皂：150~200g/L；

（2）处理温度：50~70℃；

（3）处理时间：10~20min；

（4）干燥：一般在温度为80~130℃的热风烘干箱烘干即可。

6.3.4　表面涂覆硬脂酸锌

涂覆硬脂酸锌是铝合金坯料表面润滑的良好方法，能显著降低冷锻成形力，操作也比较简单。它是将硬脂酸锌粉末用机械方法施加在已经经过氧化处理的坯料表面上，即将坯料及一定体积的硬脂酸锌粉末一起放入木制滚筒内，滚动后就在坯料表面上牢固而均匀地黏附一层硬脂酸锌。滚动时间根据坯料形状及工艺需要来决定。表面附着的硬脂酸锌粉末越薄、越均匀，对成形越有利。

这种涂覆方法，对于形状简单的小型坯料较为实用。但是，在大批量生产条件下这种方法不如氧化处理方便、可靠；而且硬脂酸锌粉末易积于模腔内，从而影响成形件的表面品质和尺寸精度。

表6-2列出了铝及铝合金冷锻成形的润滑处理方法及使用效果[29,30]。

表6-2　铝及铝合金冷锻成形的润滑处理方法及其使用效果

序号	材料名称	润滑剂成分	配制与使用方法	应用效果
1	纯铝	猪油100%		（1）天冷时易凝固，涂擦不方便； （2）不易涂擦均匀，易产生"流散"现象； （3）与其他润滑剂相比，成形力较大
2	纯铝	猪油5%、甘油5%、气缸油15%、四氯化碳75%	猪油、甘油加热至200℃，然后冷却至40℃以下，倒入四氯化碳搅拌均匀，最后倒入汽缸油	（1）冷锻成形时金属的流动性较好； （2）冷锻件表面粗糙度可达$Ra0.8\mu m$
3	纯铝	猪油25%、液体石蜡30%、十二醇10%、四氯化碳35%	猪油加热至200℃，冷却后再加入四氯化碳，搅拌均匀后加入十二醇，最后倒入液体石蜡	（1）冷锻成形时金属的流动性和润滑性能较好； （2）冷锻件的表面粗糙度可达到$Ra0.8\mu m$
4	纯铝	硬脂酸锌	将经表面处理好的坯料与粉状硬脂酸锌一起放在滚筒内滚动15min左右，使坯料牢固而均匀地涂上一层硬脂酸锌	（1）冷锻成形时金属的流动性和润滑性能较好； （2）冷锻件的表面粗糙度可达到$Ra0.8\mu m$

序号	材料名称	润滑剂成分	配制与使用方法	应用效果
5	纯铝	十四醇 80%、酒精 20%	按规定比例混合后就可使用。但当气温较低时,十四醇应加热,以增加其流动性,使与酒精混合良好	润滑效果较好
6	防锈铝合金 3A21、5A02	猪油 18%、气缸油 22%、四氯化碳 35%、液状石蜡 22%、十四醇 3%	猪油加热至 200℃后加入少许四氯化碳,然后加入气缸油及液状石蜡,升温至 250℃稍冷后则加入十四醇。然后冷却至 150℃时,倒入四氯化碳搅拌均匀	(1) 冷锻成形时润滑性能较好; (2) 冷锻件的表面粗糙度可达到 $Ra1.6\mu m$
7	硬铝合金	工业菜油	,	(1) 冷锻成形时润滑性能较好; (2) 冷锻件的表面粗糙度可达到 $Ra0.8\mu m$
8	硬铝合金	皂化		(1) 冷锻成形时润滑性能较好; (2) 冷锻件的表面粗糙度可达到 $Ra1.6\mu m$

7 纯铝的冷挤压成形

7.1　1035 纯铝指示杯的冷挤压成形

图 7-1 所示为 1035 纯铝指示杯冷挤压件图。它是一种圆筒形薄壁零件，其壁厚为 1.5mm，且其内孔底部具有对边尺寸为 17mm 的六角型腔。

7.1.1　冷挤压成形工艺流程

其冷挤压成形工艺为复合挤压成形：采用复合挤压（以反挤方向的流动为主）把图 7-2 所示的坯料一次冷挤压成形，其中反挤压成形的断面收缩率 $\varepsilon_F = 88\%$。

其冷挤压成形工艺流程如下[29]：

（1）带锯床下料，下料件尺寸如图 7-2 所示；

（2）软化退火；

（3）碱洗、润滑；

（4）冷挤压成形。

对于 1035 纯铝来说，反挤压断面收缩率为 $\varepsilon_F = 88\%$ 所需的单位挤压力仅为 700MPa，这对冷挤压成形模具来说是可以承受的。

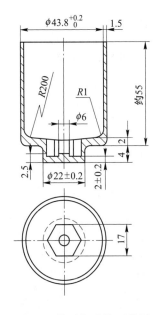

图 7-1　指示杯冷挤压件图

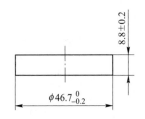

图 7-2　坯料的形状和尺寸

7.1.2 冷挤压成形模具

图 7-3 所示为冷挤压模具工作部分形状。

7.1.3 冷挤压成形过程中的质量问题及其解决方法

7.1.3.1 冷挤压件的质量问题

在指示杯冷挤压成形过程中存在如下质量问题：

（1）挤压件弯曲、壁厚不均超差；

（2）挤压件外侧表面的鱼鳞裂纹与内孔底面的凹痕。当用采猪油作为润滑剂后，在反挤件的外表面上出现鱼鳞坑而内孔底部的六方转角处则出现金属流动凹痕，如图 7-4 所示。

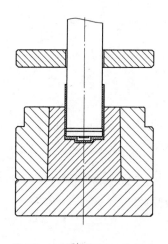

图 7-3 反挤压模具工作部分

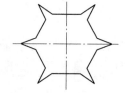

图 7-4 反挤压件底部六方转角裂纹

（3）挤压件外侧表面出现锥度、口部出现局部膨大（如图 7-5 所示）。

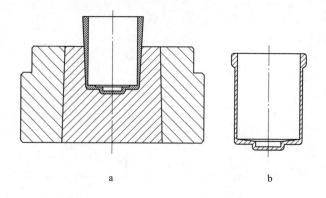

a   b

图 7-5 反挤压件的外表面缺陷
a—侧壁出现锥度；b—口部外侧面突出

7.1.3.2 挤压件质量问题的产生原因及其解决方法

A 反挤压件弯曲、壁厚不均超差的问题

a 产生原因

经过分析，找出了反挤压件弯曲、壁厚不均匀的原因是：挤压成形设备的精度差，导致凸模平面与下模工作台不平行（误差值达 2mm 左右），因此在反挤压成形时金属流动不均匀，造成壁厚超差，甚至使反挤压件弯曲，更使模具易走动。

b 解决方法

为了保证反挤压成形时金属流动的均匀性，必须提高挤压成形设备的精度，保证滑块平面与工作台平面之间的平行度在 0.01~0.02mm/100mm 范围内。

B 反挤压件的表面缺陷问题

a 产生原因

其主要原因是润滑时润滑剂涂得太多。

b 解决方法

选用硬脂酸+机油溶液作润滑剂，将坯料与适量润滑剂一起放入滚筒内滚动，使坯料表面涂上一层又薄又均匀的润滑剂，这样便消除了反挤件的外表面的鱼鳞坑、内孔底部的六方转角处的凹痕等缺陷。

C 反挤压件外侧表面锥度问题

a 产生原因

反挤压件外侧壁出现锥度的原因是凹模的出模斜度太大。反挤压件口部出现局部膨大，这是由于凹模型腔深度小于毛坯厚度，在开始挤压时毛坯露出部分先发生了局部镦粗，然后才向上流动。

b 解决方法

取消凹模的出模斜度并增加凹模型腔深度（如图 7-6 所示），这样反挤压成形的挤压件就不会出现锥度和口部局部膨大现象，从而消除了这类缺陷。

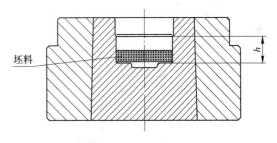

坯料

图 7-6 改进后的凹模（型腔直线部分加深）

7.2 1050A 纯铝扩音器接头的冷挤压成形

图 7-7 所示是扩音器接头的冷挤压件图，材料为 1050A 纯铝。

7.2.1 扩音器接头的原加工工艺

该零件原来是以图 7-8 所示的两个零件用螺钉联结而成的。图 7-8a 所示的上零件采用板料多次拉延工序进行加工，图 7-8b 所示的零件采用原棒料进行切削加工而成。

7.2.2 扩音器接头的冷挤压成形工艺

采用冷挤压成形工序将如图 7-7 所示的冷挤压件一次整体压出[29]。

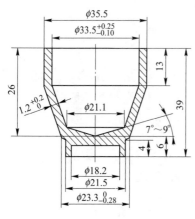

图 7-7　扩音器接头冷挤压件图

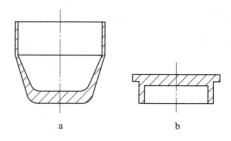

图 7-8　扩音器接头的两个分体零件

7.2.2.1　工艺流程

工艺流程如下：

（1）带锯床下料，采用 $\phi35\text{mm}$ 的圆棒料在带锯床上加工成如图 7-9 所示的坯料。

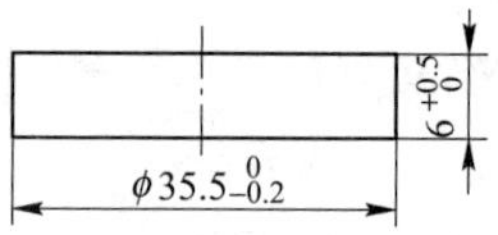

（2）退火。

（3）碱洗、润滑。

（4）冷挤压成形，在公称压力为 3150kN 的四柱液压机上将如图 7-9 所示的坯料一次挤压成如图 7-7 所示的挤压件。

图 7-9　坯料的形状与尺寸

7.2.2.2　冷挤压成形工艺试验

由图 7-7 可知，该挤压件是一个带锥度的薄壁壳体铝件，虽然断面收缩率不大（其中反挤压部分的断面收缩率 $\varepsilon_F = 87\%$），但锥度部分是一个不利的因素。

在公称压力为 3150kN 的四柱液压机上以控压法进行试验，采用图 7-10 所示的模具结构，用猪油作润滑。

在冷挤压成形过程中，当总压力达到 2180kN（相应于凸模上的单位挤压力 2500MPa）时金属向上流动仍然十分困难。挤压件要求孔深是 28mm（如图 7-7 所示），但在 2180kN 这样大的压力下仅能挤压出 16mm 深的孔深；而金属向下流动却容易，以至于在凹模与下顶杆之间形成飞刺，使下顶杆开裂破坏。

为了提高下顶杆的使用寿命，采用了如图 7-11 所示的模具结构，使下顶杆的强度有所增加，同时采用硬脂酸锌润滑剂以减少单位挤压力。

采用滚筒，将坯料表面滚涂一层硬脂酸锌（粉状）润滑剂，在图 7-11 所示的模具中一次就能冷挤压成形如图 7-7 所示的冷挤压件，其挤压力仅 870kN（相应的单位挤压力仅为 760MPa）。

硬脂酸锌润滑剂可大大减少金属向上流动的阻力，而向下流入凹模与下顶杆之间的缝隙形成纵向飞刺的缺陷亦得到解决。

表 7-1 所示是冷挤压扩音器接头时进行润滑试验的实测情况。

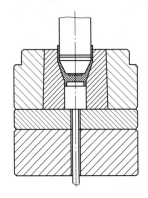

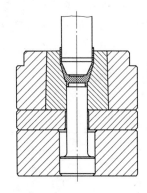

图 7-10　试验时的冷挤压模具结构　　　　图 7-11　改进后的冷挤压模具结构

表 7-1　1050A 纯铝扩音器接头润滑试验结果

润 滑 剂	挤压力/kN	挤压件表面质量	备 注
硬脂酸锌 100%	670	良好	
18 醇 80%+硬脂酸 20%	1300	光亮	比菜油稍好
机油 50%+硬脂酸 50%	1350	光亮	
18 醇 100%	1500	一般	
猪油 100%	2180	一般	
菜油 100%	1640	光亮	
酒精+硬脂酸	900	良好	
机油+MoS_2	1200	一般	
MoS_2 粉末	900	不良	凸模拉毛
蓖麻油 100%	1350	光亮	比菜油稍好
软皂	1200	光亮	
羊毛脂	1200	光亮	
硬脂酸锰+少量酒精	900	良好	
硬脂酸锰+酒精（呈糊状）	1200	良好	
硬脂酸锰粉末	600	一般	
硬脂酸粉末	700	良好	
民用肥皂粉	700	良好	
民用肥皂粉+水	750	光亮	
硬脂酸 80%+硫黄 20%	700	良好	

从表 7-1 所示的实验结果可知：

（1）扩音器接头冷挤压时以硬脂酸锌、硬脂酸锰、硬脂酸（均为粉末状）、民用皂粉等润滑效果最好，挤压力最小，表面粗糙度可达 $Ra0.8\mu m$ 以上，使用较为满意。

（2）对于锥形壳体的反挤压，猪油润滑时挤压力最高，为硬脂酸锌润滑时挤压力的 2.5 倍。

（3）工业菜油、蓖麻油等植物油润滑时挤压力也较高。

根据以上试验，各种润滑剂中以硬脂酸类粉末润滑的效果最好，这是因为硬脂酸与金属反应生成金属皂，而牢固地附着在金属表面上造成牢固的边界润滑膜。

硬脂酸锌润滑剂的用量须适当。过多的润滑剂会使金属流动紊乱而形成"流散"现象，因金属流动不均匀而产生的反挤压部分口部高低不齐的缺陷。

7.2.2.3　工业生产用模具结构

对于如图7-7所示的扩音器接头，其大批量工业生产时的冷挤压模具结构如图7-12所示。

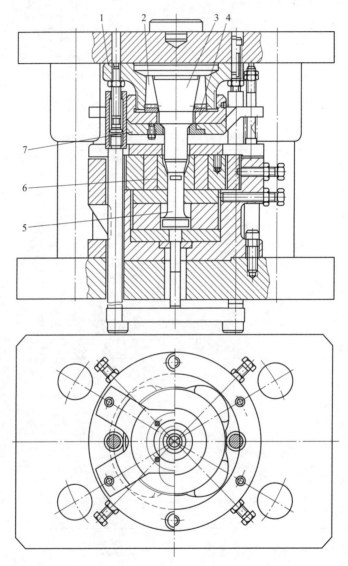

图7-12　扩音器接头的冷挤压模具结构

1—凸模座；2—弹簧夹头；3—凸模；4—大螺母；5—顶出器；6—凹模；7—卸料器

该模具具有如下特点：

（1）本模具属可调节上、下模同心度的可调式通用模架，采用导柱导向。凹模6的中心可通过4个调整螺钉来调整，依靠四块弯月形板来定位，以防止工作过程中凹模移位。

（2）凸模3由弹簧夹头2通过大螺母4拧紧在凸模座1上。

（3）凹模 6 采用三层预应力分体结构。

（4）模具有顶出器 5 与半刚性卸料器 7。

7.3　1050A 纯铝方形多隔层屏蔽罩的反挤压成形

图 7-13 所示的方形多隔层屏蔽罩冷挤压件图，材质为 1050A 纯铝。它是一个 6 格带底的罩壳零件，其壁厚为 0.6mm，底厚为 0.6~1.0mm，底部 6 个方格的中心各有高 1.10mm、直径 $\phi6.60$mm 的凸起部分。

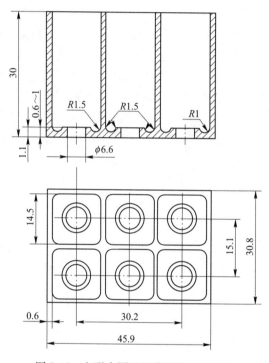

图 7-13　方形多隔层屏蔽罩冷挤压件图

7.3.1　冷挤压成形工艺分析

由图 7-13 可知，这是一个带有隔层的、底部有 6 个带孔凸起的方形杯形件。其壁厚为 0.60mm，底厚为 0.6~1.0mm，可以采用反挤压方法加工。其反挤压的断面收缩率 $\varepsilon_F = 86\%$。对 1050A 纯铝来说，变形程度为 86% 的反挤压是不成问题的。因此，底部 6 个带孔的凸起部分完全可以一次挤压出来[29]。

7.3.2　工艺流程

工艺流程如下：

（1）将宽度 30.7mm、厚度 4.5mm 的型材在带锯床上下料成长度为 45.8mm 的毛坯。

（2）钻孔，将下料后的毛坯在钻床上钻出 6 个 $\phi6.7$mm 的孔（如图 7-14 所示）。

（3）退火。

（4）碱洗、润滑。

（5）冷挤压成形。

7.3.3　模具结构

7.3.3.1　模具工作部分的结构设计

由图 7-13 可知，该零件带有隔层，因此在凸模上应当有相应的凹槽，以便挤压时金属可向凸模的凹槽内流动，构成零件的隔层。

最初的设计是将凸模做成整体式，铣出凹槽；这样的凸模在反挤压成形时，凸模上的 6 个凸起很容易折断。

为了避免凸模的过早失效，将凸模设计成如图 7-15 所示的分体式镶拼凸模结构，凸模由 6 块组合镶拼而成；为使凸模牢固地固定在上模固定板上，凸模的上端部带有 2°~3° 的斜度。采用这种带锥度的固定凸模方法，可以保证凸模在工作时的稳定性；此外，凸模装配在上模固定板上时，要有足够的过盈量。为此在凸模未压入上模固定板以前，凸模放入上模固定板的孔时凸模要高出 5~6mm；为了防止凸模压入后上模固定板产生变形，上模固定板的厚度不宜小于 25mm；上模固定板的外形尺寸也应适当地放大，使凸模在工作时更为稳定。

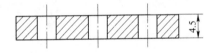

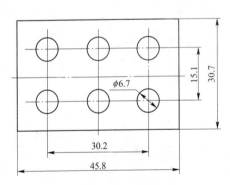

图 7-14　坯料的形状和尺寸

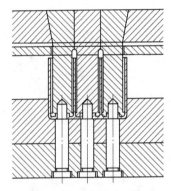

图 7-15　分体式镶拼凸模结构

在设计凸模时，应注意中间隔槽不能设计得太深。一般凸模上隔槽的深度为零件隔层高度再增加 2~3mm，如图 7-15 所示；否则隔槽太深，会影响凸模的稳定性，使反挤压成形的挤压件在隔层上发生破裂（如图 7-16 所示）。

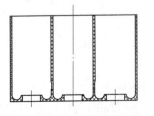

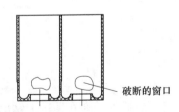

图 7-16　屏蔽罩隔层的破裂

7.3.3.2 模具总装图

方形多隔层屏蔽罩的冷挤压模具结构如图 7-17 所示。

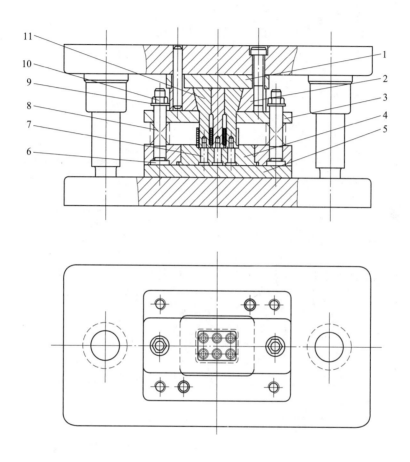

图 7-17 方形多隔层屏蔽罩的冷挤压模具结构

1—上垫板；2—凸模固定板；3—卸料板；4—凹模；5—下模板；6—支柱；7—小凸模；
8—弹簧；9—垫圈；10—螺母；11—凸模

7.3.4 带隔层矩形件在反挤压成形过程中的金属流动情况

在冷挤压如图 7-18 所示的带有两个方格的薄壁零件时，由于外层金属流动较快，而中间隔层部分金属流动较慢，因此挤压完成后中间隔层的高度也显得低些。图 7-19 所示是挤压一个两格的带隔层方形零件时，中间隔层流动较慢的情况。

外层与中间隔层金属流动速度快慢不一的原因是由于凹模底部四周外框处有圆角过渡，而凸模四周同样有圆角，挤压时金属向上流动较易；隔层部位只有凸模有圆角过渡，凹模是平底，使挤压时金属向上流动的阻力大于四周的金属。此外，零件隔层的金属来自两个相反的方向，在流动过程中互相冲击，这种冲击阻力也将影响隔层金属顺利向上流动。

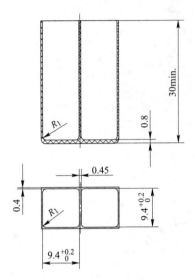

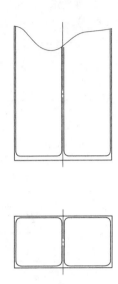

图 7-18 带有两个方格的隔层矩形件   图 7-19 中间隔层金属流动较慢

由于金属流动在外层和隔层时的速度不同，往往由于附加拉应力而使隔层发生破断。

为了解决外层与隔层金属流速不一致的问题，在允许更改零件设计的前提下可采用如下措施：

（1）在凸模工作端面上，靠近隔层的两端给予一定的斜度（如图 7-20 所示），使金属流速一致。一般采用的斜度为 3°左右。

（2）使零件隔层的壁厚比外层的壁厚稍厚一些，以调整壁厚而使金属流速一致。一般壁厚大约相差 0.05~0.10mm。

（3）有意将凸模工作带设计成不等长度（如图 7-21 所示），以减少金属向隔层流动

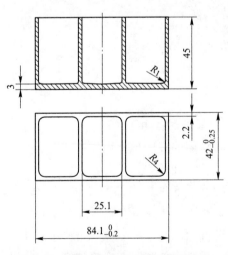

图 7-20 带有 3 个方格的隔层薄壁零件

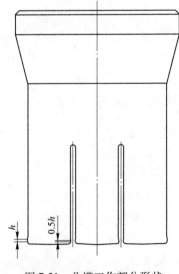

图 7-21 凸模工作部分形状

的阻力，而使金属流速一致。一般隔层处的凸模工作带为外层处的凸模工作带长度的一半。

（4）在隔层转角处，凸模工作部分的圆角半径适当放大。一般在隔层处凸模工作部分圆角半径为 1.5mm，而外层处为 1mm。

7.4 1050A 纯铝细孔管的冷挤压成形

图 7-22 所示的细孔管，其材质为 1050A 纯铝。

对于这种细长、小孔类零件，可采用空心坯料正挤压成形方法进行生产[28]。

7.4.1 冷挤压成形工艺流程

冷挤压成形工艺流程如下：

（1）带锯床下料，将 $\phi15mm$ 的圆棒料在带锯床上锯切成长度为 9mm 的毛坯。

（2）钻孔，将下料后的毛坯在钻床上钻 $\phi3.4mm$ 孔（如图 7-23 所示）。

（3）退火。

（4）碱洗、润滑。

（5）冷挤压成形。

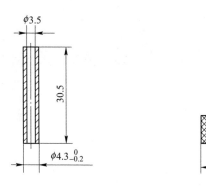

图 7-22　细孔管　　　　　图 7-23　坯料的形状和尺寸

7.4.2 冷挤压模具结构

图 7-24 所示为细孔管正挤压模具结构图。该模具具有如下特点：

（1）凹模采用分体结构，由 4、5 两件组成；这种结构能有效地防止凹模的横向开裂。

（2）导向套 6 用于防止挤压件弯曲。

（3）模具不设顶件机构，挤压件直接从下面挤出。第一个工件是靠第二个毛坯的连续挤压而推出。

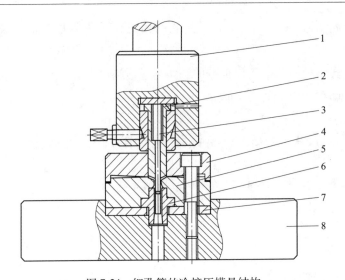

图 7-24　细孔管的冷挤压模具结构

1—模柄；2—凸模衬套；3—凸模；4—凹模压圈；5—凹模；6—导向套；7—垫板；8—下模板

7.5　1050A 纯铝仪器箱锁块的冷挤压成形

图 7-25 所示为仪器箱锁块，其材质为 1050A 纯铝。

对于图 7-25 所示的异形零件，可以采用闭式挤压的成形方法进行生产[28]。

7.5.1　冷挤压成形工艺流程

冷挤压成形工艺流程如下：

（1）下料，将横截面形状如图 7-26 所示的异形型材在带锯床上锯切成长度为 8mm 的坯料。

（2）退火。

（3）碱洗、润滑。

（4）冷挤压成形。

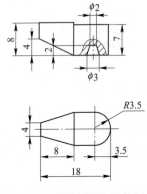

图 7-25　仪器箱锁块零件图

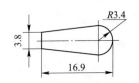

图 7-26　异形型材的截面形状

7.5.2　冷挤压模具结构

图 7-27 所示为仪器箱锁块冷挤压模具结构图。

该模具具有如下特点：

（1）本模具属于在全封闭模腔内成形的闭式冷挤压模具，采用导柱导向。

（2）成形件的顶出是采用拉杆 5 带动顶板 11，再由顶板 11 带动顶杆 8，再通过顶杆 8 带动顶料杆 7 来实现的。顶料杆 7 在成形时兼冲孔凸模用，将成形件底部小孔挤出。

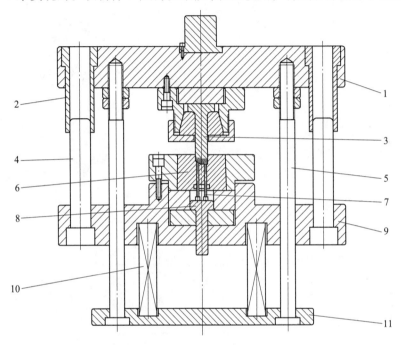

图 7-27　仪器箱锁块冷挤压模具结构

1—上模板；2—导套；3—凸模；4—导柱；5—拉杆；6—凹模；7—顶料杆；8—顶杆；
9—下模板；10—压簧；11—顶板

7.6　1060 纯铝转子的冷挤压成形

图 7-28 所示为转子零件图，其材质为 1060 纯铝。

由图 7-28 可知，它是一种端部带法兰盘的杆形件，可以采用正挤压的成形方法进行成形加工[28]。

7.6.1　冷挤压成形工艺流程

冷挤压成形工艺流程如下：

（1）下料，将直径 ϕ14mm 的圆棒料在车床上切削加工成如图 7-29 所示的坯料。

（2）退火。

（3）碱洗、润滑。

（4）冷挤压成形。

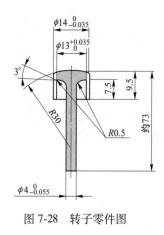

图 7-28　转子零件图

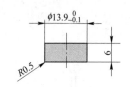

图 7-29　坯料的形状与尺寸

7.6.2　冷挤压模具结构

图 7-30 所示为转子冷挤压模具结构图。

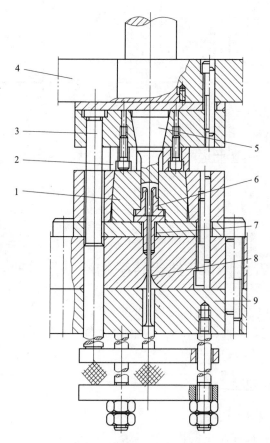

图 7-30　转子冷挤压模具结构

1—凹模套；2—限程块；3—推杆；4—上模板；5—凸模；6—模芯；7—导向套；
8—下顶杆；9—下模板

该模具具有如下特点：

（1）本模具属于正挤压模。

（2）为了防止凹模模芯 6 的纵向开裂，凹模套 1 应对模芯 6 施加预紧力。

（3）坯料挤压成形后通过橡皮顶出器与下顶杆 8 从凹模中顶出。当凸模 5 向下行程时推杆 3 将橡皮弹顶器压下。导向套 7 用于防止成形件杆部弯曲。

（4）模具装有行程限程块 2。

7.7　1050A 纯铝轴套的冷挤压成形

图 7-31 所示为轴套零件图，其材质为 1050A 纯铝。

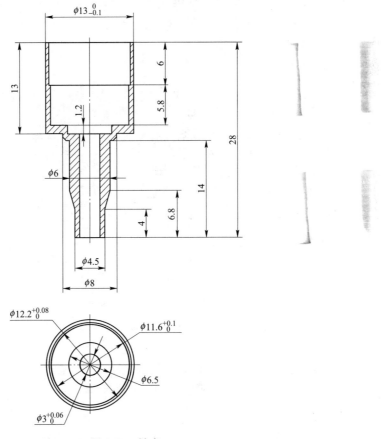

图 7-31　轴套

由图 7-31 可知，该零件为杯-杆形件，可以采用复合挤压的成形方法进行加工[28]。

7.7.1　冷挤压成形工艺流程

冷挤压成形工艺流程如下：

（1）下料，将直径 $\phi14\mathrm{mm}$ 的圆棒料在车床上切削加工成如图 7-32 所示的坯料。

（2）退火。

（3）碱洗、润滑。

（4）冷挤压成形。

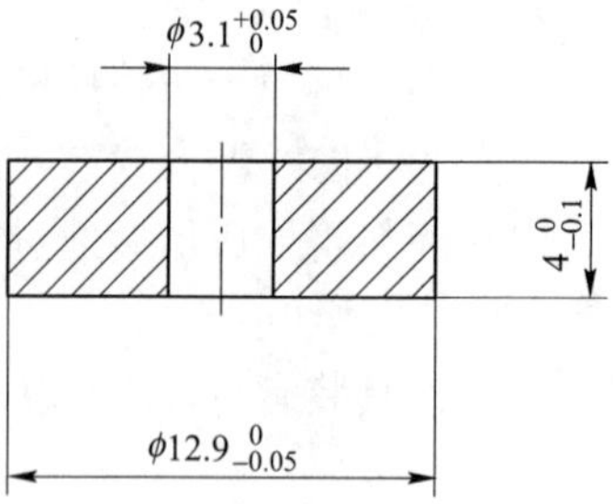

7.7.2　冷挤压模具结构

图 7-33 所示为轴套冷挤压模具结构图。该模具具有
如下特点：

（1）本模具属于空心件的复合挤压模。

（2）凹模采用分体结构，由 2、3 两件组成。

（3）利用弹簧 9 的推力，通过上夹板 1 和顶出杆 8 将
成形件顶出。

（4）成形件从凸模上卸下是通过调节冲床两侧打杆的位置，由卸料板 7 来实现的。

图 7-32　坯料的形状与尺寸

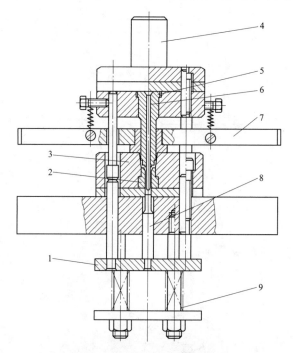

图 7-33　轴套冷挤压模具结构

1—上夹板；2—下凹模；3—上凹模；4—模柄；5—凸模；6—芯棒；7—卸料板；8—顶出杆；9—弹簧

7.8　1050A 纯铝微型电机转子的冷挤压成形

图 7-34 所示为微型电机转子零件图，其材质为 1050A 纯铝。

由图 7-34 可知，该零件为杯-杆形件，可以采用复合挤压的成形方法进行加工[28]。

7.8.1　冷挤压成形工艺流程

冷挤压成形工艺流程如下：

（1）下料，将直径 φ32mm 的圆棒料在车床上切削加工成如图 7-35 所示的坯料。

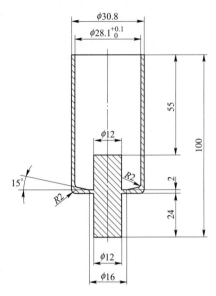

图 7-34 微型电机转子零件图

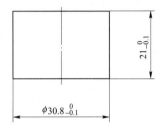

图 7-35 坯料的形状与尺寸

（2）退火。

（3）碱洗、润滑。

（4）冷挤压成形。

7.8.2 冷挤压模具结构

图 7-36 所示为微型电机转子冷挤压模具结构图。

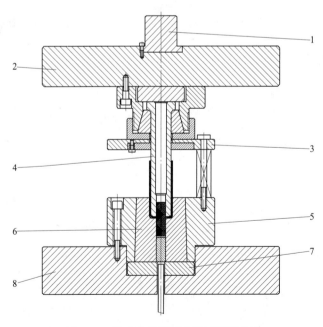

图 7-36 微型电机转子冷挤压模具结构

1—模柄；2—上模板；3—卸料板；4—凸模；5—压紧圈；6—凹模；7—垫圈；8—下模板

该模具具有如下特点：

（1）本模具属于无导向的复合挤压模。

（2）冷挤压凸模采用拼镶结构，可避免内孔应力集中、尖角处破裂。

（3）成形件卡在凸模 4 上，可用半刚性卸料板 3 卸下。

7.9　1200 纯铝绳轮的冷挤压成形

图 7-37 所示为绳轮零件图，其材质为 1200 纯铝。

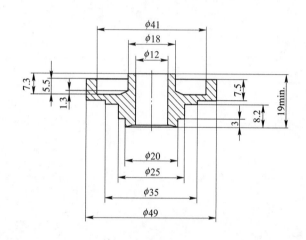

图 7-37　绳轮零件图

由图 7-37 可知，该零件为多台阶盘形件，可以采用闭式挤压的成形方法进行加工[28]。

7.9.1　冷挤压成形工艺流程

冷挤压成形工艺流程如下：

（1）下料，将直径 ϕ50mm 的圆棒料在车床上切削加工成如图 7-38 所示的坯料。

（2）退火。

（3）碱洗、润滑。

（4）冷挤压成形。

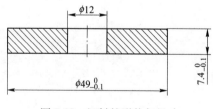

图 7-38　坯料的形状与尺寸

7.9.2　冷挤压模具结构

图 7-39 所示为绳轮冷挤压模具结构图。该模具具有如下特点：

（1）本模具属于凹模与凸模之间的同心度可调整的冷挤压通用模架，采用导柱导向。

（2）凹模采用分体结构，提高了凹模的寿命。凸模亦采用分体结构，分为凸模与芯棒两件。

（3）由于采用闭式挤压，对坯料的质量公差要求较高。为了提高模具的使用寿命，其凸模外径比凹模腔直径缩小 0.5mm，在挤压时允许纵向飞边存在。

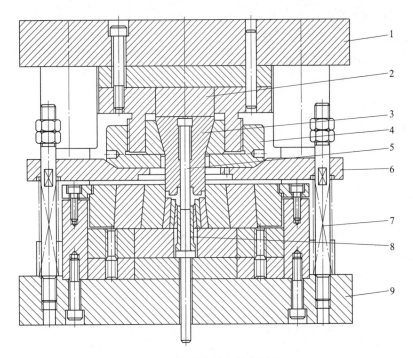

图 7-39　绳轮冷挤压模具结构

1—上模板；2—垫块；3—凸模；4—大螺母；5—芯棒；6—卸料板；7—拉杆；
8—顶出套；9—下模板

7.10　1035 纯铝航空接插件外壳的冷挤压成形

图 7-40 所示为航空接插件外壳零件图，其材质为 1035 纯铝。

由图 7-40 可知，该零件为杯-杯形件，可以采用复合挤压的成形方法进行加工[28]。

7.10.1　冷挤压成形工艺流程

冷挤压成形工艺流程如下：

（1）下料，将直径 $\phi14mm$ 的圆棒料在车床上切削加工成如图 7-41 所示的坯料。

（2）退火。

（3）碱洗、润滑。

（4）冷挤压成形。

7.10.2　冷挤压模具结构

图 7-42 所示为航空接插件外壳冷挤压模具结构图。

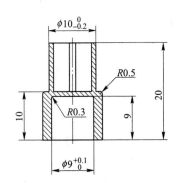

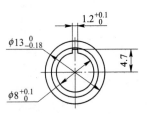

图 7-40　航空接插件外壳零件图

该模具具有如下特点：

（1）本模具为复合挤压模，用实心坯料一次将上、下呈杯形状的零件直接挤出。

（2）本模具将宽 1.2mm 的槽同时挤出。

（3）通过拉杆 2、推板 8、3 根顶杆 7 与环形顶出器 1 将成形件从凹模 5 内顶出。

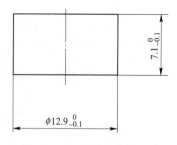

图 7-41　坯料的形状与尺寸

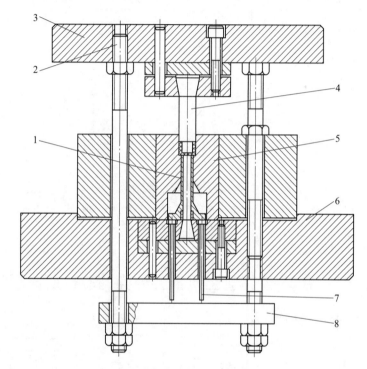

图 7-42　航空接插件外壳冷挤压模具结构
1—环形顶出器；2—拉杆；3—上模板；4—凸模；5—凹模；6—下模板；7—顶杆；8—推板

7.11　1070A 纯铝薄膜电路壳体的冷挤压成形

图 7-43 所示为薄膜电路壳体零件图，其材质为 1070A 纯铝。

由图 7-43 可知，该零件为杯形件，可以采用反挤压的成形方法进行加工[28]。

7.11.1　冷挤压成形工艺流程

冷挤压成形工艺流程如下：

（1）下料，将截面形状与尺寸如图 7-44 的型材在带锯床上锯切成长度为 4mm 的坯料。

（2）退火。

（3）碱洗、润滑。

（4）冷挤压成形。

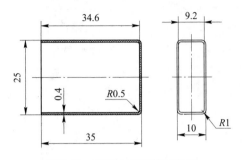
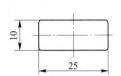

图 7-43　薄膜电路壳体零件图　　　　　　图 7-44　型材的横截面形状与尺寸

7.11.2　冷挤压模具结构

图 7-45 所示为薄膜电路壳体冷挤压模具结构图。

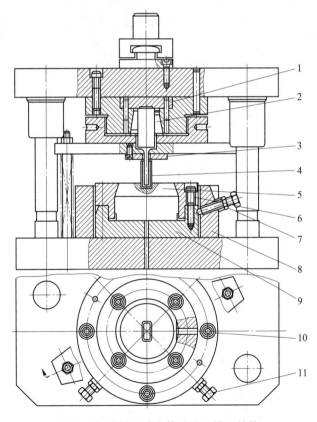

图 7-45　薄膜电路壳体冷挤压模具结构

1—上垫板；2—弹簧夹头；3—卸料圈；4—凸模；5—凹模；6—紧固圈；7—螺母；8—外紧固圈；
9—凹模垫块；10—止动螺钉；11—调节螺钉

该模具具有如下特点：

（1）本模具为薄壁杯形件反挤压模。模具用两个导柱导向，下模与上模的同心度用 4 个螺钉 11 调整。

（2）凸模 4 用弹簧夹头 2 通过大螺母夹紧。为防止长方形反挤压凸模的转动，在凸模 4 上端的侧面铣去两块，与凸模淬硬上垫板 1 上刨去的长方槽相配合，采用销钉定位。

（3）用止动螺钉 10 防止凹模 5 在工作时的转动。凹模 5 位置的调整是用 4 个对称的调节螺钉 11 来实现，调节螺钉 11 旋在外紧固圈 8 上，外紧固圈 8 用销钉与螺钉固定在下模底板上。当凹模的位置调整正确后，用螺母 7 锁紧。凹模 5 的紧固是通过紧固圈 6，用内六角螺钉装在淬硬的凹模垫块 9 上来实现的。外紧固圈 8 同凹模 5 的外径以及垫块 9 的内径均采用滑动配合。垫块 9 的外端带有锥度，其主要作用是保证凹模 5 不产生轴向位移。

（4）成形件用半刚性卸料圈 3 自凸模 4 上卸下。

7.12　1060 纯铝微型电路壳体的冷挤压成形

图 7-46 所示为微型电路壳体零件图，其材质为 1060 纯铝。

由图 7-46 可知，该零件为杯形件，可以采用反挤压的成形方法进行加工[28]。

7.12.1　冷挤压成形工艺流程

冷挤压成形工艺流程如下：

（1）下料，将截面形状与尺寸如图 7-47 的型材在带锯床上锯切成长度为 5mm 的坯料。

（2）退火。

（3）碱洗、润滑。

（4）冷挤压成形。

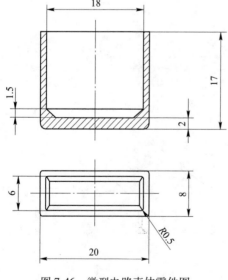

图 7-46　微型电路壳体零件图

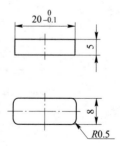

图 7-47　型材的横截面形状与尺寸

7.12.2   冷挤压模具结构

图 7-48 所示为微型电路壳体冷挤压模具结构图。该模具具有如下特点：

（1）本模具为带有导柱导向的反挤压模。

（2）凹模采用分体结构，由 7、8 两件拼合而成。

（3）凸模 4 用锥形压套固定。

（4）成形件用卸料板 5 从凸模 4 上卸下。

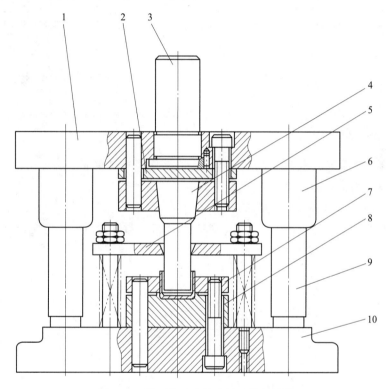

图 7-48   微型电路壳体冷挤压模具结构

1—上模板；2—上垫板；3—模柄；4—凸模；5—卸料板；6—导套；7—上凹模；8—下凹模；
9—导柱；10—下模板

7.13   1050A 纯铝管体的冷挤压成形

图 7-49 所示为管体零件图，其材质为 1050A 纯铝。

由图 7-49 可知，该零件为杯形件，可以采用反挤压的成形方法进行加工[28]。

7.13.1   冷挤压成形工艺流程

冷挤压成形工艺流程如下：

（1）下料，将直径 $\phi15\mathrm{mm}$ 的圆棒料在带锯床上锯切成长度为 30mm 的坯料（如图 7-50 所示）。

（2）退火。

（3）碱洗、润滑。

（4）冷挤压成形。

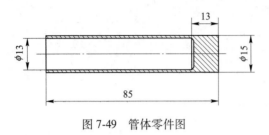

图 7-49　管体零件图

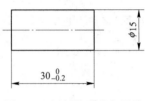

图 7-50　坯料的形状与尺寸

7.13.2　冷挤压模具结构

图 7-51 所示为管体冷挤压模具结构图。该冷挤压模具具有如下特点：

（1）本模具为带有导柱导向的反挤压模。

（2）成形件由卸料板 3 从凸模 1 上卸下。

（3）如成形件卡在凹模内，则由反拉杆机构中的拉杆 4、顶板 6 通过顶出器 5 将成形件顶出。

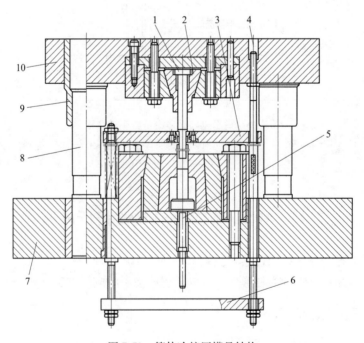

图 7-51　管体冷挤压模具结构

1—凸模；2—凸模外套；3—卸料板；4—拉杆；5—顶出器；6—顶板；7—下模板；8—导柱；
9—导套；10—上模板

7.14 1050A 纯铝电容器外壳的冷挤压成形

图 7-52 所示为电容器外壳零件图，其材质为 1050A 纯铝。

由图 7-52 可知，该零件为杯形件，可以采用反挤压的成形方法进行加工[28]。

7.14.1 冷挤压成形工艺流程

冷挤压成形工艺流程如下：

（1）下料，将直径 φ30mm 的圆棒料在车床上车削成长度为 7mm 的坯料（如图 7-53 所示）。

（2）退火。

（3）碱洗、润滑。

（4）冷挤压成形。

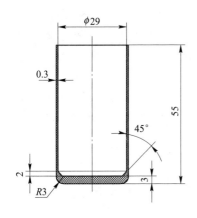

图 7-52 电容器外壳零件图

图 7-53 坯料的形状与尺寸

7.14.2 冷挤压模具结构

图 7-54 所示为电容器外壳冷挤压模具结构图。该模具具有如下特点：

（1）本模具为无导向装置的薄壁杯形件反挤压模。

（2）依靠调节螺钉 9 来调节凹模座 8 的位置，以保证下模与上模的同心度。

（3）反挤压凹模芯采用上下分体结构，由件 3、5 组成，用硬质合金 YG20 制造；外面装有预紧圈（由件 4、6 组成）；分体结构拼合缝宽度小于 3mm。这种分体结构能避免凹模的开裂与下沉，使用寿命很高。

（4）凹模下面衬以淬硬垫板 7。

（5）卸料拼块为 3 块，构成卸料板；卸料拼块的外侧面套有弹簧 2。

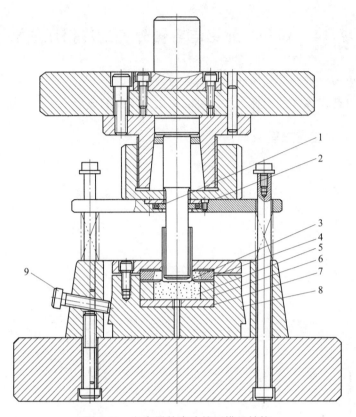

图 7-54　电容器外壳冷挤压模具结构

1—卸料拼块；2—弹簧；3—上凹模；4—上预紧圈；5—下凹模；6—下预紧圈；7—垫板；

8—凹模座；9—调节螺钉

7.15　1050A 纯铝薄壁壳体的冷挤压成形

图 7-55 所示为薄壁壳体零件图，其材质为 1050A 纯铝。

由图 7-55 可知，该零件为杯形件，可以采用反挤压的成形方法进行加工[28]。

7.15.1　冷挤压成形工艺流程

冷挤压成形工艺流程如下：

（1）下料，将直径 φ30mm 的圆棒料在带锯床上锯切成长度为 7mm 的坯料（如图 7-56 所示）。

（2）退火。

（3）碱洗、润滑。

（4）冷挤压成形。

7.15.2　冷挤压模具结构

图 7-57 所示为薄壁壳体冷挤压模具结构图。该模具具有如下特点：

（1）本模具为有色金属反挤压模，采用导柱导向，下模与上模的同心度由制造精度来保证，并以销钉 8、15 固定。

（2）凸模 13 用弹簧夹头 1 通过大螺母 4 夹紧，凹模 7 用锥面压紧固定。

（3）凸模 13 上面衬以淬硬垫块 14，凹模 7 下面衬以淬硬垫块 9。

（4）在冷挤压成形过程中，成形件一般被凸模带上，不需要下顶出装置。采用半刚性卸件装置（由件 5、6、10、11、12 组成）将成形件从凸模 13 上卸下。

（5）导柱 3 与导套 2 之间采用一级精度滑配合。

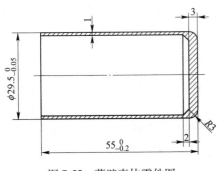
图 7-55　薄壁壳体零件图

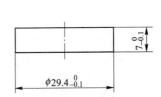
图 7-56　坯料的形状与尺寸

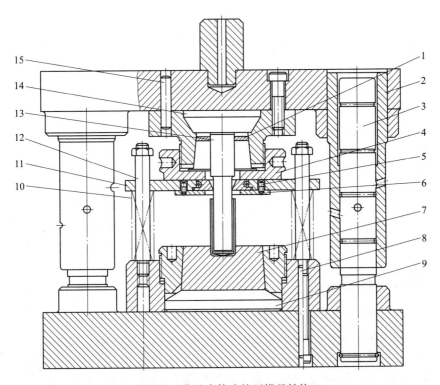
图 7-57　薄壁壳体冷挤压模具结构

1—弹簧夹头；2—导套；3—导柱；4—大螺母；5—螺钉；6—卸料环；7—凹模；8—销钉 1；
9—垫块 1；10—弹簧；11—卸料板；12—卸料螺钉；13—凸模；14—垫块 2；15—销钉 2

7.16　1200 纯铝矩形外罩的冷挤压成形

图 7-58 所示为矩形外罩零件图，其材质为 1200 纯铝。

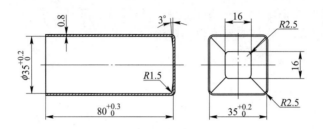

图 7-58　矩形外罩零件图

由图 7-58 可知，该零件为杯形件，可以采用反挤压的成形方法进行加工[28]。

7.16.1　冷挤压成形工艺流程

冷挤压成形工艺流程如下：

（1）下料，将截面形状与尺寸如图 7-59 所示的型材在带锯床上锯切成长度为 8mm 的坯料。

图 7-59　型材的横截面形状与尺寸

（2）退火。

（3）碱洗、润滑。

（4）冷挤压成形。

7.16.2　冷挤压模具结构

图 7-60 所示为矩形外罩冷挤压模具结构图。该模具具有如下特点：

（1）本模具为不用导向装置的反挤压模。

（2）反挤压凹模采用水平分体结构，由 7 与 8 两件组成，两者的接合面宽度为 1~3mm，其余部分离缝 0.20mm，接合面加工表面粗糙度 $Ra0.1\mu m$。由于挤压凹模为方形型腔，为防止错移件 7、8 采用销钉 9 定位。

（3）成形件不会卡在凹模内（薄壁反挤压件），下模不用顶件器。

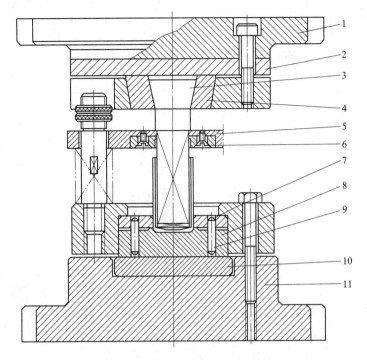

图 7-60 矩形外罩冷挤压模具结构
1—上模板；2—上垫板；3—凸模；4—压圈；5—卸料板；6—卸料环；7—上凹模；8—下凹模；
9—销钉；10—下垫板；11—下模座

7.17　1060 纯铝罩壳的冷挤压成形

图 7-61 所示为罩壳零件图，其材质为 1060 纯铝。

由图 7-61 可知，该零件为带凸缘的杯形件，可以采用镦挤制坯+反挤压预成形+正挤压成形相结合的 3 道成形工序进行成形加工[28]。

7.17.1　成形工艺流程

成形工艺流程如下：

（1）下料，将直径 φ35mm 的圆棒料在车床上车削加工成如图 7-62 所示的坯料。

（2）退火。

（3）碱洗、润滑。

（4）镦挤制坯，采用镦挤成形方法将如图 7-62 所示的坯料镦挤成形如图 7-63 所示的预制坯件。

（5）退火。

（6）碱洗、润滑。

（7）反挤压预成形，采用反挤压方法将如图 7-63 所示的预制坯件反挤压成如图 7-64 所示的预成形件。

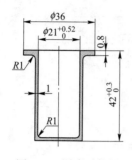

图 7-61　罩壳零件图

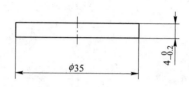

图 7-62　坯料的形状与尺寸

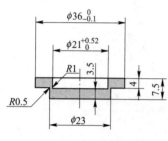

图 7-63　镦挤预制坯件

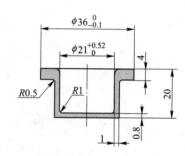

图 7-64　反挤压预成形件

（8）退火。

（9）碱洗、润滑。

（10）正挤压成形：采用正挤压方法将如图 7-64 所示的预成形件挤压成如图 7-61 所示的零件。

7.17.2　反挤压预成形模具结构

图 7-65 所示为反挤压预成形模具结构图。该模具具有如下特点：

（1）本模具属于反挤压模。在凸模 7 的压力作用下，预制坯件底部产生变形，预制坯件的凸缘部分（直径 φ36mm）在反挤压过程中向上做刚性平移。

（2）如预成形件卡在凸模上，则用装在卸料板 5 中的卸料环 6 卸下。

（3）如预成形件卡在凹模 9 内，则由反拉杆机构通过顶杆 12 和下凸模 10 将预成形件顶出。

（4）压簧 8 始终将卸料板 5 向上顶，便于预制坯件放入凹模内。

7.17.3　正挤压成形模具结构

图 7-66 所示为正挤压成形模具结构图。该模具具有如下特点：

（1）本模具为空心件正挤压模。

（2）模具装有导向套 9，防止正挤压后的成形件弯曲。

（3）用凸模 5 的非工作部分与凹模 6 实行导向，其结构简单、可靠。

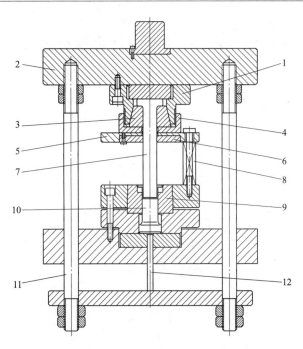

图 7-65　反挤压预成形模具结构

1—上模座；2—上模板；3—弹簧夹头；4—上模紧固大螺母；5—卸料板；6—卸料环；7—凸模；
8—压簧；9—凹模；10—下凸模；11—拉杆；12—顶杆

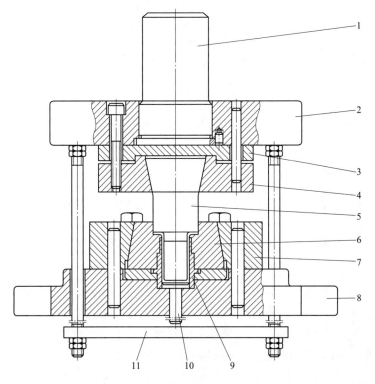

图 7-66　正挤压成形模具结构

1—模柄；2—上模板；3—垫板；4—凸模固定圈；5—凸模；6—凹模；7—凹模固定圈；
8—下模板；9—导向套；10—顶杆；11—顶出板

7.18　1050A 纯铝多层电容器壳体的冷挤压成形

图 7-67 所示为多层电容器壳体零件图，其材质为 1050A 纯铝。

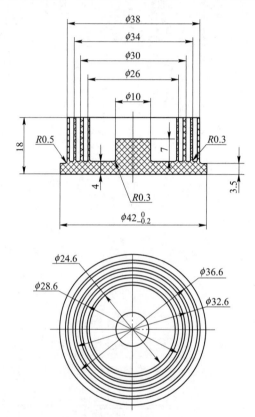

图 7-67　多层电容器壳体零件图

7.18.1　成形工艺分析

由图 7-67 可知，该零件每圈壁厚 0.7mm，圈与圈相隔为 1.3mm，圈槽深为 14.5mm，圈槽底部处的圆角为 $R0.3$mm 左右。

经过冷挤压工艺分析认为：

（1）1050A 纯铝是理想的冷挤压材料；

（2）零件的工作横断面形状对称，侧面没有内凹度，断面逐步变化；

（3）采用冷挤压工艺，用提高坯料的表面粗糙光度、模具工作部分表面光洁度和适合的润滑剂就能达到图 7-67 所示的零件精度、同轴度、表面粗糙度要求。

因此，多层电容器壳体的加工用冷挤压成形工艺能够解决[28]。

7.18.2　冷挤压工艺流程

冷挤压工艺流程如下：

（1）下料，将直径 ϕ42mm 的圆棒料在带锯床上锯切成长度为 9mm 的坯料（如图 7-68 所示）。

（2）软化退火，退火温度为 450~480℃，保温时间为 60~120min。

（3）碱洗、润滑处理，猪油 25%+液状石蜡 30% +四氯化碳 35%+十二醇 10%。

（4）正挤压成形。

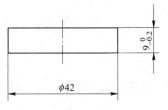

图 7-68　坯料的形状与尺寸

7.18.3　冷挤压模具结构

多层电容器壳体的冷挤压成形模具总装图如图 7-69 所示。该模具具有如下特点：

（1）本模具为正挤压模具。

（2）成形后的成形件由顶杆 8 连同凹模的件 2 及固定圈 1 一起顶出，然后再用顶出器将成形件压出。

（3）凹模由件 2~7 组合而成，各圈采用一级精度配合。

（4）件 2 及固定圈 1 由小导柱 9 来保证与凹模（件 3~7）的同轴度。

（5）在凹模（件 3~7）的下部必须磨出一条出气槽（槽深 0.3~0.5mm），以免影响金属流动而造成废品。

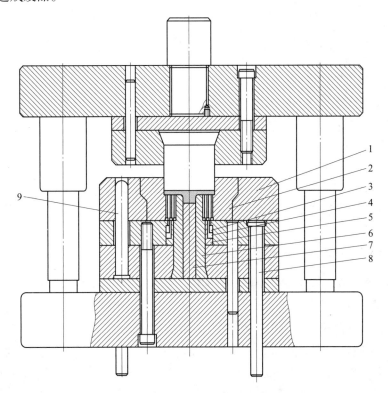

图 7-69　多层电容器壳体冷挤压模具结构

1—固定圈；2—凹模组合镶件 1；3—凹模组合镶件 2；4—凹模组合镶件 3；5—凹模组合镶件 4；

6—凹模组合镶件 5；7—凹模组合镶件 6；8—顶杆；9—小导柱

7.19　1070A 纯铝薄壁管体的冷挤压成形

图 7-70 所示为薄壁管体零件图，其材质为 1070A 纯铝。

由图 7-70 可知，该零件为端部带法兰的管形件，可以采用正挤压的成形方法进行加工[28]。

7.19.1　冷挤压成形工艺流程

冷挤压成形工艺流程如下：

（1）下料，将内径 ϕ32mm、外径 ϕ48mm 的管材在车床上车削加工成如图 7-71 所示的坯料。

（2）退火。

（3）碱洗、润滑。

（4）冷挤压成形。

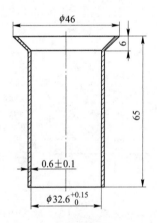

图 7-70　薄壁管体零件图

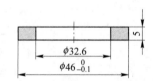

图 7-71　坯料的形状与尺寸

7.19.2　冷挤压模具结构

图 7-72 所示为薄壁管体冷挤压模具结构图。该模具具有如下特点：

（1）本模具为正挤压模具。

（2）模架采用导柱导向，导柱导套采用一级精度配合。

（3）凸模 4 通过凸模固定圈 3 和弹簧夹头 2 固定，凹模 6 用锥形套 5 压紧。凸模与凹模的同轴度用圆柱销 11 与 12 来保证。锥形套 5 与定位外圈 7 采用一级滑动配合。

（4）成形件挤压完以后，在压力机回程时，用拉杆式顶出器 9 将成形件顶出。

（5）凹模 6 下面与凸模 4 上面分别垫以淬硬垫板 8 与 1。

（6）上模板 13 与下模板 10 采用中碳钢材料。

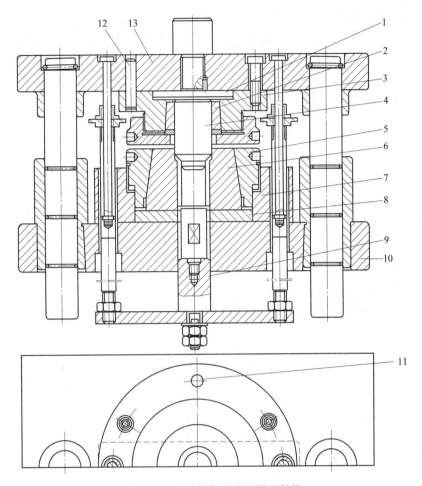

图 7-72 薄壁管体冷挤压模具结构

1—上垫板；2—弹簧夹头；3—凸模固定圈；4—凸模；5—锥形套；6—凹模；7—定位外圈；
8—下垫板；9—顶出器；10—下模板；11—圆柱销 1；12—圆柱销 2；13—上模板

7.20 1070A 纯铝多隔层微调电容壳体的冷挤压成形

图 7-73 所示为多隔层微调电容壳体零件图，其材质为 1070A 纯铝。

7.20.1 冷挤压成形工艺分析

由图 7-73 可知，该零件精度要求高，每隔层的同轴度控制在为 0.03mm 以内，且隔层的壁厚应均匀一致，隔层与底面相交处的圆角为 R0.3mm，表面粗糙度要求为 Ra0.8μm 以下。

该零件的材料为 1070A 纯铝，是理想的冷挤压材料；同时该零件的横截面形状对称、侧面没有内凹；因此，采用冷挤压成形工艺是可行的[31]。

通过采用冷挤压成形工艺，并采用表面质量好的坯料、表面光洁的模具工作部分、适合的润滑剂就能达到该零件要求的尺寸精度、同轴度和表面粗糙度要求。

其冷挤压件图如图 7-74 所示。

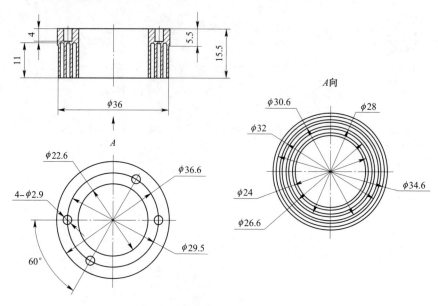

图 7-73　多隔层微调电容壳体零件图

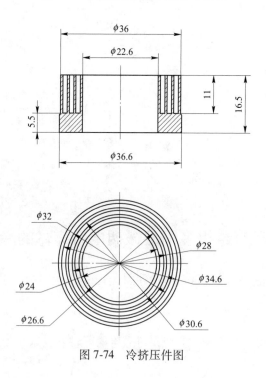

图 7-74　冷挤压件图

7.20.2　坯料的形状与尺寸确定

7.20.2.1　冷挤压件体积的计算

对于如图 7-74 所示的冷挤压件图，其体积由 $V_1 \sim V_2$ 共 5 部分组成，其计算过程如下：

$$V_1 = \frac{3.14 \times 11 \times (24^2 - 22.6^2)}{4} = 553 \text{mm}^3$$

$$V_2 = \frac{3.14 \times 11 \times (28^2 - 26.6^2)}{4} = 656 \text{mm}^3$$

$$V_3 = \frac{3.14 \times 11 \times (32^2 - 30.6^2)}{4} = 726 \text{mm}^3$$

$$V_4 = \frac{3.14 \times 11 \times (36^2 - 34.6^2)}{4} = 848 \text{mm}^3$$

$$V_5 = \frac{3.14 \times 5.5 \times (36^2 - 22.6^2)}{4} = 1725 \text{mm}^3$$

则冷挤压件的体积 V 为：

$$V = V_1 + V_2 + V_3 + V_4 + V_5 = 553 + 656 + 726 + 848 + 1725 = 4508 \text{mm}^3$$

7.20.2.2   坯料的体积 V_0

根据变形前后体积不变的原理，有：

$$V_0 = V = 4508 \text{mm}^3$$

7.20.2.3   坯料形状和尺寸的确定

由图 7-74 所示的冷挤压件图可知，坯料的形状采用圆环形比较适宜。为了保证坯料能放入冷挤压模具中并保证坯料能在冷挤压模具中有良好的定位，其坯料的外径应比冷挤压件的最大外径要小，内径应比冷挤压件的内孔尺寸略大。因此，可选坯料的外径为 $\phi36\text{mm}$、内径为 $\phi22.7\text{mm}$。

则坯料的计算厚度 h 为：

$$h = \frac{4 \times 4508}{3.14 \times (36^2 - 22.7^2)} = 7.36 \text{mm}$$

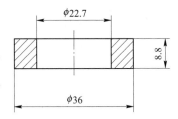

在实际冷挤压成形过程中，考虑到冷挤压成形件中有纵向或横向飞边等，因此坯料的实际厚度应比计算厚度 h 大；通过试模以后，取坯料的实际厚度为 8.8mm。

图 7-75 所示为坯料的形状和尺寸。

图 7-75　坯料的形状和尺寸

7.20.3   冷挤压成形工艺流程

冷挤压成形工艺流程如下：

（1）坯料的车削加工，要求其表面粗糙度达到 $Ra\ 3.2\mu\text{m}$ 以下。

（2）软化退火，加热温度为（465±15）℃，保温时间为 60~120min。

（3）润滑剂：

1）汽缸油 10%+甘油 0.3%+猪油 10%+四氯化碳 79.7%；

2）猪油 25%+液状石蜡 30%+四氯化碳 35%+十二醇 10%。

（4）冷挤压成形，在公称压力为 1600kN 的四柱液压机上进行冷挤压成形。

7.20.4   冷挤压成形模具的设计与制造

图 7-76 所示为多隔层微调电容壳体的冷挤压成形模具结构图。

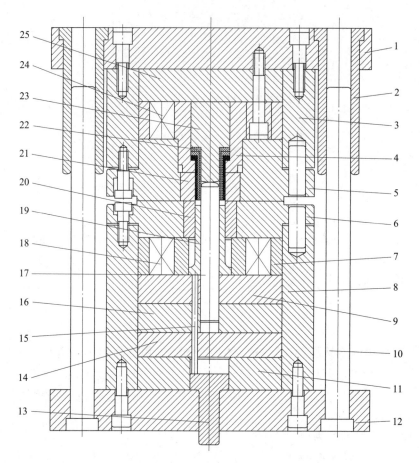

图 7-76　多隔层微调电容壳体的冷挤压成形模具结构图

1—上模板；2—导套；3—上模座；4—上模衬垫；5—上模外套；6—下模外套；7—下模衬垫；
8—下模座；9—下模垫板；10—导柱；11—顶杆垫板；12—下模板；13—下顶杆；14—下模垫块；
15—顶杆；16—下垫板；17—下芯轴；18—压簧1；19—下凸模；20—下模芯；21—上模芯；
22—上模套圈；23—上模垫块；24—压簧2；25—上模垫板

7.20.4.1　上模的设计

上模芯由几个上模套圈组合而成（如图7-76和图7-77所示）。依靠高精度的加工来保证上模套圈的同轴度在0.01mm以内，并保证表面1和表面2的平行度在0.01mm以内；上模套圈之间采用一级精度（$\frac{D_1}{d_1}$）配合。

7.20.4.2　上模套圈工作部分的形状

图7-77所示为上模套圈的工作部分形状。其中上模套圈口部起向壁面内倾斜0.2°，套圈侧面相隔60°需要开一个 R2.5mm 的排气槽；口部的圆角半径 R 的大小按图应相等。

7.20.4.3　上模套圈的主要加工过程

上模套圈的主要加工过程如下：

（1）粗车加工，留磨削余量为0.15~0.25mm；

（2）淬火、回火，60~64HRC；

（3）内、外圆磨削，保证同轴度在 0.01mm 以内，表面粗糙度达到 $Ra0.8\mu m$ 以下；

（4）端面磨削，磨表面 1 和表面 2，保证其平行度在 0.01mm 以内，并保证表面 2 与内孔的垂直度在 0.01mm 以内，表面粗糙度达到 $Ra0.8\mu m$ 以下；

（5）研磨，将上模套圈的工作部分研抛至 $Ra0.4\mu m$ 以下。

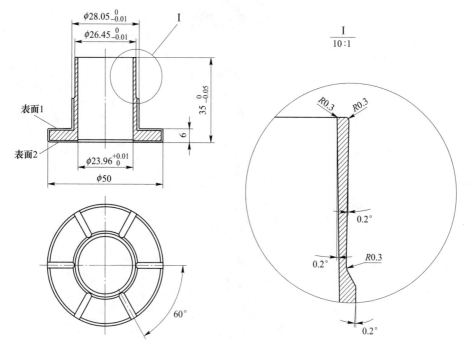

图 7-77　上模套圈

7.21　1060 纯铝散热片的冷挤压成形

图 7-78 所示为散热片零件图，其材质为 1060 纯铝。该零件为多窄槽形件，以前的制造方法为铣削加工；在铣削加工过程中因纯铝料极易粘刀，其铣削加工的生产效率很低。

7.21.1　冷挤压件图的制定

对于如图 7-78 所示的这种多窄槽形件，可以采用冷挤压成形方法进行加工[32]。

考虑到在冷挤压成形过程中各处金属流动的阻力、润滑和坯料硬度的差异，在散热片的片高度上应留有 2mm 的加工余量；在散热片的底部厚度和长度上也应留有 1mm 的加工余量，图 7-79 所示为散热片冷挤压件图。

7.21.2　冷挤压成形工艺流程

冷挤压成形工艺流程如下：

（1）下料，将截面如图 7-80 所示的矩形 1060 纯铝型材在带锯床上锯削加工成厚度 10mm 的坯料。

（2）退火。

（3）碱洗、润滑。

（4）冷挤压成形，采用冷挤压方法将坯料挤压成如图 7-79 所示的冷挤压件。

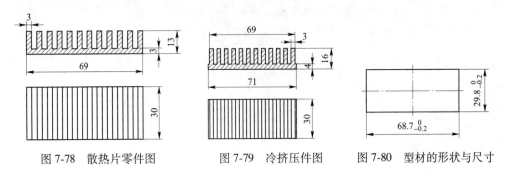

图 7-78　散热片零件图　　　图 7-79　冷挤压件图　　　图 7-80　型材的形状与尺寸

7.21.3　冷挤压模具结构

图 7-81 所示为散热片冷挤压模具结构图。该模具具有如下特点：

（1）本模具为闭塞式冷挤压模具。

（2）模架采用导柱导向，导柱导套采用一级精度配合。

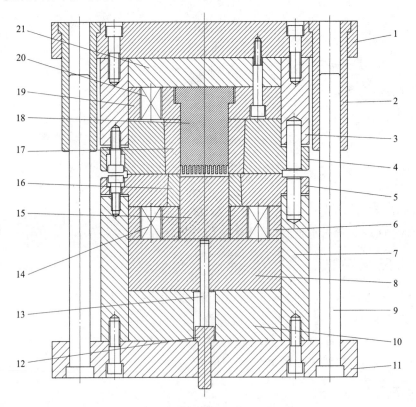

图 7-81　散热片冷挤压模具结构图

1—上模板；2—导套；3—上模座；4—上模外套；5—下模外套；6—下模衬垫；7—下模座；8—下模垫块；
9—导柱；10—顶杆垫板；11—下模板；12—下顶杆；13—顶杆；14—压簧 1；15—下凸模；
16—下模芯；17—上模芯；18—上凸模；19—上模衬垫；20—压簧 2；21—上模垫板

8 铝合金的冷锻成形

8.1 2A11 硬铝合金灯座的冷挤压成形

图 8-1 所示是灯座的冷挤压件图，其材质为
2A11 硬铝合金，它是一个带凸缘的盲孔类杯形件。

8.1.1 成形工艺方案的拟定

由图 8-1 可知，该挤压件是一个中间带凸缘的
盲孔类杯形件，可以反挤压+正挤压+冷镦相结合
的复合成形工艺进行加工[30]。

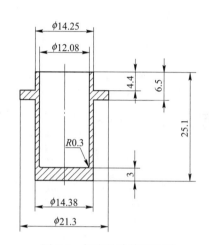

图 8-1 灯座的冷挤压件图

在拟定该成形工艺方案时，考虑了如下问题：

（1）凸缘冷镦问题。此件有一个较大的凸缘，
其孔深与直径之比为 1.83，孔底圆角较小
（$R0.3$）。如果用一块实心坯料一次挤压成形，金
属的流动、材料体积的转移都是困难的。若采用杯
形件冷镦成形凸缘，由于筒壁的厚度不到 1.1mm，按凸缘需要的金属体积折算成筒体的高
度则为 8.0mm，两者之比大于 7.0，这样，按冷镦法则，至少要冷镦 3 次才行。

（2）冷镦成形过程中内孔的胀大问题。在冷镦成形时内径将胀大，因而内孔的形状和
尺寸精度难以保证。可采用的方法是：首先挤出浅孔的杯形件，然后正挤出筒体部分的形
状，最后冷镦凸缘。

（3）冷镦成形过程中内孔局部凹陷问题。为了防止冷镦成形时材料的径向流动过大
而使内孔产生凹陷，正挤压空心件的尾端（粗大部位）直径，按成品凸缘和筒体外径
的平均尺寸近似选取，并且使体积 $V_0 < V_1$。凸缘之上的筒形部分高度（4.40mm），冷
镦凸缘工序中只能成形出 2.90mm，不足的高度（1.50mm）在正挤压空心件时预先
挤出。

（4）正挤压的孔深问题。正挤压件的形状和尺寸，对于保证冷镦件的质量是很重
的。如果凸缘高度尺寸（6.50mm）过大，冷镦时在凸缘下面的筒壁上将产生拉伤；孔的
深度（19.00mm）过小时，在冷镦时会将底部拉断。

各道工序间的配合尺寸相差不能过大，否则挤压件的内孔将产生接痕。

8.1.2 冷挤压成形工艺流程

冷挤压成形工艺流程如下：

（1）下料，将直径 $\phi 17$mm 的圆棒料在带锯床上锯切成如图 8-2 所示的坯料。

（2）软化退火。

（3）碱洗、润滑。

（4）反挤压，将图 8-2 所示的坯料反挤压成如图 8-3 所示的反挤压坯件。

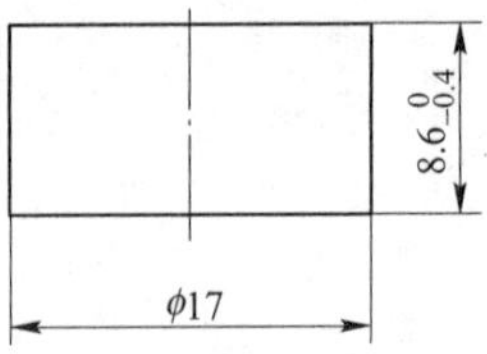

（5）软化退火。

（6）碱洗、润滑。

（7）正挤压，将图 8-3 所示的杯形件正挤压成如图 8-4 所示的预成形件。

（8）冷镦成形，将图 8-4 所示的预成形件冷镦成如图 8-1 所示的带凸缘的挤压件。

图 8-2 坯料的形状和尺寸

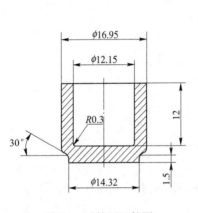

图 8-3 反挤压坯件图

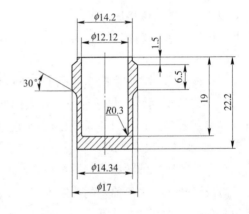

图 8-4 预成形件

8.1.3 冷挤压模具结构

8.1.3.1 正挤压模具工作部分的结构

正挤压模具工作部分的结构如图 8-5 所示。在凸模接触到杯形件底部时，凸模套便与其口部端面相接触。当变形金属流过凹模工作刃带之后，便与凸模脱离，成为刚体。因此，凸模露出凸模套的长度（12.00mm）与预成形件的内孔深度无关，只等于反挤压杯形件孔的深度。凸模套起着从凸模上将预成形件卸下的作用，而顶杆则将留在凹模中的预成形件顶出模外。

8.1.3.2 冷镦模具工作部分的结构

冷镦模工作部分模具的结构如图 8-6 所示。组合式的多层凸模由凸模、退料环和凸模套组成。退料环可以上、下移动，除可将挤压件从凸模上卸下之外，还兼有封压金属的作用。顶杆同样有退料和封压的双重作用。多余的金属将从成形凸模端面与凹模型腔表面之间的缝隙中流出，形成飞边。

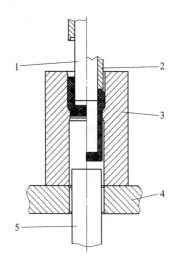

图 8-5 正挤压模具的工作部分
1—凸模；2—凸模套；3—凹模；
4—支承；5—顶杆

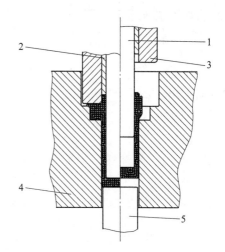

图 8-6 冷镦模具的工作部分
1—凸模；2—退料环；3—凸模套；
4—凹模；5—顶杆

8.2 2A11 硬铝合金拉杆接头的冷挤压成形

图 8-7 所示是拉杆接头的冷挤压件图，其材料为 2A11 硬铝合金。

8.2.1 冷挤压成形工艺方案拟定

由图 8-7 可知，该挤压件是一个带有凸缘的杆-杯形件，其杯形部分的变形程度（断面收缩率 $\varepsilon_F =$ 86%）和杆形部分的变形程度（断面收缩率 $\varepsilon_F =$ 88%）十分接近，因此此件适合于复合挤压成形。但是，若用平底凹模一次复合挤压成形，模具的凹角部位易产生裂纹，所以分成两道成形工序进行加工[30]。

坯料直径按凸缘的外径尺寸选取。

第一道成形工序挤出接近成品的大致形状。为

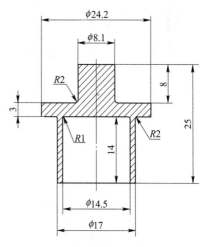

图 8-7 拉杆接头冷挤压件图

了利于金属流动，在凸缘与筒体衔接的部位设有 45°的锥角。筒体高度及内孔深度（10.50mm），要比成品要求的尺寸（14.00mm）略小，因为最终成形时，还会有部分金属挤入凹模中去。两道成形工序间的尺寸差异，视零件形状、变形程度等因素具体决定。

成形凸缘时，圆柱部分的挤出端面要进行封闭，多余材料从模具下方排出并使圆筒部分加长。凸缘与圆柱过渡处的圆角半径不能过小，否则，在孔底平面的中心可能会产生凹陷。

8.2.2　冷挤压成形工艺流程

冷挤压成形工艺流程如下：

（1）下料，将直径 $\phi24mm$ 的圆棒料在带锯床上锯切成如图 8-8 所示的坯料。

（2）软化退火。

（3）碱洗、润滑。

（4）正、反复合挤压，将图 8-8 所示的坯料复合挤压成如图 8-9 所示的预成形件。

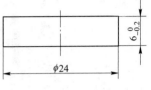

图 8-8　坯料的形状与尺寸

（5）镦挤，将图 8-9 所示的预成形件镦挤成如图 8-7 所示的挤压件。

8.2.3　冷挤压模具结构

该冷挤压成形的两道成形工序采用一套通用模架，而且模具工作部分的结构形式也基本相同。

图 8-10 所示为复合挤压模具工作部分的结构。它具有如下特点：

（1）本模具采用组合凸模；

（2）为了避免发生裂纹，将凹模型腔进行了分割制造，其中模腔中的 45°锥面及上、下衔接处的圆角半径应大一些，并且过渡要圆滑。

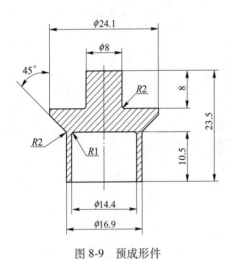

图 8-9　预成形件

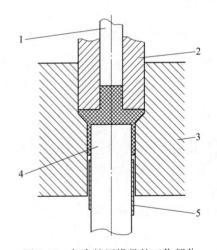

图 8-10　复合挤压模具的工作部分
1—上凸模；2—凸模套；3—凹模；
4—下凸模；5—退料环

8.3　2A11 硬铝合金壳体的冷挤压成形

图 8-11 所示为壳体的冷挤压件图，其材料为 2A11 硬铝。

8.3.1 成形工艺分析

由图 8-11 可知，它是一个具有多阶梯内孔和变锥体的壳体类挤压件，可以采用预镦制坯+两道复合挤压成形的成形工艺进行成形（如图 8-12 所示）[30]。

（1）在成形这种具有复杂梯形孔和变锥体形状的壳体类挤压件时，如果只考虑单独的正挤和反挤是困难的。设想在正挤出部分外形的同时，反挤出部分梯形孔，不但变形容易，挤压力小，而且容易实现。

（2）为了在成形过程中使金属紧贴模壁并抱住凸模，保证成形的内孔不发生变形，毛坯外径按锥体外形的最大尺寸选取。

（3）预镦制坯成形的目的是为后两道冷挤压工序创造最有利的变形条件，使成形容易，又要避免开裂。预镦制坯成形的坯件尺寸是由试验决定的。

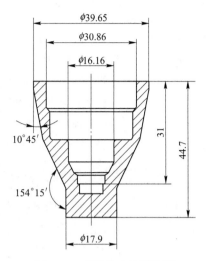

图 8-11 壳体的冷挤压件图

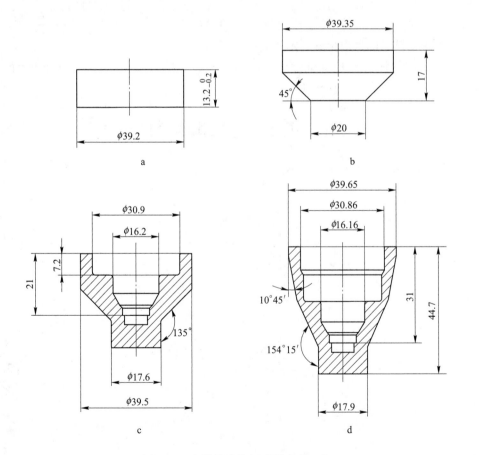

图 8-12 壳体的冷挤压成形变形工序

a—下料；b—预镦制坯；c——次复合挤压；d—二次复合挤压

（4）为了使内孔形状饱满，外形锥体清晰，一次挤压的锥角（45°）与成品锥形的角度无关。

（5）一次挤压主要成形下部梯形孔和外形；二次挤压则主要成形中间的孔和外部锥形，均为复合挤压。

（6）一次挤压时下部封闭；二次挤压时上部封闭，少量多余金属主要分布在下部挤出的圆柱部位上。因此，坯料的质量偏差不能过大。

（7）为了防止材料堆积，两道挤压工序的各梯形孔过渡处的圆角半径应一致，并应控制一次挤压半成品件的壁厚偏差不大于 0.1mm。

8.3.2　冷挤压模具工作部分的结构

本挤压成形工艺所采用的复合挤压模具工作部分如图 8-13 所示。该模具有以下特点：

（1）靠凸模与模口实行导向。

（2）由于凸模呈多阶梯形，各部分的长度又很小，所以没有设计工作带。

（3）挤压锥形时，在模具上作用着较大的横向力，因此采用了较大的过盈量并增加压套的厚度。

（4）盛料腔的深度 H 应保证挤压开始前凸模的导引部分进入凹模至少在 5.0mm 以上。

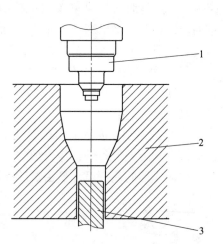

图 8-13　二次复合挤压模具的工作部分
1—凸模；2—凹模；3—顶杆

8.4　2A13 硬铝合金罩体的冷挤压成形

图 8-14 所示是罩体的冷挤压件图，其材质为 2A13 硬铝。

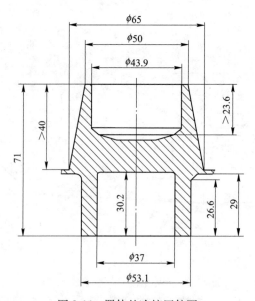

图 8-14　罩体的冷挤压件图

由图 8-14 可知，该挤压件是一个双向有孔、中间带隔层的锥形件，可以采用复合挤压和冷镦相结合的复合成形方法进行加工[30]。

图 8-15 所示为该罩体的冷挤压成形工序图。

其冷挤压成形工艺过程如下：剪切下料→除油→软化退火→氧化处理与润滑处理→预镦制坯→除油→软化退火→氧化处理与润滑处理→复合挤压→除油→软化退火→氧化处理与润滑处理→冷镦成形。

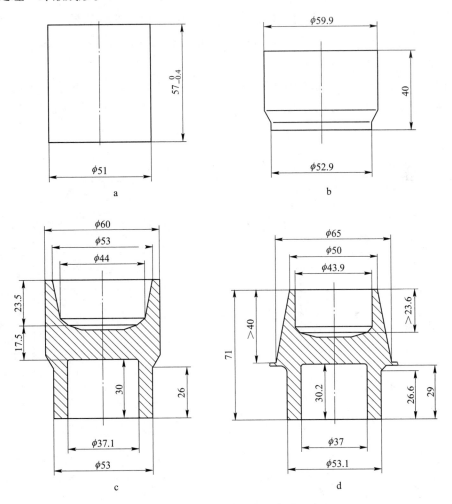

图 8-15　罩体的冷挤压成形变形工序

a—下料；b—预镦制坯；c—复合挤压；d—冷镦成形

8.4.1　冷挤压成形工艺方案的拟定

对图 8-14 所示的罩体冷挤压件采用复合挤压的成形方法是合适的，但是由于其外形锥体不利于金属流动和进行材料体积分配，同时对模具有横向力作用，因此采用一次复合挤压成形是困难的。

而采用复合挤压+冷镦成形的变形工序进行该挤压件的成形加工是比较适宜的。第一道变形工序是复合挤压，将挤出接近成品的大部分形状，并将锥形部分所需要的材料预先准备好；这时变形程度较小的下部进行封闭，多余的材料沿上面的环形间隙排出。第二道变形工序是冷镦，在冷镦锥体时，下部亦进行封闭，多余的材料除形成飞边外，还有少量的通过上部排出，形成很薄的圆环，而压余厚度尺寸变化很小。

8.4.2　冷挤压模具工作部分的结构

8.4.2.1　复合挤压的模具工作部分

复合挤压的模具工作部分如图 8-16 所示。它的上凸模与凹模靠模口导向，上、下凸模都没有工作刃带。由于成形时下部进行封闭，故凹模也没有工作刃带。

8.4.2.2　冷镦成形的模具工作部分

冷镦成形的模具工作部分如图 8-17 所示。其上模和下模靠上、下导套导向，这是一种间接靠凹模实行的导向方法。上、下导套兼有固定上、下模的作用。同样，上、下凸模也都没有工作刃带。

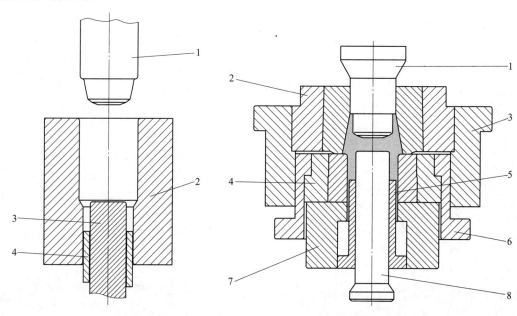

图 8-16　复合挤压模具的工作部分　　　　图 8-17　冷镦成形的模具工作部分
1—上凸模；2—凹模；3—下凸模；4—顶出器　　1—上凸模；2—上模；3—上导套；4—下模；
　　　　　　　　　　　　　　　　　　　5—顶出器；6—下导套；7—支承；8—下凸模

8.4.3　冷挤压成形过程中应注意的问题

为了获得充填饱满、质量优良的罩体冷挤压件，在冷挤压成形过程中应注意如下问题：

（1）复合挤压时的中间隔厚（17.50mm），应与冷镦成形工序的对应尺寸相等或者略大，以使中间隔厚冷镦时只做少量变形。

（2）在挤压件的孔底（φ43.90mm）部位出现金属堆积时，应调整复合挤压成形工序中上凸模工作端部的形状（锥角和圆角）。

（3）若罩体的最大外径尺寸达不到要求（即飞边挤不出来），应调整冷镦成形工序中上凸模与上模之间的相对位置尺寸。

8.5　2A11 硬铝合金深盲孔锥形件的冷挤压成形

图 8-18 所示是深盲孔锥形件的冷挤压件图，其材质为 2A11 硬铝。

由图 8-18 可知，该挤压件是一个深盲孔、变壁厚的锥形件，可以采用反挤压+复合挤压的成形方法进行加工。

图 8-19 所示为该挤压件的冷挤压成形变形工序[30]。

其工艺过程是：下料→氧化处理与润滑处理→预镦制坯→软化退火→氧化处理与润滑处理→反挤压预成形→清洗→软化退火→氧化处理与润滑处理→复合挤压成形→后续加工。

8.5.1　反挤压预成形件的形状与尺寸确定

图 8-18 所示的冷挤压件的锥形角度为 25°，锥体长度与直径比为 2.0，孔的深度与直径比为 3.0（相当于一次成形工序的最大挤压深度）。由于孔的深度进入锥形部位，使挤压件的壁厚由筒体向锥形

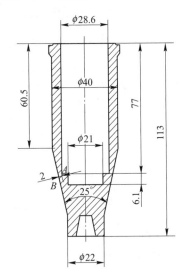

图 8-18　深盲孔锥形件的冷挤压件图

部位逐渐变薄，圆筒部位的壁厚为 5.7mm，锥形区域的最窄处只有 2.0mm。无论从形状特征、尺寸参数，还是从变壁厚工艺设计及金属稳定流动的角度来看，都需要两道变形工序才能顺利冷挤压成形。

在确定反挤压预成形工序的预成形件形状与尺寸时，应从体积分配、等壁厚设计和挤压工艺性三个方面进行考虑：

（1）由于最窄变形区域即金属流动的分流面，挤压时变形金属以分流面为界，只能在各自的区域中流动，而不能通过分流面。也就是说，下部的金属不能通过窄区向上流动。实质上最窄变形区域（如图 8-19d 中的 AB）将挤压件体积分成上、下两部分。因此，这两部分金属体积必须在反挤压预成形时就事先准备好。

反挤压预成形件的锥形部分体积就是这样计算的。

可以看到，当孔底形状与锥形小端尺寸（直径为 φ23.00mm）确定之后，拐点（如图 8-19c 中的 A′B′）以下的体积就是挤压件上最窄区（如图 8-19d 中的 AB）以下的体积。同样，拐点与窄区以上的体积也相等。

（2）考虑到反挤压预成形件孔的深度亦深入到锥形部位，为了确保金属的稳定流动和防止形状畸变，应按等壁厚设计方法确定内孔与外形拐点间（如图 8-19c 中的 A′B′）的相对位置尺寸（1.0～1.5mm），并使孔底的锥形与外部锥体的锥形角度（40°）相等。

（3）还应考虑到挤压工艺性要求。为了减小挤压力，使锥体易于成形，将反挤压预成形件的锥角与图 8-18 所示的冷挤压件的锥角设计得不一致（反挤压预成形件上的锥形角度为40°，图 8-18 所示的冷挤压件的锥形角度为 25°），有意造成反挤压预成形件的形状与复合挤

压模具间存在一定的工艺悬空。但是，这个悬空不能过大，否则会使冷挤压件底部拉裂。

此外，在确定预成形件的尺寸时（如 $\phi22.00$mm 孔底直径）同样应考虑变形工序之间的尺寸配合关系。由于挤压时下部封闭，多余的金属由模口方向排出，留在筒形的孔口端。

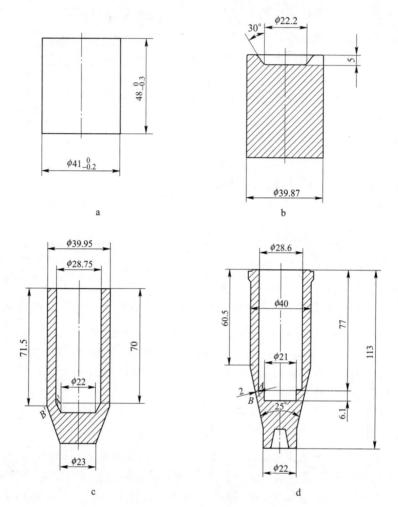

图 8-19　深盲孔锥形件的冷挤压成形变形工序
a—下料；b—预镦制坯；c—反挤压预成形；d—复合挤压成形

8.5.2　冷挤压模具结构

8.5.2.1　反挤压预成形模具的工作部分

反挤压预成形模具的工作部分如图 8-20 所示。考虑到反挤压预成形件在凸模回程时有被带上去的可能，这种模具设有双向退料装置。反挤压预成形件的壁厚偏差较大，为了防止凸模非工作部分在回程中将内壁刮伤，凸模设计成直杆的，没有工作带，也不带锥柄。

反挤压预成形时由于孔深度较大且有壁厚差的影响，所以凸模是在一定的弯曲应力作用下工作的，应采用韧性极好的高速钢来制造。

8.5.2.2　复合挤压成形模具

复合挤压成形时（如图 8-21 所示）下部封闭，将分模面选在模口平面。此时，挤压件露在模外，多余金属在内卸料环的挤压作用下沿卸料环与模口平面之间的空隙向外排出，形成很厚的余料边，同时挤压出基准平面（A），为挤压后的机械加工创造条件。

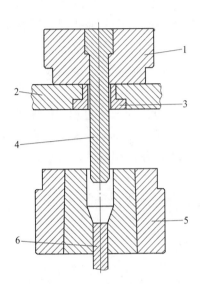

图 8-20　反挤压预成形模具的工作部分
1—压套；2—卸料板；3—套圈；4—凸模；
5—凹模；6—顶杆

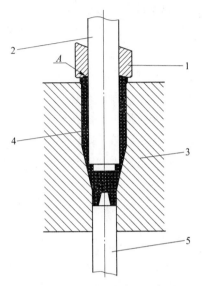

图 8-21　复合挤压成形模具的工作部分
1—内卸料环；2—凸模；3—凹模；
4—挤压件；5—顶杆

复合挤压成形模具结构如图 8-22 所示，它具有双重退料机构，上部的退料作用是通过压力机的横梁作用逐级传递的。活动块和 3 个圆柱销推动内卸料环，带动外卸料环在导套内移动。这是一种典型的双级退料结构，退料行程为 S_1+S_2。这种结构可以在不增加模具封闭高度的情况下，完成较大行程的退料。下部退料是由机械拉杆带动的，顶料杆 10 同时参与挤压工作，相当于一个负载不大的下凸模。

另外，反挤压预成形和复合挤压成形工序所用凹模均采用较大的过盈和较厚的压套（镶块及压套的内、外直径比为 2.0），以克服作用在锥形模壁上的横向力。凹模均为可调的，即凹模与模座之间留有间隙，由 4 个螺钉进行水平位置的调节。

8.5.3　反挤压预成形过程中的质量问题

反挤压预成形的关键在于润滑剂能否在反

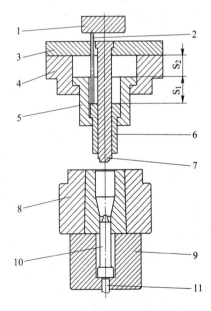

图 8-22　复合挤压成形模具结构
1—活动块；2—圆柱销；3—压套；4—导套；
5—外卸料环；6—内卸料环；7—凸模；8—凹模；
9—支承；10—顶料杆；11—顶杆

挤压预成形过程中连续不断地补充到新生的挤压表面上，而不被切断；否则，就挤压不到要求的深度，或者将挤压件表面拉伤；因此，为了保证反挤压预成形过程的顺利进行，必须采用最优良的润滑剂（例如含动、植物油较多的肥皂），并使润滑膜层具有足够的厚度和强度，以保持润滑膜层的连续性和不产生脱落。如果润滑膜层过薄或质量不好，潮解或有污物，应重新进行润滑处理。

再有，反挤压预成形件的孔越深，壁厚差越大，作用在凸模上的侧向力也越大。可见，反挤压预成形时如何将壁厚差控制在一定范围内，是至关重要的问题。对于如图 8-18 所示的冷挤压件，其反挤压预成形件的壁偏差应控制在 0.25mm 范围内，则经过复合挤压成形后其壁厚差可保持在 0.2mm 以内。

反挤压预成形件的内孔与外圆产生微裂纹，是铝合金反挤压成形过程中的主要成形缺陷。如果皂化层过厚，则因过多的肥皂占据一定体积，可使裂纹扩展成裂口。在反挤压预成形件外表面上产生的斜裂纹是由铝合金棒材表面的粗晶组织所引起的。

8.6　2A11 硬铝合金外壳的冷挤压成形

图 8-23 所示为外壳的冷挤压件图，其材质为 2A11 硬铝。

由图 8-23 可知，该挤压件是一种具有简单浅直孔的锥形件，可以采用复合挤压制坯与冷镦成形相结合的成形加工方法制造[30]。

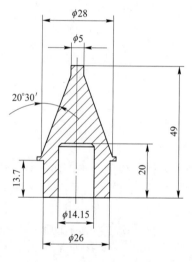

图 8-23　外壳的冷挤压件图

8.6.1　冷挤压成形工艺方案拟定

图 8-23 所示的冷挤压件的主要特征表现在锥形部分的角度不大（38°），但锥体较长（锥形部分的长度与直径比为 6.60），而且锥体变形程度（断面收缩率 ε_F = 97%）与筒形变形程度（断面收缩率 ε_F = 34%）相差悬殊。从挤压工艺性分析来看，这不是一次挤压所能完成的，需采取两次成形工序：复合挤压和冷镦成形。

第一次成形工序是复合挤压制坯，在反挤压孔的同时，正挤出部分锥体形状，这样可以减少挤压力，节省工序。

对于这种类型的锥形件一次挤压时的孔深尺寸不能大于挤压件圆柱部分的高度。否则，在后续冷镦成形时，在与飞边相对应的孔径部位上会产生凹陷。复合挤压的锥头尺寸（ϕ7.5mm）应与冷镦成形工序配合，满足锥体镦挤成形的工艺需要。

冷镦成形时，将复合挤压的制坯件底面封死，多余金属形成飞边，或从上部模孔逸出。

冷镦成形后，在孔径衔接的部位会产生接痕。

8.6.2 冷挤压成形工艺过程

对于如图 8-23 所示的冷挤压件，其成形工艺过程如下：加热→剪切下料→去毛刺→软化退火→氧化处理与润滑处理→复合挤压制坯→除油→软化退火→氧化处理与润滑处理→冷镦成形。

图 8-24 所示为该挤压件的冷挤压成形变形工序。

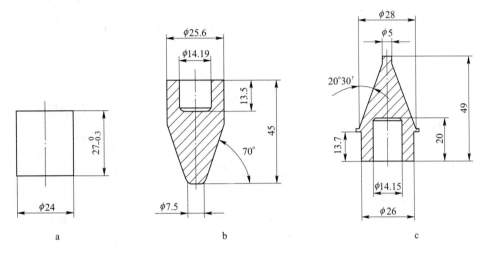

图 8-24 外壳的冷挤压成形变形工序

a—下料；b—复合挤压制坯；c—冷镦成形

8.6.3 冷镦成形模具结构

冷镦成形的模具结构如图 8-25 所示。它的上、下两部分都是成形模腔，分别用独立

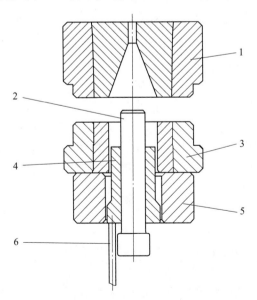

图 8-25 冷镦成形模具结构

1—上模；2—凸模；3—下模；4—退料器；5—支承；6—圆柱销

的压套加强。为了增加下模的支承面积，采用的是退料器。考虑到复合挤压预制坯件孔的深度的不大，冷镦成形的凸模均没有设计工作带。为了防止材料堆积，冷镦成形凸模的前端形状、圆角半径应该与复合挤压预制坯的凸模形状完全一致。另外，冷镦锥体时，将有一个较大的径向力作用于模壁上，所以，锥形模腔与压套的壁厚以及它们之间的配合过盈量，应适当加大。

8.7 2A11 硬铝合金顶杆的冷挤压成形

图 8-26 所示是顶杆的冷挤压件图，所用材料为 2A11 硬铝合金。

8.7.1 冷挤压成形工艺方案拟定

由图 8-26 可知，从其本身形状来看是标准的正挤压杆形件。这样的形状，其变形程度（断面收缩率 $\varepsilon_F = 91\%$）又在 2A11 硬铝合金的许用变形程度之内，因此采用一道冷挤压成形工序，在平底的凹模内冷挤压成形是合理的[30]。

需要考虑的是，由于变形程度较大（断面收缩率 $\varepsilon_F = 91\%$），挤压件的凹角半径（$R = 1.0$mm）偏小，因此随着压余厚度的减小，缩孔可能提前出现。所以，为了得到合格的冷挤压件，避免因缩孔的出现引起挤压件的报废，在挤压件头部的端面上也增加了一个凸起的球冠形形状。

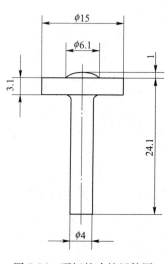

图 8-26 顶杆的冷挤压件图

8.7.2 冷挤压成形工艺流程

对于如图 8-26 所示的冷挤压件，其冷挤压成形工艺流程如下：

（1）坯料的准备，根据图 8-26 所示的冷挤压件图，设计的模腔直径为 ϕ14.85mm，减去坯料与模腔之间的配合间隙，便可确定出坯料的直径为 $\phi 14.6^{+0.1}$mm，其厚度按冷挤压件的体积求出，为 4.60mm。

由于没有这种规格的圆棒料，所以采用稍小直径（ϕ14.00mm）的标准棒料，在自动车床上切断成如图 8-27 所示的坯料。

（2）预镦成形，将图 8-27 所示的坯料镦挤成如图 8-28 所示的预成形件。镦挤成形后形成 R5mm 球面，其目的是防止在后续的正挤压成形时上端面产生缩孔。

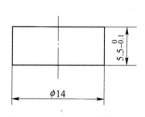

图 8-27 坯料的形状与尺寸

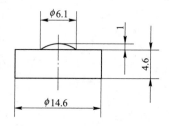

图 8-28 预成形件图

（3）软化退火。

（4）碱洗、润滑。

（5）正挤压成形，将图 8-28 所示的预成形件挤压成如图 8-26 所示的冷挤压件。

8.7.3　冷挤压模具结构

图 8-29 所示为该挤压件的正挤压模具结构图，该模具具有如下特点：

（1）凸模的工作端面上有一球形凹窝，凹窝的球半径为 $R=5.0$ mm，端面直径为 $\phi6.10$ mm，大于挤压件的杆部直径（$\phi4.0$ mm），深度为 1.0 mm。凸模在没有接触到坯料之前，已经进入凹模，兼起导向作用。凸模同凹模之间采取二级精度的第一种动配合。

（2）顶出装置由顶杆托和顶杆组成。顶杆为圆柱形直杆形式，镶入其托之内，这样更换容易，制造简单，又不易折断。为了不影响凹模成形工作部分（$\phi3.86$ mm ×3.00mm），顶杆尺寸宜设计小些（$\phi3.77$ mm）。

（3）凹模是纵向分割的预应力组合模具结构，下面有一个较厚的、高速钢制造的凹模支承。

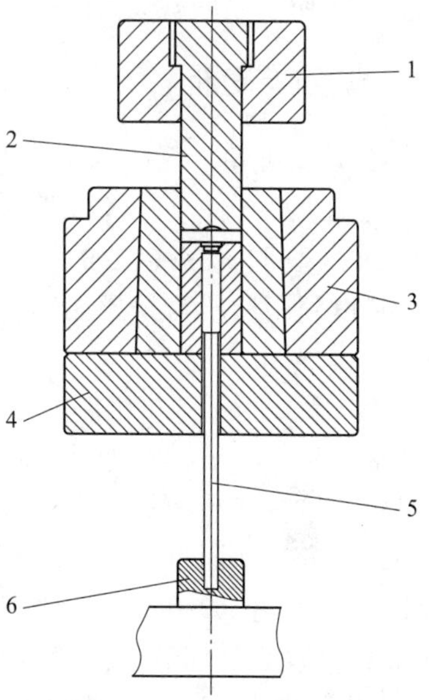

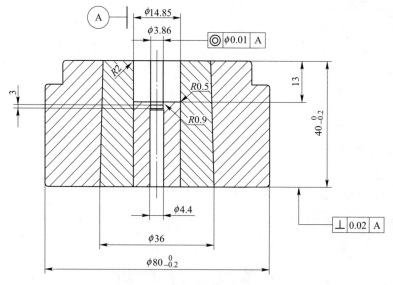

图 8-29　正挤压模具结构

1—压套；2—凸模；3—凹模；4—支承；
5—顶杆；6—顶杆托

其预应力组合凹模结构如图 8-30 所示，由镶块、模芯和压套镶装成一体；镶块采用高速工具钢 W18Cr4V 制造，淬火硬度 57~60HRC；模芯采用合金工具钢 Cr12MoV，硬度 54~57HRC；压套采用合金结构钢 30CrMnSiA，硬度 43~48HRC。

图 8-30　预应力组合凹模结构

8.8 2A11 硬铝合金回旋针的冷挤压成形

图 8-31 所示是回旋针的冷挤压图，其材料为 2A11 硬铝合金。

8.8.1 成形工艺分析

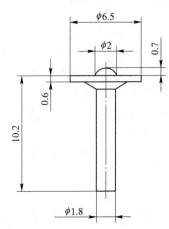

由图 8-31 可知，该挤压件是尺寸小、质量轻（坯料重 0.7g）的微小型杆件。其挤压变形程度（断面收缩率 ε_F = 91.5%）在 2A11 硬铝合金的许用变形程度之内，因此该挤压件可以利用冲压与挤压相结合的成形加工方法进行冷挤压成形[30]。

由于图 8-31 所示的挤压件头部厚度尺寸（仅有 0.60mm）小于杆部直径的一半，在冷挤压成形时在头部的中心处将产生缩孔，故在其端面的中心部位增加一个球形的凸起形状；凸起部分的平面尺寸应大于杆部的直径，故取凸起部分的平面尺寸为 ϕ2.0mm；而凸起部分的高度应不小于

图 8-31 回旋针的冷挤压件图

0.50mm，故取凸起部分的高度 0.70mm。这样，既预先储备了足够的金属体积，又可对中心部分金属的向下流动加以控制。

根据图 8-31 所示的冷挤压件图，按照等体积法则计算、确定坯料的形状与尺寸。

经计算得到的坯料的尺寸为：直径 ϕ6.35mm、厚度 2mm。

由于该坯料是扁平坯料，故采用 2mm 的板料经冲裁制成。

通常情况下板料的厚度公差比较大，致使冷挤压件的尺寸波动较大。为了控制冷挤压件的尺寸，减小后续加工余量，必须严格控制板料的厚度公差。为此，板料经剪切成条料后需要进行精整压延加工，压延后的条料经过退火和润滑后，便可进行挤压成形。

考虑到该工艺是冲裁下料后接着进行挤压成形的特点，除采用通用的氧化处理和皂化润滑处理的润滑方法外，还要在经过氧化处理和皂化处理的条料表面涂上一层均匀的锭子油作补充润滑，以便能够充分覆盖在冲裁后的新生切断面上。由于挤压成形时的成形压力并不很高，这种流体的油质润滑剂，将有相当一部分保持于切断面与模具之间，从而可避免粘模现象，这对于提高冷挤压件的表面质量是相当有效的。

8.8.2 冷挤压成形工艺流程

对于图 8-31 所示的冷挤压件，其冷挤压成形工艺流程为：

（1）下条料，将 2mm 厚的板料在剪板机上下成宽度为 9mm 的条形料。

（2）压延，将剪板机上下成的条形料在液压机上进行精整压延加工，保证条形料厚度的一致性。

（3）软化退火。

（4）碱洗、润滑。

（5）冲裁落料，将已经表面润滑处理的条形料在压力机上的冲裁模具中冲裁成如图8-32 所示的坯料。

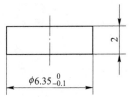

图 8-32 冲裁落料的坯件

（6）冷挤压成形，在压力机上的冲挤成形模具中将冲裁后的坯料冷挤压成如图 8-31 所示的冷挤压件。

8.8.3 冷挤压模具结构

图 8-33 所示为该冷挤压件的冲挤成形模具结构。它具有以下特点：

（1）凸模工作部位的表面粗糙度在 $Ra0.8\mu m$ 以下。

（2）凸模为圆柱形直杆结构，利用弹性夹套固紧；凸模材料为高速钢 W18Cr4V，淬火硬度 61HRC 以上。

（3）凹模孔口具有圆角（$R1.2mm$），为板料厚度 t 的 $0.4\sim0.6$ 倍。圆角应均匀一致，相接处应圆滑无痕，保证表面粗糙度在 $Ra0.4\mu m$ 以下。

（4）考虑到冷挤压成形时模具受力的特点，凹模应采用预应力组合模具结构，镶一层压套；为了提高模具的耐磨性并保证挤压件尺寸稳定，采用硬质合金 YG15 作镶块。

（5）凹模型腔尺寸按挤压件的最小尺寸进行设计，冷挤压成形时模具的弹性膨胀量为 $0.005\sim0.008mm$。

（6）凸模与凹模之间的配合间隙为 $0.05mm$。

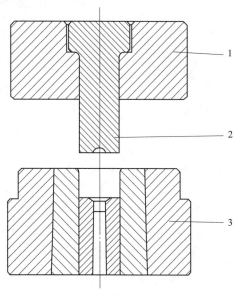

图 8-33   冲挤成形模具结构
1—凸模固定套；2—凸模；3—凹模

8.9   3A21 防锈铝合金夹头的冷挤压成形

图 8-34 所示为夹头零件图，其材质为 3A21 防锈铝。

8.9.1   冷挤压成形工艺流程

对于如图 8-34 所示的夹头零件，其冷挤压成形工艺流程如下[28]：

（1）下料，采用复合模冲孔落料，得到如图 8-35 所示的坯料。

（2）退火。

（3）酸洗、润滑。

（4）冷挤压成形。

8.9.2　冷挤压模具结构

对于如图 8-34 所示的夹头零件，其冷挤压模具如图 8-36 所示。它具有如下特点：

（1）本模具属于空心件正挤压模。

（2）凹模采用纵向分体结构，由 4、5 两件组成，有利于防止凹模型腔尖角急剧变化处开裂。

（3）用凸模 7 的非工作部分与凹模加强圈 5 实行导向，使其结构简单、可靠。

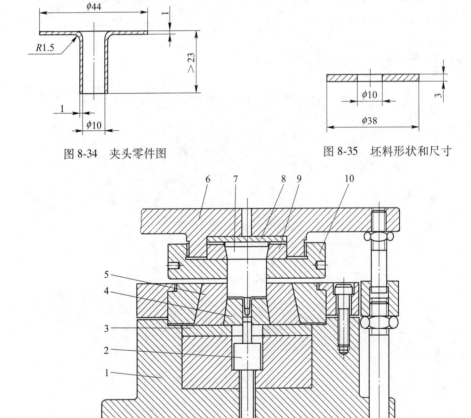

图 8-34　夹头零件图　　　　　　　　图 8-35　坯料形状和尺寸

图 8-36　夹头的冷挤压模具结构

1—下模座；2—顶杆；3—下垫板；4—凹模；5—凹模加强圈；6—上模板；7—凸模；8—上垫板；

9—凸模压圈；10—凸模固定圈

8.10 2A12 硬铝合金发电机水冷接头的冷挤压成形

图 8-37 所示为发电机水冷接头零件图，其材质为 2A12 硬铝合金。

由图 8-37 可知，该零件是一个一端带六方的短杆-杯形件，可以采用复合挤压的成形方法进行加工[28]。

8.10.1 冷挤压成形工艺流程

对于如图 8-37 所示的接头零件，其冷挤压成形工艺流程如下：

（1）下料，将直径 $\phi32$mm 的圆棒料在车床上车削成如图 8-38 所示的坯料。

（2）软化退火。

（3）碱洗、润滑。

（4）冷挤压成形。

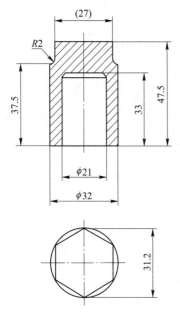

图 8-37 发电机水冷接头零件图

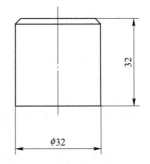

图 8-38 坯料的形状与尺寸

8.10.2 冷挤压模具结构

冷挤压模具结构如图 8-39 所示。

该模具具有如下特点：

（1）本模具为复合挤压模。用圆柱形实心坯料一次将下端带六方形短杆与上端杯形件同时挤压成形。

（2）模具有顶杆顶出机构与半刚性卸料板 2。

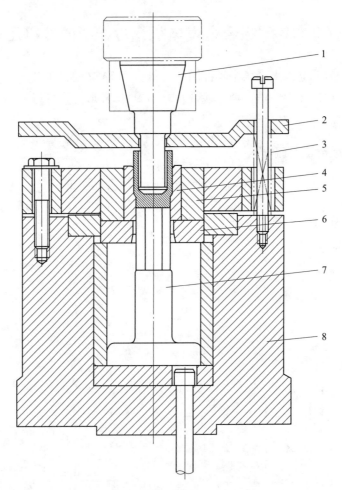

图 8-39　发电机水冷接头冷挤压模具结构

1—凸模；2—卸料板；3—弹簧；4—凹模；5—加强圈；6—垫板；7—顶杆；8—下模座

8.11　6A02 锻铝合金外壳体的冷挤压成形

图 8-40 所示为外壳体零件图，其材质为 6A02 锻铝合金。

由图 8-40 可知，该零件是一个典型的杯-杯形件，可以采用复合挤压的成形方法进行加工[28]。

8.11.1　冷挤压成形工艺流程

对于如图 8-40 所示的外壳体零件，其冷挤压成形工艺流程如下：

（1）下料，将直径 φ28mm 的圆棒料在车床上车削加工成如图 8-41 所示的坯料。

（2）软化退火。

（3）碱洗、润滑。

（4）冷挤压成形。

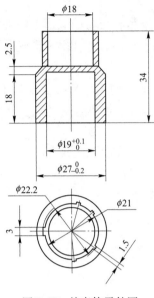

图 8-40　外壳体零件图

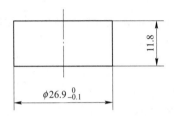

图 8-41　坯料的形状与尺寸

8.11.2　冷挤压模具结构

冷挤压模具结构如图 8-42 所示。

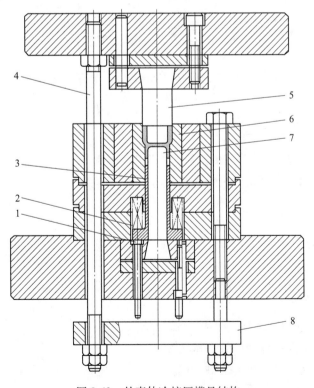

图 8-42　外壳体冷挤压模具结构

1—顶杆；2—弹簧；3—顶出器；4—拉杆；5—上凸模；6—凹模；7—下凸模；8—顶板

该模具具有如下特点：

（1）本模具为复合挤压模。将实心坯料一次将上、下呈杯形状的锻铝零件挤压成形。

（2）在上凸模 5 的压力作用下，坯料在凹模 6 内成形；同时下凸模 7 将成形件的下端杯形孔挤压成形。

（3）当拉杆 4 向上回程时顶杆 1 向上顶，推动顶出器 3 向上运动，将成形件从凹模 6 内顶出。在弹簧 2 的作用下，顶出器 3 向下复位，便于下一次挤压成形时的坯料放入。

8.12　3A21 防锈铝合金旋转座的冷挤压成形

图 8-43 所示为旋转座零件图，其材质为 3A21 防锈铝合金。

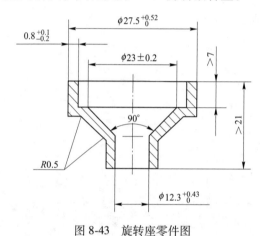

图 8-43　旋转座零件图

由图 8-43 可知，该零件是一个典型的阶梯锥形壳体类零件，可以采用复合挤压的成形方法进行加工[28]。

8.12.1　冷挤压成形工艺流程

如图 8-43 所示的旋转座零件的冷挤压成形工艺流程如下：

（1）下料，将直径 $\phi28mm$ 的圆棒料在车床上车削加工成如图 8-44 所示的坯料。

（2）软化退火。

（3）碱洗、润滑。

（4）冷挤压成形。

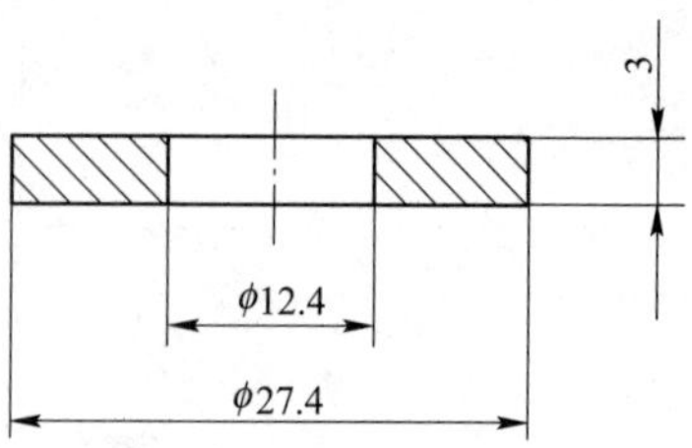

8.12.2　冷挤压模具结构

图 8-44　坯料的形状与尺寸

冷挤压模具结构如图 8-45 所示。该模具具有如下特点：

（1）本模具属于导柱导向的复合挤压模。

（2）凸模 6 的固定是通过大螺母 7 把弹簧夹头 5 压紧在凸模座 4 上。

（3）卸料装置采用活动式半刚性卸料板 8。在卸料工作部分装有弹性活动式卸料环 3（分成 3 半）及其外圈装有小弹簧 9。因此，卸料环的内径始终能与凸模外径保持一定接触，在凸模回程时将成形件卸料。卸料环 3 的内径可缩小到小于凸模外径 1～2mm。

（4）本模具采用手动式顶出器。以手柄 1 的一端加力，另一端通过顶杆 2、顶料杆 10 将成形件顶出。顶料杆 10 的中间开有出气孔。

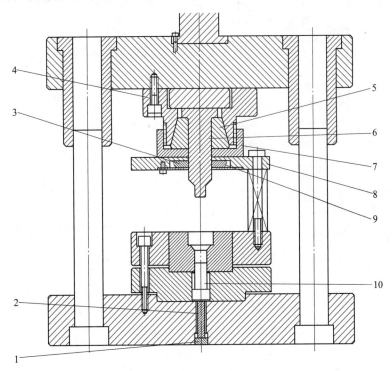

图 8-45 旋转座冷挤压模具结构

1—手柄；2—顶杆；3—卸料环；4—凸模座；5—弹簧夹头；6—凸模；7—大螺母；8—卸料板；

9—小弹簧；10—顶料杆

8.13 6A02 锻铝合金凸缘壳体的冷挤压成形

图 8-46 所示为凸缘壳体零件图，其材质为 6A02 锻铝合金。

由图 8-46 可知，该零件是一个中部带凸缘的杯-杯形件，可以采用复合挤压的成形方法进行加工[28]。

8.13.1 冷挤压成形工艺流程

对于图 8-46 所示的凸缘壳体零件，其冷挤压成形工艺流程如下：

（1）下料，将直径 $\phi46$mm 的圆棒料在车床上车削加工成如图 8-47 所示的坯料。

（2）软化退火。

（3）碱洗、润滑。

（4）冷挤压成形。

8.13.2 冷挤压模具结构

冷挤压模具结构如图 8-48 所示。

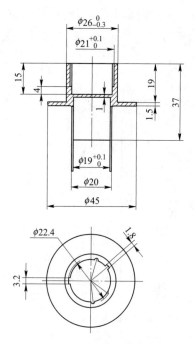

图 8-46　凸缘壳体零件图

图 8-47　坯料的形状与尺寸

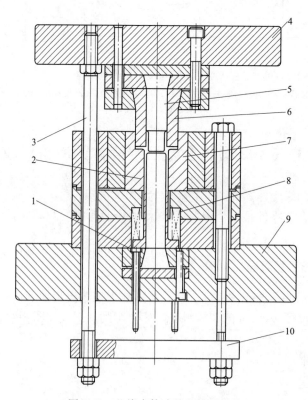

图 8-48　凸缘壳体冷挤压模具结构

1—顶料杆；2—顶出套；3—反拉杆；4—上模板；5—芯棒；6—凸模；7—凹模；8—弹簧；

9—下模板；10—顶出板

该模具具有如下特点:

(1) 本模具为复合挤压模具。将实心坯料中部带凸缘的空心杯形件(孔中有连皮)一次挤压成形。

(2) 为了防止凸模的径向开裂和便于制造,采用分体结构,并采用分块紧固的方法。

(3) 采用反拉杆 3,通过顶出板 10 和顶料杆 1(3 件),再通过环形顶出套 2 将成形件顶出。

(4) 为了在顶出成形件以后使顶出套 2 始终保持向下方向移动,以便下一次挤压成形时能很好地将坯料放入凹模中,故装有弹簧 8。

8.14　3A21 防锈铝合金加压器壳体的冷挤压成形

图 8-49 所示为加压器壳体零件图,其材质为 3A21 防锈铝合金。

由图 8-49 可知,该零件是一个中空的杯形件,可以采用反挤压的成形方法进行加工。

8.14.1　冷挤压成形工艺流程

对于如图 8-49 所示的加压器壳体零件,其冷挤压成形工艺流程如下[28]:

(1) 下料,将直径 ϕ45mm 的圆棒料在车床上车削加工成如图 8-50 所示的坯料。

(2) 软化退火。

(3) 碱洗、润滑。

(4) 冷挤压成形。

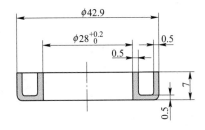

图 8-49　加压器壳体零件图

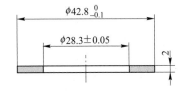

图 8-50　坯料的形状与尺寸

8.14.2　冷挤压模具结构

冷挤压模具结构如图 8-51 所示。该模具具有如下特点:

(1) 本模具属于空心件反挤压模,无导柱导向。

(2) 成形件卡在凸模 4 上用退料块 5 推出。

(3) 限位套 3 能保证成形件底部的厚度。

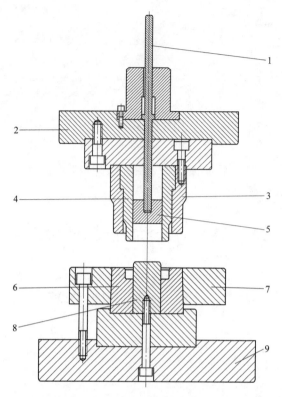

图 8-51　加压器壳体冷挤压模具结构

1—退料杆；2—上模板；3—限位套；4—凸模；5—退料块；6—凹模；7—压紧圈；8—模芯；9—下模板

8.15　3A21 防锈铝合金矩形罩壳的冷挤压成形

图 8-52 所示为矩形罩壳零件图，其材质为 3A21 防锈铝合金。

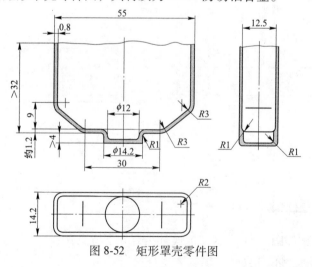

图 8-52　矩形罩壳零件图

由图 8-52 可知，该零件是一个典型的薄壁杯形件，可以采用反挤压的成形方法进行加工[28]。

8.15.1　冷挤压成形工艺流程

对于如图 8-52 所示的矩形罩壳零件，其冷挤压成形工艺流程如下：

（1）下料，将截面为 55mm×14.1mm 的型材在带锯床上锯切成长度为 6mm 的坯料，如图 8-53 所示。

（2）软化退火。

（3）碱洗、润滑。

（4）冷挤压成形。

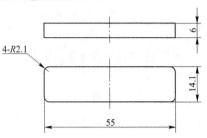

图 8-53　坯料的形状与尺寸

8.15.2　冷挤压模具结构

冷挤压模具结构如图 8-54 所示。

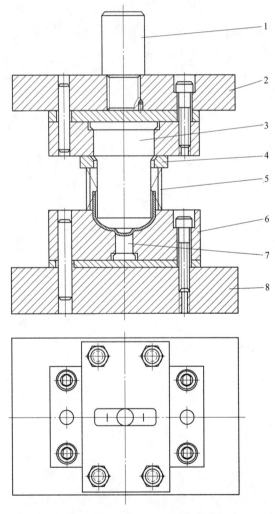

图 8-54　矩形罩壳冷挤压模具结构

1—模柄；2—上模板；3—凸模；4—卸料环；5—弹簧；6—凹模；7—凹模芯；8—下模板

该模具具有如下特点：

（1）本模具属于无导向的反挤压模。

（2）凹模芯底部采用分体拼镶结构，能提高凹模的模具寿命。

（3）采用半刚性卸料环 4 进行卸料。

8.16　5A02 防锈铝合金照相机内镜筒的冷挤压成形

图 8-55 所示为照相机内镜筒零件图，其材质为 5A02 防锈铝合金。

由图 8-55 可知，该零件是一个典型的多台阶中空壳形件，可以采用复合挤压的成形方法进行加工。

8.16.1　冷挤压成形工艺流程

对于如图 8-55 所示的内镜筒零件，其冷挤压成形工艺流程如下[28]：

（1）下料，将直径 ϕ48mm 的圆棒料在车床上车削加工成如图 8-56 所示的坯料。

（2）软化退火。

（3）碱洗、润滑。

（4）冷挤压成形。

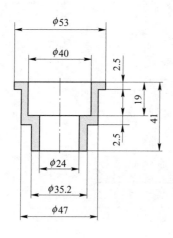

图 8-55　照相机内镜筒零件图

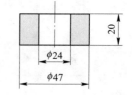

图 8-56　坯料的形状与尺寸

8.16.2　冷挤压模具结构

冷挤压模具结构如图 8-57 所示。该模具具有如下特点：

（1）本模具为复合挤压模，在成形的最后阶段将反挤部分直径镦成凸缘（ϕ53mm）。

（2）凸模与凹模均采用分体拼镶结构，有利于提高模具寿命。

（3）挤压成形后，通过反拉杆 10 将成形件顶出。

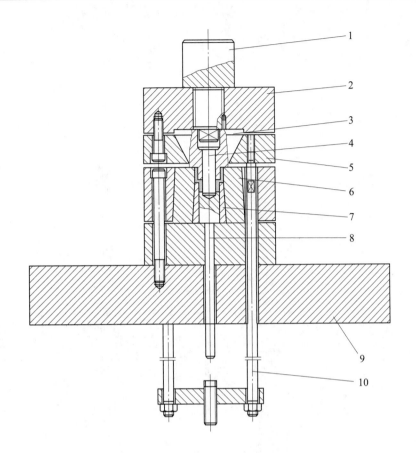

图 8-57　照相机内镜筒冷挤压模具结构

1—模柄；2—上模板；3—凸模；4—芯棒；5—压紧圈；6—上凹模；7—下凹模；8—凹模芯；

9—下模板；10—反拉杆

8.17　3A21 防锈铝合金弯角块的冷挤压成形

图 8-58 所示为弯角块零件图，其材质为 3A21 防锈铝合金。

由图 8-58 可知，该零件是一个具有复杂内腔形状的扁平异型件，可以采用闭式挤压的成形方法进行加工。

8.17.1　冷挤压成形工艺流程

对于如图 8-58 所示的弯角块零件，其冷挤压成形工艺流程如下[28]：

（1）下料，将截面形状与尺寸如图 8-59 所示的型材在带锯床上锯切成厚度为 8mm 的坯料。

（2）软化退火。

（3）碱洗、润滑。

（4）冷挤压成形。

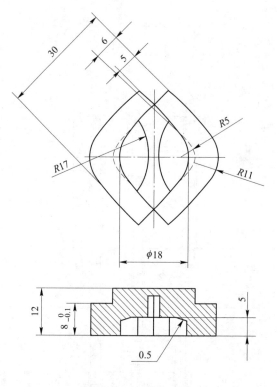

图 8-58　弯角块零件图

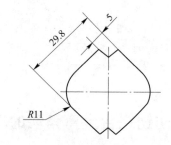

图 8-59　型材横截面的形状与尺寸

8.17.2　冷挤压模具结构

冷挤压模具结构如图 8-60 所示。该模具具有如下特点：

（1）本模具属于闭式冷挤压模具。坯料在封闭模具型腔内挤压成形。

（2）凹模盖板 7 不仅起着凹模的紧固板作用，而且还是坯料的定位器。

（3）采取反拉杆 1，通过顶杆 2 将成形件顶出。反拉杆的伸缩靠装在螺杆 5 上的链条 8 来实现。

（4）本模具在使用一段时间以后，需要拆下凹模盖板 7，取出凹模 4、6 和凹模垫板 3，对模具进行清理。

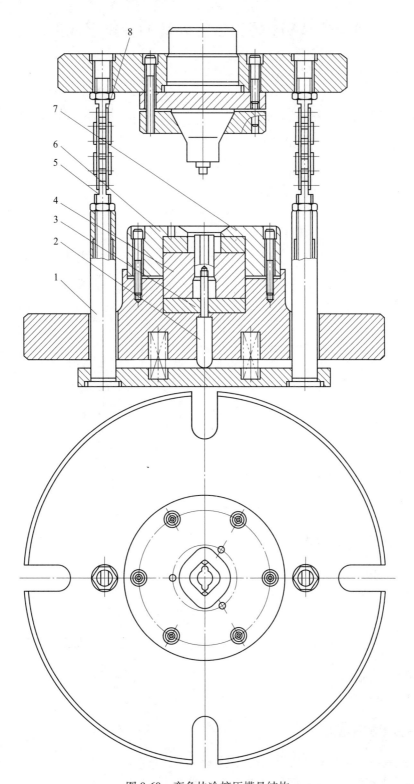

图 8-60 弯角块冷挤压模具结构

1—反拉杆；2—顶杆；3—垫板；4—下凹模；5—螺杆；6—凹模；7—盖板；8—链条

8.18　2A11 硬铝合金外套的冷挤压成形

图 8-61 所示为外套零件图，其材质为 2A11 硬铝合金。

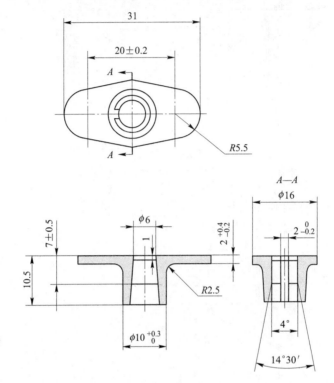

图 8-61　外套零件图

由图 8-61 可知，该零件是一个中空的凸缘件，可以采用正挤压的成形方法进行加工。

8.18.1　冷挤压成形工艺流程

对于如图 8-61 所示的外套零件，其冷挤压成形工艺流程如下[28]：

（1）下料、钻孔，先将型材在带锯床上锯切成厚度为 4mm 的下料件，再将下料件在钻床上钻出直径 $\phi6mm$ 的小孔，如图 8-62 所示。

（2）软化退火。

（3）碱洗、润滑。

（4）冷挤压成形。

8.18.2　冷挤压模具结构

冷挤压模具结构如图 8-63 所示。该模具具有如下特点：

（1）本模具为空心件正挤压模具，采用导柱导向。上、下底板采用 Q235 钢制造。

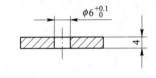

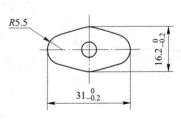

图 8-62　坯料的形状与尺寸

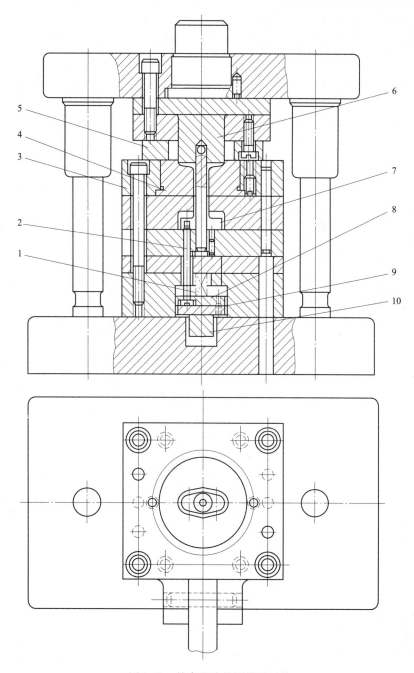

图 8-63　外套的冷挤压模具结构

1—弹簧；2—螺钉；3—压圈；4—凹模；5—限程板；6—凸模；7—顶出套；8—推板；9—盖板；10—手柄

（2）凹模 4 外面套有压圈 3。

（3）凸模 6 中心孔的底部有径向出气孔。

（4）成形件的顶出是采用手动式结构。从手柄 10 的一端加力，另一端与盖板 9 接触，通过推板 8、螺钉 2 推动环形顶出套 7 来实现的。

（5）弹簧 1 的作用是为了在顶出成形件后，使环形顶出套 7 能始终保持向下移动，以便下一次挤压成形前坯件能顺利地放入凹模型腔内进行挤压。

（6）装有限程板 5，用于调整安装模具时控制深度。

8.19　2A12 硬铝合金微型电机机壳的冷挤压成形

图 8-64 所示为微型电机机壳的零件图，其材质为 2A12 硬铝合金。

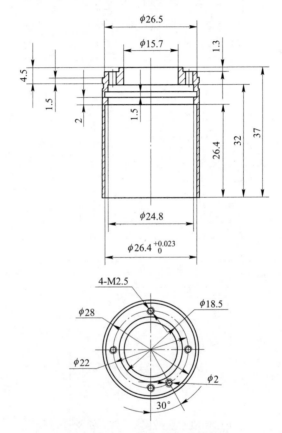

图 8-64　微型电机机壳零件图

8.19.1　冷挤压件图的制定

　　由图 8-64 可知，该零件上有 4 个螺孔及槽必须采用切削机床加工，其杯体部分可以采用冷挤压成形方法直接将直径 ϕ26.4mm 的内孔挤压成形，并能保证其 0.023mm 的公差水平；至于直径 ϕ24.5mm 的台阶孔，采用切削加工方法进行加工比较适合；在零件的外圆上每边留 1.0mm 的加工余量；采用合适的润滑剂完全可以保证内孔的表面粗糙度要求。

　　按照上述分析制定的冷挤压件图如图 8-65 所示。

8.19.2　冷挤压成形工艺过程

　　对于如图 8-65 所示的冷挤压件，其冷挤压成形工艺流程为[29]：

（1）下料，先将直径 $\phi30mm$ 的 2A12 铝合金圆棒料在带锯床上锯切成厚度为 19mm 的坯件。

（2）软化退火。

（3）碱洗、润滑。

（4）冷挤压成形，将坯件在公称压力为 1600kN 的四柱液压机上进行冷挤压成形，得到如图 8-64 所示的冷挤压件。其中反挤压的断面收缩率为：

$$\varepsilon_F = \frac{26.4^2}{30^2} = 77.5\%$$

在冷挤压成形过程中，实测的单位挤压力为 1800MPa。

8.19.3　冷挤压件的质量

冷挤压成形后的冷挤压件内孔表面粗糙度达到 $Ra1.6\mu m$ 以下，如镜面一样光亮见影；冷挤压件的内圆孔 $\phi26.4mm$ 的椭圆度最大偏差为 0.025mm，绝大多数在 0.02mm 以内。

冷挤压成形的微型电机机壳冷挤压件应进行去应力退火处理，以消除冷挤压所产生的残余应力，且去应力退火处理工序应该在冷挤压完成后 24h 以内进行，图 8-66 所示为冷挤压件去应力退火工艺规范。

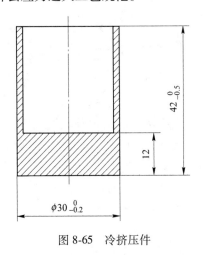

图 8-65　冷挤压件

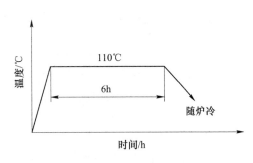

图 8-66　2A12 铝合金的去应力退火工艺规范

表 8-1 所示为冷挤压件的力学性能。

表 8-1　微型电机机壳冷挤压件的力学性能

项　目	性　能		备　注
	极限强度 σ_b/MPa	硬度（HBS）	
原始棒料	470	105	
退火后	250	55	(410 ± 20)℃，6h
冷挤压后	370	80.3~98	

由表 8-1 可知，2A12 铝合金经冷挤压成形后，其硬度由退火状态时的 55HBS 提高到 80.3~98HBS。

8.20　3003 防锈铝合金异型管体的冷挤压成形

图 8-67 所示为某异型管体的零件简图，其材质为 3003 防锈铝合金。

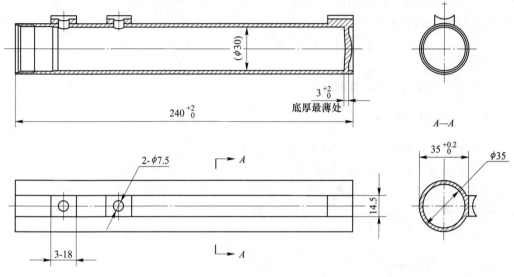

图 8-67　某异型管体零件简图

8.20.1　冷挤压件图的制定

由图 8-67 可知，该零件是一个内孔直径 $\phi30$mm、孔深达 237mm 的深盲孔的筒形件，可以采用反挤压的成形方法进行加工。该零件上的外表面的 2 个 $\phi7.5$mm 孔、底部的凹槽、口部的内螺纹必须采用切削机床进行后续加工；其外表面上 3 个长 18mm、宽 14.5mm 的形状相同的异型凸台，必须采用铣削加工机床进行后续加工；其筒体部分可以采用冷挤压成形方法直接将直径 $\phi30$mm 的内孔和 $\phi35$mm 的外形挤压成形。

按照上述分析制定的冷挤压件图如图 8-68 所示。

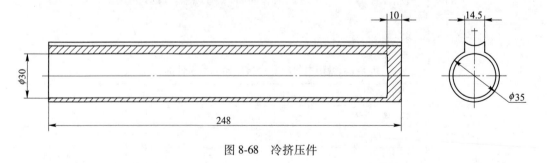

图 8-68　冷挤压件

8.20.2　冷挤压成形工艺流程

对于如图 8-68 所示的冷挤压件，其冷挤压成形工艺流程为：

（1）下料，将截面形状和尺寸如图 8-69 所示的 3003 防锈铝合金型材在带锯床上锯切成厚度为 84mm 的坯件。

（2）软化退火。

（3）碱洗、润滑。

（4）冷挤压成形，将坯件在公称压力为 3150kN 的四柱液压机上进行冷挤压成形，得到如图 8-68 所示的冷挤压件。

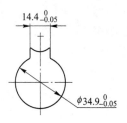

图 8-69   型材的截面
形状与尺寸

8.20.3   冷挤压模具结构

冷挤压模具结构如图 8-70 所示。该模具具有如下特点：

（1）本模具为反挤压模具，采用导柱、导套导向。

（2）上、下模板采用 45 钢厚钢板制造。

（3）下模芯 14 外面套有下模外套 8，下模芯 14 的外锥面与下模外套 8 的内锥面之间为过盈配合，其过盈量保证在单边 0.20mm。

（4）为了保证长径比 $H/D>10$ 的超长上冲头 3 的垂直度、稳定性、高寿命，其大端直径至少达到其杆部直径的 2 倍，大端部分与杆部之间为锥度圆滑过渡。

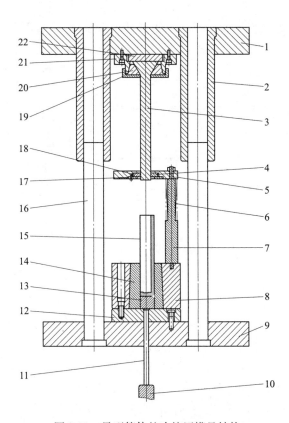

图 8-70   异型管体的冷挤压模具结构

1—上模板；2—导套；3—上冲头；4—卸料块；5—卸料板；6—压簧；7—拉杆；8—下模外套；
9—下模板；10—下顶杆；11—顶杆；12—下模垫块；13—下模芯垫；14—下模芯；15—冷挤压件；
16—导柱；17—卸料压板；18—拉簧；19—上模紧固套；20—弹簧夹头；21—上模座；22—上模垫

（5）为了保证下模芯垫 13 有足够的使用寿命，其高度至少达到其直径的 1.5 倍；下模芯垫 13 与下模芯 14 内孔型腔之间的间隙不能过大，以防止因铝合金挤入形成的毛刺或飞边而造成顶出困难。

（6）冷挤压件 15 的顶出是通过液压机的顶出活塞推动下顶杆 10，由下顶杆 10 再推动顶杆 11，由顶杆 11 推动下模芯垫 13，再由下模芯垫 13 将冷挤压件 15 顶出下模芯 14 来实现的。

（7）为了防止上冲头 3 在回程结束时冷挤压件 15 仍然留在上冲头 3 上，设计了一套卸料机构。该卸料机构由拉簧 18、卸料块 4、卸料板 5、卸料压板 17、压簧 6、拉杆 7 组成；卸料块位于卸料板 5 和卸料压板 17 组成的空腔内，能在该空腔内自由滑动，它是由 3 个镶块组合而成的镶拼结构，靠拉簧 18 将 3 个镶块组合在一起并紧紧地卡在上冲头 3 的杆部；当上冲头 3 在回程过程中，随着上冲头 3 的向上运动，冷挤压件 15 的上端面就会与卸料块 4 的下端面接触，卸料块 4 就能阻止冷挤压件 15 继续随上冲头 3 向上运动，从而完成冷挤压件 15 的卸料。

8.21 6061 锻铝合金矩形管体的冷挤压成形

图 8-71 所示为某矩形管体的零件简图，其材质为 6061 锻铝合金。

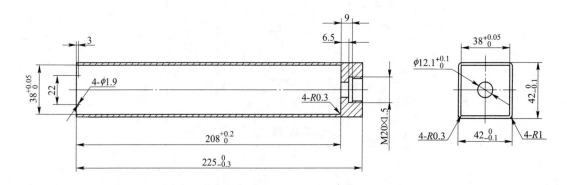

图 8-71 某矩形管体零件图

8.21.1 冷挤压件图的制定

由图 8-71 可知，该零件是一个内孔为 38mm×38mm、外形为 42mm×42mm、孔深达 208mm 的深盲孔的矩形管形件，可以采用反挤压的成形方法进行加工。该零件上口部的 4 个 ϕ1.9mm 孔、底部直径 ϕ12.1mm 的孔和 M20mm×1.5mm 的内螺纹必须采用切削机床进行后续加工；其口部留有 2mm 的加工余量、底面留 1mm 的加工余量，其内孔 38mm×38mm、外形 42mm×42mm 可以采用冷挤压成形方法直接挤压成形。

按照上述分析制定的冷挤压件图如图 8-72 所示。

8.21.2 冷挤压成形工艺流程

对于如图 8-72 所示的冷挤压件，其冷挤压成形工艺流程为：

（1）下料，将截面形状和尺寸如图 8-73 所示的 6061 锻铝合金型材在带锯床上锯切成厚度为 58mm 的坯料。

（2）软化退火。

（3）碱洗、润滑。

（4）冷挤压成形，将坯料在公称压力为 5000kN 的四柱液压机上进行冷挤压成形，得到如图 8-72 所示的冷挤压件。图 8-74 所示为冷挤压件实物图片。

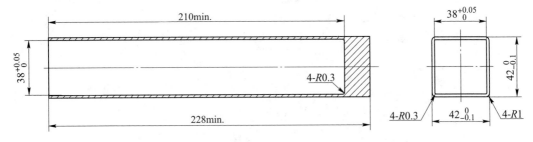

图 8-72　冷挤压件

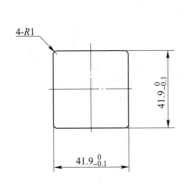

图 8-73　型材的截面形状与尺寸

图 8-74　矩形管体冷挤压件实物

8.21.3　冷挤压模具结构

冷挤压模具结构如图 8-75 所示。该模具具有如下特点：

（1）本模具为反挤压模具，采用导柱、导套导向。

（2）上、下模板采用 45 钢厚钢板制造。

（3）为了提高下模的使用寿命，由下模芯 9 和下模外套 17 组成的下模采用了锥度过盈配合的预应力组合模具结构。

（4）为了方便矩形上冲头 4 的制造，采用了由上冲头 4、上冲头夹套 24、上冲头外套 23 组成的镶拼式组合上模结构；上冲头夹套 24 由左、右两块组成，其内孔型腔为阶梯凸型结构、外圆为圆锥面；上冲头 4 中与上冲头夹套 24 内孔型腔相对应部分为阶梯凹型结构；上冲头外套 23 的内孔为圆锥面。靠左、右两块上冲头夹套 24 内孔中的阶梯凸型结构

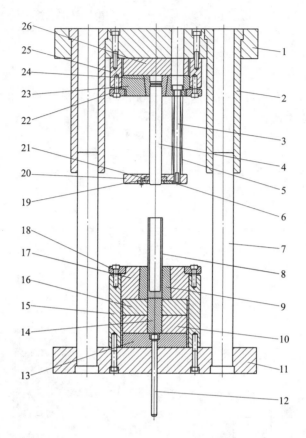

图 8-75　矩形管体的冷挤压模具结构

1—上模板；2—导套；3—拉杆；4—上冲头；5—压簧；6—退料压板；7—导柱；8—冷挤压件；
9—下模芯；10—下模衬垫；11—下模板；12—顶杆；13—顶杆垫块；14—下冲垫；15—下模座；
16—下模垫块；17—下模外套；18—下模压板；19—退料块；20—退料板；21—拉簧；
22—上模压板；23—上冲头外套；24—上冲头夹套；25—上模座；26—上模垫块

与上冲头 4 中的阶梯凹型结构的紧密配合将上冲头 4 夹紧，靠左、右两块上冲头夹套 24 中的外锥面与上冲头外套 23 中的内锥面之间的过盈配合，使上冲头 4 紧紧地紧固在上冲头外套 23 中；保证了上冲头 4 的固定和紧固。

（5）为了保证下冲垫 14 有足够的使用寿命，其高度至少达到其边长的 1.5 倍；下冲垫 14 与下模芯 9 内孔型腔之间的间隙不能过大，以防止因铝合金挤入形成的毛刺或飞边而造成顶出困难。

（6）为了防止上冲头 4 在回程结束时冷挤压件 8 仍然留在上冲头 4 上，设计了一套退料机构。该退料机构由拉簧 21、退料块 19、退料板 20、退料压板 6、压簧 5、拉杆 3 组成；退料块 19 位于退料板 20 和退料压板 6 组成的空腔内，能在该空腔内自由滑动，它是由 3 个镶块组合而成的镶拼结构，靠拉簧 21 将 3 个镶块组合在一起并紧紧地卡在上冲头 4 的外表面上；当上冲头 4 在回程过程中，随着上冲头 4 的向上运动，冷挤压件 8 的上端面就会与退料块 19 的下端面接触，退料块 19 就能阻止冷挤压件 8 继续随上冲头 4 向上运动，从而完成冷挤压件 8 的退料。

8.22 6061 锻铝合金集装箱转角的冷摆辗成形

图 8-76 所示为集装箱转角的零件图，其材质为 6061 锻铝合金。

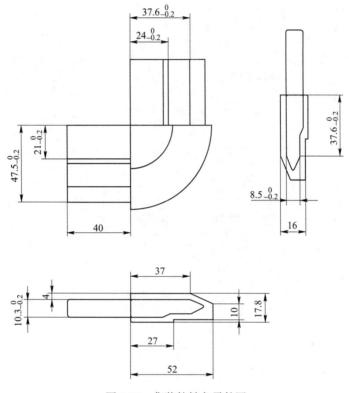

图 8-76 集装箱转角零件图

8.22.1 冷摆辗件图的制定

由图 8-76 可知，该零件是一个上、下端面为异型形状的扁平类块形件，可以采用冷摆辗成形方法进行加工。

该零件中圆弧转角处的小端直径 $\phi37mm$、大端直径 $\phi52mm$、高度 7.8mm 的圆锥台部分冷摆辗成形比较困难，应改为圆柱面；该零件中尺寸为 37.6mm、47.5mm，长度为 40mm 的上端斜面因冷摆辗成形比较困难，应将该斜面改为平面。

除了上述两处留有后续切削加工余量外，该零件其余部分可以直接冷摆辗成形，不需要留加工余量就能达到其尺寸精度和表面质量要求。图 8-77 所示为冷摆辗件图。

8.22.2 冷摆辗成形工艺流程

对于如图 8-77 所示的冷摆辗件，其冷摆辗成形工艺流程为：

（1）下料，将截面形状和尺寸如图 8-78 所示的 6061 锻铝合金型材在带锯床上锯切成厚度为 21mm 的坯料。

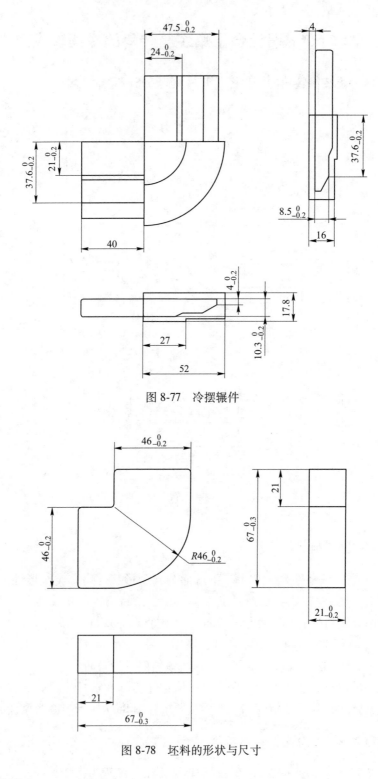

图 8-77　冷摆辗件

图 8-78　坯料的形状与尺寸

（2）软化退火。

（3）碱洗、润滑。

（4）冷摆辗成形，将坯料在公称压力为 2000kN 的摆辗机上进行冷摆辗成形，得到冷摆辗成形件。

（5）切边，将冷摆辗成形件在公称压力为 1000kN 的冲床上进行切边，得到如图 8-77 所示的冷摆辗件。图 8-79 所示为集装箱转角冷摆辗件实物图片。

图 8-79　集装箱转角的冷摆辗件实物

8.22.3　冷摆辗成形模具结构

冷摆辗成形模具结构如图 8-80 所示。

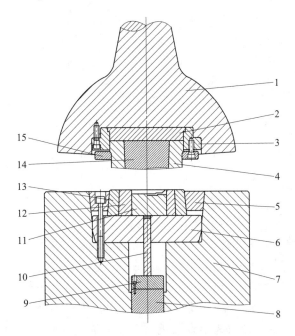

图 8-80　集装箱转角冷摆辗成形模具结构

1—摆辗机球头；2—摆头垫块；3—摆头座；4—摆头外套；5—下模紧固板；6—下模垫板；
7—摆辗机滑块；8—摆辗机顶出活塞；9—顶出垫块；10—顶杆；11—下模芯垫；
12—下模芯；13—下模外套；14—摆头；15—摆头压板

该模具具有如下特点：

（1）上模由摆头 14、摆头外套 4 组合而成，在摆头 14 下端面的工作部分有异型型腔，为了提高摆头 14 的使用寿命，在摆头 14 外锥面上镶套有摆头外套 4，由摆头 14 和摆头外套 4 经锥度过盈、冷压配合而成预应力组合模具结构。

（2）下模成形型腔由下模芯 12、下模芯垫 11 组合而成，下模芯 12 和下模外套 13 组成的下模采用了锥度过盈配合的预应力组合模具结构。

（3）下模芯垫 11 的上端面有异型型腔，下模芯垫 11 既是组成下模成形型腔的模具零件之一，又作为顶料杆起顶料作用；下模芯垫 11 的外形与下模芯 12 的内孔之间的间隙不能过大，以防止因铝合金挤入形成的毛刺或飞边而造成顶出困难。

8.23　6061 锻铝合金循环器壳体的冷锻成形

图 8-81 所示为某冷凝器中循环器壳体的零件简图，其材质为 6061 锻铝合金。

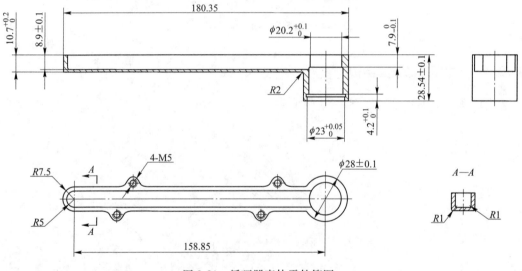

图 8-81　循环器壳体零件简图

8.23.1　冷锻件图的制定

由图 8-81 可知，该零件是一个具有长条形薄壁壳体的、变截面的杆类零件，其中直径 $\phi28$mm 的大端头部与截面为槽钢截面的杆部之间成 90° 的夹角；其尺寸精度和表面质量要求不高。对于这种零件，用形状简单的坯料或型材进行一次冷锻成形是很难达到零件的形状、尺寸要求的，必须采用多道次成形工序，也就是必须要进行预制坯。

对于图 8-81 所示的零件，可以采用正挤压制坯+局部镦粗制坯+锯切剖分+镦挤制坯+反挤压预成形+闭式挤压的冷锻成形方法进行加工。该零件杆部 4 个 M5.0mm 的螺纹孔、大端头部直径 $\phi20.2$mm 和 $\phi23$mm 的台阶孔必须采用切削机床进行后续加工，其杆部的上端面留有至少 2.5mm 的加工余量，直径 $\phi28$mm 的大端头部上、下端面均留有 1.5mm 的加工余量；其余部分可以采用冷锻成形方法直接锻造成形，无须留加工余量就能达到循环器壳体的设计要求。

按照上述分析制定的冷锻件图如图 8-82 所示。

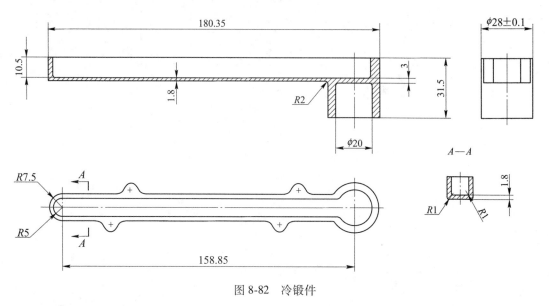

图 8-82　冷锻件

8.23.2　冷锻成形工艺流程

对于如图 8-82 所示的冷锻件，其冷锻成形工艺流程为：

（1）下料，将直径 $\phi26mm$ 的 6061 锻铝合金圆棒料在带锯床上锯切成长度为 140mm 的坯料，如图 8-83 所示。

（2）软化退火。

（3）碱洗、润滑。

（4）正挤压制坯，将坯料在公称压力为 1600kN 的四柱液压机上进行正挤压制坯，得到如图 8-84 所示的正挤压坯件。

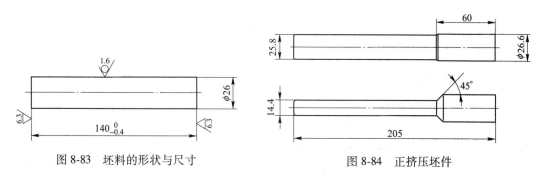

图 8-83　坯料的形状与尺寸　　　　图 8-84　正挤压坯件

（5）局部镦粗制坯，将正挤压坯件在公称压力为 3150kN 的四柱液压机上进行局部镦粗制坯，得到如图 8-85 所示的镦坯件。

（6）锯切剖分，将镦坯件在立式带锯机床上进行锯切，得到如图 8-86 所示的剖分坯件。

（7）镦挤制坯，将剖分坯件在公称压力为 3150kN 的四柱液压机上进行镦挤制坯，得到如图 8-87 所示的镦挤坯件。

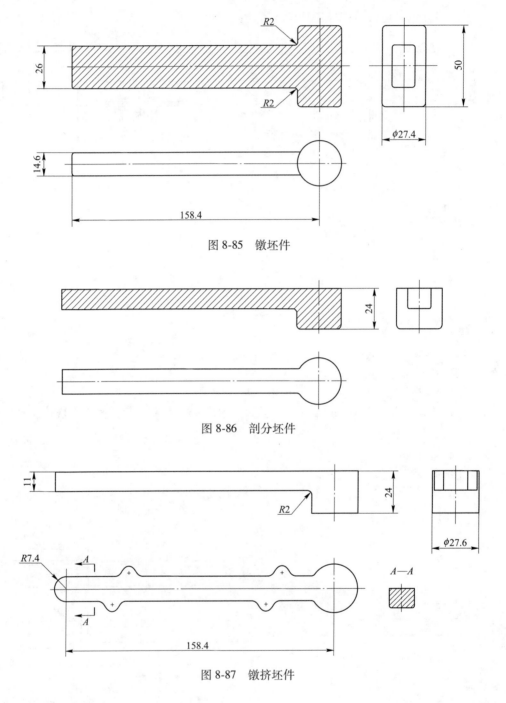

图 8-85　镦坯件

图 8-86　剖分坯件

图 8-87　镦挤坯件

（8）反挤压预成形，将镦挤坯件在公称压力为 3150kN 的四柱液压机上进行反挤压预成形，得到如图 8-88 所示的预成形件。

（9）铣削加工，在立式铣床上用端面铣刀对预成形件中高低不平的上端面进行铣削加工，得到如图 8-89 所示的铣削加工件。

（10）闭式挤压成形，将铣削加工件在公称压力为 1000kN 的四柱液压机上进行闭式挤压成形，得到如图 8-82 所示的冷锻件。

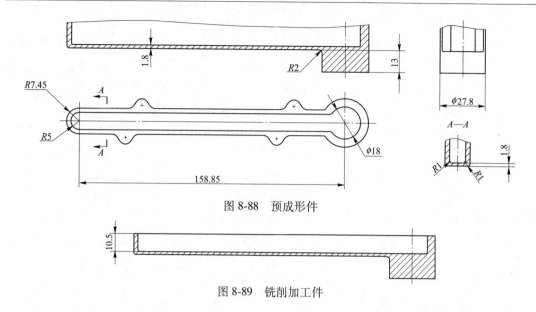

图 8-88　预成形件

图 8-89　铣削加工件

8.23.3　模具设计

8.23.3.1　正挤压制坯模具设计

图 8-90 所示为正挤压制坯的模具结构总装图。

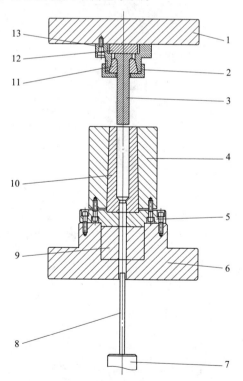

图 8-90　正挤压制坯模具结构

1—上模板；2—上模紧固螺母；3—冲头；4—凹模外套；5—凹模垫板；6—下模座；7—下顶杆；
8—顶料杆；9—下模衬垫；10—凹模芯；11—冲头夹头；12—上模垫块；13—上模座

该模具具有如下特点：

（1）本模具为正挤压模具，它用于将图 8-83 所示的圆柱体坯料正挤压成一端为 25.8mm×14.4mm×145mm 矩形杆、另一端为 ϕ26.6mm×60mm 圆柱体的正挤压坯件，如图 8-84 所示；该模具结构简单，模具零部件少，模具制作成本低，模具更换容易。

（2）本模具无导向机构，靠凹模芯 10 和冲头 3 的模口进行导向。

（3）凹模芯 10 和凹模外套 4 组成的凹模采用了锥度过盈配合的预应力组合模具结构。

8.23.3.2　局部镦粗制坯模具设计

图 8-91 所示为局部镦粗制坯的模具结构总装图。该模具具有如下特点：

（1）该模具为局部镦粗模具，它用于将图 8-84 所示的正挤压坯件中的 ϕ26.6mm× 60mm 的圆柱体部分镦粗成 ϕ27.4mm×50mm 圆柱体的"T"形镦坯件，如图 8-85 所示。

（2）上凹模由上凹模芯 4 和上凹模外套 15 组合而成，在上凹模芯 4 下端面的工作部分有异型型腔；上凹模芯 4 的外锥面上镶套有上凹模外套 15，由上凹模芯 4 和上凹模外套 15 经锥度过盈、冷压配合而成预应力组合模具结构。

（3）下凹模由下凹模芯 13、下凹模外套 6 组合而成，下凹模芯 13 和下凹模外套 6 组成的下模采用了锥度过盈配合的预应力组合模具结构。

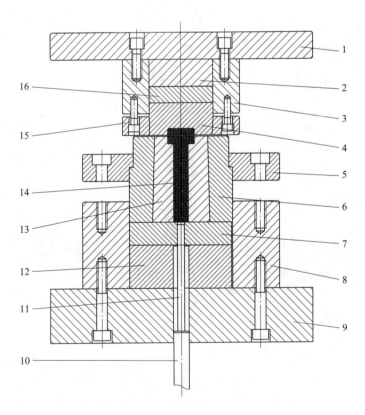

图 8-91　局部镦粗制坯模具结构

1—上模板；2—上模垫块；3—上模座；4—上凹模芯；5—下模压板；6—下凹模外套；7—下模垫块；
8—下模座；9—下模板；10—下顶杆；11—顶料杆；12—下模衬垫；13—下凹模芯；
14—镦坯件；15—上凹模外套；16—上模垫板

8.23.3.3　镦挤制坯模具设计

图 8-92 所示为镦挤制坯的模具结构总装图。该模具具有如下特点：

（1）该模具为镦粗模具，它用于将图 8-86 所示的剖分坯件中 26mm×14.6mm×145mm 矩形杆镦挤成如图 8-87 所示的、具有异型截面杆的镦挤坯件。

（2）上模由冲头 16 和冲头固定板 3 组合而成；冲头 16 与冲头固定板 3 之间为过盈配合，其过盈量为单边 0.075mm，其配合方式为热镶套。

（3）下模成形型腔由凹模芯 15、凹模芯垫 6 组合而成，凹模芯 15 和凹模外套 5 组成的下模采用了锥度过盈配合的预应力组合模具结构。

（4）凹模芯垫 6 的上端面有异型型腔，凹模芯垫 6 既是组成下模成形型腔的模具零件之一，又作为顶料杆起顶料作用；凹模芯垫 6 的外形与凹模芯 15 的内孔之间的间隙不能过大，以防止因铝合金挤入形成的毛刺或飞边而造成顶出困难。

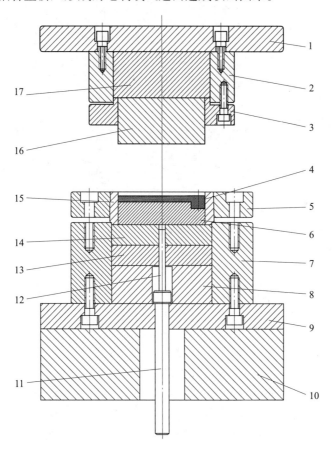

图 8-92　镦挤制坯模具结构

1—上模板；2—上模座；3—冲头固定板；4—镦挤坯件；5—凹模外套；6—凹模芯垫；7—下模座；
8—顶杆垫板；9—下模板；10—下垫板；11—下顶杆；12—顶杆；13—凹模垫板；
14—凹模承载垫；15—凹模芯；16—冲头；17—冲垫

8.23.3.4　反挤压预成形模具设计

图 8-93 所示为反挤压预成形模具结构总装图。该模具具有如下特点：

（1）该模具为反挤压模具，它用于将图 8-87 所示的镦挤坯件反挤压成如图 8-88 所示的、具有"凹槽"形的预成形件；该模具结构与图 8-92 所示的镦挤制坯模具结构相似。

（2）上模由冲头 16 和冲头固定板 3 组合而成；冲头 16 与冲头固定板 3 之间为柱面过盈配合，其过盈量为单边 0.075mm，其配合方式为热镶套。

（3）下模成形型腔由凹模芯 15、凹模芯垫 6 组合而成，由凹模芯 15 和凹模外套 5 组成的下模采用了锥度过盈配合的预应力组合模具结构。

（4）凹模芯垫 6 的上端面有异型型腔，凹模芯垫 6 既是组成下模成形型腔的模具零件之一，又作为顶料杆起顶料作用；凹模芯垫 6 的外形与凹模芯 15 的内孔之间的间隙不能过大，以防止因铝合金挤入形成的毛刺或飞边而造成顶出困难。

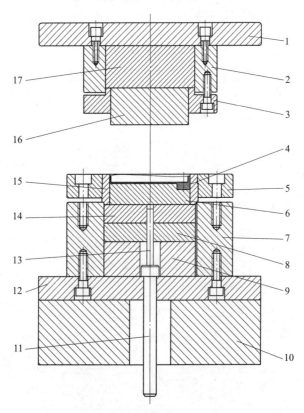

图 8-93　反挤压预成形模具结构

1—上模板；2—上模座；3—冲头固定板；4—预成形件；5—凹模外套；6—凹模芯垫；7—下模座；
8—凹模垫板；9—顶杆垫块；10—下垫板；11—下顶杆；12—下模板；13—顶杆；
14—凹模垫块；15—凹模芯；16—冲头；17—冲垫

8.23.3.5　闭式挤压成形模具设计

图 8-94 所示为闭式挤压成形模具的结构总装图。该模具具有如下特点：

（1）该模具为闭式挤压模具，它用于将图 8-89 所示的铣削加工件挤压成如图 8-82 所示的冷锻件。

（2）上模 17 的下端面凸起部分为工作部分，其形状与图 8-89 所示的铣削加工件的内孔型腔即"凹槽"相同；该工作部分高度方向的尺寸与图 8-89 所示的铣削加工件的内孔型腔深度相同,其长度和宽度方向的尺寸比图8-89所示的铣削加工件的内孔型腔小0.05mm。

（3）下模成形型腔由凹模芯16、凹模芯垫15、冲孔冲头5组合而成,凹模芯16和凹模外套4组成的下模采用了锥度过盈配合的预应力组合模具结构。

（4）凹模芯垫15的上端面有异型型腔,凹模芯垫15既是组成下模成形型腔的模具零件之一,又作为顶料杆起顶料作用;凹模芯垫15的外形与凹模芯16的内孔之间的间隙不能过大,以防止因铝合金挤入形成的毛刺或飞边而造成凹模芯垫15上、下运动困难,影响顶料。

（5）冲孔冲头5位于凹模芯垫15的孔内,冲孔冲头5既是组成下模成形型腔的模具零件之一,又作为冲孔模具起冲孔作用;冲孔冲头5的工作部分直径与凹模芯垫15的内孔之间的间隙不能过大,以防止因铝合金挤入形成的毛刺或飞边而造成凹模芯垫15上、下运动困难,影响顶料。

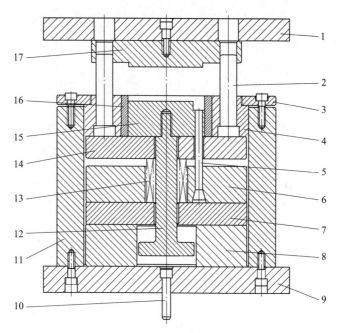

图8-94　闭式挤压成形模具结构

1—上模板;2—导柱;3—凹模压板;4—凹模外套;5—冲孔冲头;6—下模衬垫;7—下模垫板;
8—顶杆垫块;9—下模板;10—下顶杆;11—下模座;12—顶杆;13—压簧;14—凹模垫块;
15—凹模芯垫;16—凹模芯;17—上模

铝合金的精密热模锻成形

9.1 6061锻铝合金外导体的热挤压成形

外导体是某微波通信器材上的关键构件，它是具有矩形盲孔的壳体类零件，材质为6061锻铝合金（如图9-1所示）。

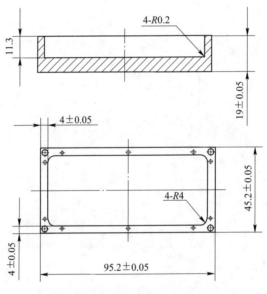

图9-1 外导体零件简图

9.1.1 成形工艺分析

9.1.1.1 外导体的结构特点

图9-1所示的外导体是一个高精度、低表面粗糙度的矩形盲孔壳体类零件。其内腔的表面粗糙度要求高，达$Ra0.8 \sim 1.6\mu m$，且不允许有砂眼、气孔、折叠等缺陷存在，以提高其电信性能指标；内孔侧壁与底面的圆角很小，不允许超过$R0.20mm$。

9.1.1.2 原加工方法存在的不足

对于如图9-1所示的外导体，其原加工方法如下：

（1）压力铸造或低压铸造。某企业曾采用压力铸造或低压铸造的方法来生产图9-1所示的外导体。压力铸造或低压铸造能够得到形状和尺寸都满足图9-1所示外导体要求的铸件。对于一副新模具，当铸造的铸件数量生产至300~500件时，其铸件内孔型腔表面质量越来越差即表面粗糙度越来越高；当铸造的铸件数量超过800~1000件时，其铸件内孔型腔表面粗糙度就超过了$Ra1.6\mu m$的技术要求了。同时，由于压力铸造和低压铸造生产的铸件始终存在着气孔等铸造缺陷，这些铸造缺陷直接影响外导体的电信性能指标。

（2）切削加工。

1）常规铣削加工。采用常规的立式铣床虽然可以铣削加工出满足图 9-1 所示外导体形状和尺寸要求的铣削加工件，但铣削加工件的内孔型腔表面质量较差，难以达到图 9-1 所示外导体所要求的 $Ra0.8 \sim 1.6\mu m$ 表面粗糙度技术指标。

2）数控铣削加工。目前国内普遍采用数控加工中心来加工图 9-1 所示的外导体，该加工方法能够得到合格的产品。

对于如图 9-1 所示的外导体，无论是采用数控铣削加工还是常规的铣削加工，都存在如下不足：材料利用率低，据计算采用铣削加工时的材料利用率仅有 50%，甚至更低，浪费了大量的有色金属材料；生产效率极低，对于图 9-1 所示的外导体，由于其内孔侧表面之间的圆角为 $R4mm$，在铣削加工时（至少是在精铣时）必须选用直径 $\phi 8mm$ 的铣刀；因为铣刀直径很小，为了保证铣削加工件的内孔型腔表面粗糙度，防止铣削加工设备的振动，必须选用较小的进给量和进给速度，因此铣削加工时间长，生产效率极低；生产成本高，对于图 9-1 所示的外导体，每件的铣削加工费高达 10.00 元以上，其制造成本太高；不能进行大批量生产，难以满足微波通信等行业的生产需要。

9.1.1.3　6061 锻铝合金的成形特性

6061 锻铝合金是 Al-Mg-Si 系变形铝合金，其主要合金元素是 Mg 和 Si，合金化程度中等，并形成 Mg_2Si 相；其屈服强度 σ_s 在 110MPa 以上，伸长率 δ 在 16% 以上，具有良好的塑性和较低的变形抗力，适合于冷、热成形加工。

9.1.1.4　成形加工方法的选择

通过对图 9-1 所示的外导体的结构特点和 6061 锻铝合金材料的成形工艺特性进行分析，可以看出，该外导体适宜于冷、热成形加工。

对于如图 9-1 所示的外导体，若采用冷挤压成形工艺进行生产，其工艺流程如下[33]：

型材下料→退火→表面处理→冷挤压成形

采用以上工艺可以得到完全满足外导体技术要求的高质量、高精度、低表面粗糙度的外导体冷挤压件。但由于冷挤压成形过程中的退火工序和表面处理工序占用时间较长，因此其生产周期较长，生产效率不高；同时在冷挤压成形过程中，由于冲头工作部分的端面形状为平面，这种形状的冲头在冷挤压变形力的作用下容易破断，冲头使用寿命较低。

热成形包括热挤压和等温挤压等成形工艺，其工艺流程为：型材下料→加热→热成形。

等温挤压成形工艺是将加热后的坯料放入已加热至变形温度的模具里并在恒定温度下进行挤压成形加工，从而获得一定形状、尺寸和力学性能的挤压件；由于等温挤压是在变形温度和模具温度基本相等的情况下挤压成形，可以保证坯料在最佳的温度下成形，与冷挤压成形相比此时坯料材料的塑性很好、变形抗力很小，避免了冷挤压成形时存在的冲头破断的问题，成形更加容易，成形件的精度高、尺寸稳定；但是等温挤压的模具必须带有加热系统和冷却系统，使模具结构异常复杂、能源消耗大、生产效率不高，不便于组织大批量生产。

热挤压是将坯料加热到始锻温度以上、固相线以下某一温度，并在始锻温度下进行的挤压成形加工；在该温度下，6061 锻铝合金的塑性较高、变形抗力较低，成形容易，挤压件的精度高、尺寸稳定；而且模具结构简单、生产工序少、生产周期短、生产效率高；它既克服了冷挤压成形时的生产周期较长、生产效率不高和冲头容易破断的问题，又克服了等温挤压时的模具结构复杂、能源消耗大、生产效率不高等问题。

以上分析可知，采用热挤压成形工艺成形图 9-1 所示的外导体比较适宜。

9.1.2　热挤压件图的制定

图 9-1 所示的外导体是一个内腔圆角很小的、内外形均为矩形的盲孔类壳形件。在热挤压成形过程中，为了防止因各部分变形的不均匀所引起的锻件筒壁高度参差不齐，要求采用闭式挤压的成形方式；为了防止锻件顶出后因收缩不均匀所引起的壁厚不均匀，保证锻件冷却后的壁厚均匀一致，要求锻件的口部必须充填饱满。

图 9-2 所示为外导体的热挤压件图。

9.1.3　热挤压成形工艺

9.1.3.1　坯料的形状和尺寸

采用截面尺寸为 45.5mm×14.2mm 的 6061 锻铝合金型材经带锯床锯切而成的坯料，如图 9-3 所示。锯切的坯料应除去毛刺，避免因毛刺的存在而造成挤压件下端面的凹坑或外形不饱满。

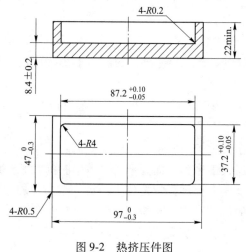

图 9-2　热挤压件图　　　　　　　　　　图 9-3　坯料的形状与尺寸

9.1.3.2　热挤压成形过程

热挤压成形用设备为 YH32-200A 型四柱式液压机，在热挤压成形开始之前要对成形用模具进行预热，预热温度为 200℃左右，其预热方式：用加热后的坯料。

坯料采用箱式电阻加热炉加热，其加热温度为（430±20）℃，保温时间为 60~80min；采用 XCT101 温控仪进行控温。

为了提高热挤压件的表面质量，保证挤压成形时金属充填情况良好，减少模具的磨损和金属流动阻力，以及使挤压件易于从模具内脱出，必须对坯料进行润滑处理；本工艺采用胶体水基石墨润滑剂对模具和坯料进行润滑。对坯料的润滑方法是：将加热到 120~

160℃后的坯料浸入胶体水基石墨润滑剂中，保持 10～20s 后取出，此时涂敷效果较好，润滑剂与坯料牢固地结合在一起，且操作方便、干燥快。对模具的润滑方法是将水基石墨润滑剂用喷枪均匀地喷涂在冲头的表面和凹模的型腔中。

　　然后再将已涂敷润滑剂的坯料放入箱式加热炉内加热到（430±20）℃后保温 60～80min；挤压时，将坯料从加热炉中取出，迅速放入模具内进行热挤压成形。

　　图 9-4 所示为热挤压成形的外导体挤压件实物。

图 9-4　外导体热挤压件实物

9.1.4　模具结构设计

9.1.4.1　模具总装结构

　　在热挤压成形过程中，模具的工作温度较高。为了保证挤压成形加工动作灵活、生产效率高、模具使用寿命长，必须使模具结构尽可能简单可靠。本工艺采用的模具结构如图 9-5 所示。

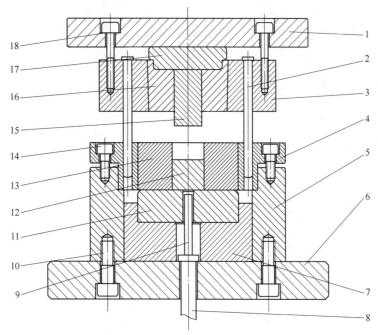

图 9-5　热挤压模具总装结构

1—上模板；2—小导柱；3—凸模外套；4—凹模外套；5—下模座；6—下模板；7—下模垫板；
8—下顶杆；9—顶杆；10—紧固螺钉 1；11—凹模垫块；12—凹模芯垫；13—凹模芯；14—紧固螺钉 2；
15—冲头；16—凸模芯；17—凸模垫板；18—紧固螺钉 3

　　该模具具有如下特点：

　　（1）凹模采用预应力组合模具结构，凹模外套与凹模芯之间为锥面过盈配合，模具型腔由凹模芯以及凹模芯垫所组成，凹模芯与凹模芯垫之间为间隙配合。

　　（2）凸模采用组合模具结构，凸模外套与凸模芯之间为锥面过盈配合；冲头和凸模芯之间为间隙配合，其间隙值保证在 0.02mm 以内；将冲头放入预压配过盈量为单边 0.10mm 的组合凸模的内孔型腔中，再将凸模外套与凸模芯继续冷压配，保证凸模外套与凸模芯之间的过盈量达到单边 0.25mm，保证凸模芯能紧紧地夹住冲头。

（3）为了保证凸、凹模的对中，采用导孔、导柱导向机构，其中组合凹模的凹模外套上有两个导孔，其中的导孔与凹模形内孔型腔是在凹模外套与凹模芯冷压配以后在慢走丝线切割机床上一次加工而成；组合凸模的凸模外套上装有两个小导柱，其中的小导柱孔与凸模芯内孔型腔是在预压配过盈量为单边 0.10mm 的组合凸模中在慢走丝线切割机床上一次加工而成。

9.1.4.2　模具零件的设计

热挤压成形的挤压件实际上是成形内孔型腔，内孔型腔的形状虽然简单，但其尺寸精度和表面质量要求较高，为了避免因冲头的弹性变形及热胀冷缩所引起的热挤压件尺寸、形状"超差"，对冲头的工作部分需要进行"修形"。

图 9-6 所示为热挤压模具的零件图，模具零件的材料及热处理硬度见表 9-1。

表 9-1　模具零件的材料及热处理硬度

序号	模具零件	材料牌号	热处理硬度（HRC）
1	冲头	Cr12MoV	56~60
2	凸模芯	Cr12	54~58
3	下顶杆	Cr12	54~58
4	凸模外套	45	32~38
5	凸模垫板	H13	48~52
6	上模板	45	28~32
7	凹模垫块	H13	48~52
8	凹模芯	Cr12MoV	54~58
9	顶料杆	W6Mo5Cr4V2	60~62
10	凹模外套	45	32~38
11	下模垫板	45	38~42
12	下模压板	45	28~32
13	凹模芯垫	Cr12	54~58
14	下模座	45	28~32
15	下模板	45	28~32

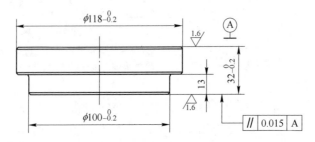

a

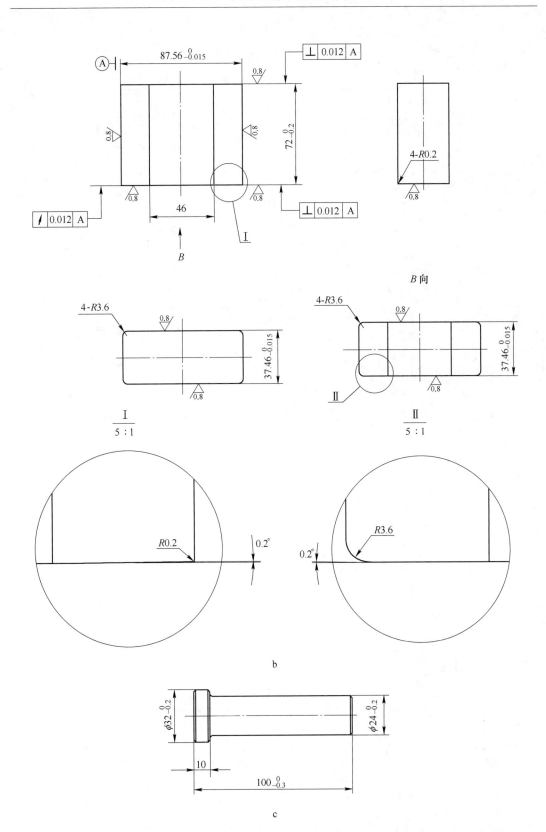

b

c

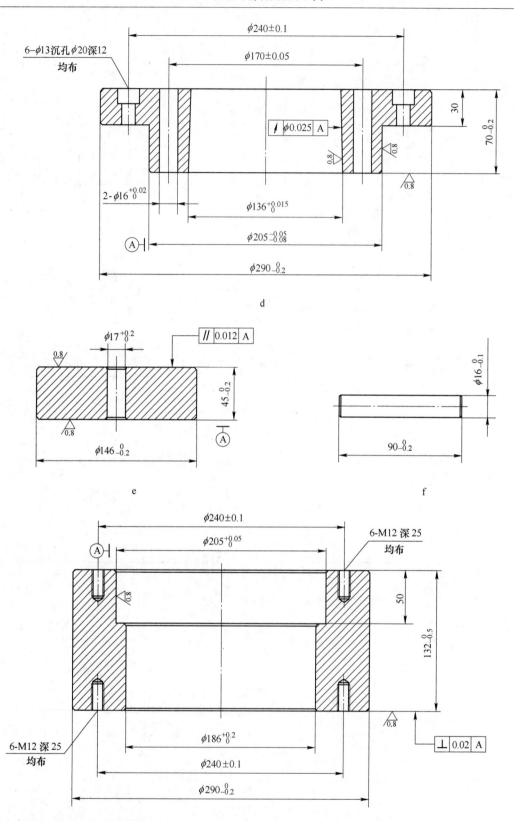

d

e

f

g

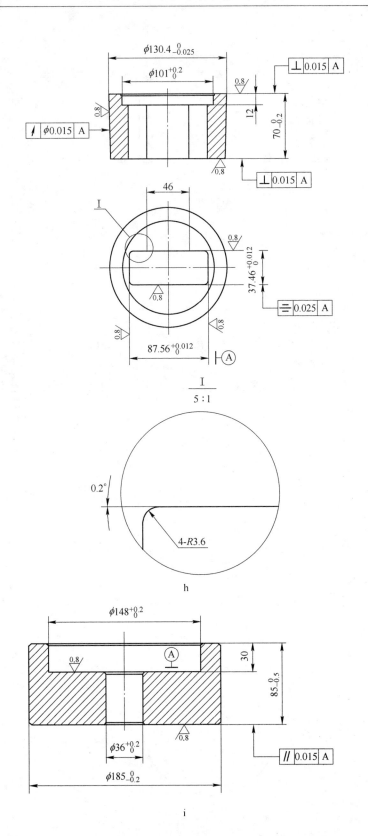

$$\frac{\text{I}}{5:1}$$

h

i

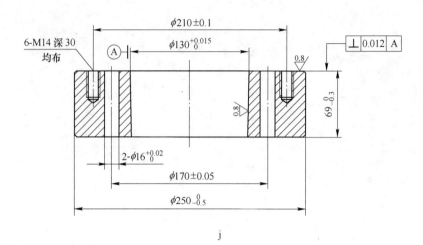

j

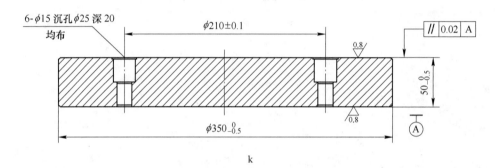

k

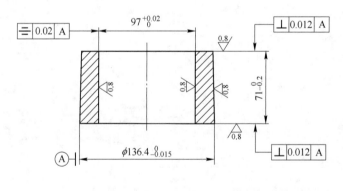

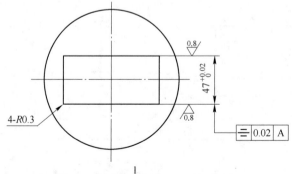

l

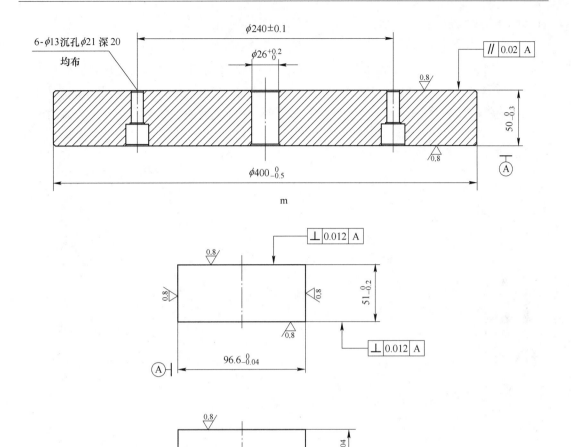

图 9-6　模具零件图

a—凸模垫板；b—冲头；c—下顶杆；d—凹模外套；e—凹模垫块；f—顶杆；g—下模座；h—凸模芯；
i—下模垫板；j—凸模外套；k—上模板；l—凹模芯；m—下模板；n—凹模芯垫

9.2　6063 锻铝合金方形壳体的热挤压成形

图 9-7 所示方形壳体是某功率放大器上的关键构件，它是具有方形盲孔的方形壳类零件，其材质为 6063 锻铝合金。

9.2.1　方形壳体的结构特点和热挤压件图的制定

9.2.1.1　产品的结构特点及要求

图 9-7 所示的方形壳体，其内孔型腔底平面的平面度不大于 0.10mm，内孔型腔的侧表面与底平面的圆角要求小于 $R0.2$mm；同时方形壳体不允许有夹杂、微裂纹、折叠、凹坑、划痕等缺陷，其表面粗糙度 Ra 小于 1.6μm。虽然其四边的筒壁厚度较薄（壁厚 4mm

±0.05mm），但筒壁高度不高，仅有（11.3±0.05）mm。

9.2.1.2　热挤压件图的制定

为了提高方形壳体的电信性能，保证内孔型腔底平面的平面度、内孔型腔表面粗糙度要求，制定了如图9-8所示的热挤压件图。其中除方形壳体的外形和底厚，以及筒壁高度留有后续机械加工余量以外，内孔型腔部分不需要后续机械加工就能达到方形壳体的设计要求；外形的加工余量由后续铣削加工去除，底厚和筒壁高度上的加工余量由后续车削加工完成。

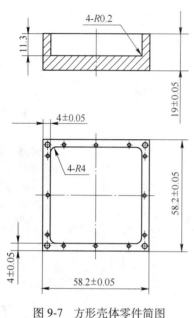

图9-7　方形壳体零件简图

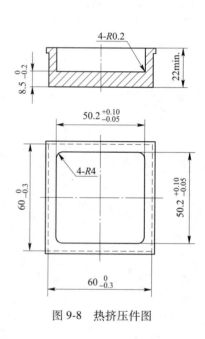

图9-8　热挤压件图

9.2.2　热挤压成形工艺

9.2.2.1　坯料形状及尺寸的确定

图9-7所示的方形壳体是一种外形为正方形的零件，选择型材作为坯料比较适宜；其中型材的正方形边长应比热挤压件的外正方形边长略小，厚度应比热挤压件的底厚要大。在热挤压成形过程中直接将坯料反挤压成形筒壁高度13mm的筒壁部分，保证底厚在（8.5±0.1）mm。

取截面形状为58.5mm×14.2mm的6063锻铝合金型材，在带锯床上锯切成如图9-9所示的坯料。

9.2.2.2　坯料的加热

6063锻铝合金是一种Al-Mg-Si系中具有中等强度的可热处理强化的铝合金。Mg和Si是主要合金元素，Mg和Si组成强化相Mg_2Si。当合金中的Mg_2Si量在0.71%~1.03%范围时，其抗拉强度随着Mg_2Si量的增加近似线性地提高，变形抗力也跟着提高、塑性下降。

为了降低其变形抗力、提高塑性，便于热反挤压成形加工，得到充填饱满的热挤压件,需要对 6063 锻铝合金坯料进行加热,使强化相 Mg_2Si 固溶。

坯料的加热设备为中温箱式电阻加热炉,其加热温度为（450±20）℃,保温时间为 40~60min;采用 XCT101 温控仪进行控温。

9.2.2.3　表面润滑处理

为了缩短生产周期,提高生产效率,减少表面润滑处理工艺中石墨、MoS_2 等对环境的污染,本工艺采用绿色、环保、经济的猪油作为润滑剂,采用涂抹的方式将成形时加热后的坯料和预热后的凹模内孔型腔、冲头工作部分进行润滑处理。

9.2.2.4　成形设备

由于图 9-9 所示的坯料尺寸较小、铝合金的导热性好,因此为了避免因成形设备滑块工作速度过慢所引起的加热后坯料温度降低过多,保证热挤压成形过程的顺利,需要选择滑块工作速度较快的成形设备。本工艺选用的成形设备 J31-250 型闭式单点压力机,其滑块行程为 190mm、滑块行程次数可达 28 次/min。

图 9-10 所示为热挤压成形的方形壳体热挤压件实物。

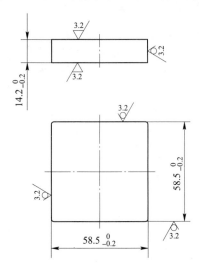

图 9-9　坯料的形状与尺寸

图 9-10　热挤压件实物

9.2.3　热挤压模具的设计

9.2.3.1　模具总体结构设计

图 9-8 所示的热挤压件,本工艺采用块状坯料通过半闭式反挤压成形工艺成形其正方形的内孔型腔和外形,图 9-11 为热挤压模具的总体结构图。

热挤压模具中凹模芯 12 的内孔型腔为正方形、冲头 13 的工作部分也是正方形（其四个角为 $R3.8mm$ 的圆弧）。

为了保证热挤压件的正方形内孔型腔和正方形外形的对称度要求,保证热挤压件筒壁的壁厚差在 0.10mm 以内,凹模芯 12 和冲头 13 必须有可靠的、良好的导向。

9.2.3.2　凹模外套的设计

凹模外套 5（如图 9-12 所示）与凹模芯 12 之间为过盈配合,其主要作用是对凹模芯

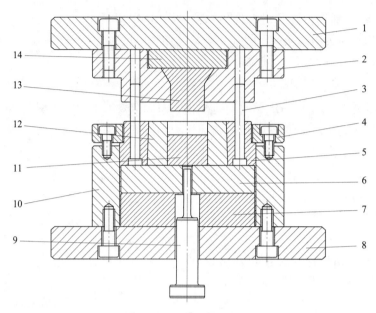

图 9-11　热挤压模具结构

1—上模板；2—冲头固定套；3—导柱；4—凹模压板；5—凹模外套；6—凹模垫板；7—下模衬垫；

8—下模板；9—顶杆；10—下模座；11—凹模芯垫；12—凹模芯；13—冲头；14—冲头承载垫

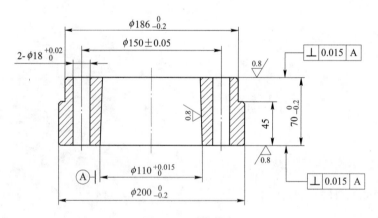

图 9-12　凹模外套

12 施加预应力；因此凹模外套 5 的内锥孔尺寸应比凹模芯 12 的外圆尺寸略小，而且需要配磨以保证接触面积率大于 75%，其过盈量为 0.40~0.50mm；其外表面与下模座 10 的内孔之间为间隙配合，其间隙大小应控制在 0.10mm 以内。

　　凹模外套 5 中设计有中心距为 150mm 的 2 个直径 ϕ18mm 的导柱孔，它与冲头固定套 2 中的导柱孔配合使用，保证凹模芯 12 中的矩形截面内孔和冲头 13 中的矩形截面外轮廓之间有良好的对称度。

　　凹模外套 5 中的 2 个直径 ϕ18mm 的导柱孔是在凹模芯 12 与凹模外套冷压配完成后再在慢走丝线切割机床上与凹模芯中的矩形截面内孔同时线切割加工而成。

　　凹模外套 5 可以采用中碳钢 45 钢、中碳合金结构钢如 40Cr 和 42CrMo 等，以及 5CrMnMo 和 5CrNiMo 等热作模具钢制作，其热处理硬度一般控制在 28~32HRC。

9.2.3.3　凹模芯的设计

凹模芯 12（如图 9-13 所示）与凹模外套 5 之间为过盈配合，其外圆尺寸应比凹模外套 5 的内锥孔尺寸略大，而且需要配磨以保证接触面积率大于 75%，配磨的压配高度应控制在 10～12mm，其过盈量为 0.40～0.50mm；其内孔型腔由中走丝线切割机床加工而成，线切割以后其工作部位（即距上端面 20mm 长的内孔型腔）应抛光至 $Ra0.4～0.8\mu m$；同时其内表面与凹模芯垫 11 的外表面之间为间隙配合，间隙大小应控制在 0.08～0.15mm 以内，保证在热挤压成形过程中凹模芯垫 11 能顺利地上、下运动，顶出热挤压件。

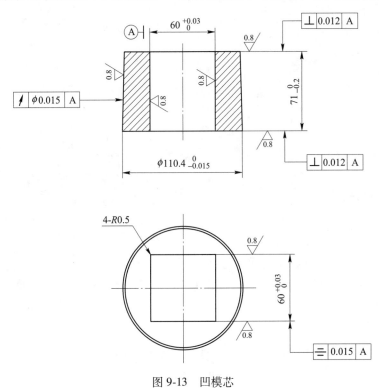

图 9-13　凹模芯

凹模芯 12 一般采用高碳高合金工具钢制作如 Cr12MoV、Cr12、W6Mo5Cr4V2 等材料，也可以采用基体钢如 LD、012Al、65Nb 等材料制作；其热处理硬度一般控制在 56～60HRC。

9.2.3.4　凹模芯垫的设计

凹模芯垫 11（如图 9-14 所示）与凹模芯 12 的内孔之间为间隙配合，间隙大小应控制在 0.08～0.15mm 以内；线切割加工后的凹模芯垫 11 应将工作端面抛光至 $Ra0.4～0.8\mu m$，工作端面与侧表面的圆角半径不能超过 $R0.20mm$，以避免热挤压成形过程中铝合金进入凹模芯 12 与凹模芯垫 11 的间隙中形成飞边，使热挤压件顶出困难。

凹模芯垫 11 一般采用基体钢如 LD、012Al、65Nb 等材料制作，其热处理硬度一般控制在 56～60HRC。

9.2.3.5　顶杆的设计

顶杆 9（如图 9-15 所示）的小端直径应比凹模垫板 6 的内孔直径略小（其间隙控制在

1.0mm 左右）；在热挤压成形过程中顶杆 9 小端的上端面应低于凹模垫板 6 内孔的上端面 3~5mm，以保证顶杆 9 不会承受热挤压力的作用。

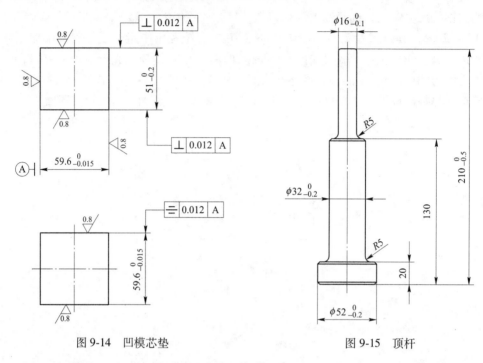

图 9-14 凹模芯垫   图 9-15 顶杆

顶杆 9 在将热挤压件顶出的过程中要承受较大的压力，因此要求顶杆 9 必须具有高的强度、硬度和一定的韧性和耐磨性，一般用 Cr12、Cr12MoV 等合金工具钢制作；其热处理硬度控制在 54~58HRC。

9.2.3.6 凹模垫板的设计

凹模垫板 6（如图 9-16 所示）承受来自凹模芯 12 和凹模芯垫 11 传递而来的热挤压力作用，要求具有很高的强度、硬度和足够的韧性。

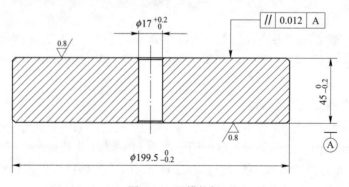

图 9-16 凹模垫板

由于热挤压件的顶出是顶杆 9 通过凹模垫板 6 中的通孔来实现的，因此要求凹模垫板 6 中的通孔直径应比顶杆 9 的小端直径稍大（其间隙控制在 1.0mm 左右），以保证顶杆 9 在热挤压成形过程中的上、下运动。

凹模垫板 6 一般采用 H13、5CrMnMo、5CrNiMo 等热作模具钢制作，其热处理硬度最好控制在 48~52HRC。

9.2.3.7 冲头的设计

冲头 13（如图 9-17 所示）与冲头固定套 2 之间靠锥度和矩形截面形状来定位。为了避免冲头 13 中的矩形截面外轮廓部分与冲头固定套 2 中的矩形截面内孔之间的"干涉"，要求冲头固定套 2 中的矩形截面内孔型腔尺寸应比冲头 13 中的矩形截面外轮廓的尺寸略大，其间隙值控制在 0.05~0.10mm 范围内。

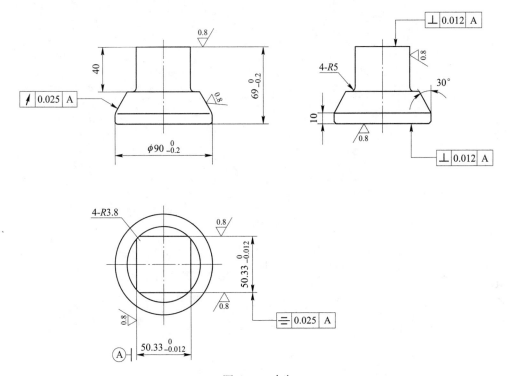

图 9-17 冲头

冲头 13 中的矩形截面部位由慢走丝线切割机床加工而成，线切割以后其工作部位（即距冲头 13 中小端端面 15mm 内的矩形截面外轮廓及小端端面）应抛光至 $Ra0.4$~$0.8\mu m$；同时为了保证热挤压件内孔型腔底平面的平面度、底平面与筒壁的垂直度要求，冲头 13 中的小端端面的平面度、小端端面与矩形截面外轮廓之间的垂直度必须严格控制。

冲头 13 一般采用高碳高合金工具钢制作，如 Cr12MoV、Cr12、W6Mo5Cr4V2 等材料；也可以采用基体钢如 LD、012Al、65Nb 等材料制作。其热处理硬度一般控制在 56~60HRC。

9.2.3.8 冲头固定套的设计

冲头固定套 2（如图 9-18 所示）与冲头 13 之间靠锥度和矩形截面形状来定位。为了避免冲头 13 中的矩形截面外轮廓部分与冲头固定套 2 中的矩形截面内孔之间的"干涉"，要求冲头固定套 2 中的矩形截面内孔型腔尺寸应比冲头 13 中的矩形截面外轮廓的尺寸略大，其间隙值控制在 0.05~0.10mm 范围内。

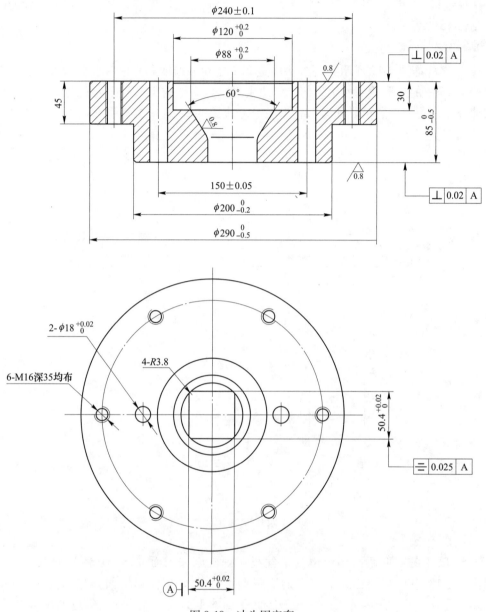

图 9-18 冲头固定套

冲头固定套 2 中设计有中心距为 150mm 的 2 个直径 ϕ18mm 的导柱孔，它与凹模外套 5 中的导柱孔配合使用，保证凹模芯 12 中的矩形截面内孔和冲头 13 中的矩形截面外轮廓之间有良好的对称度。

冲头固定套 2 中的 2 个直径 ϕ18mm 的导柱孔是在慢走丝线切割机床上以其中的锥形内孔为基准下与矩形截面内孔同时线切割加工而成，以保证线切割后的 2 个直径 ϕ18mm 的导柱孔与矩形截面内孔、锥形内孔之间的形位精度控制在 0.05mm 以内。

在热挤压成形过程的终了阶段，冲头固定套 2 的下端面会与挤压件直接接触，形成热挤压件的凸缘部分，因此冲头固定套 2 要承受一定的热挤压力作用，要求冲头固定套 2 的下端面与矩形截面内孔型腔的垂直度控制在 0.05mm 以内。

由于冲头固定套 2 会承受一定的热挤压力作用,因此冲头固定套 2 的材料一般采用高碳高合金工具钢制作,如 Cr12MoV、Cr12、W6Mo5Cr4V2 等材料;也可以采用基体钢如 LD、012Al、65Nb 等材料制作;其热处理硬度一般控制在 54~60HRC。

9.3 2A12 硬铝合金异型壳体的近净锻造成形

图 9-19 所示的异型壳体是某装备中的外壳体,其材质为 2A12 硬铝合金。它是一个具有复杂形状的、薄壁的孔类零件,其内腔和外形的尺寸精度要求较高,表面质量要求相当高,而且内孔侧壁与底面相交部分的圆角半径极小,内孔侧壁相交部分的圆角较小,因此采用常规的金属切削加工工艺很难达到零件的设计要求,而且生产效率极低。

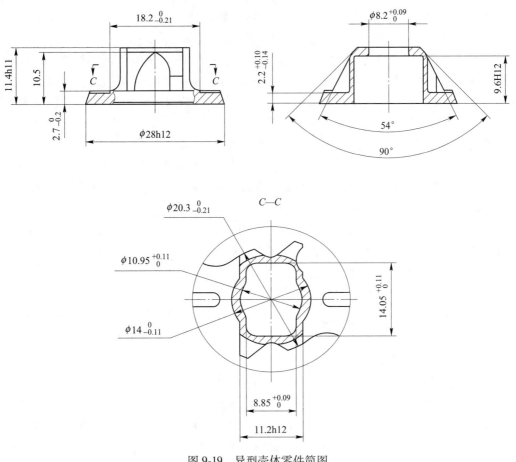

图 9-19 异型壳体零件简图

对于图 9-19 所示的异型壳体的制造,目前有两种加工方法:

(1)下料→时效处理→数控加工中心加工。这种加工方法可以得到合格的异型壳体;但该加工方法的材料利用率极低、生产效率低(只能采用小直径的铣刀,因此每次机加工量较小,需要很长的加工时间)、能源消耗大、生产周期长以及制造成本很高,难以进行大批量工业生产。

　　（2）下料→热挤压外形→时效处理→铣加工内孔型腔。该方法用热挤压工艺生产锻坯，以成形异型壳体的外部形状；然后以异型壳体的外形定位在常规的铣床上加工内孔型腔。由于外形形状复杂，后续铣加工定位精度不高，所加工的内孔型腔与外形的同轴度达不到零件图的要求。同时，由于异型壳体的内孔型腔较小，后续的铣加工比较困难。

9.3.1　成形加工方法的选择

　　2A12 硬铝合金材料既可以采用热成形的方法成形，也可以采用冷成形的方法加工。但对于图 9-19 所示的异型壳体，由于其外形复杂、筒壁厚度很薄，采用冷成形方法加工时由于其变形程度过大容易导致异型壳体的破断，因此该异型壳体适宜于热成形加工。

　　由于热锻的加热温度较高（一般在 450℃ 左右），在这种温度下 2A12 硬铝合金材料的氧化和热膨胀等因素使锻件的尺寸精度和表面质量难以达到异型壳体零件的要求；同时由于热锻加热温度与 2A12 硬铝合金的三相共晶温度非常接近（2A12 硬铝合金的三相共晶（$\alpha+S+\theta$）的熔点为 507℃），很容易造成 2A12 硬铝合金材料的过烧。

　　等温锻造成形工艺是将加热后的坯料放入已加热至变形温度的模具里并在恒定温度下进行锻造加工，从而获得一定形状、尺寸和力学性能的锻件；由于等温锻造是在变形温度和模具温度基本相等的情况下锻造成形，就可以保证坯料在最佳温度下成形，材料的塑性好、变形抗力小，避免了温锻时存在的问题，成形更加容易，锻件的精度高、尺寸稳定；但是等温锻造成形的模具必须带有加热系统和冷却系统，使模具结构异常复杂、模具零件的工作条件恶劣、模具使用寿命低、能源消耗大、生产效率低，不便于组织大批量生产。

　　温锻是将坯料加热到室温以上、热锻温度以下某一温度下进行锻造加工的一种精密加工工艺；在该成形温度下，2A12 硬铝合金的塑性较高、变形抗力较低，成形更加容易，锻件的精度高、尺寸稳定；而且模具结构简单、生产工序少、生产效率高；它既克服了热锻时材料的氧化、烧损和较大的热胀冷缩以及容易过烧的问题，又克服了等温锻造时的模具结构复杂、模具寿命低、能源消耗大、生产效率低下等问题。

　　以上分析可知，采用温锻成形工艺比较适宜。

9.3.2　近净锻造成形加工工艺方案的设计

9.3.2.1　温锻件图的制定

　　图 9-19 所示的异型壳体是一个法兰盘厚度和底部厚度都很薄、内腔圆角很小、筒壁厚度也很薄的壳体类零件。虽然其外形和内孔型腔复杂，但由于其外形和内孔型腔的尺寸精度要求不高、零件高度方向的尺寸较短，温锻件的脱模比较容易，因此温锻件的外形尺寸可以与零件的图示尺寸一致，不留后续机械加工余量；而且其内孔型腔的尺寸也可由温锻直接成形，不留后续机械加工余量。

　　由于图 9-19 所示异型壳体的法兰盘厚度和底部厚度很薄，要想温锻出法兰盘厚度和底部厚度如此薄的锻件是十分困难的，因此要保证温锻的顺利进行，就只能增加异型壳体锻件的底部厚度和法兰盘厚度。

　　由此，得到该异型壳体的温锻件图如图 9-20 所示。

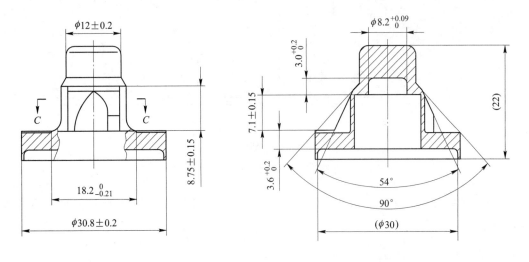

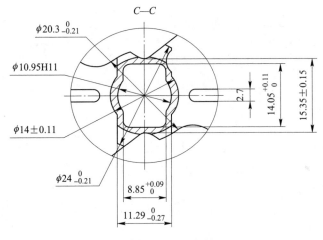

图 9-20 温锻件简图

9.3.2.2 工艺方案的设计原则

工艺方案的设计原则如下：

(1) 降低材料消耗以提高材料利用率；

(2) 合理分配变形程度，以利用金属流动，便于锻件内、外形状的良好充填；

(3) 减少各变形工序的变形力，从而提高模具的使用寿命；

(4) 减少中间工序以提高生产效率，保证能够大批量工业生产。

9.3.3 成形工艺设计

基于以上设计原则，针对图 9-20 所示的温锻件拟定了如图 9-21 所示的成形工艺方案：圆棒料→带锯下料→温挤压制坯→钻孔→温冲压成形[34]。

图 9-21a 所示为下料工序，采用带锯床锯切下料；图 9-21b 所示为温挤压制坯工序，对下料后的坯料进行温挤压，成形异型壳体的主要外部形状尺寸；图 9-21c 所示为钻孔工序，对温挤压成形的预制坯进行钻孔，以利于后续温冲压成形时内孔型腔的成形；图

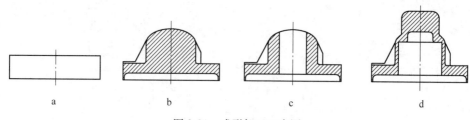

图 9-21　成形加工工序图

a—下料；b—温挤压制坯；c—钻孔；d—温冲压成形

9-21d 所示为温冲压工序，在温冲压工序中，冲头在成形内孔型腔形状的同时正挤压形成轴杆部分，便于顶出。

9.3.4　近净锻造成形加工工艺过程

近净锻造成形加工工艺过程具体如下：

（1）坯料的制备。坯料的体积与温锻件的体积相等，其尺寸应确保温锻件的内腔和外部形状成形容易、充填饱满。本工艺所用的坯料是采用尺寸为 $\phi28$mm 的 2A12 硬铝合金棒料经带锯切断而成，如图 9-22 所示。

（2）加热温度规范的确定。坯料采用箱式电阻

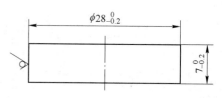

图 9-22　坯料的形状与尺寸

加热炉加热，其加热温度规范：加热温度为（400±20）℃，保温时间为 25～30min，采用 XCT101 温控仪进行控温。

（3）润滑剂及润滑方式的确定。为了提高温锻件的表面质量，保证温锻成形时金属充填情况良好，减少模具的磨损和金属流动阻力，以及使锻件易于从模具内脱出，必须对坯料进行润滑处理；本工艺采用猪油对模具和坯料进行润滑。

对坯料的润滑方法是：在生产过程中将加热到 380～420℃并保温一段时间的坯料从加热炉内取出后立即在猪油中浸一下，然后快速将坯料放入模具型腔内挤压或冲压成形。

对模具的润滑方法是将猪油用毛刷均匀地喷涂在冲头的表面和凹模的型腔中。

（4）模具的预热。在温锻生产开始之前要对成形用模具进行预热，预热温度为 200℃左右，其预热方式可以采用喷灯，也可以用加热后的坯料。

由于模具的工作温度较高，为避免模具热量传入压力机中，在压力机的工作台面和滑块的下端面应垫一定厚度的隔热棉，以对整个上、下模进行隔热。

（5）温挤压制坯成形。该工序是在 YA32-100 型四柱液压机上进行的。为了控制冲头的行程，保证异型壳体制坯件的法兰盘厚度一致及外部形状的良好充填，以利于后续温冲压成形的正常进行和提高模具的使用寿命，在模架两旁的工作台上各安装 1 个可以调节高低的刚性限位器。

温挤压制坯成形的制坯件如图 9-23 所示。

（6）温冲压成形。该成形工序是在 J23-63 型冲床上进行的。它是将钻孔后的钻孔坯件（如图 9-24 所示）在箱式电阻加热炉中加热至（400±20）℃，再保温 25～30min 后放入

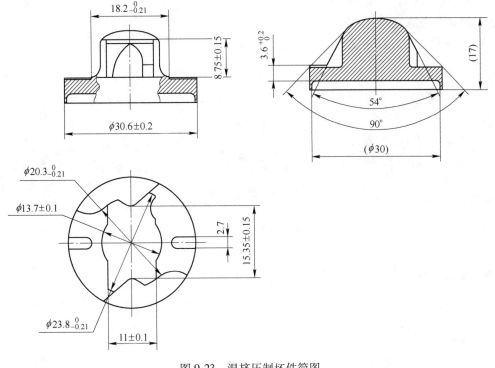

图 9-23 温挤压制坯件简图

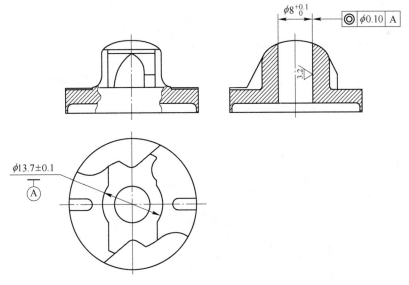

图 9-24 钻孔坯件

已经经过润滑处理的温冲压模具内进行温冲压成形。由于该工序主要成形异型壳体的内孔型腔部分,其成形力较小,所以成形下模采用整体式下模。

为了保证薄壁温锻件在冲压过程中不会被拉断,设计了一套能产生较大"背压力"的顶出机构,使其在温冲压成形过程的开始阶段即冲头刚与坯件接触时坯件的下端面也与顶料杆接触;在成形过程中,随着冲头的向下运动成形内孔型腔的同时,顶料杆随着冲头的向下运动而向下运动并施加一定的顶出力作用于坯件的下端面，以阻止由于成形速度过快所引起的温锻件薄壁部分的破断。

图 9-25 所示为温冲压成形的异型壳体实物。

图 9-25　温冲压成形的异型壳体温锻件实物（已经过后续粗车加工）

9.3.5　模具设计

9.3.5.1　温挤压制坯模具设计

A　模具结构

温挤压制坯模具结构图如图 9-26 所示，它具有如下特点：

（1）采用四柱式导柱、导套导向及定位的模架结构，保证凹模芯 14 的型腔和冲头 16 的良好对中性。

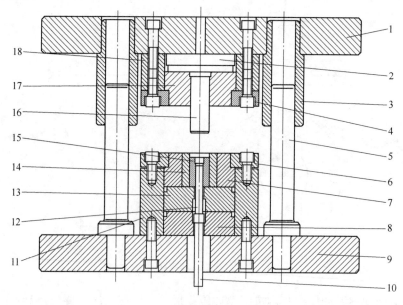

图 9-26　温挤压制坯模具结构

1—上模板；2—冲头垫块；3—导套；4—上模压板；5—导柱；6—下模压板；7—凹模外套；
8—下模垫板；9—下模板；10—顶杆；11—下模座；12—顶料杆；13—下模垫块；14—凹模芯；
15—凹模芯垫；16—冲头；17—冲头固定套；18—上模座

（2）采用了组合凹模结构，凹模芯 14 与凹模芯垫 15 之间为圆柱面紧配合，凹模芯 14 和凹模外套 7 之间为圆锥面过盈配合，靠凹模芯 14 和凹模外套 7 之间的过盈配合所产生的预紧力将凹模芯垫 15 与凹模芯 14 紧紧地联系在一起。它不仅使凹模芯垫 15 制造容易，凹模芯垫 15 更换方便，从而缩短了生产周期，降低了制造成本；而且还消除了凹模芯 14 中的异型型腔尖角的应力集中，使凹模芯 14 的承载条件得到改善，从而提高了凹模的使用寿命。

B　模具零件设计

温挤压制坯模具的主要模具零件图如图 9-27 所示，其模具零件的材料及热处理硬度见表 9-2。

表 9-2　温挤压制坯模具的主要模具零件材料牌号及热处理硬度

序号	模具零件	材料牌号	热处理硬度（HRC）
1	冲头	LD	56~60
2	凹模芯	LD	56~60
3	凹模芯垫	LD	56~60
4	凹模外套	45	32~38
5	下模垫块	GCr15	54~58
6	下模垫板	45	38~42

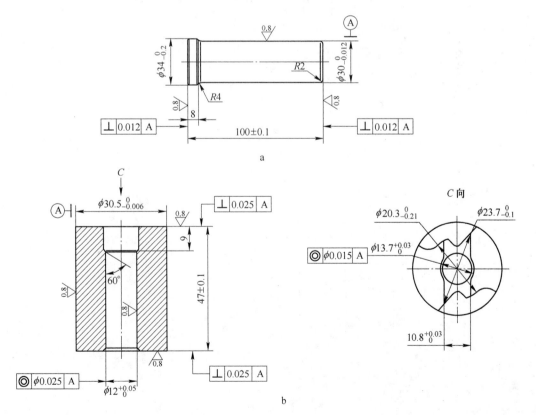

a

b

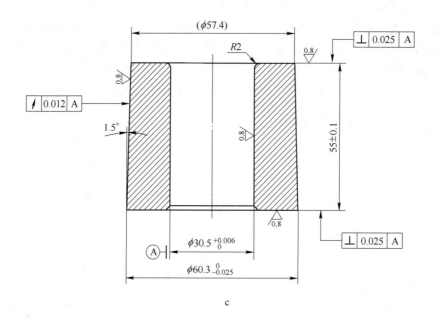

c

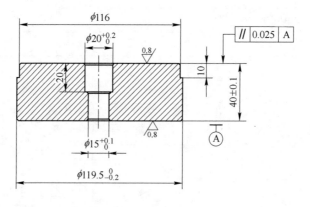

d

e

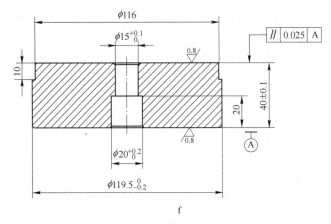

图 9-27   温挤压制坯模具的主要模具零件图

a—冲头；b—凹模芯垫；c—凹模芯；d—下模垫板；e—凹模外套；f—下模垫块

9.3.5.2   温冲压成形模具设计

A   模具结构

本工序使用的温冲压成形模具结构如图 9-28 所示。它是一种能产生较大"背压力"

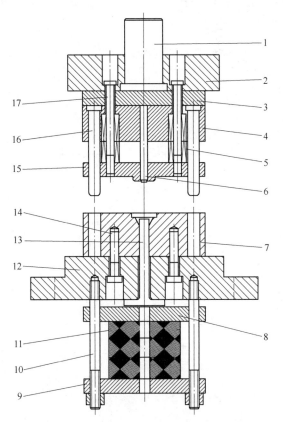

图 9-28   温冲压成形模具结构

1—模柄；2—上模座；3—上垫板；4—上模；5—压簧；6—冲头；7—下模；8—橡胶垫上压板；9—橡胶垫下压板；
10—双头螺杆；11—橡胶垫；12—下模板；13—顶料杆；14—紧固螺钉；15—卸料板；16—导柱；17—拉杆螺钉

的顶出机构的闭式挤压模具，安装在公称压力为 63 吨的冲床上进行温冲压成形。在温冲压成形过程中，当加热后并涂抹猪油润滑剂的钻孔坯件放入下模 7 中的异型型腔内以后，随着冲床滑块的向下运动，卸料板 15 在压簧 5 的弹簧力作用下钻孔坯件的法兰盘部分紧紧地压住，顶料杆 13 也将钻孔坯件的下端面紧紧地顶住；随着冲床滑块的继续向下运动，冲头 6 与钻孔坯件接触并逐渐挤入钻孔坯件内形成温锻件的内孔型腔；与此同时，顶料杆 13 受到挤压力的作用向下移动。温冲压成形完成后冲床滑块回程时，顶料杆 13 在橡胶垫 11 的弹力作用下将温锻件顶出。

　　B　下模 7 的设计

由于该工序是成形温锻件中的内孔型腔部分，其成形力较小，所以下模 7 采用整体结构式下模。由于温锻件的外形不再进行后续机械加工，因此对下模 7 的内孔型腔尺寸应进行修整。下模 7 中的内腔表面粗糙度对温锻件的外形尺寸和表面粗糙度有较大影响，下模 7 的内孔型腔表面质量高，不仅可以提高温锻件的外表面质量，而且可以避免由于热状态下铝合金的"粘模"所引起的温锻件的表面局部"缺肉"或拉裂等缺陷。

图 9-29 所示为下模零件简图，其材质选用 LD 钢，热处理硬度要求为 56~60HRC。

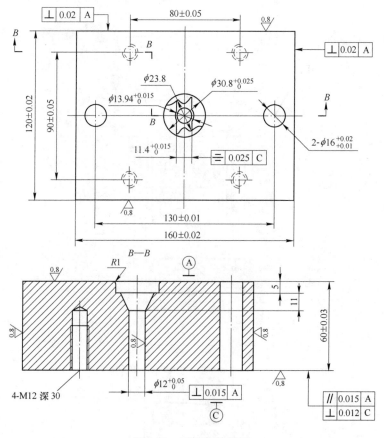

图 9-29　下模零件简图

　　C　冲头的设计

温冲压成形实际上是成形温锻件的内孔型腔。温锻件内孔型腔的形状虽然简单，但其尺寸精度和表面质量要求较高，为此，设计冲头时应注意冲头工作部分的加工，必须保证其形状精度和表面粗糙度要求；另外，为了避免温锻件的冷却收缩不均匀所引起的温锻件尺寸形状"超差"，要注意冲头工作部分尺寸的修整。

图 9-30 所示为冲头零件简图，其材质选用 LD 钢，热处理硬度要求为 56~60HRC。

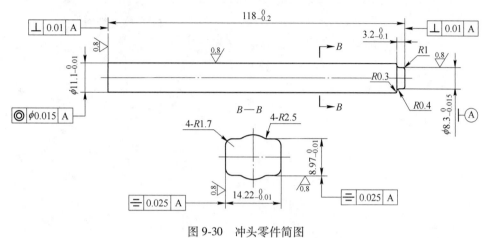

图 9-30　冲头零件简图

D　其他模具零件的设计

图 9-31 所示为其他模具的零件图，其模具材料牌号与热处理硬度见表 9-3。

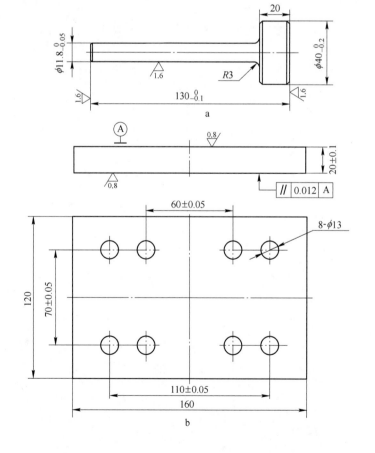

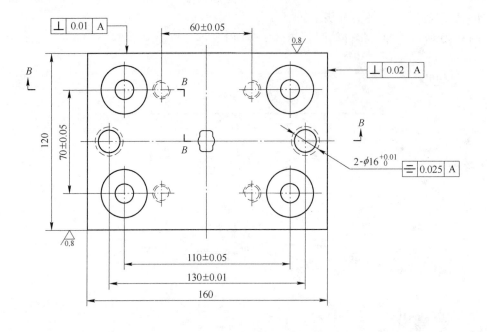

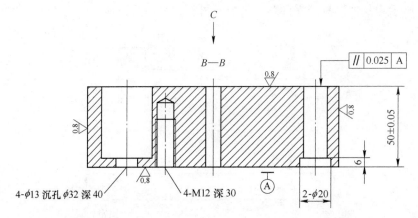

4-φ13 沉孔 φ32 深 40   4-M12 深 30   2-φ20

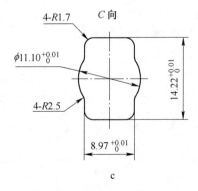

c

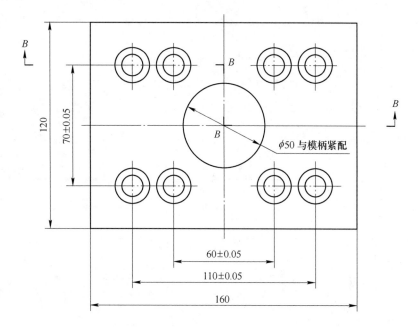

B—B

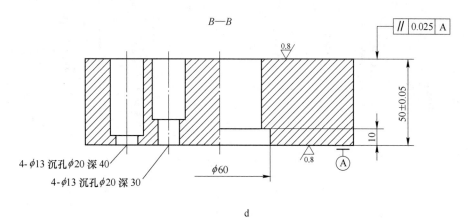

4-ϕ13 沉孔ϕ20 深 40

4-ϕ13 沉孔ϕ20 深 30

ϕ60

ϕ50 与模柄紧配

50±0.05

10

// 0.025 A

0.8

d

4-ϕ13
均布

ϕ15$^{+0.2}_{0}$

20$^{0}_{-0.2}$

ϕ110±0.2

ϕ140$^{0}_{-0.2}$

e

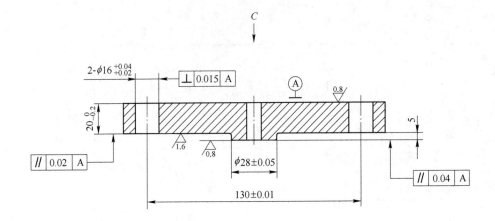

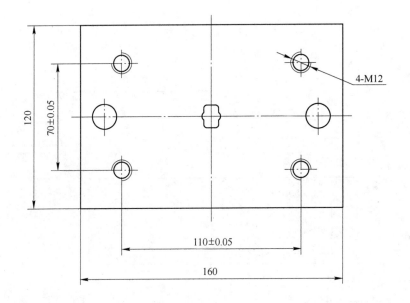

C 向放大

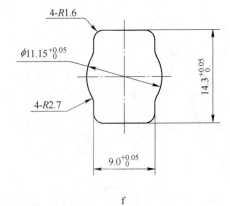

f

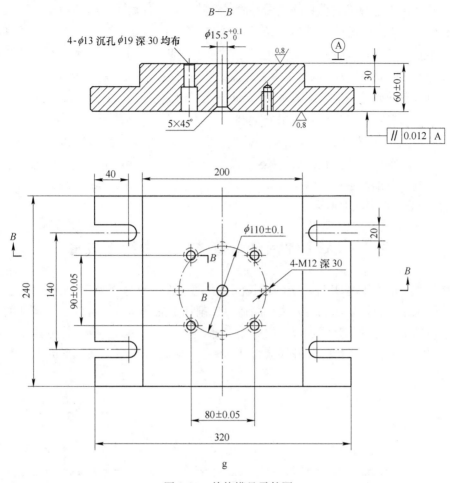

图 9-31 其他模具零件图

a—顶料杆；b—上垫板；c—上模；d—上模座；e—橡胶垫上、下压板；f—卸料板；g—下模板

表 9-3 图 9-31 所示模具零件的材料牌号与热处理硬度

序号	模具零件	材料牌号	热处理硬度（HRC）
1	上模	H13	48~52
2	上模座	45	28~32
3	橡胶垫上、下压板	45	28~32
4	上垫板	Cr12MoV	54~58
5	顶料杆	LD	54~58
6	卸料板	LD	54~58
7	下模板	45	28~32

9.3.6 模具加工工艺

本工艺中，温挤压制坯模具中的凹模芯垫及温冲压成形模具中的下模，其材料均为 LD 钢。LD 钢棒材必须经过充分锻造，使金属基体致密，碳化物不均匀性得到充分改善，

从而提高其加工工艺性能和模具的使用寿命；经热处理后硬度为 56~60HRC。

9.3.6.1　温挤压制坯凹模芯垫的制造过程

温挤压制坯的凹模芯垫如图 9-27b 所示，其加工工艺路线如下：棒料下料→十字改锻→球化退火→粗车加工→淬火、回火→内、外圆磨及靠磨端面→平磨另一端面→电火花加工内孔型腔→内型腔的抛光→模口倒圆弧 R0.5mm→在 200℃左右的油炉内去应力退火。

9.3.6.2　温冲压成形下模的制造过程

温冲压成形的下模如图 9-29 所示，其加工工艺路线如下：棒料下料→十字改锻→球化退火→粗铣六个面、钻预孔、加工螺纹→淬火、回火→平磨六个面→线切割两个导柱孔及中心孔→电火花加工中心的内孔型腔→内型腔的抛光→模口倒 R0.5mm 及 R2.5mm→在 200℃左右的油炉内去应力退火。

9.4　2A12 硬铝合金管体的近净锻造成形

图 9-32 所示的管体是某装备上的细长深盲孔薄壁件，其材质为 2A12 硬铝合金。对于该管体，曾采用金属切削加工的方法来制造。切削加工的管体虽然可以满足零件的设计要求，但是该加工工艺的工艺流程长、生产效率低、原材料消耗大（据计算管体零件质量仅 0.07kg，切削加工所需坯料的下料重量为 0.55kg），制造成本高，难以形成大批量的工业生产能力。

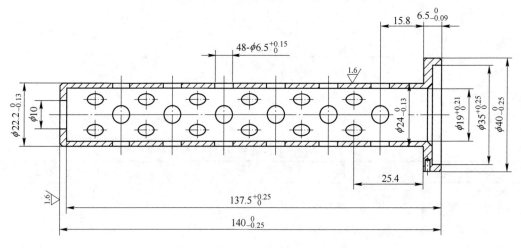

图 9-32　管体零件简图

为了提高生产效率、减小切削余量、节约有色金属材料、降低成本、便于大批量的工业生产，采用近净锻造成形工艺进行图 9-32 所示管体的生产是必要的。

9.4.1　成形工艺分析

9.4.1.1　产品的结构特点及要求

由图 9-32 可知，本零件外形主要由一个圆柱面、一个圆锥面和一个底部法兰所组成，管壁很薄，属于薄壁台阶型零件；零件中部具有一个直径 $d = \phi19mm$、孔深 $H = 137mm$ 的细长深盲孔（其孔的长径比 $H/d \approx 7.0$），而且孔底与孔壁交界处的圆角半径很小（仅有 $R0.2mm$）。

9.4.1.2　材料的工艺特性

图 9-32 所示管体的材质为 2A12 硬铝合金，其化学成分和力学性能分别见表 1-4。

由表 1-4 可知，2A12 硬铝合金具有较高的强度和一定的塑性，既可以采用热成形的方法成形，也可以采用冷成形的方法加工。

但对于图 9-32 所示的管体，由于其内孔长径比太大（管体的内孔长径比 $H/d \approx 7.0$）、筒壁厚度较薄，采用冷成形方法加工时由于其变形程度过大容易导致管体的破断，因此该管体适宜于热成形加工。

9.4.1.3　技术难点分析

由于图 9-32 所示管体是一个细长深盲孔类零件，其内孔的长径比 $H/d \approx 7.0$，因此，要得到合格的热成形件，成形设备的滑块工作速度必须控制在 4~16mm/s 范围内，即采用低速液压机作为该管体热成形的成形设备。为了得到合格的热成形件，其热成形过程中所用的冲孔冲头是一个比管体孔深还要长的细长杆件；由于该冲头工作部分的直径较小、长径比 $H/d > 7.0$，因此在液压机上热成形时所需的成形时间也较长。

由此，在如图 9-32 所示管体的热成形过程中存在如下技术难点：

（1）细长冲头的断裂和失稳。对于图 9-32 所示的管体，在热成形过程中，由于其冲头长径比 $H/d > 7.0$、热成形时受力情况复杂等原因，冲头容易折断或弯曲。此技术难点是该管体热成形工艺成败的关键技术之一。要解决好此问题，必须在工艺设计、模具设计、模具选材、模具热处理、成形加工设备选择和润滑方法等方面综合考虑。

（2）坯料加热规范的制定。如果坯料加热温度偏低、保温时间不足，不但热成形过程中的变形抗力较大，模具寿命低，工艺稳定性差；而且热成形件表面容易产生裂纹。如果坯料加热温度过高、保温时间太长，坯料的氧化和热膨胀等因素使热成形件的尺寸精度和表面质量难以达到管体零件的要求；同时由于 2A12 硬铝合金的三相共晶温度较低（2A12 硬铝合金的三相共晶（α+S+θ）的熔点为 507℃），很容易造成坯料过烧。

（3）润滑剂的选择。细长深盲孔铝合金零件的热成形，其润滑是一个十分重要的工艺因素。对于细长深盲孔铝合金零件，不宜采用常规的石墨基润滑剂，因为在热成形过程中石墨基润滑剂中的石墨容易堵塞在凹模内孔型腔的底部，以及堆积在热成形件内孔的底部，造成热成形件的底厚不均匀、底部表面质量差等成形缺陷。合适的润滑剂不仅能有效地降低摩擦阻力，保证热成形件和模具型腔表面不产生拉伤；而且要求润滑剂的涂抹施工方便，多余润滑剂易于清洗，不在模腔内形成堆积。

（4）内孔尺寸精度的控制。按照该管体的设计要求，管体的外形尺寸可以留适量的机械加工余量，但其内孔 $\phi 19mm$ 部分不再进行后续机械加工，必须热成形完成。由于 $\phi 19mm$ 内孔很深，上、下偏差只有 0.21mm；孔底与孔壁交界处的圆角半径仅有 $R0.2mm$；且 $\phi 19mm$ 内孔不允许有台阶存在。为了保证这些技术指标，不但要求冲头的尺寸加工精度要高，而且还需严格控制上、下模具的同轴度精度；除此之外还对成形设备和模具的刚性也有一定要求。

（5）变形工序的合理匹配。该管体热成形工艺是多道次成形工艺，各变形工序的变形量必须合理分配，前一工序的变形对后一工序的变形将产生不同程度的影响。后面的成形工序无法进行往往是由前面成形工序不合理而造成的。因此合理设计各工序的变形方式和工序图对工艺的成败有着重要的影响。

（6）模具材料的选择和热处理。由于该管体热成形过程中冲头的高径比 $H/d>7.0$，因此为了保证冲头具有足够的寿命，常规的模具材料（如碳素工具钢、一般低合金工具钢、合金工具钢、高速工具钢等），不适宜用来作为冲头。冲头所需的模具材料既要有高的强度又要有足够的韧性；同时由于冲头对强度和韧性要求十分严格，所以以热处理硬度范围较窄，热处理工艺要求也较高。

9.4.1.4　热锻件图的制定

根据图 9-32 所示管体零件的使用要求，并考虑到其成形工艺特性和后续机械加工等因素，制定的管体热锻件图如图 9-33 所示。

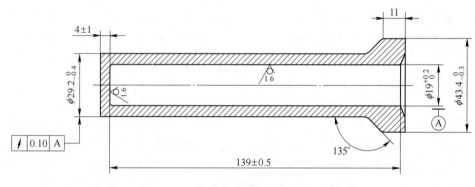

图 9-33　热锻件图

9.4.2　成形工艺方案的设计

9.4.2.1　成形工艺方案的设计原则

通过对图 9-33 所示热锻件可知，其热锻成形工艺的成败很大程度上取决于是否能有效地解决热锻成形工序中冲头的折断和失稳问题，这是本工艺的关键技术难点。

为此，本工艺设计的基本原则如下：

（1）冲头最易折断和失稳的工序是内孔成形工序。因此尽可能降低本工序的成形力，以保证本工序冲头有足够寿命是工艺设计的首要原则。

（2）必要时宁可增加成形工序和其他一些辅助处理，以保证管体热锻成形工艺在生产中的可操作性和工艺稳定性。

（3）由于该管体内孔长径比 $H/d \approx 7.0$、筒壁厚度很薄，其成形十分困难，为充分保证在短期内摸索出合理的工艺路线，要求所选择的工艺方案易于变换，富于灵活性，以利于针对可能出现的问题有相应的补救措施。

9.4.2.2　成形工艺路线

按照上述工艺设计的基本原则，再结合成形工艺分析的结果，提出以下三种成形工艺路线[35]：

（1）第一种工艺路线（如图 9-34a 所示）：ϕ42 棒料带锯下料→正挤制坯→内孔反挤

压成形。

（2）第二种工艺路线（如图9-34b所示）：φ28棒料带锯下料→镦粗制坯→内孔反挤压成形。

（3）第三种工艺路线（如图9-34c所示）：φ28棒料带锯下料→镦粗制坯→反挤压预孔→变薄拉深成形。

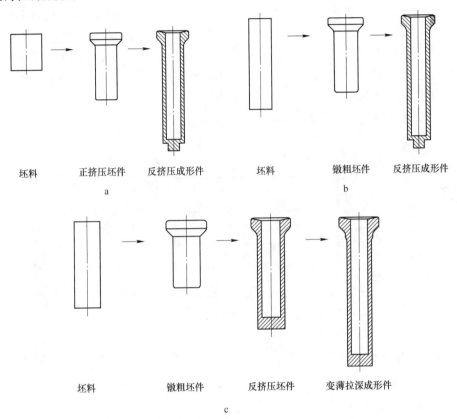

|坯料|正挤压坯件|反挤压成形件| |坯料|镦粗坯件|反挤压成形件|
a b

|坯料|镦粗坯件|反挤压坯件|变薄拉深成形件|
c

图9-34 成形工艺路线
a—第一种工艺路线；b—第二种工艺路线；c—第三种工艺路线

在图9-34a所示的第一种工艺路线中，采用正挤方式进行制坯时有如下问题存在：

（1）不便于发现原材料的缺陷；

（2）该正挤工艺的变形程度较大，挤压成形力较大；

（3）由于挤压凹模工作带长度不能太长、工作带长度一致问题难于控制，因此挤压成形的挤出部分容易弯曲，影响后续成形工序的精确定位。

在图9-34b所示的第二种工艺路线中，采用镦粗方式进行制坯时有如下优点：

（1）在镦粗制坯时由于金属的变形方式为镦粗成形，若原材料存在缺陷（如表面裂纹、夹杂、折叠等），镦粗成形的预镦坯大端外圆表面上会出现明显的裂纹；

（2）镦粗成形的模具结构比较简单；

（3）镦粗成形的预镦坯不存在歪扭等问题，有利于后续成形工序的精确定位。

在图9-34c所示的第三种工艺路线中，实际是将图9-34a所示的第一种工艺路线和图

9-34b 所示的第二种工艺路线中的内孔反挤压成形工序分为两道工序（即反挤压预孔+变薄拉深成形）。

图 9-34c 所示的第三种工艺路线有如下特点：

（1）由于反挤压预孔的孔深较浅，其冲头的长径比明显减小，这不仅有利于提高冲头的使用寿命，而且挤压预制坯的同轴度容易保证；

（2）变薄拉深后的管体成形件的管壁较薄，不仅能节约原材料，使材料利用率进一步提高，而且可以显著降低后续机械加工余量，使生产效率进一步提高；

（3）在变薄拉深成形过程中，由于成形件的筒壁厚度较薄，成形件很容易被拉断。

比较以上三种工艺路线可知，采用图 9-34b 所示的第二种工艺路线比较适宜，即：ϕ28mm 棒料带锯下料→镦粗制坯→内孔反挤压成形。

图 9-35 所示为镦粗坯件的形状和尺寸。

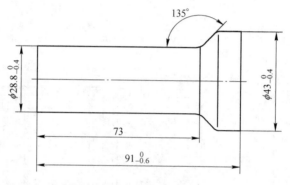

图 9-35　镦粗坯件的形状和尺寸

9.4.2.3　各成形工序设计

A　镦粗制坯

镦粗制坯的主要目的是：

（1）成形管体热成形件的大端外形尺寸；

（2）将外径尺寸波动较大的坯料镦粗到尺寸一致性好的合适预制坯，以利于下工序坯件的准确定位；

（3）暴露原材料存在的夹杂、表层裂纹等缺陷。

B　内孔反挤压成形

内孔反挤压成形工序是在镦粗制坯成形的预制坯上反挤出热成形件的细长深孔部分。在本工序中细长冲头长径比 $H/d > 7.0$，很容易弯曲或折断，因此它是管体热成形工艺中十分关键的工序。

在内孔反挤压成形工序设计中重点考虑了以下因素：

（1）压力机活动横梁的定位精度。压力机活动横梁的定位精度对工件成形精度有直接的影响。限位柱限位的精度较高，但是由于限位柱限位时冲击较大，并对活动横梁的平行度有一定影响，易使冲头折断；采用行程开关限位时，虽然该限位方法简单方便，但是其限位精度不太高。

本工序采用压力控制和行程开关限位的方法来控制压力机活动横梁的定位精度。

（2）壁厚差的控制。在成形过程中应特别注意本工序反挤压件的壁厚差。如果反挤压件的壁厚差太大，将严重影响本工序冲头的使用寿命。本工序反挤压件的筒部壁厚差应控制在 0.5mm 左右。

9.4.3　工艺试验

9.4.3.1　成形设备

主要成形加工设备为：

（1）YH32-200 型四柱液压机，其公称压力为 2000kN，滑块工作速度为 8.0mm/s，滑块行程为 900mm。

（2）RX3-25-6 型中温箱式电阻加热炉，其额定温度为 650℃，型腔尺寸为 950mm×450mm×350mm。

9.4.3.2　坯料形状和尺寸

按理论计算，管体单件下料质量约为 188g，下料尺寸定为 ϕ28mm×107mm。

9.4.3.3　加热规范的确定

若采用常规热成形加工时的加热温度规范，由于其加热温度较高（一般在 450℃ 左右），在这种温度下 2A12 硬铝合金坯料的氧化和热膨胀等因素使热成形件的尺寸精度和表面质量难以达到管体零件的要求；同时由于热成形加热温度与 2A12 硬铝合金的三相共晶温度非常接近，很容易造成坯料过烧。

若采用等温成形加工时，它是将加热以后的坯料放入已加热至变形温度的模具里并在该温度下进行成形加工，从而获得一定形状、尺寸和力学性能的锻件。由于等温成形是在变形温度和模具温度基本相等的情况下进行成形，因此材料的塑性好、变形抗力小，避免了热成形时存在的缺陷，使成形更加容易，成形件的精度高、尺寸稳定。但是，等温成形的模具必须带有加热系统和冷却系统，使模具结构异常复杂、模具零件的工作条件恶劣、模具使用寿命低、能源消耗大、生产效率低，不便于组织大批量生产。

而采用温热成形加工时，由于它是将坯件加热至室温以上、热成形温度以下的某一温度进行成形加工的一种精密成形工艺。在该成形温度下，2A12 硬铝合金的塑性较高、变形抗力较低，成形更加容易，成形件的精度高、尺寸稳定，而且模具结构简单、生产工序少、生产效率高。它既克服了热成形时的坯件的氧化、烧损和较大的热胀冷缩以及容易过烧的问题，又克服了等温成形时的模具结构复杂、模具寿命低、能源消耗大、生产效率低下等问题。

由以上分析可知，本工艺采用的热成形加热温度应低于 450℃。

表 9-4 所示为镦粗制坯和内孔反挤压成形的加热规范。

表 9-4　镦粗制坯和内孔反挤压成形的加热规范

加　热　规　范	成　形　工　序	
	镦粗制坯	内孔反挤压成形
加热温度/℃	400±5	420±5
保温时间/min	60±5	120±5

9.4.3.4　润滑剂及润滑方式的选择

润滑剂及润滑方式的合理选择，不仅有助于降低变形力，提高模具的使用寿命，也是获得尺寸精度高、表面质量好的管体热成形件所必需的。

在本工艺中，采用了两种润滑剂：

（1）猪油。其润滑性较好，涂抹方便，价格低廉，绿色环保。但是这种润滑剂在100℃以上的较高温度下很容易燃烧，从而大大降低润滑效果。

（2）猪油+MoS_2。其润滑性好，涂抹方便，价格低廉，但对环境有一定的影响。该润滑剂100℃以上的较高温度下仍具有良好的润滑效果。

在镦粗制坯成形工序中采用猪油作为润滑剂。对坯料的润滑方法是：将加热到（400±5）℃并保温（60±5）min的坯料从加热炉内取出后立即在猪油中浸一下，然后快速将坯料放入模具型腔内挤压或冲压成形；对模具的润滑方法是将猪油用毛刷均匀地涂抹在冲头的表面和凹模的型腔中。

在内孔反挤压成形工序中采用猪油对凹模进行润滑，而冲头则采用猪油+MoS_2组合而成的润滑剂进行润滑。凹模型腔的润滑是用毛刷将猪油均匀地涂抹在型腔表面上；而冲头的润滑则是将冲头工作部分浸入装满猪油+MoS_2润滑剂的小盒内，让润滑剂均匀地黏附在冲头的工作带上。

9.4.3.5　工艺试验结果

采用RX3-25-6型中温箱式电阻加热炉对坯料进行加热，其加热规范按表9-4执行；采用YH32-200型四柱液压机限压力、限行程进行管体镦粗制坯+内孔反挤压成形工艺试验。

图9-36所示为镦粗坯件、热锻件的实物，图9-37所示为坯料→镦粗制坯→粗车大外圆→反挤压的加工过程实物图片。

a　　　　　　　　　　　　　　　　b

图9-36　镦粗坯件、热锻件实物

a—镦粗坯件实物（大外圆粗车加工后）；b—热锻件实物

9.4.4　模具设计和制造

9.4.4.1　模具设计原则

模具设计原则如下：

（1）采用通用模架，不同工序的成形模具只须更换模芯部分即可；

（2）在每个成形工序中模具应具有良好的导向性和对中性；

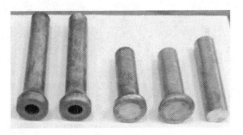

图 9-37　坯料→镦粗制坯→粗车大外圆→反挤压的加工过程实物

（3）尽可能使各成形工序的模具零件通用互换，各成形工序的易损零件结构大同小异，便于加工；

（4）结构设计尽可能紧凑，模芯及易损零件更换快速方便。

9.4.4.2　通用模架结构设计

本工艺采用的通用模架结构如图 9-38 所示。模架中的上模座 8、下模座 7 之间的同心度是不可调整的，完全由模具的制造精度和装配精度来保证。

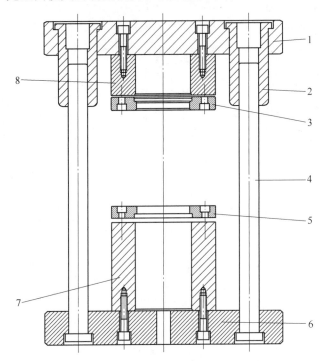

图 9-38　通用模架结构简图

1—上模板；2—导套；3—上模压板；4—导柱；5—下模压板；6—下模板；7—下模座；8—上模座

为了保证本模架的导向精度和上模芯、凹模芯装配后的位置精度，在模架设计上采取了如下措施：

（1）为了提高导向性，本通用模架采用了四角分布的四根导柱 4 的导向形式；同时为了保证导柱 4、导套 2 安装的稳定性，导柱 4、导套 2 固定在上、下模板上的长度应不小于导柱直径的 1.5~2.0 倍。油槽设在导柱上，便于挤压成形过程中的清洁处理。

（2）上模芯、凹模芯与上模座 8、下模座 7 之间的配合精度采用 H7/g6 滑动配合，同时上模芯和凹模芯在上模座 8、下模座 7 内的定位段应有足够长度。

（3）模架装配时为了保证上、下模架的同轴度，设计了专用的装配芯轴。本芯轴与上模座 8、下模座 7 之间的配合间隙为 0.01~0.03mm；同时装配芯轴的两段配合面采用一次装夹磨削工艺，同轴度很高。

9.4.4.3　下模的设计

为了便于模具零件的互换，将镦粗制坯和内孔反挤压成形这两道成形工序的下模采用了相同的结构（如图 9-39 所示），它由凹模芯 1、凹模外套 7、下模垫块 2、下模衬套 3、顶杆垫板 4、顶杆 5、顶料杆 6 组成，其中下模垫块 2、下模衬套 3、顶杆垫板 4、顶杆 5、顶料杆 6 是通用的。

其中凹模的设计时重点考虑了如下因素：

（1）为了提高凹模芯 1 的强度、节省模具材料和便于加工，凹模采用单层预应力组合模具结构，其径向过盈量取为 0.4mm。

（2）为了便于成形过程中坯料的准确定位和装料方便，并考虑到坯料加热后的热膨胀，镦粗制坯成形工序的凹模型腔尺寸比坯料直径大 0.4mm，而内孔反挤压成形工序的凹模型腔尺寸比制坯件直径大 0.2mm。

（3）为了防止在内孔反挤压成形过程中成形件大端头部的歪扭，保证成形后的成形件有足够的机械加工余量，内孔反挤压成形凹模芯中 $\phi42.2$mm 部分的深度要足够长，本研究中取为 25mm。

图 9-40 所示为下模部分的通用模具零件图，模具零件的材料牌号及热处理硬度见表 9-5。

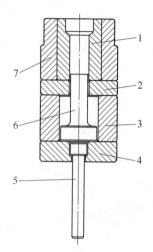

图 9-39　下模结构示意图
1—凹模芯；2—下模垫块；
3—下模衬套；4—顶杆垫板；
5—顶杆；6—顶料杆；
7—凹模外套

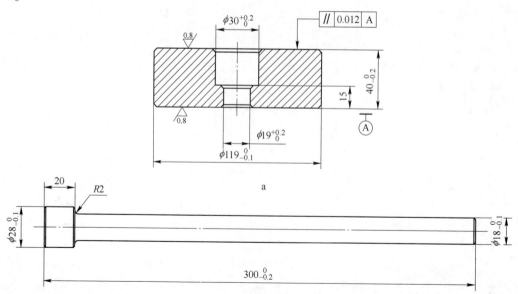

a

b

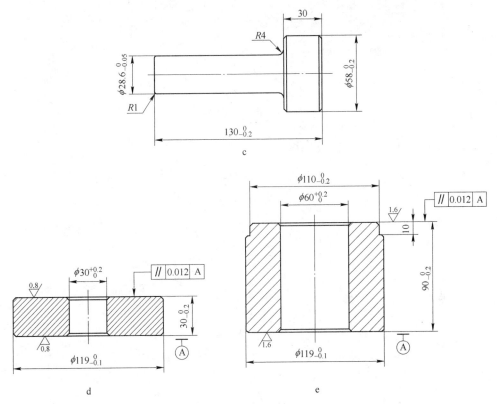

图 9-40 下模部分的通用模具零件图

a—顶杆垫板；b—顶杆；c—顶料杆；d—下模垫块；e—下模衬套

表 9-5 下模部分通用模具零件的材料牌号及热处理硬度

序号	模具零件	材料牌号	热处理硬度（HRC）
1	顶杆	Cr12	54~58
2	下模衬套	H13	48~52
3	顶料杆	Cr12	54~58
4	下模垫块	Cr12	54~58
5	顶杆垫板	Cr12	54~58

图 9-41 所示为内孔反挤压成形工序中的凹模芯 1 和凹模外套 7 的零件图，图 9-42 所示为镦粗制坯成形工序中的凹模芯 1、凹模外套 7 的零件图。内孔反挤压成形工序中的凹模芯 1、凹模外套 7 和镦粗制坯成形工序中的凹模芯 1、凹模外套 7 零件的材料牌号及热处理硬度见表 9-6。

表 9-6 凹模芯 1、凹模外套 7 的材料牌号及热处理硬度

序号	成形工序	模具零件	材料牌号	热处理硬度（HRC）
1	镦粗制坯	凹模芯 1	Cr12MoV	54~58
2		凹模外套 7	45	38~42
3	内孔反挤压	凹模芯 1	Cr12MoV	54~58
4		凹模外套 7	45	38~42

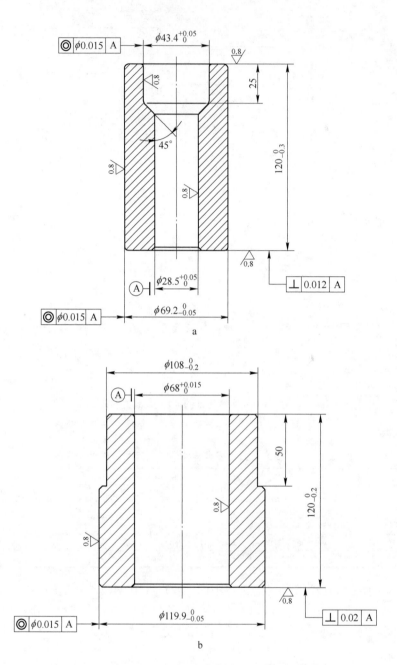

图 9-41　内孔反挤压成形工序中的凹模芯 1、凹模外套 7 的零件图

a—凹模芯；b—凹模外套

9.4.4.4　上模的设计

A　镦粗制坯成形工序上模的设计

镦粗制坯成形工序的上模结构比较简单，如图 9-43 所示，它包括上模芯、上模外套、上模垫块、上模垫板。

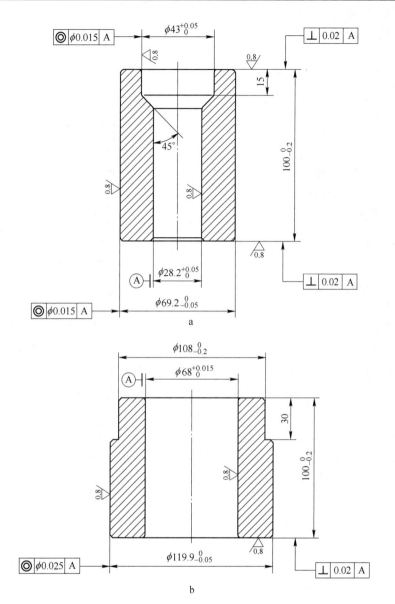

图 9-42 镦粗制坯成形工序中的凹模芯 1、凹模外套 7 零件图

a—凹模芯；b—凹模外套

B 内孔反挤压成形工序上模的设计

内孔反挤压成形工序的上模结构如图 9-44 所示，它由冲头、上模芯（左）、上模芯（右）、上模外套、上模垫块、上模垫板组成；其中上模芯由剖分的上模芯（左）和上模芯（右）两块组成。

上模与下模的对中性由冲头、上模芯和上模外套的加工精度来保证。

上模设计的关键是内孔反挤压成形工序的冲头设计，由于本工序的冲头工作部分直径为 φ19.2mm，长度近 150mm，内孔反挤压成形时冲头易弯曲或折断，因此设计中应予以充分的重视。

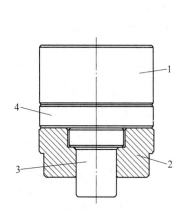

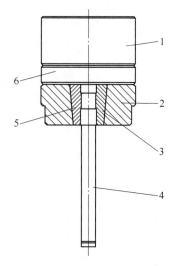

图 9-43　镦粗制坯成形工序　　　　　图 9-44　内孔反挤压成形工序
中的上模结构示意图　　　　　　　　中的上模结构示意图
1—上模垫板；2—上模外套；　　　　1—上模垫板；2—上模外套；3—上模芯（左）；
3—上模芯；4—上模垫块　　　　　　4—冲头；5—上模芯（右）；6—上模垫块

（1）为了减少内孔反挤压成形工序的变形阻力，有利于金属流动，冲头头部的工作带宽度应适宜，不能太长也不能太短；本项目中冲头工作带宽度取为 6 ~ 8mm。工作带以上部分直径减少 0.3 ~ 0.4mm，以减少坯料与冲头间的接触面积，降低摩擦力；同时，为了减少冲头不同直径过渡处的应力集中，冲头各直径采用平缓过渡设计。

（2）需要采用《材料力学》压杆失稳的分析方法，分析内孔反挤压成形过程中冲头弯曲失稳的临界载荷。根据冲头弯曲失稳物理模型的假设条件及其计算结果分析，冲头在挤压时如果存在较大偏心，其真实受力情况比较接近下限解的简化物理模型，而此时的弯曲失稳临界载荷仅是无偏心的 1/8 倍。所以可以认为，在内孔反挤压成形工序中，尽可能地消除和减少成形件的偏心（壁厚差）是解决冲头弯曲折断的一个有效措施。

图 9-45 所示为内孔反挤压成形工序中上模部分的模具零件图，其模具零件材料牌号和热处理硬度见表 9-7。

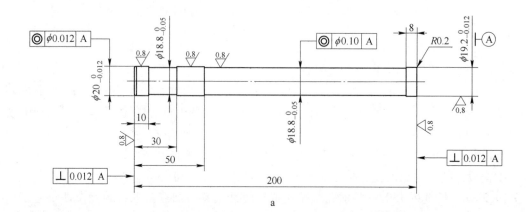

a

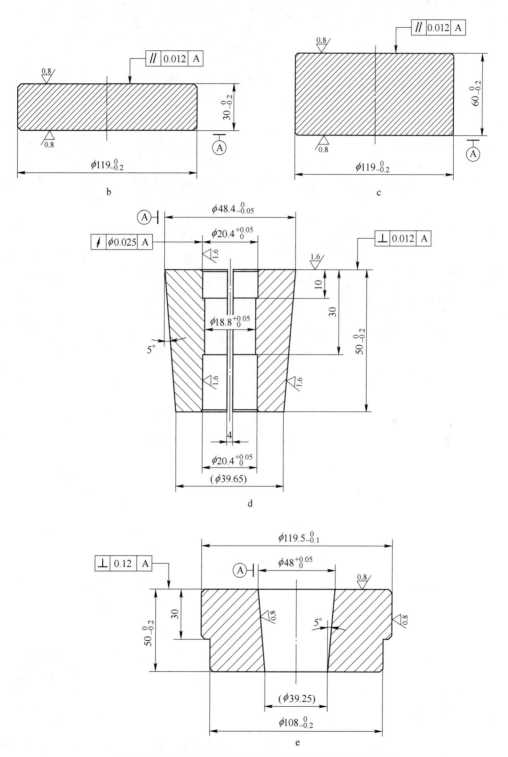

图 9-45　内孔反挤压成形工序中上模部分的模具零件图
a—冲头；b—上模垫块；c—上模垫板；d—上模芯（左、右）；e—上模外套

表 9-7　内孔反挤压成形工序中上模部分的模具零件的材料牌号及热处理硬度

序号	模具零件	材料牌号	热处理硬度（HRC）
1	上模垫板	Cr12MoV	54~58
2	上模垫块	Cr12MoV	54~58
3	上模芯	45	38~42
4	上模外套	45	38~42
5	冲头	W6Mo5Cr4V2	60~62

9.5　2A50 锻铝合金滤套的热挤压成形

图 9-46 所示的滤套热挤压件是一种具有较深盲孔的壳体类零件，其材质为 2A50 锻铝合金。

9.5.1　原胎模锻造成形加工工艺

对于图 9-46 所示的滤套热挤压件，其产品批量较大，每年生产不少于 5000 件。其原加工工艺为：胎模锻造+后续机械加工。

胎模锻造是在 400kg 空气锤上进行，其胎模锻件如图 9-47 所示，所用的胎模结构图如图 9-48 所示。用胎模锻造成形的胎模锻件质量为 1.8kg/件。

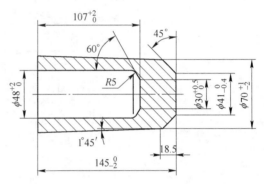

图 9-46　滤套热挤压件图

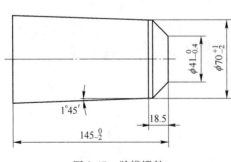

图 9-47　胎模锻件

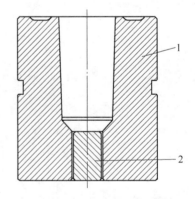

图 9-48　胎模锻模具结构图
1—套筒；2—芯垫

9.5.2　热挤压成形

由于胎模锻造的生产效率低，而且胎模锻造成形的如图 9-47 所示的胎模锻件是加工余量很大的实心锻件，致使后续的机械切削加工工作量很大，不仅造成了金属材料的大量浪费，生产效率也不高，产品制造成本也很高，无法满足批量生产的工程需要。

为了节省金属材料和机械加工工时，降低产品成本，满足批量生产的工程需要，本工艺在 J53-300 型双盘摩擦压力机上对如图 9-46 所示的热挤压件进行热挤压成形，其工艺流程如下：圆棒料→锯切下料→加热→镦挤制坯→加热→热挤压成形。

9.5.2.1 镦挤制坯成形

为了避免在热挤压成形过程中因坯料的端面歪斜所造成的热挤压件壁厚不均匀、挤压件口部不齐等缺陷存在，需要在热挤压成形工序之前增加一次镦挤制坯成形工序。

镦挤制坯成形工序是将剪切下料的坯料镦挤成如图 9-49 所示的镦挤坯件，以保证在随后的热挤压成形过程中放料稳当，从而生产出合格的热挤压件。

9.5.2.2 热挤压成形

在 J53-300 型双盘摩擦压力机上将加热后的镦挤坯件放入如图 9-50 所示热挤压模具的下模芯内孔型腔中，在冲头的压力作用下对镦挤坯件进行反挤压成形加工。

生产实践证明，用热挤压成形工艺代替胎模锻造是行之有效的毛坯精化工艺。

采用热挤压成形工艺得到的热挤压件，其材料质量为 1.0kg。与胎模锻件相比，每件节省铝合金 0.8kg；若按年产量 5000 件计算，每年可节省铝合金达 4000kg。

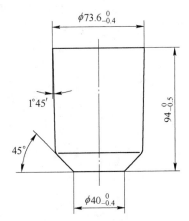

图 9-49 镦挤坯件

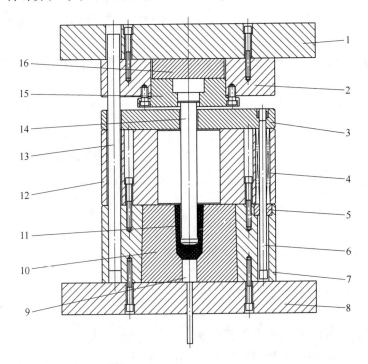

图 9-50 热挤压模具结构

1—上模板；2—上模座；3—卸料板；4—压缩弹簧；5—镶块；6—拉杆；7—下模外套；8—下模板；
9—顶料杆；10—下模芯；11—热挤压件；12—衬套；13—导柱；14—冲头；15—冲头固定套；16—冲头垫块

在 J53-300 型双盘摩擦压力机上对如图 9-46 所示的热挤压件进行热挤压成形时应注意如下问题：

（1）在保证热挤压件能顺利取出的前提下，应尽量减小模具的闭合高度，以便缩短冲头的长度，提高其刚性，延长其使用寿命。

（2）必须采用卸料装置。

（3）冲头的工作部分应加工成如图 9-51 所示的圆弧形，其表面粗糙度小于 $Ra0.8\mu m$，其圆角半径太小或表面粗糙度太高都会使热挤压件的内壁接近圆角处产生裂纹；冲头其他部分的转角也应为圆弧，防止应力集中，避免冲头折断。

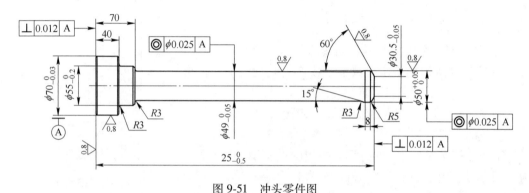

图 9-51　冲头零件图

（4）冲头与凹模在热挤压成形时，应多涂润滑油，以防热挤压件表面产生拉伤。

9.6　2A12 硬铝合金浮筒的热拉伸成形

图 9-52 所示的浮筒是一种具有较深内孔、内孔底面为圆球形的盲孔壳体类零件，其材质为 2A12 硬铝合金。

对于图 9-52 所示的盲孔类零件，采用棒料或自由锻坯进行机械切削加工的方法虽然可以得到合格的产品，但由于其内孔直径大、内孔深度较深且内孔底面是球面，由此造成材料消耗多、机加工工时多、生产效率低，同时机械加工的产品废品率也高、制造成本高。

为了减少材料消耗、降低机械加工工时，提高生产效率和产品合格率，降低产品的制造成本，采用 2A12 硬铝合金厚板（板厚为 18mm）在 YA32-1000 型四柱液压机上进行热拉伸成形工艺试验。试验结果和批量

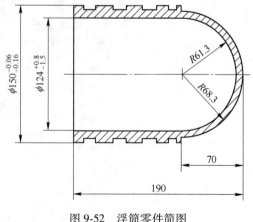

图 9-52　浮筒零件简图

生产结果表明，采用热拉伸成形工艺生产浮筒锻件是可行的，热拉伸件完全满足浮筒零件的技术要求。

9.6.1 热拉伸锻件图的制订

根据图 9-52 所示的零件的形状特点以及 2A12 硬铝合金材料的成形工艺特性，制订的热拉伸锻件图如图 9-53 所示。在该锻件图中除外形和筒端部留有适当的机械加工余量外，其内孔型腔不需要后续机械加工就能满足浮筒零件的设计要求。

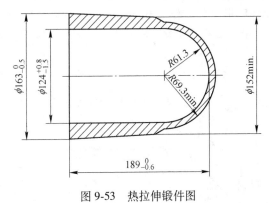

图 9-53 热拉伸锻件图

9.6.2 模具的设计计算

将图 9-53 所示的热拉伸锻件展开后可得坯料的直径 $D_0 = 337\text{mm}$，热拉伸锻件的内径 $D_1 = 124\text{mm}$。

由于本工艺试验选用的坯料板厚 $H_0 = 18\text{mm}$，则热拉伸锻件的外径 D_2 为：

$$D_2 = D_1 + 2 \times H_0 \times Y = 124 + 2 \times 18 \times 1.1 \approx 163\text{mm}$$

式中，Y 为与拉伸次数和坯料厚度有关的系数，此处取 $Y = 1.1$。

总的拉伸系数 M 为：

$$M = \frac{D_2}{D_0} = \frac{163}{337} \approx 48\%$$

因为该工艺采用厚板进行热拉伸成形，其变形程度不宜过大，从拉伸系数 M 来看，一次拉伸成形是困难的，故选用三次拉伸成形。每次拉伸系数分别为：$M_1 = 0.68$，$M_2 = 0.84$。

由于各次拉伸系数 M 已定，便可算出各次拉伸的凹模孔径。

第一次拉伸凹模的孔径 d_{11}：

$$d_{11} = M_1 \times D_0 = 0.68 \times 337 \approx 227\text{mm}$$

第二次拉伸凹模的孔径 d_{21}：

$$d_{21} = M_2 \times d_{11} = 0.84 \times 227 \approx 191\text{mm}$$

第三次拉伸凹模的孔径 d_{31}：

$$d_{31} = D_2 = 163\text{mm}$$

已知各次拉伸凹模的孔径，便可算出各次拉伸凸模的外径。

第一次拉伸凸模的外径 d_{12}：

$$d_{12} = d_{11} - 2 \times H_0 \times Y = 227 - 2 \times 18 \times 1.2 \approx 184\text{mm}$$

式中取 $Y = 1.2$。

第二次拉伸凸模的外径 d_{22}：

$$d_{22} = d_{21} - 2 \times H_0 \times Y = 191 - 2 \times 18 \times 1.15 = 149\text{mm}$$

式中取 $Y = 1.15$。

第三次拉伸凸模的外径 d_{32}：

$$d_{32} = D_1 = 124\text{mm}$$

为了卸料方便，将第一次拉伸凸模、第二次拉伸凸模的工作部分设计有 0.5°的模锻斜度，而第三次拉伸凸模工作部分的形状与尺寸与热拉伸锻件的内径一致。为了便于第三次拉伸成形时的脱模，在第三次拉伸模具中设计了卸料装置。

图 9-54 所示为热拉伸成形模具中主要模具零件的零件图。

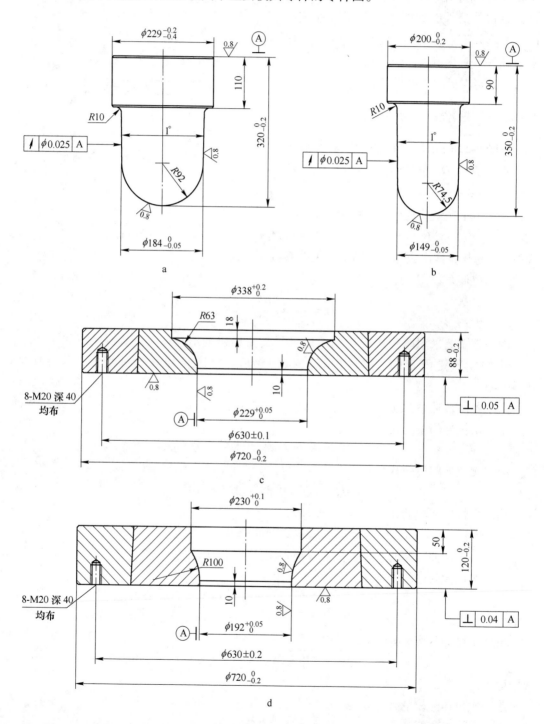

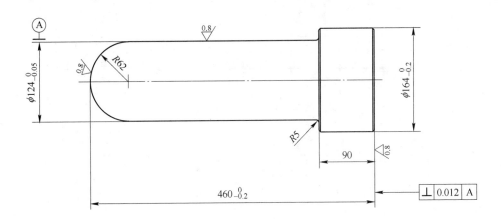

e

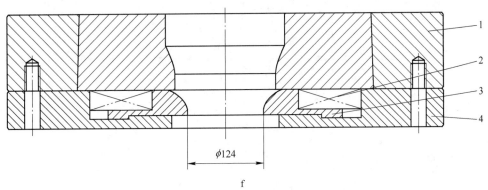

f

1—第三次拉伸的预应力组合凹模；2—压簧；3—卸料块；4—卸料盖

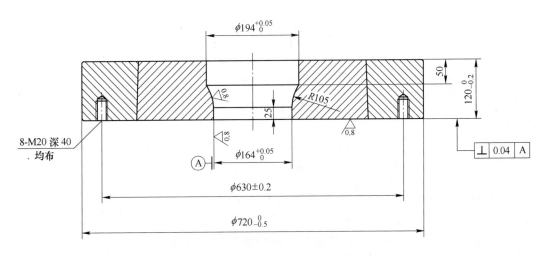

g

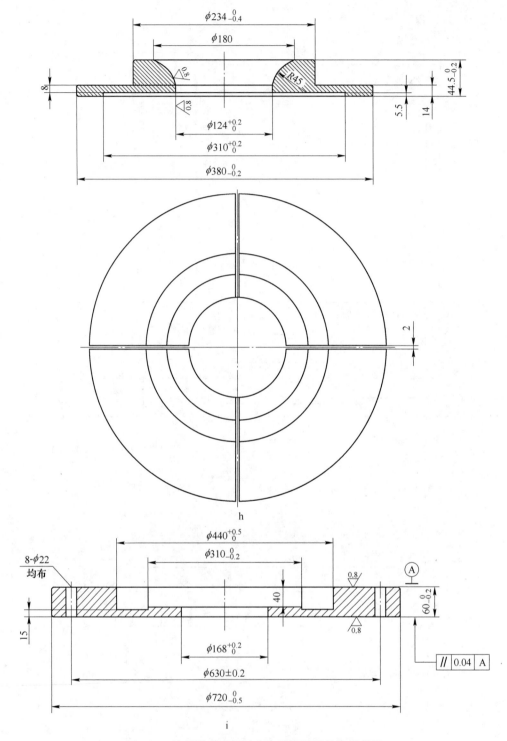

图 9-54　热拉伸成形模具中主要模具零件的零件图

a—第一次拉伸凸模；b—第二次拉伸凸模；c—第一次拉伸的预应力组合凹模；d—第二次拉伸的预应力组合凹模；

e—第三次拉伸凸模；f—具有卸料装置的第三次拉伸凹模组装图；g—第三次拉伸的预应力组合凹模；

h—卸料块；i—卸料盖

9.6.3　热拉伸成形试验

选用了两种规格的坯料：$\phi340mm\times16mm$、$\phi337mm\times18mm$ 在 YA32-1000 型四柱液压机上进行热拉伸成形试验。试验结果表明，采用 $\phi340mm\times16mm$ 的坯料成形效果不好，在拉伸锻件的筒壁部分壁厚不均匀，壁厚"超差"，后续机械加工余量不足。采用 $\phi337mm\times18mm$ 的坯料成形效果良好，在拉伸锻件的筒壁部分壁厚均匀，能够满足后续机械加工的余量要求。

采用 $\phi337mm\times18mm$ 的坯料经过 3 次热拉伸成形，虽然可以得到壁厚均匀、满足后续切削加工需要的热拉伸锻件，但在热拉伸成形过程中应注意如下两个问题：

（1）凸模工作部分的表面粗糙度和凸模润滑。在热拉伸成形过程中，若凸模工作部分的表面粗糙度高、润滑不良，就会使热拉伸件紧紧地"抱住"凸模，致使卸料后的热拉伸件内孔内壁出现沟痕。

为了避免出现这种情况，可将凸模的工作部分镀铬，然后再抛光至 $Ra0.2\sim0.4\mu m$，使凸模工作部分表面达到"镜面"；同时在热拉伸成形过程中应对凸模进行良好的冷却和润滑。

（2）坯料的加热温度。在热拉伸成形过程中，若坯料的温度偏高，金属容易黏附在凹模内孔型腔上，从而造成热拉伸件表面出现沟痕；若坯料的温度偏低，又容易引起拉伸件的底部拉裂。

生产试验表明，热拉伸成形时坯料的温度最好选在 420~440℃ 的范围内为宜。

在热拉伸成形过程中，若坯料的温度不均匀，会造成热拉伸件的筒壁部分口部"高低不齐"，甚至会出现"拉偏"的现象；同时，也会引起热拉伸件的筒壁部分壁厚不均。因而，在热拉伸成形过程中，应严格控制加热炉的炉温和炉内各点的温差。

9.7　7A04 超硬铝合金壳体的近净锻造成形

图 9-55 所示的壳体是一种薄壁、深孔壳体类零件，其材质为 7A04 超硬铝合金。

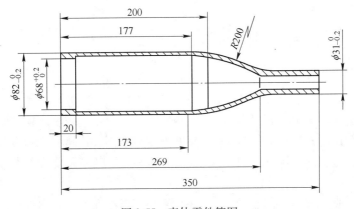

图 9-55　壳体零件简图

9.7.1　产品的结构特点及材料的成形工艺性能

9.7.1.1　产品的结构特点

图 9-55 所示壳体的形状特点：属于薄壁、深孔壳体类零件，其长径比大（$L/D>40$），且其截面直径变化大，截面收缩率达 75% 以上，并且内孔有一定的形状要求。

9.7.1.2　材料的成形工艺性能

7A04 超硬铝合金的成形工艺特性：7A04 超硬铝合金的塑性较差，锻造成形温度范围窄，对变形速率极为敏感；在室温下其成形性能很差，变形过程中容易产生裂纹。

9.7.2　成形工艺方案确定

对如图 9-55 所示的壳体，其成形方式有如下两种工艺可供选择：管材的旋压收口成形、棒料的热挤压成形。

9.7.2.1　管材的旋压收口成形

从 7A04 超硬铝合金材料的成形工艺性能来看，首先是不宜采用冷旋压收口的，需要进行热旋压收口成形。

但热旋压收口成形工艺存在如下问题：

（1）壳体截面直径变化较大，其截面收缩率大，旋压工艺道次多，成形件存在较大内应力，后续热处理变形量大，产品尺寸一致性差。

（2）每道次的变形量控制不准，产品容易产生折叠、起皱和裂纹等缺陷。

（3）模具和坯料温度控制较难。在热旋压收口过程中，必须保证坯料、芯模和旋轮有一定的温度要求，否则，由于 7A04 超硬铝合金成形性能差，加上热传导率高，坯料和模具间热交换快，坯料表面产生急冷现象，造成变形困难，成形过程中除产生折叠、起皱和裂纹等缺陷外，在坯料表面容易出现粗晶环，要实现坯料、芯模和旋轮可靠的温度控制较难。

（4）管材旋压收口成形对坯料来说未有较大的变形率，形变强化效果不明显，因此，对原材料的机械性能要求较高，否则，难以通过后续热处理强化来提高综合力学性能。

（5）需要专用的热旋压收口设备。目前，性能可靠的旋压成形设备均采用引进设备，设备投资大。

（6）7A04 超硬铝合金管材的材料成本较棒材要高，采用热旋压收口成形无疑将增大产品的制造成本。

9.7.2.2　热挤压成形

热挤压成形的特点是：

（1）成形力小、产品内部组织均匀、无内应力、不会产生裂纹。

（2）在热挤压条件下变形，坯料和模具的温度差距不大，热交换不多，因此热挤压件的表面无粗晶环产生，并且通过大变形挤压，使坯料内部组织晶粒可极大细化，可提高综合力学性能。

（3）工艺再现性好，产品尺寸一致性好，有利于后续加工工序的对接。

（4）设备简单，在普通油压机上就可实现热挤压成形，操作简便。

由以上分析可知，对于如图 9-55 所示的壳体零件，采用热挤压成形方法是适宜的。

9.7.3　热挤压件图的制订

由于图 9-55 所示壳体零件是一个深孔、薄壁、长筒形的壳类件，在热挤压成形过程中因成形件新生表面得不到有效的润滑，新生的、热的铝合金材料表面很容易与模具工作部分的表面产生"粘合"现象，从而导致热挤压成形件在脱模以后其内、外表面被拉伤，形成划痕或沟槽。

为了得到如图 9-55 所示的内、外表面无裂纹、分层、夹杂、拉伤等缺陷的壳体零件，热挤压成形后的热挤压件必须在内孔、外形和两端面留有适当的机械加工余量。

图 9-56 所示为留有后续机械加工余量的热挤压件图。

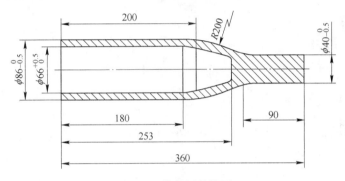

图 9-56　热挤压件简图

9.7.4　成形工艺过程

由图 9-56 可知，该挤压件是一个薄壁、深盲孔的壳体类零件，且该挤压件的小端直径较小、长度较长；要想将圆柱体坯料一次挤压就能得到充填饱满、形状尺寸符合热挤压件图要求的成形件是十分困难的。

为了获得充填饱满、形状尺寸符合热挤压件图要求的合格成形件，需要增加一道热镦挤制坯成形工序。

在热镦挤制坯成形工序中，将圆柱体坯料镦挤成如图 9-57 所示的镦挤坯件。

9.7.4.1　坯料的形状和尺寸

由图 9-57 可知，其坯料的直径应小于 $\phi85.5mm$；再结合我国国标对金属材料规格、尺寸的要求，取直径 $\phi85mm$ 的圆棒料作为原始坯料是合适的。

由于直径 $\phi85mm$ 的原始坯料在热镦挤制坯成形过程中正挤成形出直径 $\phi39.4mm$ 部分的金属流动路径太长，金属流动的阻力太大，不容易得到充填饱满的镦挤坯件；因此，需要将直径 $\phi85mm$ 的原始坯料一端在车床上加工出一锥台，该锥台的锥度应比热镦挤制坯凹模型腔中相应部分的圆弧表面略大，这样的坯料在热镦挤制坯成形过程中既能靠直径 $\phi85mm$ 的坯料外圆柱面在制坯凹模型腔中的良好定位，又能大大减小正挤压成形直径 $\phi39.4mm$ 部分的金属流动路径，从而大大降低金属流动的阻力，保证镦挤坯件的良好成形。

图 9-58 所示为坯料的形状和尺寸。

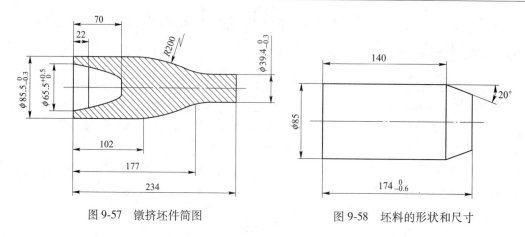

图 9-57　镦挤坯件简图　　　　　　　　　　图 9-58　坯料的形状和尺寸

9.7.4.2　成形工艺过程

本工艺采用热镦挤成形工艺成形镦挤坯件、热挤压成形工艺成形热挤压件。热挤压件的内、外表面均留有机械加工余量，壳体产品的尺寸是通过后续机械加工来保证的。

其成形工艺过程如下[36]：

（1）热镦挤制坯成形工序。直径 $\phi85mm$ 的圆棒料→带锯床上锯切下料→粗车一端面→坯料预加热（温度：150℃±30℃，保温时间：10min）→坯料表面浸涂水基石墨润滑剂→坯料再加热（温度：420℃±20℃，保温时间：60~90min）→模具预热（温度：150℃±50℃）→模具喷涂油基石墨润滑剂→镦挤成形。

（2）热挤压成形工序。镦挤坯件预加热（温度：150℃±30℃，保温时间：10min）→镦挤坯件表面浸涂水基石墨润滑剂→镦挤坯件再加热（温度：420℃±20℃，保温时间：60~90min）→模具预热（温度：150℃±50℃）→模具喷涂油基石墨润滑剂→热挤压成形。

图 9-59 所示为热挤压成形的热挤压件实物。

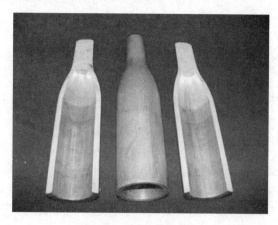

图 9-59　热挤压件实物

9.7.5　模具结构

图 9-60 所示为热镦挤制坯成形的模具结构图。图 9-61 所示为热挤压成形的模具结构图，其特点：

（1）为了保证热挤压件的同轴度要求，上模外套与下模外套为模口导向，其导向间隙值取为 0.15~0.20mm。

（2）为了将热挤压件在冲头回程时留在下模芯的型腔内，从而省去较为复杂的脱模器装置，在下模芯的内孔型腔中设计了 0.1°的倒锥度。

（3）热挤压件的脱模依靠成形设备的顶出系统推动顶料杆来完成。

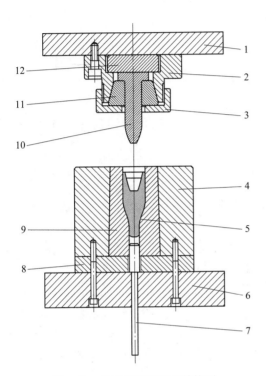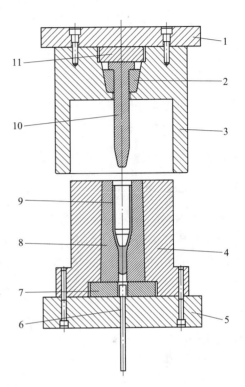

图 9-60 热镦挤制坯模具结构图
1—上模板；2—上模座；3—上模压板；
4—凹模外套；5—热镦挤坯件；6—下模板；
7—顶料杆；8—凹模垫板；9—凹模芯；
10—冲头；11—冲头夹头；12—冲头垫块

图 9-61 热挤压成形的模具结构图
1—上模板；2—冲头夹头；3—上模座；
4—下模座；5—下模板；6—顶料杆；
7—凹模垫块；8—凹模芯；9—热挤压件；
10—冲头；11—冲头垫块

9.8 2A12 硬铝合金炬壳的热挤压成形

图 9-62 所示的炬壳是一种薄壁、深盲孔壳体类零件，其材质为 2A12 硬铝合金。

9.8.1 产品的结构特点及材料的成形工艺性能

9.8.1.1 产品的结构特点

图 9-62 所示炬壳的形状特点：属于薄壁、深盲孔壳体类件，其长径比大（$L/D > 4.0$），且其截面直径变化大，截面收缩率达 75%以上，并且内孔有一定的形状要求。

9.8.1.2 材料的成形工艺性能

2A12 硬铝合金的成形工艺特性：2A12 硬铝合金在室温状态下具有一定的塑性，可以

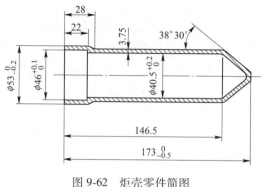

图 9-62　炬壳零件简图

进行一定变形量的冷成形加工；2A12 硬铝合金在较高温度下具有较好的塑性和较低的变形抗力，可以进行各种热成形加工。

9.8.2　成形工艺方案确定

对如图 9-62 所示的炬壳，其成形方式有如下三种工艺可供选择：冷挤压成形、棒料的等温挤压成形和热挤压成形。

（1）冷挤压。对于如图 9-62 所示的炬壳，若采用冷挤压成形工艺进行生产，其工艺流程如下：圆棒料下料→坯料退火处理→坯料表面处理→模具润滑→冷挤压。

采用以上工艺可以得到完全满足炬壳技术要求的高质量、高精度、低表面粗糙度的炬壳冷挤压件。但由于冷挤压成形过程中的退火工序和表面处理工序占用时间较长，因此其生产周期较长，生产效率不高；同时，2A12 硬铝合金在冷挤压成形加工时其冷作硬化现象比较严重，因此对于炬壳这类长径比大、变形量大的筒状零件，在冷挤压成形过程中极易产生表面和内部缺陷，造成冷挤压成形件的报废。

（2）等温挤压。等温挤压成形工艺的工艺流程如下：圆棒料下料→坯料加热、保温→模具加热、保温→坯料和模具的润滑→等温挤压。

等温挤压成形工艺是将加热后的坯料放入已加热至变形温度的模具里并在恒定温度下进行挤压成形加工，从而获得一定形状、尺寸和力学性能的挤压件；由于等温挤压是在变形温度和模具温度基本相等的情况下挤压成形，可以保证坯料在最佳的温度下成形；与冷挤压成形相比，由于在等温挤压成形时坯料材料的加工硬化过程和再结晶过程同时进行，使坯料材料的塑性始终保持在较高的水平、变形抗力始终保持在较低的水平，从而避免了冷挤压成形时只有加工硬化效应、没有再结晶过程的问题，其成形更加容易，成形件的精度高、尺寸稳定；但是等温挤压的模具必须带有加热系统和冷却系统，使模具结构、模具加热和保温系统异常复杂、能源消耗大、生产效率不高，不便于组织大批量生产。

（3）热挤压。热挤压成形工艺的工艺流程如下：圆棒料下料→坯料加热、保温→模具预热→坯料和模具的润滑→热挤压。

热挤压是将坯料加热到始锻温度以上、固相线以下某一温度，并在始锻温度下进行的挤压成形加工；在该温度下，2A12 硬铝合金的塑性较高、变形抗力较低，成形容易，挤压件的精度高、尺寸稳定；而且模具结构简单、生产工序少、生产周期短、生产效率高；它既克服了冷挤压成形时的生产周期较长、生产效率不高和坯料材料的加工硬化效应的问题,又克服了等温挤压时的模具结构、模具加热和保温系统复杂、能源消耗大、生产效率不高等问题。

由以上分析可知,对于如图9-62所示的炬壳零件,采用热挤压成形方法是适宜的。

9.8.3 热挤压件图的制订

由图9-62可知,炬壳的内孔型腔中ϕ40.5mm部分及孔底锥形部分的尺寸精度和表面质量要求不高,因此,不需要留后续机械加工余量;内孔型腔中ϕ46mm部分尺寸精度要求较高,需要留后续机械加工余量;其底厚很薄(仅为3.75mm),必须留较多的加工余量。

由图9-62所示的炬壳是一个深盲孔、长筒形壳类件,在热挤压成形过程中若存在下料的坯料端面歪斜、挤压模具中冲头的轴线和凹模的型腔同轴度较差、成形设备的精度较差、坯料内各部分的温度不均匀、润滑不均匀等情况,都会引起热挤压成形的挤压件壁厚不均匀,因此,在炬壳的内孔型腔中ϕ40.5mm部分及孔底锥形部分不留后续机械加工余量的情况下,其外形必须留有足够的机械加工余量。

如图9-63所示为炬壳的热挤压件图。

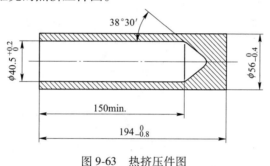

图9-63 热挤压件图

9.8.4 成形工艺过程

由图9-63可知,该挤压件是一个形状较简单的、薄壁、深盲孔、长筒形壳类零件,且该挤压件的内孔直径较大(内孔直径ϕ40.5mm)、内孔长径比不是太大(内孔长径比$L/D \approx 4.5$);因此,可以用反挤压的成形方法将圆柱体坯料一次挤压成如图9-63所示的热挤压件。

9.8.4.1 坯料的形状和尺寸

由图9-63可知,其坯料的直径应小于ϕ56mm;再结合我国国标对金属材料规格、尺寸的要求,取直径ϕ55mm的圆棒料作为坯料是合适的。

根据体积不变原理,可以得到坯料的长度尺寸为120mm。

图9-64所示为坯料的形状和尺寸。

9.8.4.2 成形工艺过程

本工艺采用的反挤压成形工艺过程如下:直径ϕ55mm的圆棒料→带锯床上锯切下料→坯料预加热(温度:150℃±30℃,保温时间:10min)→坯料表面浸涂水基石墨润滑剂→坯料再加热(温度:450℃±20℃,保温时间:45~75min)→模具预热(温度:150℃±50℃)→模具喷涂油基石墨润滑剂→反挤压成形[37]。

图 9-65 所示为反挤压成形的热挤压件实物。

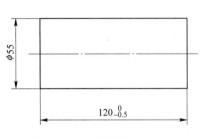

图 9-64　坯料的形状和尺寸

图 9-65　炬壳热挤压件实物

9.8.5　模具结构

图 9-66 所示为反挤压成形的模具结构图。

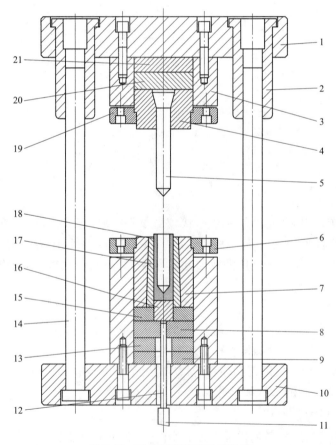

图 9-66　反挤压成形模具结构图

1—上模板；2—导套；3—上模座；4—冲头固定套；5—冲头；6—下模压板；7—下模外套；8—下模承载垫；
9—下垫板；10—下模板；11—顶出缸活塞杆；12—顶杆；13—下模衬垫；14—导柱；15—下模芯垫套；
16—下模芯垫；17—下模芯；18—热挤压件；19—上模压板；20—冲头垫块；21—冲头垫板

它具有如下特点：

（1）为了保证热挤压件的壁厚差符合技术要求，本模具设计了导柱、导套导向机构，且在热挤压成形过程中冲头与坯料接触前导柱必须进入导套内一定长度。导柱与导套之间的配合为滑动配合，其间隙值取为 0.15~0.20mm。

（2）为了保证热挤压件在冲头回程时留在下模芯的内孔型腔内，省去较为复杂的脱模器装置，要求下模芯的内孔型腔深度应足够长，保证在冲头回程时的冲头表面与热挤压件内孔表面之间的摩擦力小于热挤压件外表面与下模芯内孔型腔表面之间的摩擦力。本模具的下模芯型腔深度取 140mm。

（3）热挤压件的脱模过程如下：成形设备的顶出系统→推动下顶杆→推动顶料杆→推动下模芯垫→热挤压件。

9.9　7A04 超硬铝合金接螺的热冲锻成形

图 9-67 所示的接螺是一种端面具有异型形状的扁平类、小型零件，其材质为 7A04 超硬铝合金。

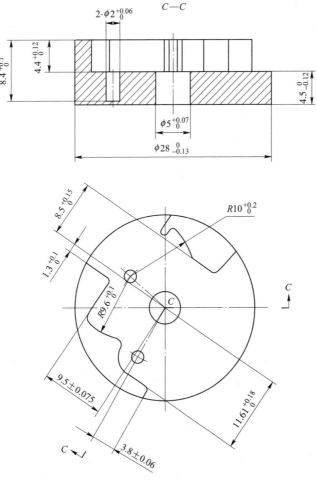

图 9-67　接螺零件简图

由图 9-67 可知，该零件是形状复杂的端面异型类零件，一端拥有两个独立的、形状异型的凸台，凸台的尺寸精度要求高、凸台形状异型且形状复杂、凸台和底面的表面质量要求相当高，而且异型凸台的侧壁与底面相交部分的圆角半径极小（不允许超过 $R0.15mm$），异型凸台的侧壁与侧壁相交部分的圆角半径较小（最小的圆角半径为 $R0.5mm$），因此采用常规的铣削加工工艺很难达到零件的设计要求，而且生产效率极低。目前国内普遍采用数控加工中心来加工该零件，这种加工方法可以得到合格的接螺零件；但该加工方法的材料利用率极低、生产效率低（精加工时只能采用直径 $\phi1.0mm$ 的铣刀，因此每次机加工量较小，需要很长的加工时间）、能源消耗大、生产周期长以及制造成本很高。

9.9.1　成形工艺性分析

9.9.1.1　零件的结构特点

由图 9-67 可知，该零件是一端有两个独立的异型凸台的扁平、小型异型零件，其最大直径只有 $\phi28mm$，底厚只有 $4.0mm$，端面异型凸台的高度也仅有 $4.4mm$；其内孔侧壁与底面相交部分的圆角半径极小（不允许超过 $R0.15mm$），内孔侧壁相交部分的圆角半径较小（最小的圆角半径为 $R0.5mm$）；而且其两个独立的异型凸台的横截面积与底面的横截面积相差很大；同时由于其凸台部分尺寸精度很高，如半径 $R9.6mm$ 要求达到 $_0^{+0.1}$ 的公差。

9.9.1.2　材料的成形工艺特性

接螺材料为 7A04 超硬铝合金，属超高强度、难变形材料。在室温状态下，其塑性差、变形抗力大，且加工硬化现象很严重，因此，采用冷锻成形工艺难以实现接螺这样形状复杂、截面变化巨大的零件精密成形。

9.9.1.3　成形工艺方案

由以上分析可知，对图 9-67 所示的接螺适宜于采用热成形工艺。

对于如图 9-67 所示的扁平、小型零件，为了避免在热成形过程中扁平、小直径坯料的温度不会降低太多，确保热成形工艺的顺利进行以及保证成形件的组织，除了要保证成形模具有较高的温度（即模具必须预热良好）以外，还应采用滑块运动速度较高的成形设备，以冲锻成形方式进行热成形。

9.9.2　热冲锻件图的制订

在图 9-67 中，两个独立的、高度为 $4.4mm$ 的异型凸台的异型形状部分除了在其高度方向留有适当的加工余量外，其余外形可直接热冲锻成形；两个独立的异型凸台与直径 $\phi28mm$ 圆盘部分相交的底平面不需要留加工余量，可直接热冲锻成形；直径 $\phi28mm$、底厚 $4.0mm$ 的圆盘部分都需要留加工余量，以保证在后续机械加工中以异型凸台外形和底平面作为定位基准时能加工出合格的接螺零件。

图 9-68 所示为接螺的热冲锻件图。

9.9.3　成形工艺过程

由图 9-68 可知，两个独立的异型凸台与直径 $\phi29.5mm$ 圆盘部分相交的底平面没有留

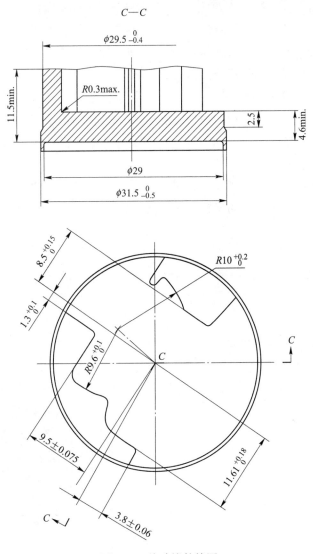

图 9-68　热冲锻件简图

后续机械加工余量。由于锯切下料的下料件两个端面的表面质量较差，其表面粗糙度一般会超过 $Ra6.3\mu m$，若将这种表面质量的下料件直接进行热冲锻成形，热冲锻件的底平面会有明显的"纹路"痕迹。为了保证热冲锻件底平面的表面质量，需对下料件进行粗车加工，保证其一端面的表面粗糙度在 $Ra3.2\mu m$ 以下，且在热冲锻成形过程中要求粗加工的坯料端面置于能形成热冲锻件地平面的方向。

9.9.3.1　下料

接螺零件采用直径 $\phi28mm$ 的 7A04 超硬铝合金圆棒料，该材料出厂为热轧状态。采用带锯床将直径 $\phi28mm$ 的圆棒料锯切成厚度为 7.9mm 的短圆柱体下料件，再在车床上粗加工成如图 9-69 所示的坯料。

9.9.3.2　坯料的加热、模具的预热

坯料的加热温度为（420±20）℃，模具的预热温度为（150±30）℃。

坏料和模具的温度状态对于实现热冲锻成形有着十分重要的作用，加热炉炉温的控制是否符合工艺要求，直接关系到坏料和模具的加热质量、能源的消耗及生产率；炉温控制不当将导致坏料、模具内部各点温度的不均匀，不仅影响热冲锻件的充填，甚至会引起热冲锻件的裂纹、表面拉伤等成形缺陷。

9.9.3.3　润滑剂及润滑方式

为了保证热冲锻件中底平面的表面质量，避免固体润滑剂中固态颗粒及固体润滑剂的堆积对底平面表面粗糙度的影响，本工艺选用猪油这种液体润滑剂对加热的坏料和预热的模具进行润滑。

坏料的润滑方式为浸涂，即将加热后的坏料快速浸入装有猪油润滑剂的容器中；模具的润滑方式为涂抹，即用粘有猪油润滑剂的毛刷直接对冲头表面和凹模内孔型腔表面进行涂抹。

9.9.3.4　成形设备

本工艺选用 JH21-160 型压力机对如图 9-68 所示的热冲锻件进行热冲锻成形。该压力机的滑块行程较短（仅有 180mm）、滑块行程次数较高（行程次数为 50 次/min），能够保证快速的热成形。

图 9-70 所示为接螺的热冲锻件实物。

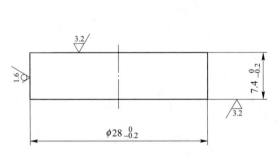

图 9-69　坏料的形状与尺寸

图 9-70　接螺的热冲锻件实物（已钻内孔）

9.9.4　模具结构

对于图 9-68 所示的热冲锻件，由于其端面上的两个异型凸台之间截面积相差也太大，在冲锻成形后锻件上两个异型凸台的高度相差较大，在锻件的顶出过程中容易造成异型顶料杆的损坏和锻件的歪斜；同时，由于其凸台部分的尺寸精度要求很高如半径 $R9.6mm$ 要求达到 $^{+0.1}_{0}$ 的公差，要得到合格的热冲锻件就必须从模具和坏料的弹性变形与热胀冷缩变形、模具结构等综合考虑，来实现热冲锻件尺寸的精确控制。

因此，设计合理的模具结构是实现热冲锻成形的难点与关键。

本工艺采用的热冲锻模具结构如图 9-71 所示。图 9-72 所示为主要模具零件图，模具的材料及热处理硬度见表 9-8。

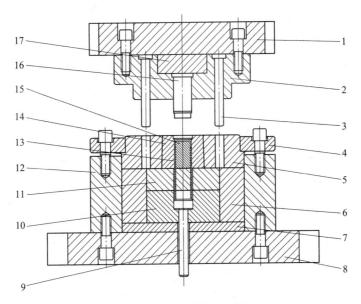

图 9-71 热冲锻模具结构图

1—上模板；2—上模座；3—小导柱；4—凹模压板；5—凹模外套；6—下模衬套；7—下模垫板；
8—下模板；9—顶杆；10—顶杆垫块；11—凹模垫块；12—下模座；13—顶料杆；
14—凹模芯；15—凹模芯垫；16—冲头；17—冲头垫块

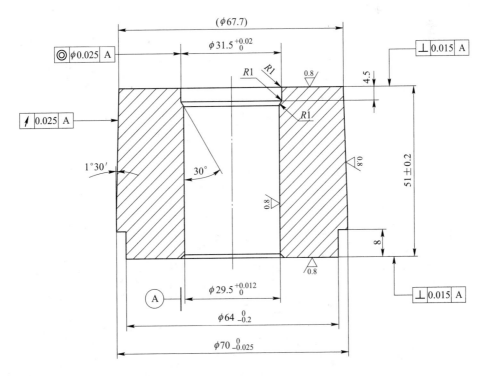

a

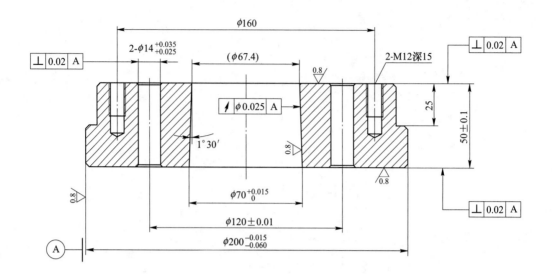

b

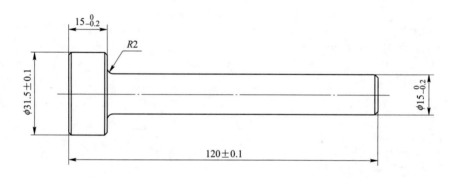

c

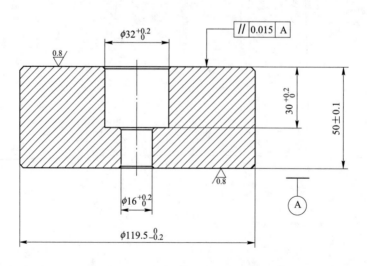

d

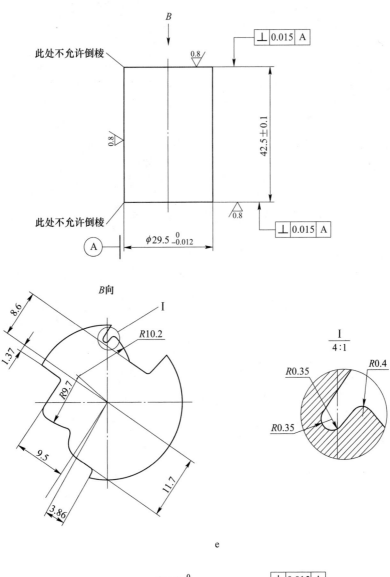

e

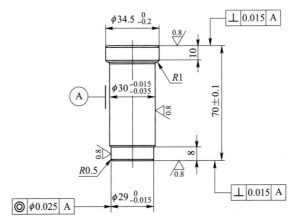

f

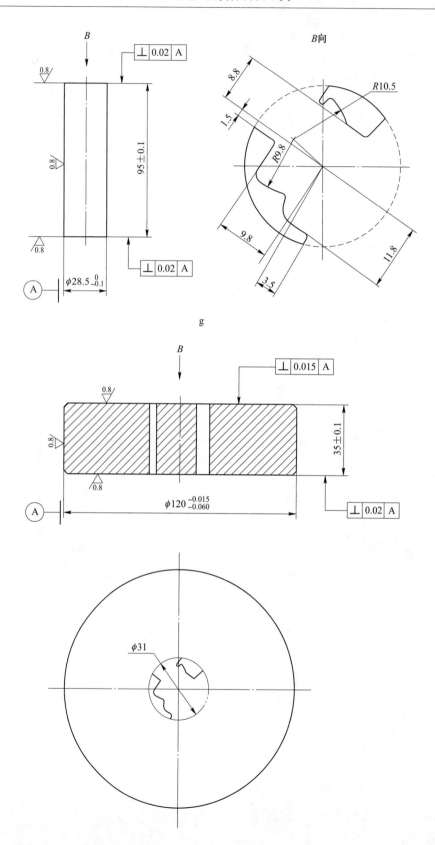

g

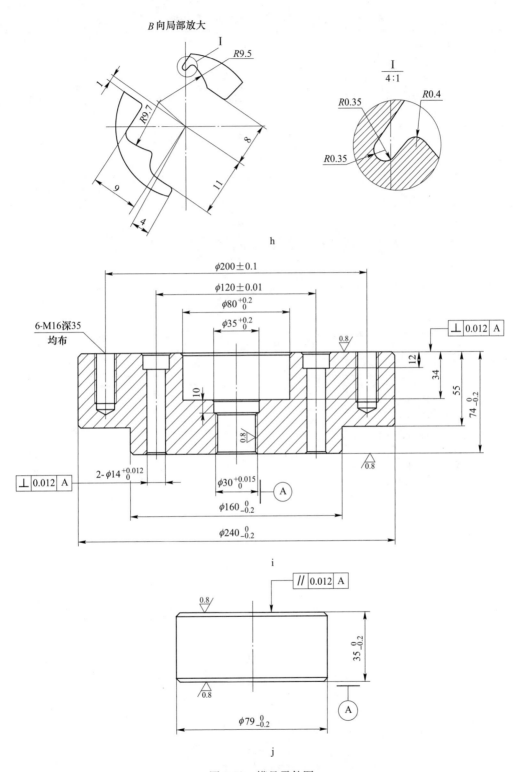

图 9-72 模具零件图

a—凹模芯；b—凹模外套；c—顶杆；d—顶杆垫块；e—凹模芯垫；
f—冲头；g—顶料杆；h—凹模垫块；i—上模座；j—冲头垫块

表 9-8　热冲锻模具零件的材料牌号及热处理硬度

序号	模具零件	材料牌号	热处理硬度（HRC）
1	顶杆垫块	H13	48～52
2	冲头垫块	Cr12MoV	54～58
3	凹模垫块	H13	48～52
4	顶杆	Cr12MoV	54～58
5	冲头	LD	56～60
6	上模座	45	38～42
7	顶料杆	LD	56～60
8	凹模芯垫	LD	56～60
9	凹模芯	LD	56～60
10	凹模外套	45	32～38

9.10　2A12 硬铝合金矩形内腔壳体的热挤压成形

图 9-73 所示是具有矩形内腔的壳体类零件，其材质为 2A12 硬铝合金。

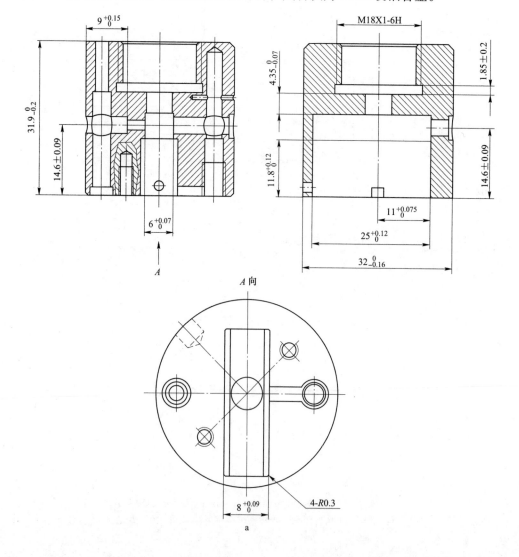

a

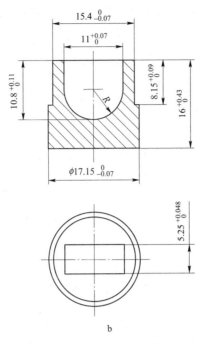

图 9-73 矩形内腔壳体的零件简图
a—大壳体；b—小壳体

对于这种具有矩形内腔的盲孔类零件，可采用圆柱体坯料反挤压成形方法进行生产。图 9-74 所示为矩形内腔壳体的热挤压件图。

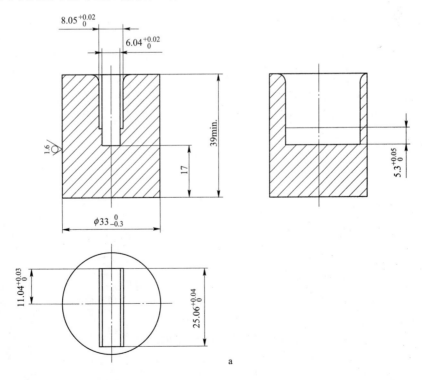

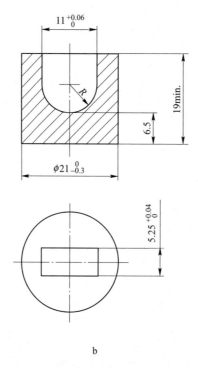

图 9-74　矩形内腔壳体的热挤压件图

a—大壳体；b—小壳体

9.10.1　热挤压成形工艺流程

9.10.1.1　坯料的制备

首先在带锯床上将 2A12 硬铝合金圆棒料锯切成下料件，再将下料件在车床上车削加工两个端面，制成如图 9-75 所示的坯料，保证端面的表面粗糙度在 $Ra6.3\mu m$ 以下，并保证两端面与外形的垂直度在 0.10mm 以内。

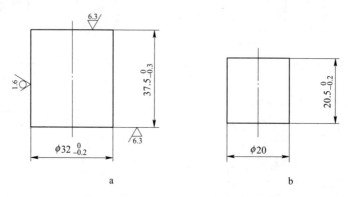

图 9-75　坯料的形状和尺寸

a—大壳体；b—小壳体

9.10.1.2　坯料的加热和保温

坯料的加热规范为：加热温度为（450±20）℃，保温时间为 30~45min。

9.10.1.3　模具预热

模具的预热温度为（150±50）℃。

9.10.1.4　润滑处理

用猪油作为润滑剂，将加热、保温后的坯料快速浸入盛有猪油润滑剂的容器中；用粘有猪油的毛刷涂抹冲头的工作表面和凹模的型腔表面。

9.10.1.5　热挤压成形

将浸有猪油的坯料置于凹模型腔中，随着冲头的向下运动，将挤压出具有矩形盲孔的热挤压件。

图 9-76 所示为热挤压件实物。

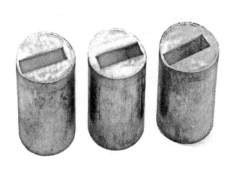 

a　　　　　　　　　　　　　　　　　　b

图 9-76　矩形内腔壳体的热挤压件实物

a—大壳体；b—小壳体

9.10.2　热挤压模具结构

由图 9-73 可知，该零件是具有一个小矩形孔的盲孔类壳形件，热挤压成形的主要目的是挤压成形小矩形孔，其挤压冲头工作部位的尺寸小、热挤压成形力不大。

为了避免因冲头轴心线与凹模芯轴心线的不同轴所引起热挤压成形过程中冲头的断裂，要求热挤压模具具有较高的、可靠的导向精度。

图 9-77 所示为矩形内腔壳体的热挤压模架的结构总装图，图 9-78 所示为该模架中各个模具零件的零件图。

该热挤压模具结构具有如下特点：

（1）采用预应力组合凹模模具结构，如图 9-78a 所示。该组合凹模由凹模芯 1、凹模外套 2 两件组成，采用圆柱面热镶套的方式将过盈配合的凹模芯 1 和凹模外套 2 组装在一起。

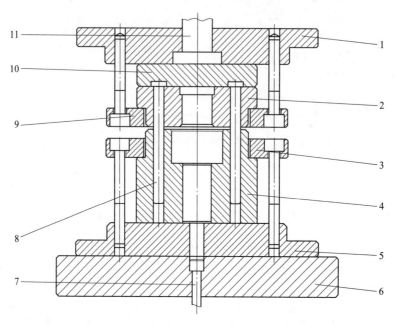

图 9-77　矩形内腔壳体热挤压模架的总装结构

1—上模板；2—冲头固定套；3—下模压板；4—凹模外套；5—下模垫板；6—下模板；7—顶杆；

8—小导柱；9—上模压板；10—上模垫板；11—模柄

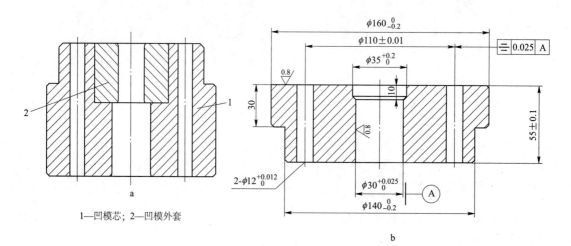

1—凹模芯；2—凹模外套

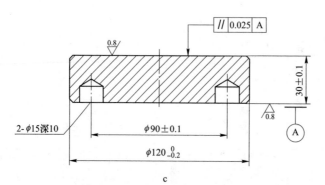

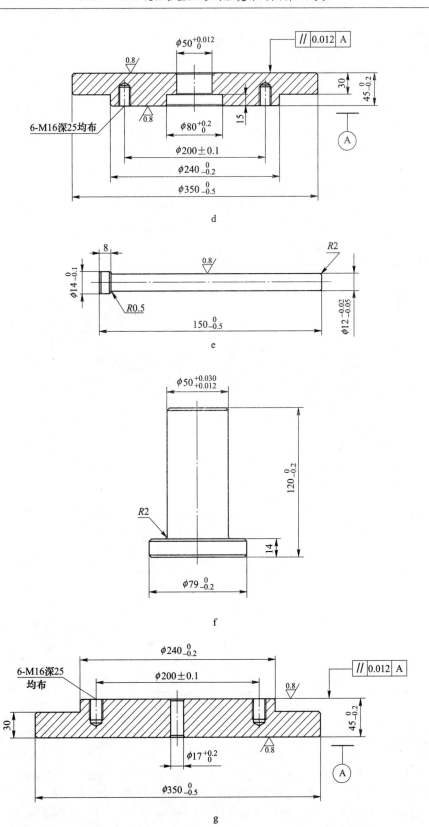

d

e

f

g

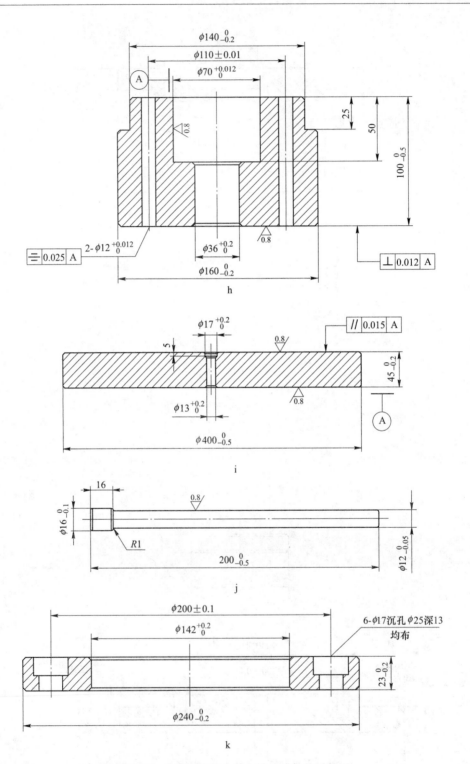

图 9-78　热挤压模架中各个模具零件的零件图

a—预应力组合凹模；b—冲头固定套；c—上模垫板；d—上模板；e—小导柱；
f—模柄；g—下模垫板；h—凹模外套；i—下模板；j—顶杆；k—上、下模压板

（2）采用导柱、导孔的导向机构。将已经热镶套的预应力组合凹模（如图 9-78a 所示）中的 2-φ14mm 的导孔与凹模芯中心的型腔孔在线切割机床上一次加工完成，确保 2-φ14mm 的导孔与凹模芯中心的型腔孔之间有高的同轴度；将冲头固定套（如图 9-78b 所示）中的 2-φ14mm 的导柱孔与其中心的最小直径孔在线切割机床上一次加工完成，确保 2-φ14mm 的导柱孔与其中心的最小直径孔之间有高的同轴度。这样就能够确保在热挤压成形过程中冲头的轴心线和凹模芯的轴心线的同轴度在 0.05mm 以内。

（3）采用顶料杆来承受热挤压变形力的作用。由于热挤压变形力不大，因此采用顶料杆直接承受热挤压过程中的变形力作用。挤压完成后，在成形设备的顶出系统的作用下由顶料杆将热挤压件顶出。

图 9-79 所示为大壳体热挤压模具的冲头、凹模芯、顶料杆零件图，图 9-80 所示为小壳体热挤压模具用冲头、凹模芯、顶料杆零件图，其中模具的材料牌号及热处理硬度见表 9-9。

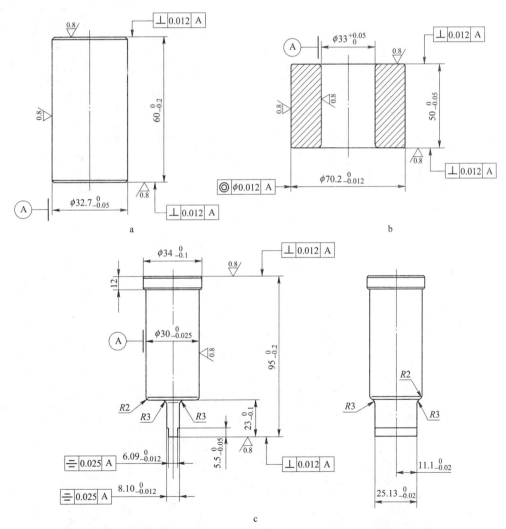

图 9-79　大壳体热挤压模具用冲头、凹模芯、顶料杆的零件图

a—大壳体用顶料杆；b—大壳体用凹模芯；c—大壳体用冲头

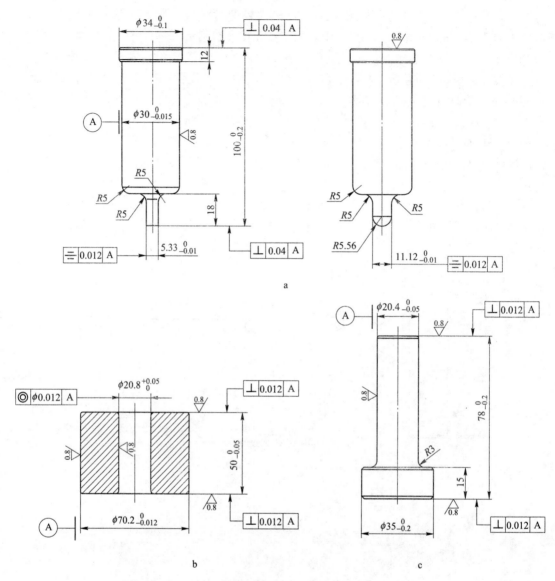

图 9-80　小壳体热挤压模具用冲头、凹模芯、顶料杆的零件图

a—小壳体用冲头；b—小壳体用凹模芯；c—小壳体用顶料杆

表 9-9　热挤压模具零件的材料牌号及热处理硬度

序号	模具零件	材料牌号	热处理硬度（HRC）
1	小壳体用凹模芯	LD	56~60
2	大壳体用凹模芯	LD	56~60
3	凹模外套	45	32~38
4	小壳体用冲头	LD	56~60
5	大壳体用冲头	LD	56~60
6	小壳体用顶料杆	LD	56~60

序号	模具零件	材料牌号	热处理硬度（HRC）
7	大壳体用顶料杆	LD	56～60
8	下模垫板	H13	48～52
9	上模垫板	H13	48～52
10	冲头固定套	45	32～38
11	上模板	45	32～38
12	小导柱	LD	56～60
13	顶杆	LD	56～60
14	模柄	45	
15	上、下模压板	45	28～32
16	下模板	45	28～32

9.11　2A12 硬铝合金锥形壳体的近净锻造成形

图 9-81 所示是锥形壳体的零件简图，其材质为 2A12 硬铝合金。

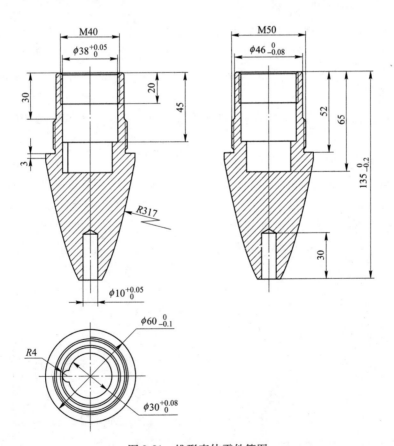

图 9-81　锥形壳体零件简图

对于这种具有阶梯内孔、阶梯外形的锥形零件，可采用圆柱体坯料经正挤压制坯+复合挤压预成形+镦挤成形方法进行生产。图 9-82 所示为锥形壳体的锻件图。

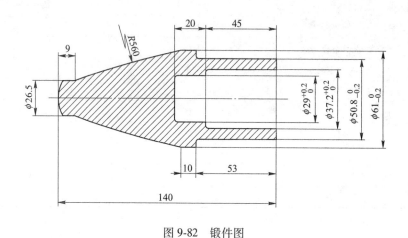

图 9-82　锻件图

9.11.1　近净锻造成形工艺流程

近净锻造成形工艺流程如下：

（1）坯料的制备，首先在带锯床上将直径 $\phi50mm$ 的 2A12 硬铝合金圆棒料锯切成长度为 103mm 的下料件，再将下料件在车床上车削加工两个端面，制成如图 9-83 所示的坯料，保证端面的表面粗糙度在 $Ra3.2\mu m$ 以下，并保证两端面与外形的垂直度在 0.10mm 以内。

（2）坯料的加热和保温，坯料的加热规范为：加热温度为（450±20）℃，保温时间为 90~120min。

（3）模具预热，模具的预热温度为（150±50）℃。

（4）润滑处理，用猪油作为润滑剂，将加热、保温后的坯料快速浸入盛有猪油润滑剂的容器中，用粘有猪油的毛刷涂抹冲头的工作表面和凹模的型腔表面。

（5）正挤压制坯，将浸有猪油的坯料置于正挤压制坯模具的凹模型腔中，随着冲头的向下运动，将正挤压出如图 9-84 所示的制坯件。

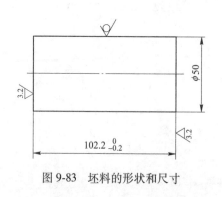

图 9-83　坯料的形状和尺寸

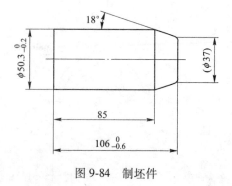

图 9-84　制坯件

（6）制坯件的加热和保温，制坯件的加热规范为：加热温度为（450±20）℃，保温时间为 60～90min。

（7）复合挤压预成形，将浸有猪油的制坯件置于复合挤压预成形模具的凹模型腔中，随着冲头的向下运动，将成形出如图 9-85 所示的预成形件。

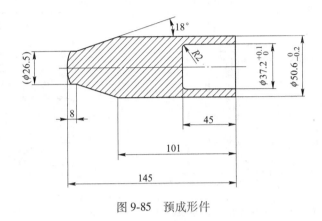

图 9-85   预成形件

（8）预成形件的加热和保温，制坯件的加热规范为：加热温度为（450±20）℃，保温时间为 60～90min。

（9）镦挤成形，将浸有猪油的预成形件置于镦挤成形模具的凹模型腔中，随着凸模的向下运动，将镦挤成形出如图 9-82 所示的锻件。

图 9-86 所示为锥形壳体的正挤压制坯件、复合挤压预成形件、锻件、由锻件加工而成的零件实物。

图 9-86   锥形壳体的正挤压制坯件、复合挤压预成形件、锻件、由锻件加工而成的零件实物

9.11.2   模具结构

图 9-87 所示为锥形壳体的近净锻造成形用模架的结构总装图。

图 9-88 所示为正挤压制坯模具，图 9-89 所示为正挤压制坯模具中各个模具零件的零件图。图 9-90 所示为复合挤压预成形模具，图 9-91 所示为复合挤压预成形模具中各个模具零件的零件图。图 9-92 所示为镦挤成形模具，图 9-93 所示为镦挤成形模具中各个模具零件的零件图。

表 9-10 所示为各个模具零件的材料牌号及热处理硬度。

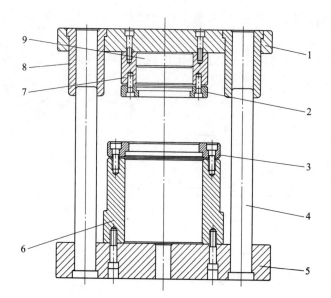

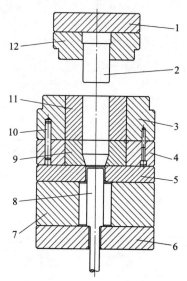

图 9-87 近净锻造成形用模架的结构总装图

1—上模板；2—上模压板；3—下模压板；
4—导柱；5—下模板；6—下模座；
7—上模座；8—导套；9—上模垫块

图 9-88 正挤压制坯模具

1—冲头垫板；2—冲头；3—上凹模外套；
4—下凹模外套；5—下模垫板；6—顶杆垫板；
7—下衬套；8—顶料杆；9—下凹模芯；
10—圆柱销；11—上凹模芯；12—冲头外套

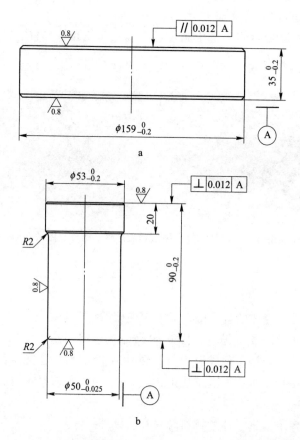

a

b

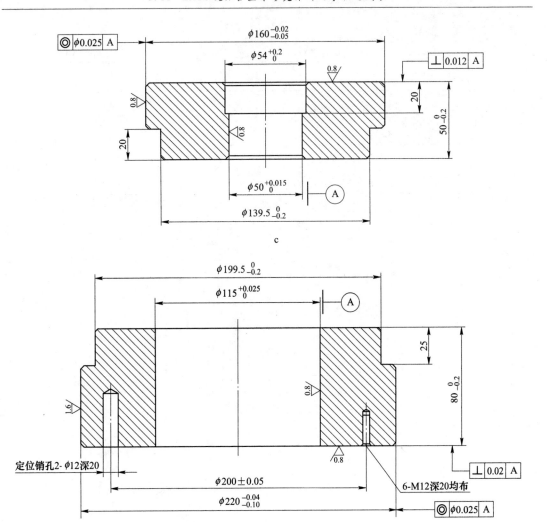

c

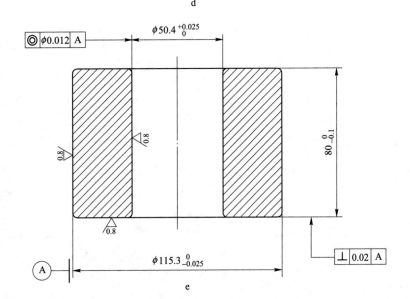

e

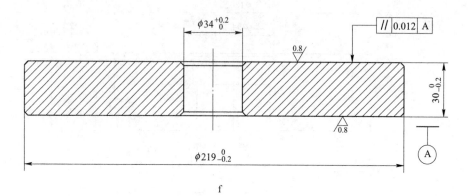

f

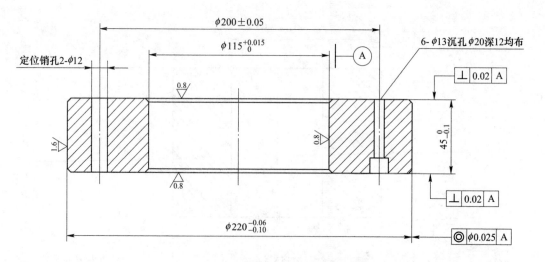

g

h

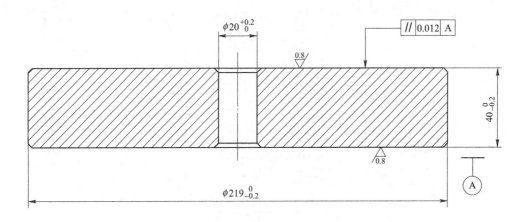

i

j

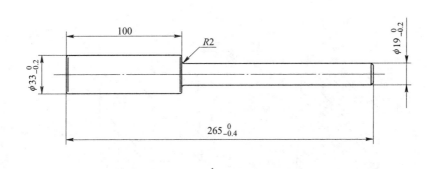

k

图 9-89 正挤压制坯模具中各个模具零件的零件图

a—冲头垫板；b—冲头；c—冲头外套；d—上凹模外套；e—上凹模芯；f—下模垫板；g—下凹模芯；
h—下凹模外套；i—顶杆垫板；j—下衬套；k—顶料杆

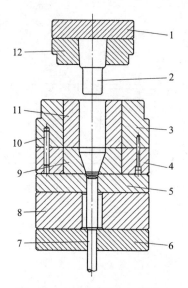

图 9-90 复合挤压预成形模具

1—冲头垫板；2—冲头；3—上凹模外套；4—下凹模外套；5—下模垫板；6—顶杆垫板；
7—顶料杆；8—下衬套；9—下凹模芯；10—圆柱销；11—上凹模芯；12—冲头固定套

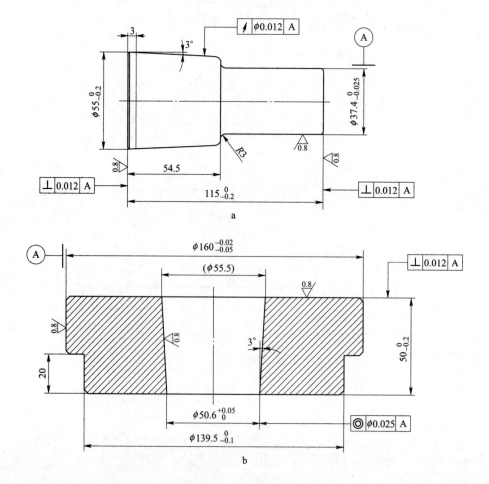

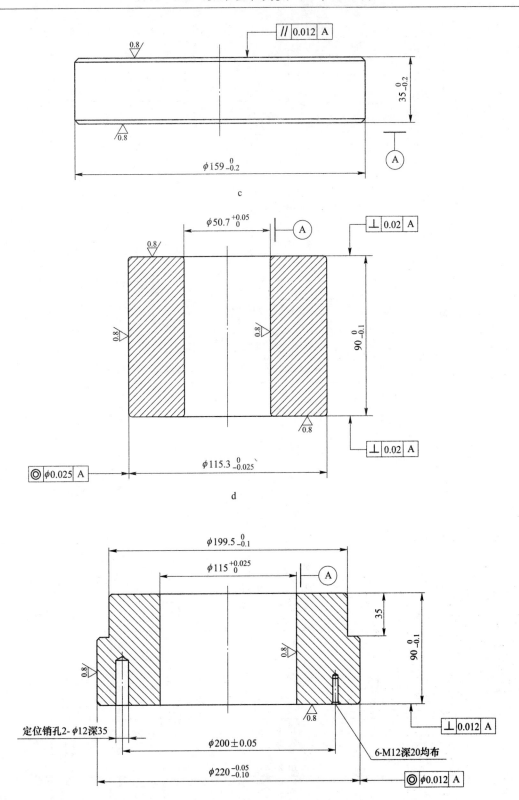

c

d

定位销孔2-φ12深35

6-M12深20均布

e

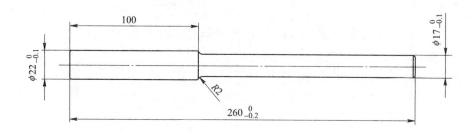

f

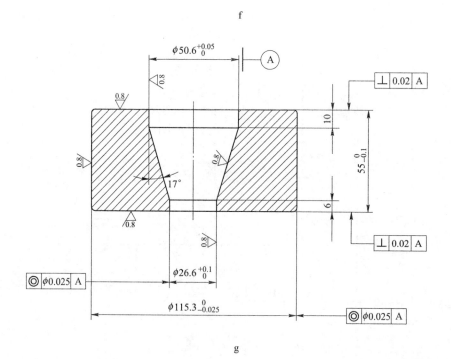

g

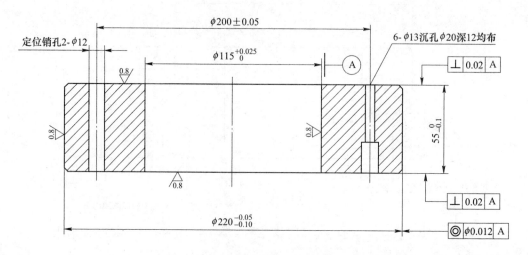

h

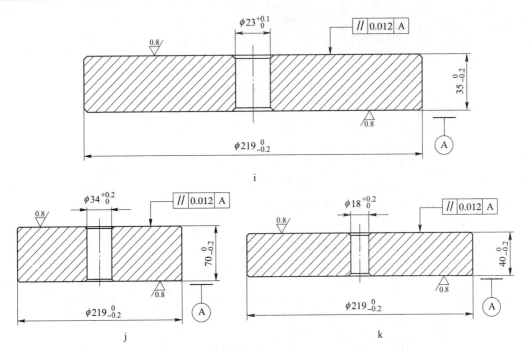

图 9-91　复合挤压预成形模具中各个模具零件的零件图

a—冲头；b—冲头固定套；c—冲头垫板；d—上凹模芯；e—上凹模外套；f—顶料杆；

g—下凹模芯；h—下凹模外套；i—下模垫板；j—下衬套；k—顶杆垫板

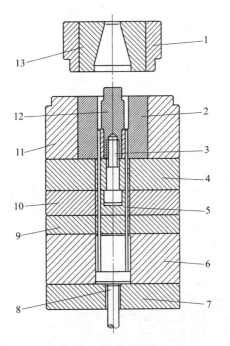

图 9-92　镦挤成形模具

1—上模外套；2—凹模芯；3—紧固螺钉；4—凹模垫板；5—顶料杆；6—下衬套；7—顶杆垫板；

8—顶杆；9—下模衬垫；10—下模垫板；11—凹模外套；12—凹模芯轴；13—上模芯

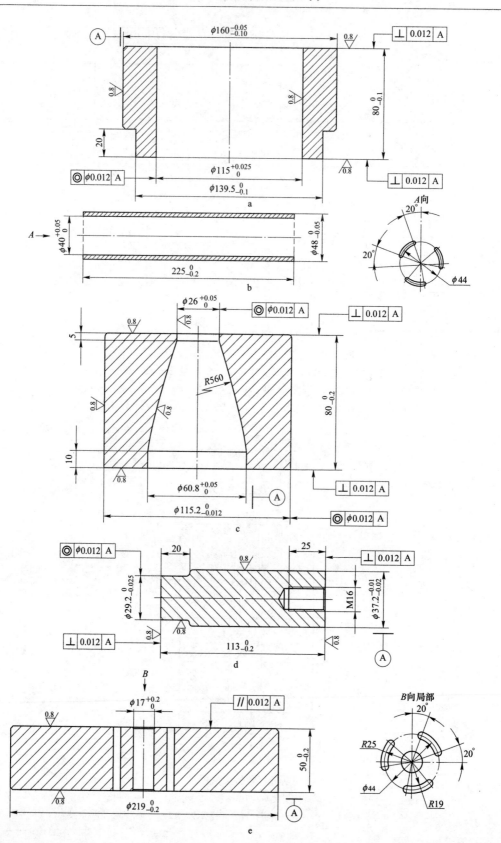

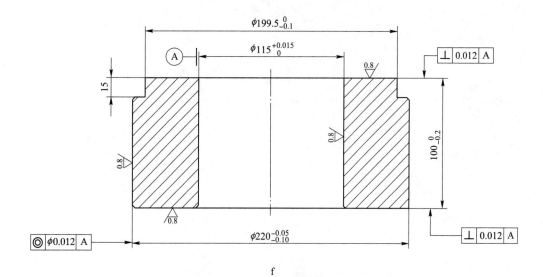

f

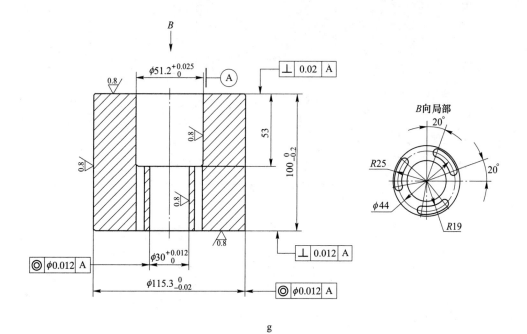

g

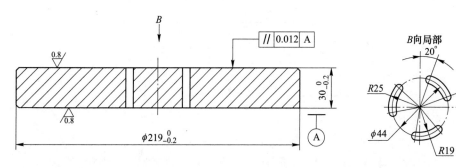

h

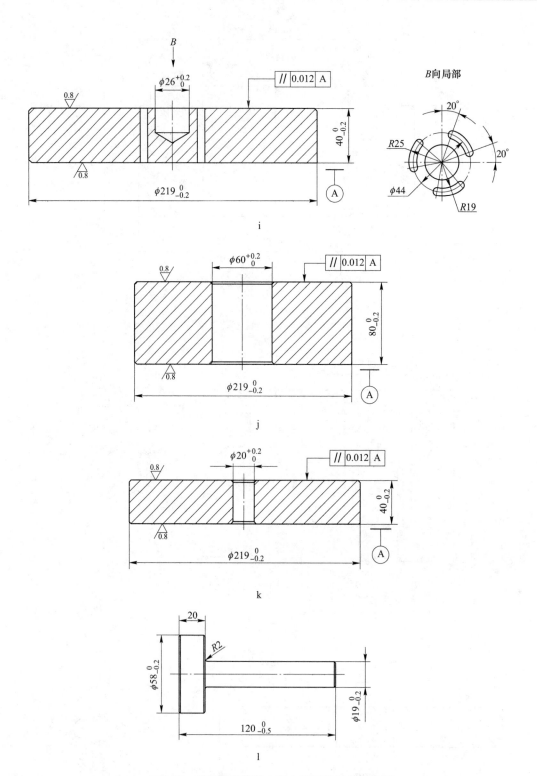

图 9-93　镦挤成形模具中各个模具零件的零件图

a—上模外套；b—顶料杆；c—上模芯；d—凹模芯轴；e—凹模垫板；f—凹模外套；
g—凹模芯；h—下模衬垫；i—下模垫板；j—下衬套；k—顶杆垫板；l—顶杆

表 9-10 模具零件的材料牌号及热处理硬度

成形工序	模具零件名称	材料牌号	热处理硬度（HRC）
正挤压制坯	下凹模芯	LD	56~60
	下凹模外套	45	32~38
	冲头	LD	56~60
	顶料杆	LD	56~60
	下模垫板	H13	48~52
	冲头垫板	H13	48~52
	冲头外套	45	32~38
	上凹模外套	45	32~38
	上凹模芯	LD	56~60
	顶杆垫板	45	38~42
	下衬套	45	38~42
复合挤压预成形	下凹模芯	LD	56~60
	下凹模外套	45	32~38
	冲头	LD	56~60
	顶料杆	LD	56~60
	下模垫板	H13	48~52
	冲头垫板	H13	48~52
	冲头固定套	45	32~38
	上凹模外套	45	32~38
	上凹模芯	LD	56~60
	顶杆垫板	45	38~42
	下衬套	45	38~42
镦挤成形	凹模芯	LD	56~60
	顶料杆	LD	56~60
	凹模垫板	H13	48~52
	上模芯	LD	56~60
	上模外套	45	32~38
	凹模外套	45	32~38
	凹模芯轴	LD	56~60
	顶杆	LD	56~60
	顶杆垫板	45	38~42
	下衬套	45	38~42
	下模垫板	H13	48~52
	下模衬垫	45	38~42

9.12　2A12 硬铝合金阀体的近净锻造成形

图 9-94 所示是阀体的零件简图，其材质为 2A12 硬铝合金。

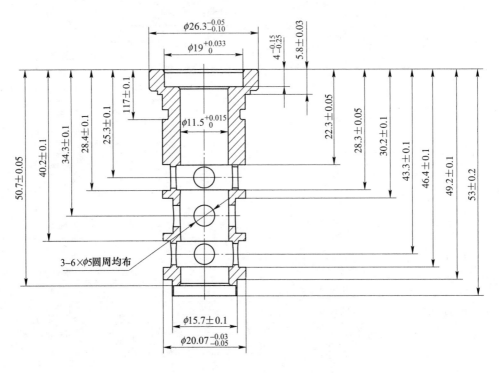

图 9-94　阀体零件简图

对于这种具有通孔的阶梯轴类零件，可采用圆柱体坯料经镦挤制坯+反挤压成形的方法进行生产。图 9-95 所示为阀体的锻件图。

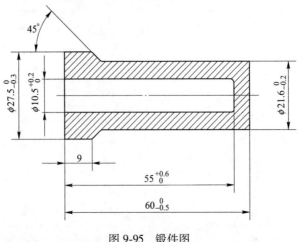

图 9-95　锻件图

9.12.1 近净锻造成形工艺流程

近净锻造成形工艺流程如下：

（1）坯料的制备，带锯床上将直径 $\phi20mm$ 的 2A12 硬铝合金圆棒料锯切成长度为 56mm 的坯料，如图 9-96 所示。

（2）坯料的加热和保温，坯料的加热规范为：加热温度为（450±20）℃，保温时间为 30~45min。

（3）模具预热，模具的预热温度为（150±50）℃。

（4）润滑处理，用猪油作为润滑剂，将加热、保温后的坯料快速浸入盛有猪油润滑剂的容器中，用粘有猪油的毛刷涂抹冲头的工作表面和凹模的型腔表面。

（5）镦挤制坯，将浸有猪油的坯料置于镦挤制坯模具的凹模型腔中，随着冲头的向下运动，将镦挤压出如图 9-97 所示的制坯件。

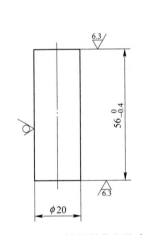

图 9-96　坯料的形状和尺寸

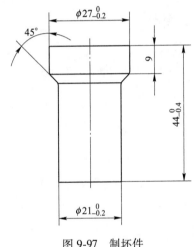

图 9-97　制坯件

（6）制坯件的加热和保温，制坯件的加热规范为：加热温度为（450±20）℃、保温时间为 30~45min。

（7）反挤压成形，将浸有猪油的制坯件置于反挤压成形模具的凹模型腔中，随着冲头的向下运动，将反挤压成形出如图 9-95 所示的锻件。

9.12.2 反挤压成形模具的设计

由图 9-95 所示的锻件，其反挤压成形的主要目的是成形直径 $\phi10.5mm$、孔深 55mm 的内孔，其反挤压冲头的工作部位的直径 $\phi10.4mm$、长度需要达到 65mm，因此其长径比 $H/D \approx 6.0$。

为了避免因反挤压冲头的轴心线与凹模芯的轴心线不同轴所引起的成形过程中反挤压冲头的弯曲和断裂，要求反挤压成形模具应具有高的、可靠的导向精度。

图 9-98 所示为反挤压成形模具结构图，图 9-99 所示为该模具中主要模具零件的零件图。

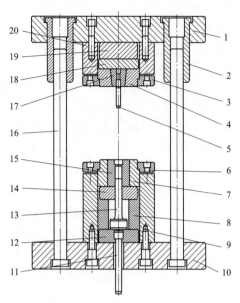

图 9-98　反挤压成形模具结构图

1—上模板；2—导套；3—冲头压板；4—冲头外套；5—冲头；6—凹模压板；7—凹模外套；8—下衬套；
9—下模座；10—下模板；11—顶杆；12—顶杆垫板；13—顶料杆；14—凹模垫板；15—凹模芯；
16—导柱；17—冲头夹套；18—冲头垫块；19—上模垫；20—上模座

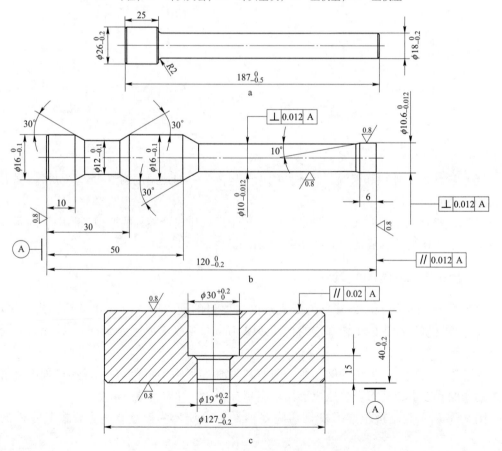

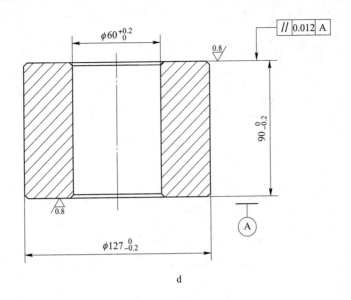

d

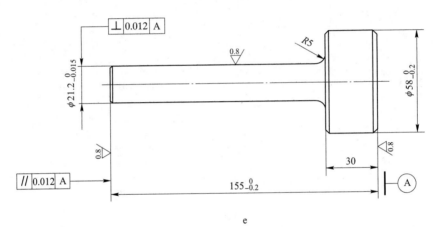

e

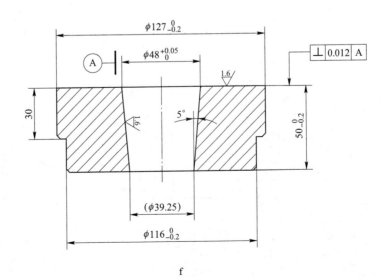

f

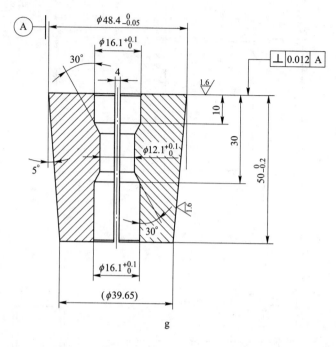

g

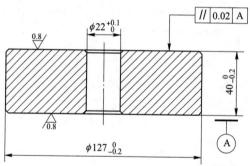

h

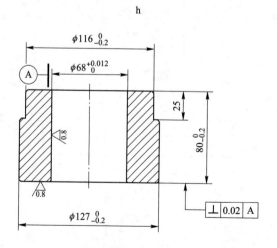

i

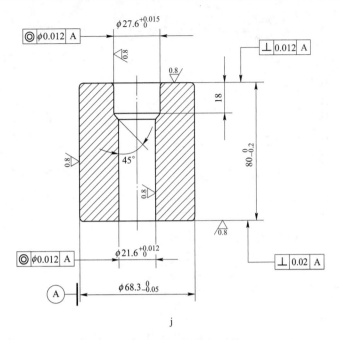

图 9-99 主要模具零件的零件图

a—顶杆；b—冲头；c—顶杆垫块；d—下衬套；e—顶料杆；f—冲头外套；
g—冲头夹套；h—凹模垫板；i—凹模外套；j—凹模芯

9.13 2A12 硬铝合金皮带轮的近净锻造成形

图 9-100 所示是皮带轮的零件简图，其材质为 2A12 硬铝合金。

对于这种具有外齿形的空心类法兰盘零件，可采用圆柱体坯料经反挤压制坯+镦挤成形的方法进行生产。图 9-101 所示为皮带轮的锻件图。

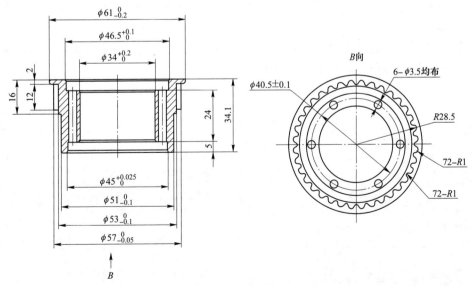

图 9-100 皮带轮零件简图

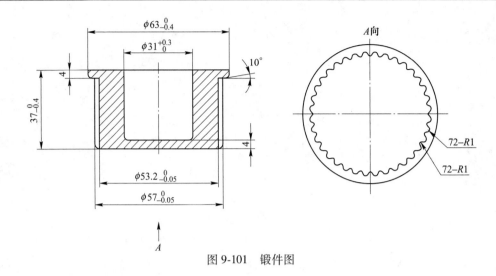

图 9-101　锻件图

9.13.1　近净锻造成形工艺流程

近净锻造成形工艺流程如下：

（1）坯料的制备，带锯床上将直径 $\phi55$mm 的 2A12 硬铝合金圆棒料锯切成长度为 28mm 的坯料，如图 9-102 所示。

（2）坯料的加热和保温，坯料的加热规范为：加热温度为（450±20）℃，保温时间为 60~90min。

（3）模具预热，模具的预热温度为（150±50）℃。

（4）润滑处理，用猪油作为润滑剂，将加热、保温后的坯料快速浸入盛有猪油润滑剂的容器中；用粘有猪油的毛刷涂抹冲头的工作表面和凹模的型腔表面。

（5）反挤压制坯，将浸有猪油的坯料置于反挤压制坯模具的凹模型腔中，随着冲头的向下运动，将反挤压出如图 9-103 所示的反挤压坯件。

（6）反挤压坯件的加热和保温，制坯件的加热规范为：加热温度为（450±20）℃，保温时间为 30~45min。

（7）镦挤成形，将浸有猪油的制坯件置于镦挤成形模具的凹模型腔中，随着冲头的向下运动，将镦挤成形出如图 9-101 所示的锻件。

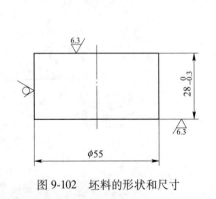

图 9-102　坯料的形状和尺寸

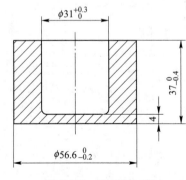

图 9-103　反挤压坯件

9.13.2　镦挤成形模具的设计

由图 9-101 所示的锻件，其镦挤成形的主要目的是挤压成形外齿形部分和镦粗成形直径 ϕ63mm、高度 4.0mm 的法兰盘部分。

图 9-104 所示为镦挤成形模具结构图，图 9-105 所示为该模具中主要模具零件的零件图。

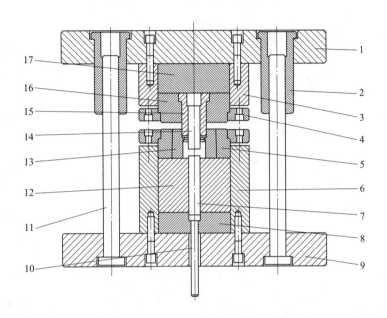

图 9-104　镦挤成形模具结构图

1—上模板；2—导套；3—上模座；4—上模压板；5—凹模外套；6—下模座；7—顶料杆；
8—顶杆垫板；9—下模板；10—顶杆；11—导柱；12—凹模垫板；13—凹模芯；14—冲头芯轴；
15—冲套；16—上模外套；17—上模垫块

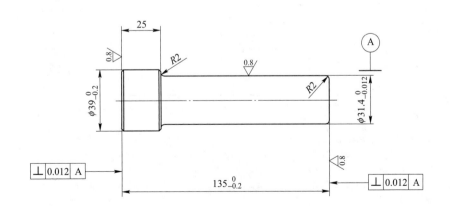

a

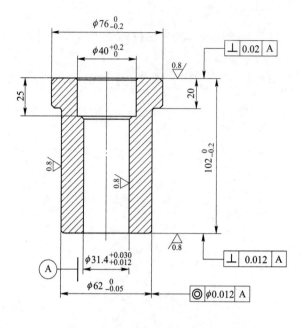

b

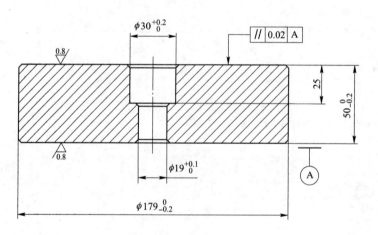

c

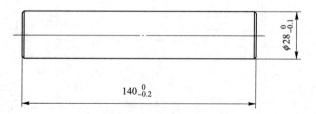

d

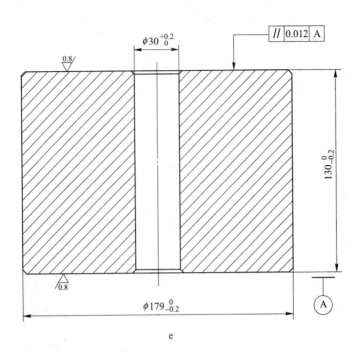

e

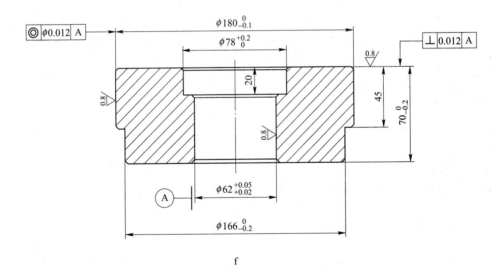

f

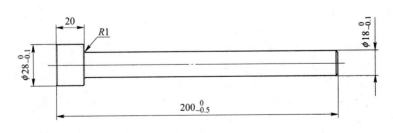

g

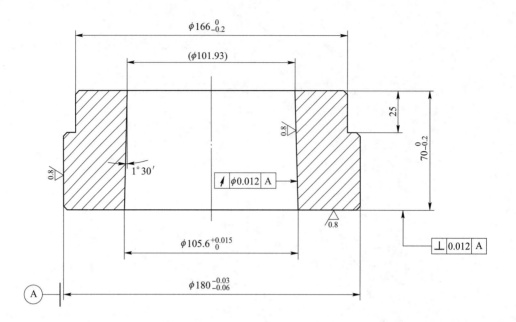

h

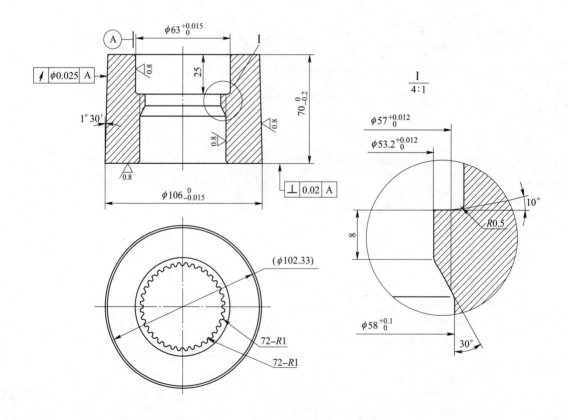

i

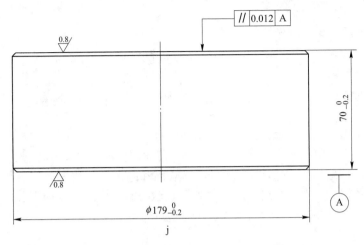

图 9-105 主要模具零件的零件图

a—冲头芯轴；b—冲套；c—顶杆垫板；d—顶料杆；e—凹模垫板；

f—上模外套；g—顶杆；h—凹模外套；i—凹模芯；j—上模垫块

9.14 7A04 超硬铝合金锥底壳体的近净锻造成形

图 9-106 所示是锥底壳体的锻件图，其材质为 7A04 超硬铝合金。

对于这种具有锥底、深孔的壳体锻件，可采用圆柱体坯料经热镦挤制坯+热摆辗预成形+四次热拉深成形的方法进行生产。

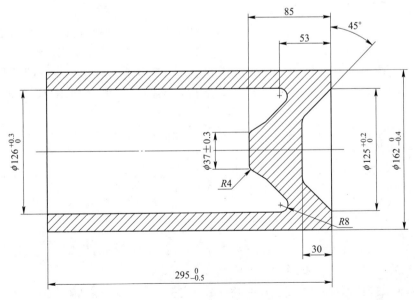

图 9-106 锥底壳体锻件图

9.14.1　近净锻造成形工艺流程

近净锻造成形工艺流程如下：

（1）坯料的制备，带锯床上将直径 $\phi160mm$ 的 7A04 硬铝合金圆棒料锯切成长度为 150mm 的坯料，如图 9-107 所示。

（2）坯料的加热和保温，坯料的加热规范为：加热温度为 $(420\pm10)℃$，保温时间为 $180\sim240min$。

（3）模具预热，模具的预热温度为 $(150\pm50)℃$。

（4）润滑处理，用猪油作为润滑剂，将加热、保温后的坯料快速浸入盛有猪油润滑剂的容器中；用粘有猪油的毛刷涂抹冲头的工作表面和凹模的型腔表面。

（5）热镦挤制坯，将浸有猪油的坯料置于热镦挤制坯模具的凹模型腔中，随着冲头的向下运动，将镦挤出如图 9-108 所示的镦挤坯件。

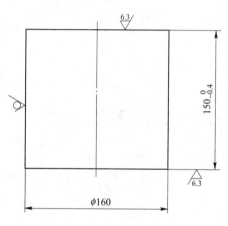

图 9-107　坯料的形状和尺寸

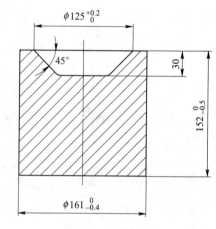

图 9-108　镦挤坯件

（6）镦挤坯件的加热和保温，镦挤坯件的加热规范为：加热温度为 $(420\pm20)℃$，保温时间为 $120\sim180min$。

（7）热摆辗预成形，将浸有猪油的镦挤坯件置于热摆辗预成形模具的凹模型腔中，随着摆头的摆动运动以及凹模的连续不断的进给运动，将摆辗出如图 9-109 所示的预成形件。

（8）预成形件的加热和保温，预成形件的加热规范为：加热温度为 $(420\pm20)℃$，保温时间为 $90\sim120min$。

（9）四次热拉深成形，将浸有猪油的预成形件置于热拉深成形模具的凹模型腔中，随着拉深冲头的向下运动，将拉深成形出如图 9-106 所示的锻件。

9.14.2　热拉深成形工序中模具尺寸的计算

本工序是将图 9-109 所示的预成形件拉深成如图 9-106 所示的锻件。拉深前预成形件的最大直径 $D_0=420mm$，拉深后的锻件内径 $D_1=126mm$。

由于预成形件拉深部位的板厚 $H_0=18mm$，则热拉深后锻件的外径 D_2 为：

$$D_2 = D_1 + 2 \times H_0 \times Y = 126 + 2 \times 18 \times 1.0 = 162mm$$

式中，Y 为与拉深次数和板厚有关的系数，此处取 $Y=1.0$。

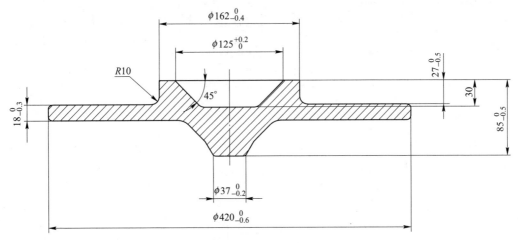

图 9-109 预成形件

总的拉深系数 M 为：

$$M = \frac{D_2}{D_0} = \frac{162}{420} \approx 39\%$$

因为该工艺采用厚板进行热拉深成形，其变形程度不宜过大，从拉深系数 M 来看，一次拉深成形是困难的，故选用 4 次拉深成形；每次拉深系数分别为：$M_1 = 0.7$，$M_2 = 0.8$，$M_3 = 0.8$，$M_4 = 0.8$。

由于各次拉深系数 M 已定，便可算出各次拉深的凹模孔径。

第一次拉深凹模的孔径的 d_{11}：

$$d_{11} = M_1 \times D_0 = 0.7 \times 420 = 294\text{mm}$$

第二次拉深凹模的孔径 d_{21}：

$$d_{21} = M_2 \times d_{11} = 0.8 \times 294 \approx 235\text{mm}$$

第三次拉深凹模的孔径 d_{31}：

$$d_{31} = M_3 \times d_{21} = 0.8 \times 235 = 188\text{mm}$$

第四次拉深凹模的孔径 d_{41}：

$$d_{41} = D_2 = 162\text{mm}$$

已知各次拉深凹模的孔径，便可算出各次拉深凸模的外径。

第一次拉深凸模的外径 d_{12}：

$$d_{12} = d_{11} - 2 \times H_0 \times Y = 294 - 2 \times 18 \times 1.2 \approx 250\text{mm}$$

式中取 $Y = 1.2$。

第二次拉深凸模的外径 d_{22}：

$$d_{22} = d_{21} - 2 \times H_0 \times Y = 235 - 2 \times 18 \times 1.15 \approx 194\text{mm}$$

式中取 $Y = 1.15$。

第三次拉深凸模的外径 d_{32}：

$$d_{32} = d_{31} - 2 \times H_0 \times Y = 188 - 2 \times 18 \times 1.1 \approx 148\text{mm}$$

式中取 $Y = 1.1$。

第四次拉深凸模的外径 d_{42}：

$$d_{42} = D_1 = 126mm$$

图 9-110 所示为前三次热拉深成形的拉深件形状和尺寸。

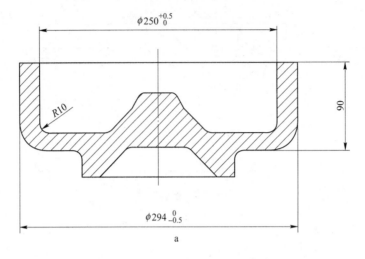

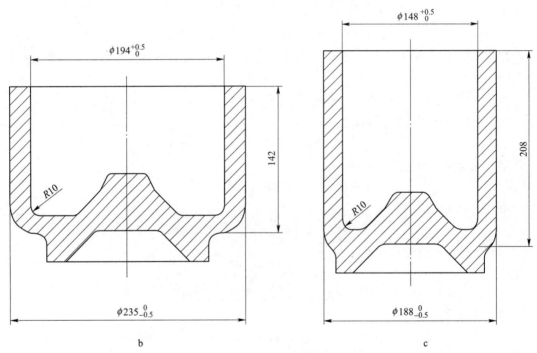

图 9-110　前三次热拉深成形件的形状和尺寸
a—第一次拉深；b—第二次拉深；c—第三次拉深

9. 14. 3　热摆辗预成形模具结构

热摆辗预成形模具结构如图 9-111 所示。该模具具有如下特点：

（1）上模由摆头 14、摆头外套 3 组合而成，在摆头 14 下端面的工作部分有异型型腔，为了提高摆头 14 的使用寿命，在摆头 14 外锥面上镶套有摆头外套 3，由摆头 14 和摆头外套 3 经锥度过盈、冷压配合而成预应力组合模具结构。

（2）下模成形型腔由下模芯 13、下模芯块 12 组合而成，下模芯 13 和下模外套 5 组成的下模采用了锥度过盈配合的预应力组合模具结构。

（3）下模芯块 12 的上端面有锥台型成形型腔，该成形型腔与镦挤坯件的锥台型内腔尺寸相同；下模芯块 12 既是组成下模成形型腔的模具零件之一，又作为顶料杆起顶料作用；下模芯块 12 的最大外形与下模芯 13 的内孔之间的间隙不能过大，以防止因铝合金挤入形成的毛刺或飞边而造成顶出困难。

（4）下模芯 13 的内腔尺寸比镦挤坯件的外圆直径大 1.0mm，当镦挤坯件加热、保温后放置于该成形模具的下模成形型腔时，靠下模芯 13 的内腔和下模芯块 12 中上端面的锥台实现定位。

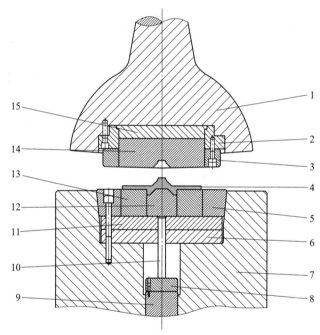

图 9-111 热摆辗预成形模具结构图

1—摆辗机球头；2—摆头座；3—摆头外套；4—预成形件；5—下模外套；6—下模垫板；
7—摆辗机滑块；8—顶出垫块；9—摆辗机顶出活塞；10—顶杆；11—下模承载垫；
12—下模芯块；13—下模芯；14—摆头；15—摆头承载垫

9.14.4 热拉深成形模具结构

为了卸料方便，将第一拉深凸模、第二次拉深凸模、第三次拉深凸模的工作部分设计有 0.5°的模锻斜度，而第四次拉深凸模工作部分的形状与尺寸与锻件图的内径一致。为了便于第四次拉深成形时脱模，在第四次拉深模具中设计了卸料装置。

第一次拉深模具、第二次拉深模具、第三次拉深模具、第四次拉深模具结构图如图 9-112 所示。

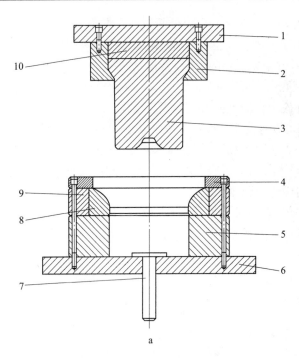

a

1—上模板；2—凸模座；3—凸模；4—定位板；5—凹模垫套；6—下模板；
7—顶料杆；8—凹模芯；9—凹模外套；10—凸模垫块

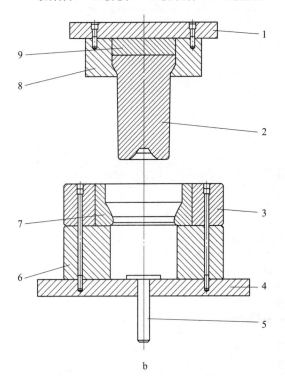

b

1—上模板；2—凸模；3—凹模外套；4—下模板；5—顶料杆；6—凹模垫套；
7—凹模芯；8—凸模座；9—凸模垫块

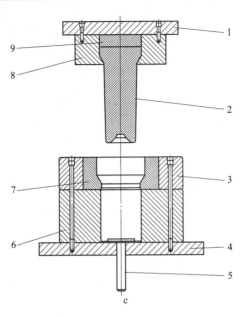

1—上模板；2—凸模；3—凹模外套；4—下模板；5—顶料杆；6—凹模垫套；7—凹模芯；8—凸模座；9—凸模垫块

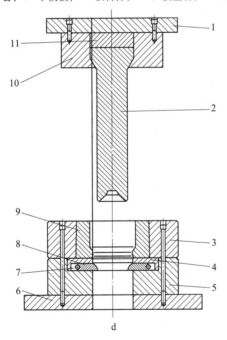

1—上模板；2—凸模；3—凹模外套；4—卸料盖板；5—凹模垫套；6—下模板；7—拉簧；8—卸料块；

9—凹模芯；10—凸模座；11—凸模垫块

图 9-112 热拉深模具结构图

a—第一次热拉深；b—第二次热拉深；c—第三次热拉深；d—第四次热拉深

9.15 7A04 超硬铝合金花键筒体的近净锻造成形

图 9-113 所示是花键筒体的锻件图，其材质为 7A04 超硬铝合金。

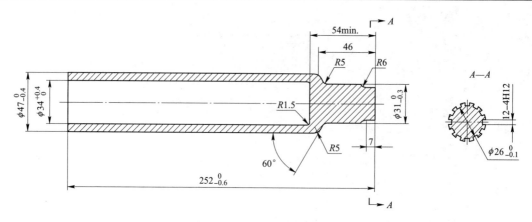

图 9-113　花键筒体锻件图

对于这种具有杯-杆类锻件，可采用圆柱体坯料经镦挤制坯+反挤压成形的方法进行生产。

9.15.1　复合挤压成形工艺流程

复合挤压成形工艺流程如下：

（1）坯料的制备，带锯床上将直径 $\phi45$mm 的 7A04 超硬铝合金圆棒料锯切成长度为135mm 的坯料，如图 9-114 所示。

（2）坯料的加热和保温，坯料的加热规范为：加热温度为（420±20）℃，保温时间为120～150min。

（3）模具预热，模具的预热温度为（150±50）℃。

（4）润滑处理，用猪油作为润滑剂，将加热、保温后的坯料快速浸入盛有猪油润滑剂的容器中，用粘有猪油的毛刷涂抹冲头的工作表面和凹模的型腔表面。

（5）镦挤制坯，将浸有猪油的坯料置于镦挤制坯模具的凹模型腔中，随着冲头的向下运动，将镦挤压出如图 9-115 所示的镦挤坯件。

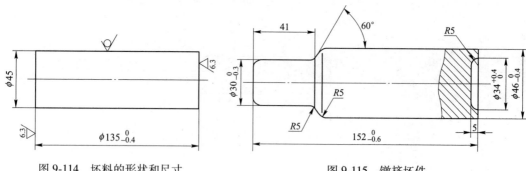

图 9-114　坯料的形状和尺寸　　　　　　　图 9-115　镦挤坯件

（6）镦挤坯件的加热和保温，镦挤坯件的加热规范为：加热温度为（420±20）℃，保温时间为 120～150min。

（7）反挤压成形，将浸有猪油的镦挤坯件置于反挤压成形模具的凹模型腔中，随着冲头的向下运动，将反挤压成形出如图 9-113 所示的锻件。

9.15.2　反挤压成形模具的设计

由图 9-113 所示的锻件，其反挤压成形的主要目的是成形直径 $\phi34$mm、孔深 198mm

的内孔，其反挤压冲头的工作部位的直径 $\phi34mm$，长度需要达到 $250mm$，因此其长径比 $H/D \approx 8.0$。

为了避免因反挤压冲头的轴心线与凹模芯的轴心线不同轴所引起的成形过程中反挤压冲头的弯曲和断裂，要求反挤压成形模具应具有高的、可靠的导向精度。

图 9-116 所示为反挤压成形模具结构图，图 9-117 所示为该模具中主要模具零件的零件图。

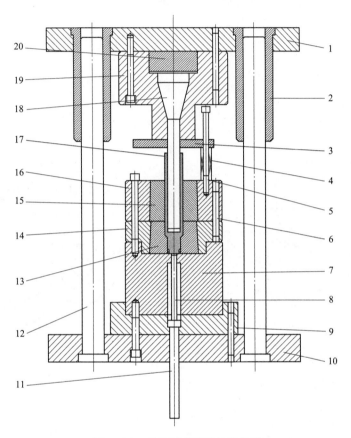

图 9-116　反挤压成形模具结构图

1—上模板；2—导套；3—卸料板；4—压簧；5—拉杆；6—导销；7—下模垫块；8—顶料杆；
9—下模座；10—下模板；11—顶杆；12—导柱；13—下凹模芯；14—下凹模外套；15—上凹模芯；
16—上凹模外套；17—锻件；18—冲头；19—冲头固定套；20—冲头垫块

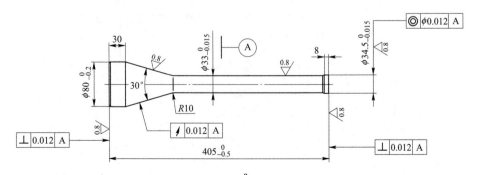

a

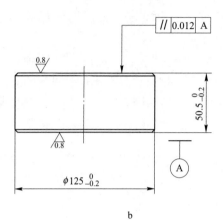

b

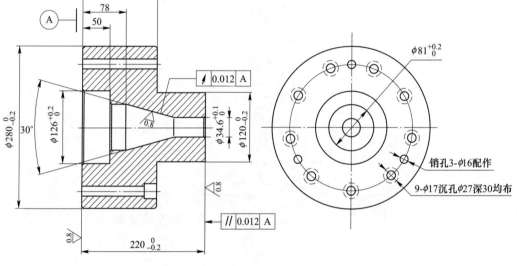

c

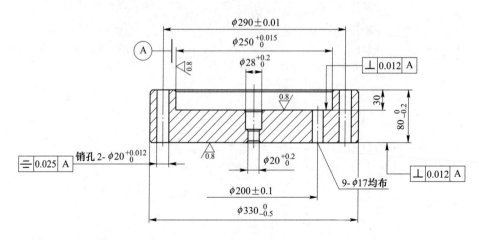

d

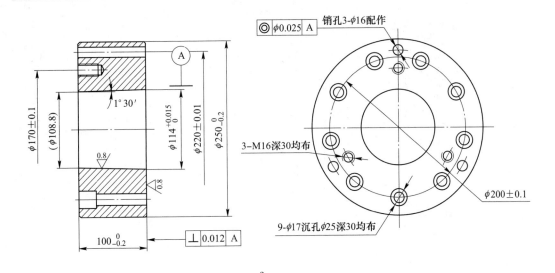

e

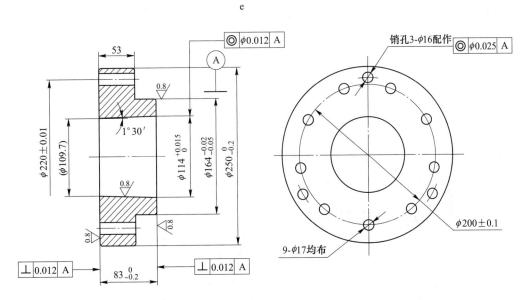

f

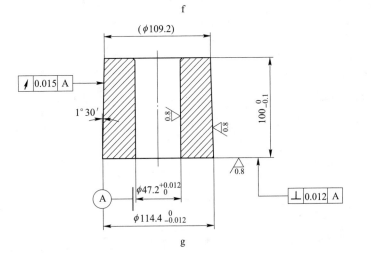

g

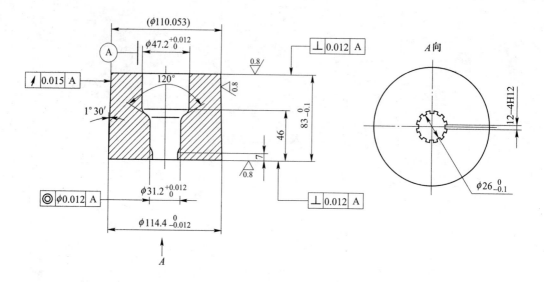

h

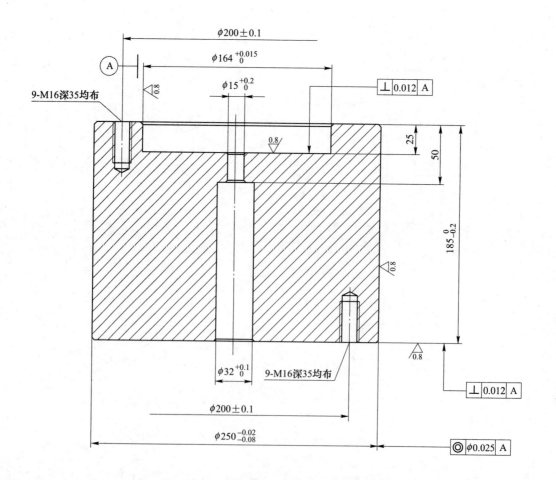

i

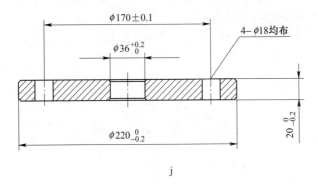

j

图 9-117　主要模具零件的零件图

a—冲头；b—冲头垫块；c—冲头固定套；d—下模座；e—上凹模外套；f—下凹模外套；

g—上凹模芯；h—下凹模芯；i—下模垫块；j—卸料板

9.16　6082 铝合金底座的近净锻造成形

图 9-118 所示是底座的零件简图，其材质为 6082 铝合金。

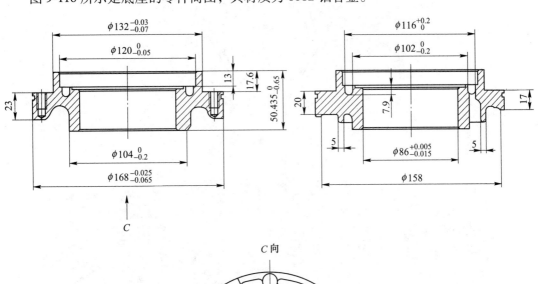

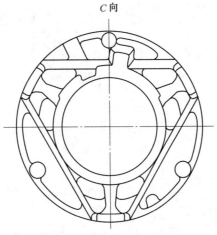

C 向

图 9-118　底座零件简图

对于这种具有端面异型的盘类锻件，可采用圆环体坯料经热摆辗制坯+闭式挤压成形的方法进行生产。图 9-119 所示为底座的锻件图和锻件的三维造型图。

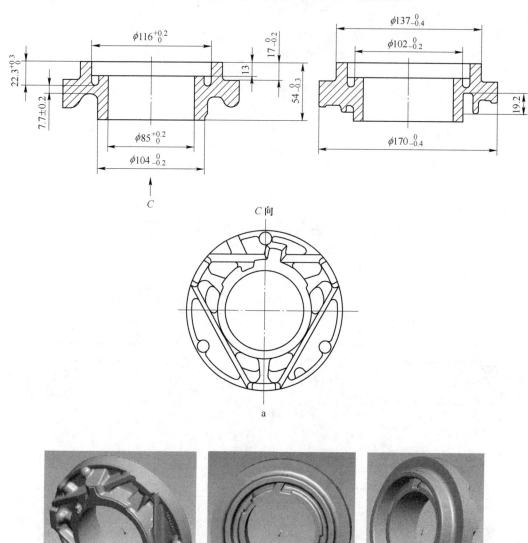

图 9-119　锻件图及其三维造型图

a—锻件图；b—三维造型图

9.16.1　近净锻造成形工艺流程

近净锻造成形工艺流程如下：

（1）坯料的制备，带锯床上将外径 $\phi165mm$、内径 $\phi90mm$ 的 6082 铝合金管料锯切成长度为 25mm 的坯料，如图 9-120 所示。

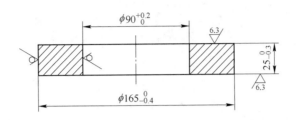

图 9-120　坯料的形状和尺寸

（2）坯料的加热和保温，坯料的加热规范为：加热温度为（450±20）℃，保温时间为 120～150min。

（3）模具预热，模具的预热温度为（150±50）℃。

（4）润滑处理，用猪油作为润滑剂，将加热、保温后的坯料快速浸入盛有猪油润滑剂的容器中；用粘有猪油的毛刷涂抹冲头的工作表面和凹模的型腔表面。

（5）热摆辗制坯，将浸有猪油的坯料置于热摆辗制坯模具的凹模型腔中，随着摆头的摆动运动和滑块的向上进给运动，将摆辗成形出如图 9-121 所示的制坯件。

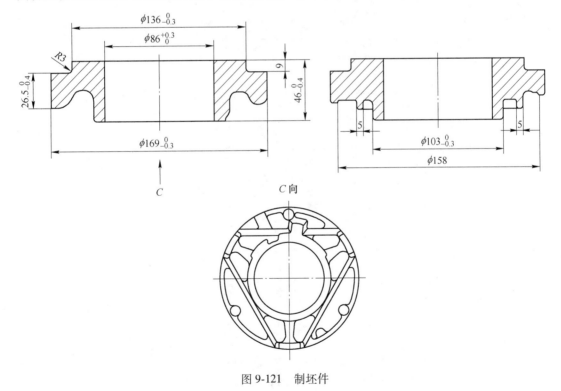

图 9-121　制坯件

（6）制坯件的加热和保温，制坯件的加热规范为：加热温度为（450±20）℃，保温时间为 120～150min。

（7）闭式挤压成形，将浸有猪油的制坯件置于闭式挤压成形模具的凹模型腔中，随着上模和下模的闭合，以及冲头的向下运动，将闭式挤压成形出如图 9-119a 所示的锻件。

9.16.2   热摆辗制坯模具结构

由图 9-119 所示的锻件可知，其下端端面部分的异型型面部分若用常规的锻造成形方法是难以成形的；热摆辗制坯的主要目的就是利用摆动辗压成形的连续局部塑性成形的特点来成形锻件图中下端端面的异型型面部分。

热摆辗制坯模具结构如图 9-122 所示。该模具具有如下特点：

（1）上模由摆头 3、摆头套 16、摆头垫块 17、摆头座 1 和上模压板 2 组合而成，摆头 3 的内孔型腔为中空的阶梯孔。

（2）下模成形型腔由凹模芯 14、凹模芯轴 15 和顶料杆 12 组合而成，凹模芯 14 和凹模外套 13 组成的下模采用了锥度过盈配合的预应力组合模具结构。

（3）上模的轴心线与下模成形型腔的轴心线之间有 2°的摆角。在热摆辗制坯成形过程中，为了避免中空的摆头 3 承受径向压力作用，需要将摆头 3 中的阶梯孔设计成具有 2°斜度的锥孔，将摆头 3 中的工作端面设计成具有 176°的圆锥面。

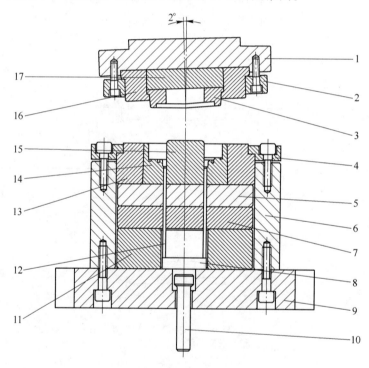

图 9-122   热摆辗制坯模具结构图

1—摆头座；2—上模压板；3—摆头；4—凹模压板；5—凹模垫板；6—下模座；7—下模垫板；
8—顶料块；9—下模板；10—顶杆；11—下衬套；12—顶料杆；13—凹模外套；
14—凹模芯；15—凹模芯轴；16—摆头套；17—摆头垫块

图 9-123 所示为该模具中主要模具零件的零件图。

9.16.3   闭式挤压成形模具结构

闭式挤压成形的主要目的是保证图 9-119 所示锻件的下端端面异型型面部分充满的前

提下经过正、反复合挤压成形锻件图中的上端外径 ϕ137mm、内孔 ϕ116mm、高度 17mm 的台阶和外径 ϕ116mm、内孔 ϕ102mm、深度 23.3mm 的内孔。

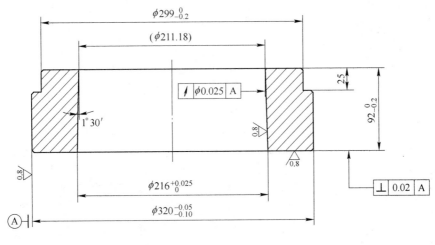

a

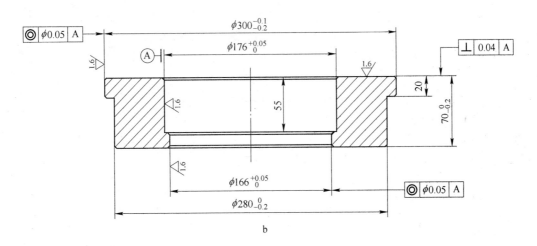

b

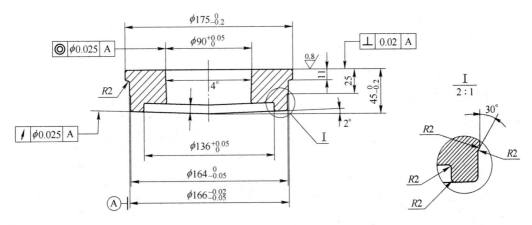

c

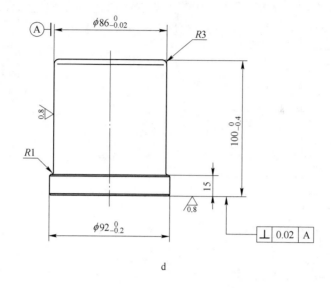

d

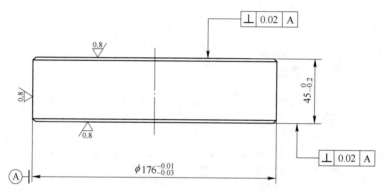

e

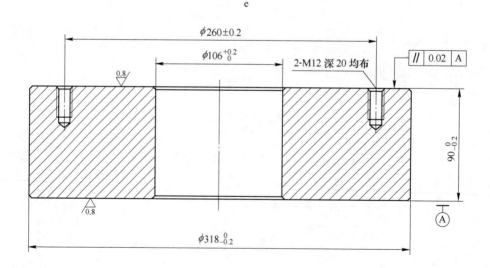

f

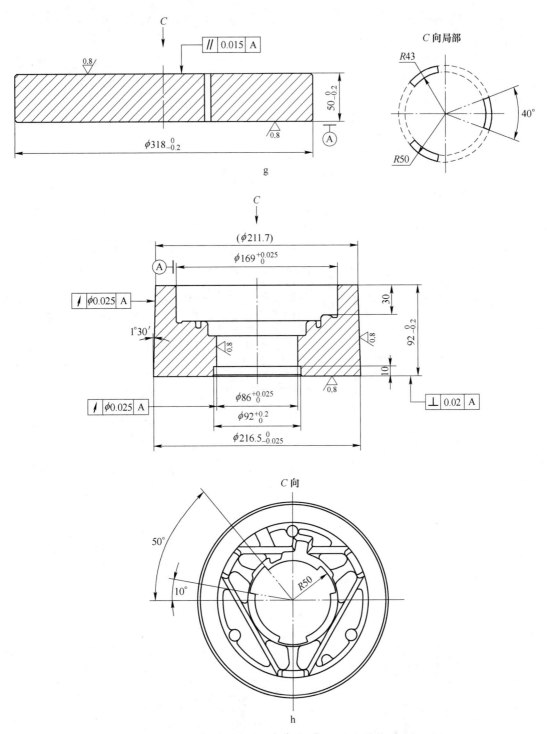

图 9-123　热摆辗制坯模具中主要模具零件的零件图

a—凹模外套；b—摆头套；c—摆头；d—凹模芯轴；e—摆头垫块；

f—下衬套；g—凹模垫板；h—凹模芯

闭式挤压成形模具结构如图 9-124 所示。该模具具有如下特点：

（1）上模由冲头21、上模芯20、上模外套5、上模座3组合而成，冲头21的内孔型腔为中空的阶梯孔。

（2）下模成形型腔由下模芯19、凹模芯轴8、下模外套18和顶料套16组合而成，下模芯19和下模外套18组成的下模采用了锥度过盈配合的预应力组合模具结构。

图9-125所示为该模具中主要模具零件的零件图。

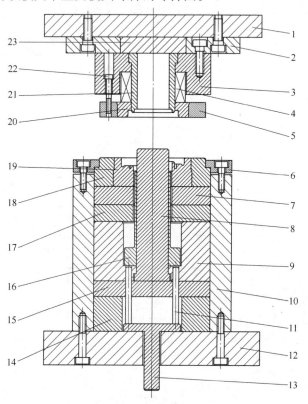

图9-124　闭式挤压成形模具结构图

1—上模板；2—上模垫外套；3—上模座；4—压簧；5—上模外套；6—下模压板；7—凹模垫板；8—凹模芯轴；
9—下模衬垫；10—下模座；11—顶杆；12—下模板；13—下顶杆；14—下衬套；15—下模垫块；16—顶料套；
17—凹模垫块；18—下模外套；19—下模芯；20—上模芯；21—冲头；22—拉杆；23—冲头垫块

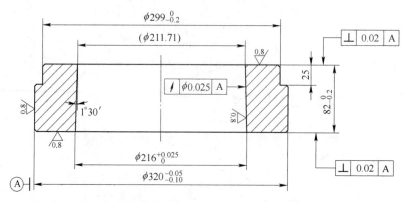

a

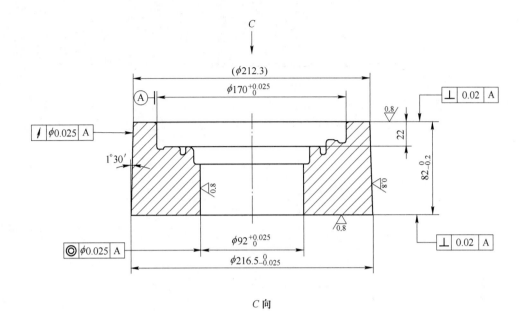

C 向

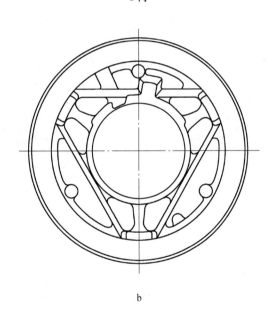

b

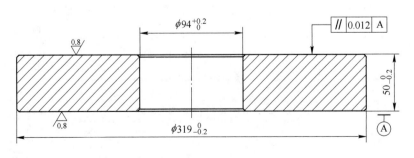

c

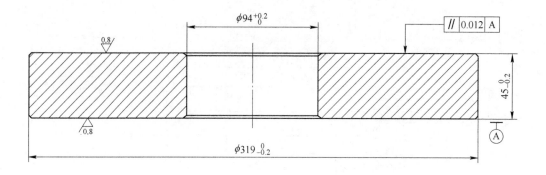

d

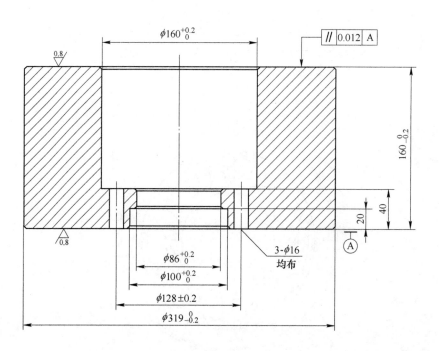

e

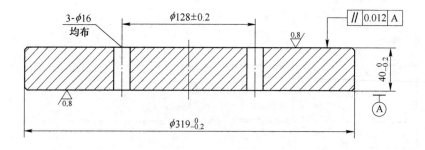

f

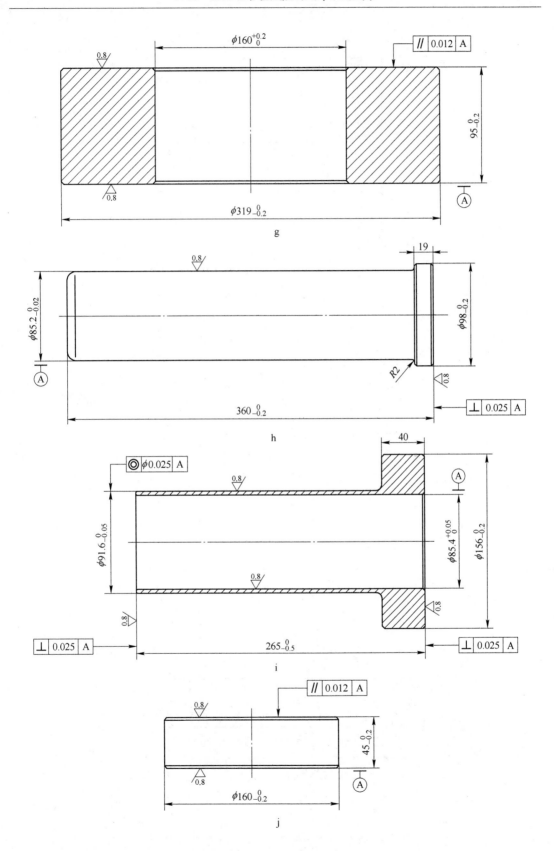

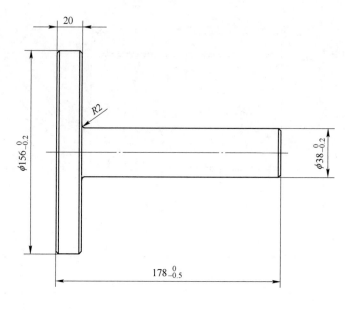

k

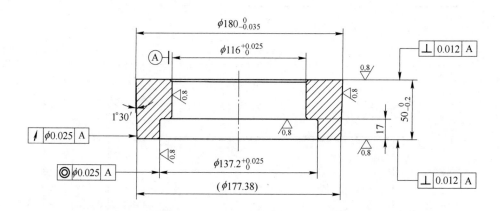

l

m

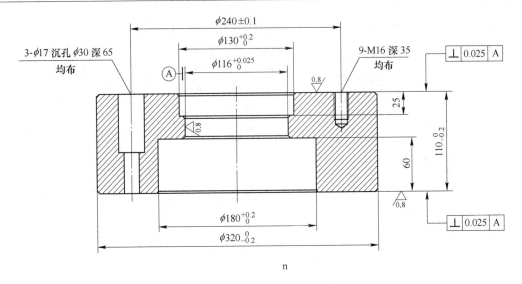

n

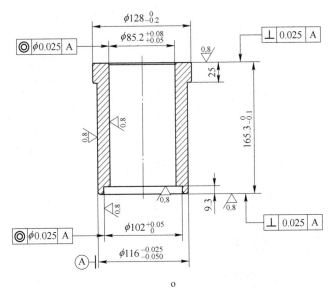

o

图 9-125　闭式挤压成形模具中主要模具零件的零件图

a—凹模外套；b—凹模芯；c—凹模垫板；d—凹模垫块；e—下模衬垫；

f—下模垫块；g—下衬套；h—凹模芯轴；i—退料套；j—冲头垫块；k—下顶杆；

l—上模芯；m—上模外套；n—上模座；o—冲头

9.17　2A12 硬铝合金鼓形壳体的近净锻造成形

图 9-126 所示是鼓形壳体的零件简图，其材质为 2A12 硬铝合金。

对于这种具有两头小、中部大的薄壁鼓形壳体类零件，可采用圆环体坯料经热反挤压制坯+热正挤压预成形+多次冷缩口成形的方法进行生产。图 9-127 所示为鼓形壳体的锻件图。

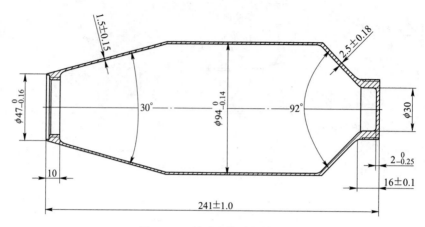

图 9-126　鼓形壳体零件简图

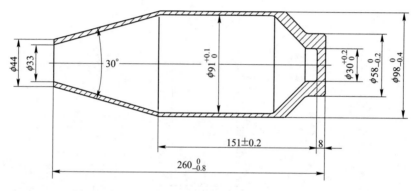

图 9-127　鼓形壳体锻件简图

9.17.1　近净锻造成形工艺流程

近净锻造成形工艺流程如下：

（1）坯料的制备，带锯床上将外径 $\phi100mm$ 的 2A12 硬铝合金棒料锯切成长度为 80mm 的坯料，如图 9-128 所示。

（2）坯料的加热和保温，坯料的加热规范为：加热温度为（450±20）℃，保温时间为 180~210min。

（3）模具预热，模具的预热温度为（150±50）℃。

（4）润滑处理，用猪油作为润滑剂，将加热、保温后的坯料快速浸入盛有猪油润滑剂的容器中，用粘有猪油的毛刷涂抹冲头的工作表面和凹模的型腔表面。

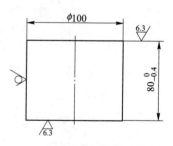

图 9-128　坯料的形状和尺寸

（5）热反挤压制坯，将浸有猪油的坯料置于热反挤压制坯模具的凹模型腔中，随着冲头的向下运动，将挤压成形出如图 9-129 所示的制坯件。

（6）制坯件的加热和保温，制坯件的加热规范为：加热温度为（450±20）℃，保温时间为 90~120min。

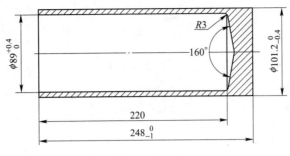

图 9-129 制坯件

（7）热正挤压预成形，将浸有猪油的制坯件置于热正挤压预成形模具的凹模型腔中，随着冲头的向下运动，将制坯件中下端底部的圆柱体实心部分正挤压成形出具有锥台型孔的锥台部分，得到如图 9-130 所示的预成形件。

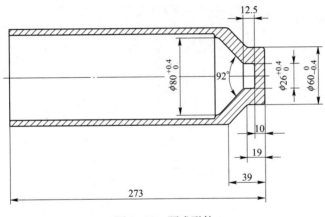

图 9-130 预成形件

（8）粗车加工，在数控车床上将预成形件粗车加工成如图 9-131 所示的粗车坯件。

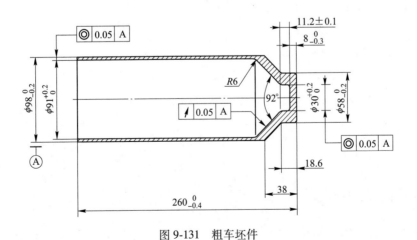

图 9-131 粗车坯件

（9）粗车坯件的退火处理，退火工艺规范为：加热温度为（420±20）℃，保温时间为

90~120min，随炉冷。

（10）润滑处理，用猪油作为润滑剂，将退火后的粗车坯件浸入盛有硬脂酸锌的容器中涂覆润滑剂。

（11）冷缩口成形，将表面涂覆有硬脂酸锌润滑剂的粗车坯件置于缩口成形模具的下模型腔中，随着上模的向下运动，将粗车坯件中上端口部圆环部分缩口成形为中空的锥台部分；在该成形工序共进行 3 次冷缩口后就可得到如图 9-127 所示的锻件。

9.17.2　热反挤压制坯模具结构

热反挤压制坯的目的就是利用反挤压成形方法得到锻件图中的薄壁筒体部分，如图 9-129 所示；热反挤压制坯模具结构如图 9-132 所示。

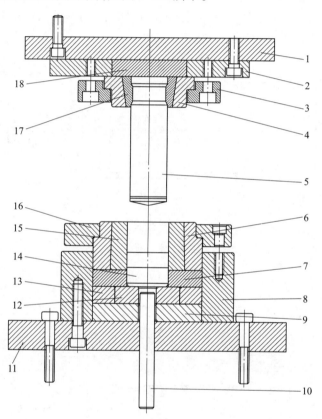

图 9-132　热反挤压制坯模具结构图
1—上模板；2—上模垫套；3—上模压板；4—上模外套；5—冲头；6—凹模外套；7—下模衬垫；
8—下模座；9—下模垫板；10—顶杆；11—下模板；12—下模承载垫；13—下模承载垫套；
14—凹模芯垫；15—凹模芯；16—下模压板；17—冲头夹头；18—上模垫块

9.17.3　冷缩口成形模具结构

冷缩口成形的目的是将图 9-131 所示粗车坯件中上端的圆环部分变成中空的锥台部分，得到如图 9-127 所示的锻件；冷缩口成形模具结构如图 9-133 所示。

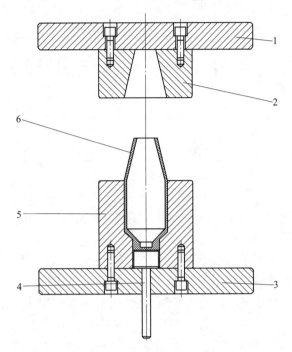

图 9-133 冷缩口成形模具结构图

1—上模板；2—上模；3—下模板；4—顶料杆；5—下模；6—锻件

10 大型铝合金零件的近净锻造成形

10.1 概　述

大型铝合金零件一般形状比较复杂，且零件的重要性一般也较大，为获得优质锻件，多采用速度低且变形均匀的大型液压机模锻。形状复杂的大型整体铝合金锻件是难变形铝合金锻件生产领域中的一个重点。

大型铝合金模锻件广泛用于飞机的大梁、壁板、隔框和支架以及舰船和装甲车的骨架厢盖和门框等，采用整体模锻件制造大型铝合金零件，它的流线与零件外形轮廓一致，比用厚板经数控加工得到的零件在抗应力腐蚀、强度、寿命等方面都胜出一筹，并且降低材料消耗和减少切削加工及装配工时。大型铝合金模锻件的投影面积可达 0.5~3.5m² 或更大，长度有时超过 8.0m，质量超过 1000.00kg；通常在 100~750MN 的大型模锻液压机上生产。

其主要制造工艺流程如下：材料检测→下料→加热→预锻→切边→腐蚀→检测→加热→终锻→切边→热处理→校正→腐蚀→检测→入库。

（1）原始坯料。生产大型铝合金模锻件的原始坯料通常采用轧制或挤压的长、宽、高分别为 8000~13000mm、500~950mm 和 50~150mm 的厚板或挤压的直径为 φ500mm 的棒材；更大的铝合金模锻件通常采用铸锭在自由锻造水压机上经过反复镦拔制坯，这种方法制成的坯料组织细小、均匀、方向性小、性能最好。

（2）预锻。预锻工序在水压机上进行。根据锻件的复杂程度可以采取一次加热、一次预锻、一次切边，也可以采取两次加热、两次预锻、两次切边。终锻件和预锻件一般采用带锯切边。

（3）腐蚀。先用 25% 的碱溶液腐蚀，然后用 15% 的硝酸溶液进行光泽处理，最后用水清洗。

（4）校正。在液压机上进行校正。

（5）终检。包括铝合金模锻件的尺寸、形状、表面质量、力学性能、宏观和微观组织检查及超声波探伤等。

（6）润滑。模具润滑采用 1∶2 的石墨和汽缸润滑油混合剂，终锻时模具也可采用石墨和锭子油混合剂润滑。

10.2　7075 铝合金支承接头的精密热模锻成形

7075 铝合金支承接头是安装在直升机的尾桨塔中的关键连接和支承零件。当直升机飞行时，支承接头会承受伴有连续振动应力的较大载荷；为了满足支承接头零件的力学性能和抗腐蚀能力要求，其材质选用耐蚀性能优异的 7075 铝合金。

  图 10-1 所示为支承接头的精密热模锻件简图。图 10-2 所示为支承接头的精密热模锻件立体图，图 10-3 所示为该精密热模锻的锻件截面与普通热模锻的锻件相应截面的比较。

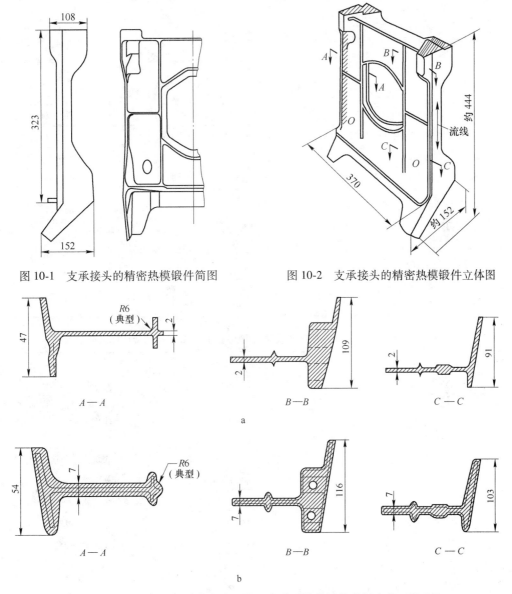

图 10-1　支承接头的精密热模锻件简图　　　　图 10-2　支承接头的精密热模锻件立体图

图 10-3　支承接头精模热模锻件的截面与普通热模锻件的相应截面的比较
a—精密热模锻件；b—普通热模锻件

  表 10-1 为支承接头的精密热模锻件与普通热模锻件的比较，表 10-2 所示为支承接头的精密热模锻与普通热模锻在加工工序和制造成本之间的比较。

  由表 10-1、表 10-2 可知，精密热模锻件的各项参数都比普通热模锻件精密；但精密热模锻的成形难度增大，精密热模锻所需要的锻造成形力是普通热模锻件所需要的锻造成形力的 4 倍，且其成形工序数量增加 60%、模具费用增加 2.0 倍以上、锻坯和锻造费用约

表 10-1　支承接头精密热模锻件与普通热模锻件的比较[2]

项　目	普通热模锻件	精密热模锻件
锻件质量/kg	8.20	3.70
零件质量/kg	3.50	3.50
投影面积/m²	0.1561	0.1477
模锻斜度/(°)	3±1	+0.5, 0
最小肋宽/mm	6.00	2.00
肋的最大和典型高宽比	8:1 和 3:1	23:1 和 9:1
最小和典型内圆角半径/mm	6.00 和 15.00	6.00 和 13.00
最小和典型外圆角半径/mm	3.00 和 13.00	1.50 和 6.00
最小和典型腹板厚度/mm	8.00	2.00
机械加工余量（单面）/mm	2.50	无
长度和宽度公差/mm	+1.50, -0.70	±0.70
厚度公差/mm	+1.50, -0.40	+1.00, -0.30
错移量/mm	0.80	1.20
平直度（总计）/mm	0.80	1.00
平面度/mm	≤1.50	≤1.50
飞边残留量/mm	0.80	无

表 10-2　支承接头的精密热模锻与普通热模锻在加工工序和制造成本之间的比较

项　目	普通热模锻	精密热模锻
锻造成形设备	45MN 水压机	162MN 水压机
主要锻造成形工序	制坯、预锻、终锻、切边和冲孔	制坯、预锻（1）、冲孔、预锻（2）、冲孔和切边、终锻、切边
热处理	T73	T73
后续机械加工工序	加工肋、槽和配合面及钻孔和铰孔	仅加工配合面及钻孔和铰孔
检验	超声探伤、应力腐蚀和渗透检查	超声探伤、应力腐蚀和渗透检查
表面处理	涂环氧树脂底漆和丙烯酸漆	涂环氧树脂底漆和丙烯酸漆
模具费用/美元	11300.00	24500.00
1 件锻件的锻造费用/美元	88.00	154.00
模具装卸和调整费用/美元	207.00	660.00
仅生产 1 件锻件的费用/美元	11595.00	25314.00
机械加工工装夹具费用/美元	15000.00	1000.00
机械加工装卸和调整费用/美元	530.00	190.00
1 件锻件的机械加工工时费用/美元	255.00	43.00
仅生产 1 件锻件的机械加工费用/美元	157851.00	1233.00
仅生产 1 件时的生产总费用/美元	27380.00	26547.00
生产 100 件时的单件总费用/美元	614.00	460.00
生产 1000 件时的单件总费用/美元	370.00	223.00

增加近 1 倍、模具装卸和调整费用增加 3 倍以上；然而，采用精密热模锻成形能使锻件的质量减轻 55%、机械加工的工夹具费用节约 93%、装卸费用节约 64%、工时费用节约 83%。这些数据表明，若从锻造成形方面考虑，精密热模锻在经济上是不合算的；然而，从零件的整个生产流程来考虑，仅生产 1 件零件时的总费用，精模热模锻件已经比普通热模锻件节约了 806 美元；若生产 100 件和 1000 件零件时的总费用，精密热模锻件比普通热模锻件分别节约 25%（共 15400 美元）和 37%（共 137000 美元）。

　　显然，无论是在试制阶段还是在批量生产阶段，采用精密热模锻成形工艺生产 7075 铝合金支承接头在经济上都比普通热模锻成形工艺更合理。另外，采用精密热模锻成形方法生产的 7075 铝合金支承接头精锻件表面无余量、无锻件流线切断的问题，因而可使支承接头零件获得最大的抗腐蚀能力，这一点是普通模锻件无法望其项背的。

10.3　7079 铝合金大梁隔框接头的精密热模锻成形

　　大梁隔框接头是飞机机身隔框的一部分，属重要承力构件。飞机在飞行时，大梁隔框接头需要承受交变的拉应力和压应力；在飞机着陆时，大梁隔框接头需要承受极大的载荷。

　　图 10-4 所示为 7079 铝合金飞机机翼大梁隔框接头的精密热模锻件简图。

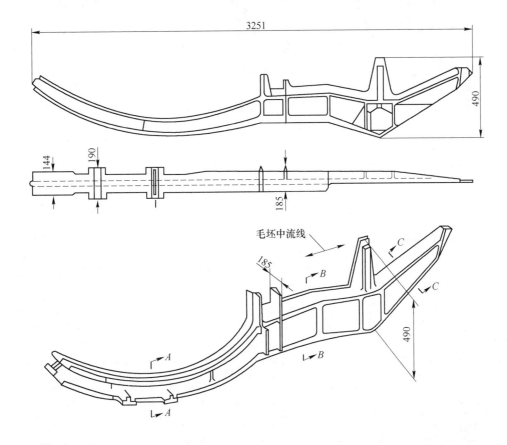

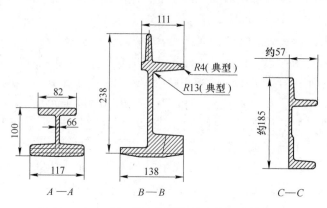

图 10-4　7079 铝合金大梁隔框接头精密热模锻件简图

　　表 10-3 为大梁隔框接头的精密热模锻件与普通热模锻件的比较，表 10-4 所示为大梁隔框接头的精密热模锻与普通热模锻在加工工序和制造成本之间的比较。

表 10-3　大梁隔框接头的精密热模锻件与普通热模锻件的比较[2]

项　目	普通热模锻件	精密热模锻件
锻件质量/kg	79.40	61.30
零件质量/kg	27.20	29.50
投影面积/m²	0.58	0.52
模锻斜度/(°)	5±1	3±1
最小肋宽/mm	6.10	6.10
肋的最大和典型高宽比	5∶1 和 3∶1	15.5∶1 和 4∶1
最小和典型内圆角半径/mm	8.00 和 13.00	8.00 和 13.00
最小和典型外圆角半径/mm	3.00 和 4.00	3.00 和 4.00
最小和典型腹板厚度/mm	6.00 和 9.00	4.00 和 9.00
机械加工余量（单面）/mm	5.00	5.00
长度和宽度公差/mm	±0.8 或每厘米±0.03（取大值）	±0.8 或每厘米±0.03（取大值）
厚度公差/mm	+1.60，-0.80	+1.60，-0.80
错移量/mm	2.00	2.00
平直度（总计）/mm	3.00	3.00
平面度/mm	≤1.50	≤1.50
飞边残留量/mm	2.00	2.00
不加工表面百分率/%	20	60

表 10-4　大梁隔框接头的精密热模锻与普通热模锻在加工工序和制造成本方面的比较

项　目	普通热模锻	精密热模锻
锻造成形设备	315MN 液压机	315MN 液压机
锻造成形工序	制坯、预锻、切边、终锻、切边	制坯、预锻（1）、切边、预锻（2）、切边、终锻、切边
热处理	T6	T6
后续机械加工工序	铣削、镗孔、钻孔和铰孔	铣削、镗孔、钻孔和铰孔
检验	超声探伤、渗透检查	超声探伤、渗透检查
模具费用/美元	55000.00	80000.00
1 件锻件的锻造费用/美元	550.00	550.00
模具装卸和调整费用/美元	900.00	1200.00
仅生产 1 件锻件的费用/美元	56450.00	81750.00
机械加工工装夹具费用/美元	30000.00	22000.00
机械加工装卸和调整费用/美元	1000.00	750.00
1 件锻件的机械加工工时费用/美元	900.00	600.00
仅生产 1 件锻件的机械加工费用/美元	31900.00	23350.00
仅生产 1 件零件的生产总费用/美元	88350.00	105100.00
仅生产 65 件零件时的单件总费用/美元	2787.00	2750.00
生产 100 件零件时的单件总费用/美元	2320.00	2190.00
生产 1000 件零件时的单件总费用/美元	1540.00	1260.00

　　由表 10-3 和表 10-4 可知，精密热模锻件的模锻斜度、肋的最大和典型高宽比、最小腹板厚度及投影面积等设计参数都较普通热模锻要精密得多；同时，精密热模锻件的质量比普通热模锻件减轻了 18.10kg（即节约 7079 铝合金原材料达 23%），且不加工表面的百分率比普通热模锻提高了 3 倍（由普通热模锻的 20% 不加工表面提高到 60% 的不加工表面）。虽然为了得到精密锻件，精密热模锻的成形工艺中增加了 1 次预锻和 1 次切边，这相应地增加了模具费用及其装卸和调整费用；但是，精密热模锻成形的精密热模锻件却能大幅度地减少后续机械加工中夹具费用、装卸费用、调整费用和加工工时。

　　由表 10-4 可以看出，当大梁隔框接头的生产量小于 65 件时，采用普通热模锻进行成形加工是比较经济的；当大梁隔框接头的生产量达到 65 件时，单纯从制造成本方面看，精密热模锻和普通热模锻的平均每件锻件锻造费用和后续机械加工费用基本持平（分别为

2787 美元和 2750 美元）；但当大梁隔框接头的生产量大于 65 件时，采用精密热模锻方法进行大梁隔框接头的制造优势开始显现；大梁隔框接头的生产批量越大，精密热模锻成形加工的优势就越大。

应该指出，由于模锻件的不加工表面尺寸精度低于机械加工精度，不加工表面百分率高的精密热模锻件使得后续机械加工后得到的大梁隔框接头零件质量达到 29.5kg，它比普通热模锻件经后续机械加工后得到的大梁隔框接头零件质量 27.2kg 要多 2.3kg。

由以上分析可知，采用了模锻件质量轻和精化程度高的精密热模锻成形工艺是合适的，其理由是精密热模锻成形加工得到的精密热模锻件的不加工表面面积大、品质优良、制造成本也比较低。

10.4　7079 铝合金起落架外筒的精密热模锻成形

飞机起落架作为飞机重要安全功能部件，是用于飞机起飞、着陆、地面滑行和停放的重要支持系统，是飞机的主要承力构件。它吸收和耗散飞机在着陆及滑行过程中与地面形成的冲击能量，保证飞机在地面运动过程中的使用安全。起落架的技术水平和可靠度对于飞机整体性能和使用安全具有重要影响。

图 10-5 所示的带转轴梁的起落架外筒是飞机起落架中的关键零件之一，承受着飞机质量和着陆时与地面的冲击载荷，它的外筒实际上是一个贮存高压空气和油的高压容器，飞机着陆时起减振作用，这些载荷主要通过起落架外筒和转轴梁传递；除承受重载外，该零件还需要尽可能高的耐应力腐蚀能力。因此，对起落架外筒的锻件质量及锻件内的金属流线要求极其严格。

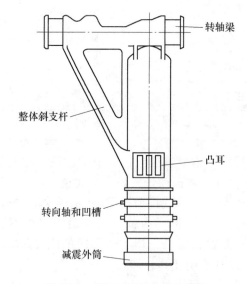

图 10-5　带转轴梁的起落架外筒

图 10-6 所示为起落架外筒模锻件的立体图和锻件上 *A—A*、*B—B*、*C—C* 剖面的截面图。

表 10-5 所示为起落架外筒模锻件的设计参数，表 10-6 所示为起落架外筒的加工工序及制造成本。

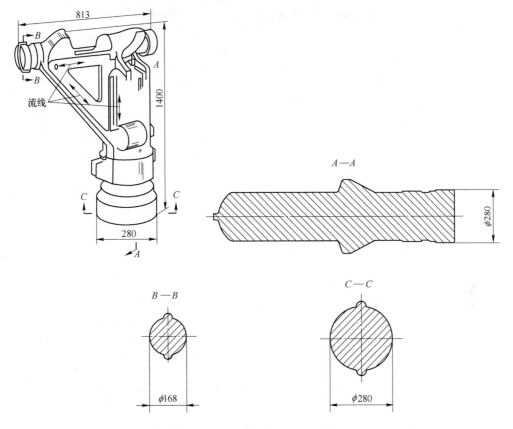

图 10-6　起落架外筒锻件立体图和锻件上 A—A、B—B、C—C 剖面的截面图

表 10-5　起落架外筒模锻件的设计参数[2]

项　目	7079-T611 铝合金模锻件	4340 高强度钢模锻件
锻件质量/kg	313.00	889.00
零件质量/kg	113.40	113.40
投影面积/m²	0.65	0.65
模锻斜度/(°)	5±1	5±1
最小肋宽/mm	25.40	31.80
肋的最大和典型高宽比	4.5∶1 和 4∶1	4∶1 和 4∶1
最小和典型内圆角半径/mm	13.00	13.00
最小和典型外圆角半径/mm	6.00	6.00
最小和典型腹板厚度/mm	12.00	15.70
冲孔后的腹板面积/m²	322.80	322.80
机械加工余量（单面）/mm	0~10.00	5.10
长度和宽度公差/mm	±0.76 或每 300mm±0.76	±0.76 或每 300mm±0.76
错移量/mm	≤2.30	≤2.30
平直度/mm	每 300mm±0.76	每 300mm±3.00
飞边残留量/mm	无规定	2.30

表 10-6　起落架外筒的加工工序及制造成本

项　目	7079-T611 铝合金模锻件
锻造成形设备	315MN 液压机
锻造成形工序	制坯、预锻、终锻、冲孔、切边
热处理	T611
后续机械加工工序	热处理前粗加工至余量 3.20mm，热处理后进行镗、车、铣精加工
检验	超声探伤、渗透检查
表面处理	喷丸、阳极氧化
模具费用/美元	40000.00
1 件锻件的锻造费用（含模具装卸和调整费用）/美元	1000.00
仅生产 1 件锻件的费用/美元	41000.00
机械加工工装夹具费用/美元	50000.00
1 件锻件的机械加工工时费用（含装卸和调整费用）/美元	3000.00
仅生产 1 件锻件的机械加工费用/美元	3000.00
仅生产 1 件零件的生产总费用/美元	94000.00
仅生产 100 件零件时的单件总费用/美元	4900.00
生产 1000 件零件时的单件总费用/美元	4090.00

10.5　7075 铝合金安装座的近净锻造成形

图 10-7 所示是安装座的零件简图，其材质为 7075 铝合金。

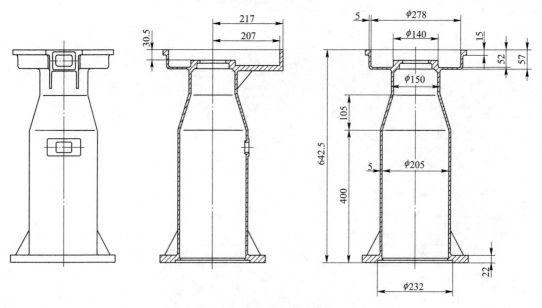

图 10-7　安装座零件简图

对于这种具有两头大、中部小的薄壁腰鼓形壳体类零件，可采用圆柱体坯料经热正挤压制坯+热反挤压制坯+热镦法兰制坯+热镦挤预成形+端面及内孔精车+冷冲矩形孔的方法进行生产。图 10-8 所示为安装座的锻件图。

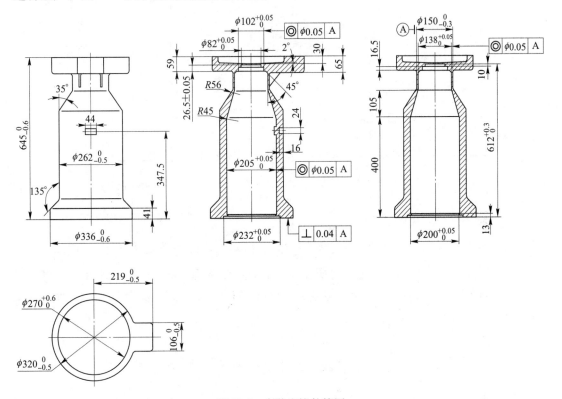

图 10-8   安装座锻件简图

10.5.1   近净锻造成形工艺流程

近净锻造成形工艺流程如下：

（1）坯料的制备，带锯床上将外径 $\phi260$mm 的 7075 铝合金棒料锯切成长度为 390mm 的坯料，如图 10-9 所示。

（2）坯料的加热和保温，坯料的加热规范为：加热温度为（450±20）℃，保温时间为 240~280min。

（3）模具预热，模具的预热温度为（150±50）℃。

（4）润滑处理，用猪油作为润滑剂，将加热、保温后的坯料快速浸入盛有猪油润滑剂的容器中进行表面润滑处理。

（5）热正挤压制坯，将浸有猪油的坯料置于热正挤压制坯模具的下模型腔中，随着上模的向下运动，将坯料的下端部分正挤压成形出直径 $\phi148$mm、长度 280mm 的正挤压坯件，如图 10-10 所示。

（6）正挤压坯件的加热和保温，正挤压坯件的加热规范为：加热温度为（450±20）℃，保温时间为 240~280min。

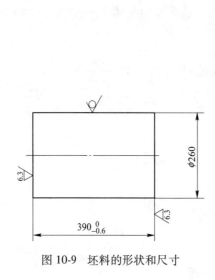

图 10-9　坯料的形状和尺寸

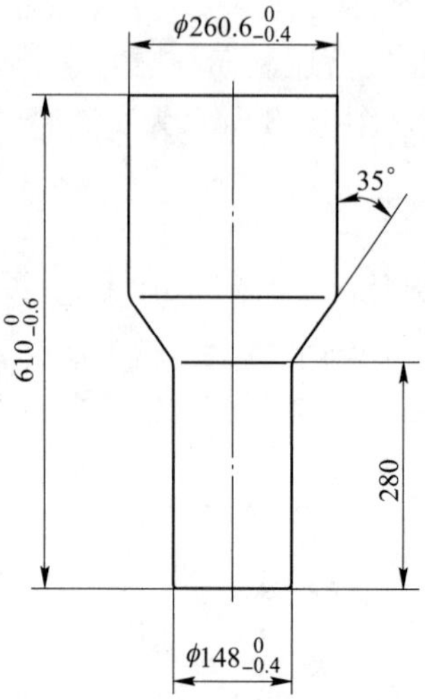

图 10-10　正挤压坯件

（7）热反挤压制坯，将浸有猪油的正挤压坯件置于热反挤压制坯模具的凹模型腔中，随着反挤压冲头的向下运动，将正挤压坯件中上端直径 $\phi260.6$mm 的圆柱体部分反挤压成形出外径 $\phi261$mm、孔径 $\phi198$mm、孔深 484mm 的圆筒形部分，得到如图 10-11 所示的反挤压坯件。

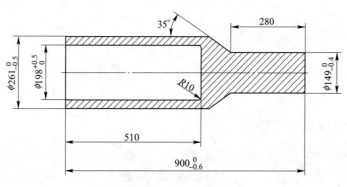

图 10-11　反挤压坯件

（8）反挤压坯件的加热和保温，反挤压坯件的加热规范为：加热温度为（450±20）℃，保温时间为 120~150min。

（9）热镦法兰制坯，将浸有猪油的反挤压坯件置于热镦法兰制坯模具的下模型腔中，随着上模的向下运动，将反挤压坯件中上端口部镦粗成如图 10-12 所示的镦法兰坯件。

（10）镦法兰坯件的加热和保温，镦法兰坯件的加热规范为：加热温度为（450±20）℃，保温时间为 180~210min。

（11）热镦挤预成形，将浸有猪油的镦法兰坯件置于热镦挤预成形模具的凹模型腔中，随着上模的向下运动，将镦法兰坯件中 $\phi149.6$mm 的圆柱体部分镦挤成如图 10-13 所示的镦挤预成形件。

（12）端面及内孔精车加工，在数控车床上以镦挤预成形件中 $\phi150$mm 的外圆为基准，

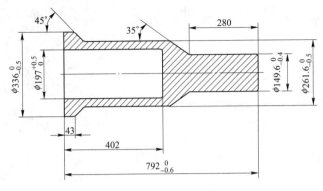

图 10-12   镦法兰坯件

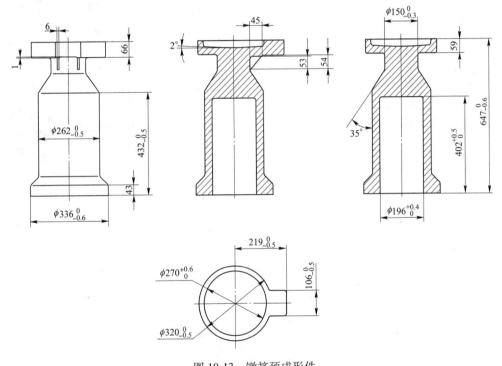

图 10-13   镦挤预成形件

精车加工镦挤预成形件中 ϕ336mm 的端面、ϕ196mm 的内孔至如图 10-14 所示的端面及内孔精车件。

（13）端面及内孔精车件的退火处理，其退火工艺规范为：加热温度为（420±20）℃、保温时间为 90~120min，随炉冷。

（14）冷冲矩形孔，将表面涂覆有猪油的端面及内孔精车件置于冷冲矩形孔成形模具的凹模型腔中，随着冲头的向下运动，将端面及内孔精车件中 ϕ262mm 的圆筒体外圆表面上冲挤成形如图 10-8 所示的锻件。

10.5.2   热正挤压制坯模具结构

热正挤压制坯成形的目的就是将直径 ϕ260mm 圆柱体坯料的下端部分正挤压成形出直径

ϕ148mm、长度 280mm 的正挤压坯件，如图 10-10 所示；热正挤压制坯模具结构如图 10-15 所示。

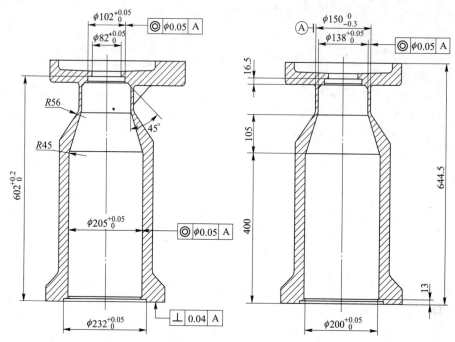

图 10-14   端面及内孔精车件

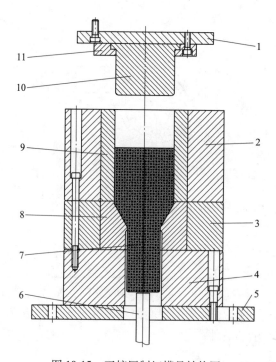

图 10-15   正挤压制坯模具结构图

1—上模板；2—下模上外套；3—下模下外套；4—下模垫板；5—下模板；6—顶料杆；7—正挤压坯件；
8—下模下芯；9—下模上芯；10—上模；11—上模固定板

10.5.3   热反挤压制坯模具结构

热反挤压制坯成形的目的是将图 10-10 所示正挤压坯件中上端的直径 ϕ260.6mm 圆柱体部分变成孔径 ϕ198mm 的杯型部分，得到如图 10-11 所示的反挤压坯件；热反挤压制坯模具结构如图 10-16 所示。

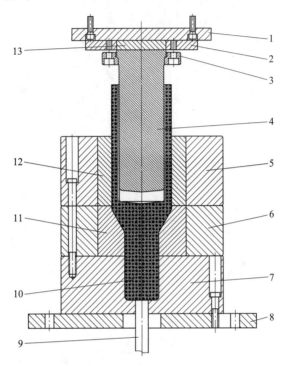

图 10-16   反挤压制坯模具结构图

1—上模板；2—上模垫套；3—冲头固定板；4—冲头；5—凹模上外套；6—凹模下外套；7—凹模垫板；
8—下模板；9—顶料杆；10—反挤压坯件；11—凹模下芯；12—凹模上芯；13—上模垫芯

10.5.4   热镦法兰制坯模具结构

热镦法兰制坯成形的目的是将图 10-11 所示反挤压坯件中上端口部的圆环部分变成中空的锥台部分，得到如图 10-12 所示的镦法兰坯件；热镦法兰制坯模具结构如图 10-17 所示。

10.5.5   热镦挤预成形模具结构

热镦挤预成形的目的是将图 10-12 所示镦法兰坯件中小端直径 ϕ149.6mm 的圆柱体部分镦挤成具有直径 ϕ270mm、孔深 30mm 浅盲孔的盘形部分，得到如图 10-13 所示的镦挤预成形件；热镦挤预成形模具结构如图 10-18 所示。

10.5.6   冷冲矩形孔成形模具结构

冷冲矩形孔的目的是将图 10-14 所示的端面及内孔精车件中直径 ϕ260mm 的圆筒体外

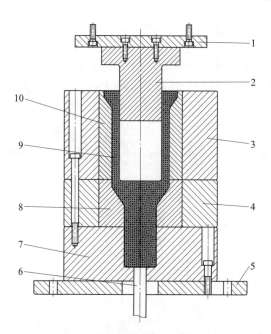

图 10-17　热镦法兰制坯模具结构图

1—上模板；2—上模；3—下模上外套；4—下模下外套；5—下模板；6—顶料杆；7—下模垫板；
8—下模下芯；9—镦法兰坯件；10—下模上芯

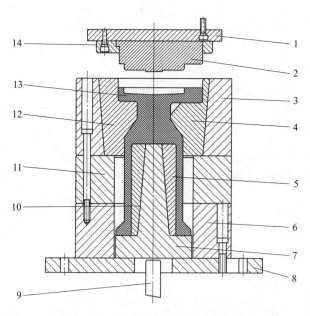

图 10-18　热镦挤预成形模具结构图

1—上模板；2—上模；3—凹模外套；4—右凹模芯；5—右胀套；6—下模垫板；7—胀芯；8—下模板；
9—顶杆；10—左胀套；11—凹模垫板；12—左凹模芯；13—镦挤预成形件；14—上模固定套

表面上冲挤成长 44mm、宽 24mm、深 16mm 的浅矩形盲孔，得到如图 10-8 所示的锻件；冷冲矩形孔成形模具结构如图 10-19 所示。

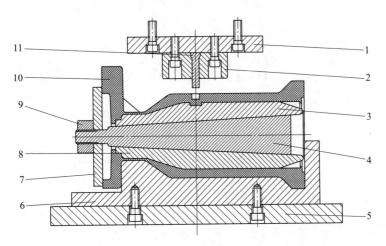

图 10-19 冷冲矩形孔成形模具结构图

1—上模板；2—冲头固定套；3—上胀芯；4—芯轴；5—下模板；6—凹模；7—压板；
8—下胀芯；9—螺母；10—锻件；11—冲头

铝合金的多向模锻成形

11.1　6061 锻铝合金轮毂的多向模锻成形

如图 11-1 的铝轮毂零件，其材质为 6061 锻铝合金，供货状态为 T6。

11.1.1　轮毂多向模锻成形工艺分析

11.1.1.1　多向模锻件图的制订

从图 11-1 可知，铝轮毂的外缘侧壁有凹档，用整体模无法锻出，只能采用哈佛模具多向模锻成形。其多向模锻锻件图如图 11-2 所示。

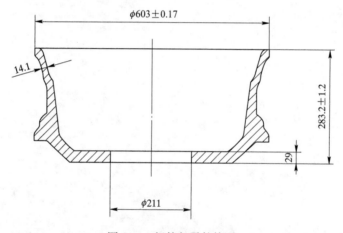

图 11-1　铝轮毂零件简图

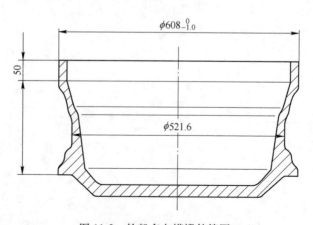

图 11-2　轮毂多向模锻件简图

11.1.1.2 多向模锻成形所需的垂直工作压力 P_1 和水平工作压力 P_2 计算

由轮毂多向模锻件图 11-2 可知：

（1）轮毂锻件的水平投影面积 F_1：

$$F_1 = \frac{\pi}{4} \times 608^2 = \frac{3.1415}{4} \times 608^2 = 290168\text{mm}^2$$

（2）轮毂锻件的侧向投影面积 F_2：

$$F_2 = 608 \times (235 + 50) = 173280\text{mm}^2$$

（3）垂直工作压力 P_1。由相关资料可知，6061 锻铝合金在 450℃时的变形抗力 σ 为 50~60MPa。考虑轮毂底部和侧壁厚度、摩擦等条件的影响，取模锻变形抗力 $\bar{\sigma}$ 为 280MPa。

轮毂多向模锻成形所需的垂直工作压力 P_1 则为：

$$P_1 = F_1 \times \bar{\sigma} = 290186 \times 280 = 81.25\text{MN}$$

（4）水平工作压力 P_2。轮毂多向模锻成形所需的水平工作压力 P_2 为：

$$P_2 = F_2 \times \bar{\sigma} = 173280 \times 280 = 48.52\text{MN}$$

从以上的计算结果可知，可以在 100MN 多向模锻水压机上对如图 11-2 所示的 6061 锻铝合金轮毂进行多向模锻成形。

11.1.2 多向模锻成形工艺过程

11.1.2.1 工艺流程

铸锭铸造→均匀化退火→下料→车坯→第一次加热→预镦粗→第二次加热→模锻成形→固溶处理与时效处理→金相组织与性能检验→验收入库[38]。

11.1.2.2 坯料的选择

考虑到小规格铸棒的金相组织、工艺性能、铸造成本都比较好，因此在满足锻造时最佳高径比的前提下，选择直径 $\phi240\text{mm}$ 的 6061 锻铝合金铸棒；该铸棒经表面粗车后的直径为 $\phi230\text{mm}$。

图 11-3 所示为坯料的形状和尺寸。

11.1.2.3 预镦粗

选择预镦粗成形方案的原则是：

（1）锻造成形过程中不会开裂；

（2）锻造成形后能获得细小、均匀的变形组织；

（3）预镦粗成形的镦粗坯件在后续的多向模锻成形模具中易于对中、定位；

（4）保证镦粗坯件经后续多向模锻成形后的多向模锻件具有良好的金属纤维组织；

（5）变形工艺方案最简单。

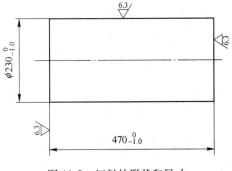

图 11-3 坯料的形状和尺寸

图 11-4 所示为镦粗坯件图。坯料经
加热后进行预镦粗成形；为了抑制晶粒
长大，应严格控制锻造温度规范，始锻
温度由 470~500℃提高到 500~540℃，终
锻温度由不低于 350℃提高到不低于
450℃。

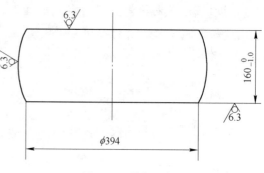

图 11-4　镦粗坯件

11.1.2.4　多向模锻成形

A　模具的预热

为了保证铝合金轮毂锻件的良好成
形，采用等温模锻成形。等温模锻是指毛坯在模腔内变形过程中模具温度和锻造温度分别
维持在能够抑制晶粒长大的某一温度之上。

为了满足等温模锻成形工艺的要求，有如下两种成形工艺方案：

（1）采用天然气燃烧加热模具来实现等温模锻。该加热装置由冲头加热器、水平模加
热器和下模座加热器三部分组成。加热器分别布置在模具的两侧，水平模和下模座在成形
过程中持续加热，冲头为间隙加热。

（2）根据金属在变形过程中可将变形能转换为热能的原理，通过提高模锻频率来保证
模具温度，以实现等温模锻。

B　多向模锻成形

多向模锻成形的目的是将图 11-4 所示的镦粗坯件锻造成如图 11-2 所示的多向模锻件。
该多向模锻成形有两个特点：

（1）类似闭式模锻，成形力大；

（2）必须一次模锻出合格锻件。

在多向模锻成形过程中，必须控住晶粒的长大；而产生晶粒长大的关键因素是模锻成
形时的模具温度、始锻温度和终锻温度。

因此，模具温度和预镦粗件温度可以较高。模具温度控制在 400℃以上，始锻温度由
470℃提高到 500℃，终锻温度由 420℃提高到 450℃。

多向模锻成形的工艺参数见表 11-1。

表 11-1　铝轮毂多向模锻成形工艺参数

名　称	工　艺　参　数
模具温度/℃	≥400
始锻温度/℃	500~540
终锻温度/℃	≥450
润滑剂	矿物油+石墨
润滑方式	手工涂抹
模锻变形力/MN	约 85

11.1.2.5　锻件的固溶处理与时效处理

为了使锻造铝轮毂达到零件技术要求所规定的金相组织、力学性能指标，应对锻件进

行固溶处理和时效处理。

固溶处理的保温时间越长，晶粒长大的趋势越明显。这里可将固溶处理的保温时间从4h缩短为2h，其固溶处理和时效处理的工艺参数见表11-2。

表11-2 锻件的固溶处理与时效处理工艺参数

名 称	工 艺 参 数
固溶温度/℃	540±5
保温时间/min	120
淬火水温	室温
转移时间/s	≤25
时效温度/℃	180±3
保温时间/h	8

11.1.3 多向模锻的模具设计

11.1.3.1 分模面的选择

从图11-2所示的锻件图可知，要实现铝合金轮毂的多向模锻需要有如下三个分模面：

(1) 第一个分模面为轮毂的上圆环面，采用垂直分模；

(2) 第二个分模面为轮毂的直径方向；

(3) 第三个分模面为轮毂的下部平台，采用垂直分模。

从图11-2所示的锻件图可知，水平模的下部有一凹进去的圆环，在金属流动过程中必然存在着一个向上的推力作用于水平模上，这一推力 P_3 为：

$$P_3 = \frac{\pi}{4} \times (608^2 - 521.6^2) \times \overline{\sigma} = \frac{3.1415}{4} \times (608^2 - 521.6^2) \times 280 = 21.45\text{MN}$$

由上式可知，水平模向上的推力 P_3 是相当大。由于燕尾间隙与水平模向上推的位移之间呈三角函数关系，当燕尾间隙很小时，水平模向上的位移很大；只能采用垂直分模。如果采用水平分模则金属将会从该分模面流出，会使水平模卡死在下模座的燕尾中。

11.1.3.2 多向模具的结构设计

轮毂多向模锻的模具主要由上模座1、导柱2、右下模3、下模座4、顶杆5、左下模6、上模8、下模连接辅具组成，如图11-5所示。上模座1和上模8采用过盈配合的组合结构；为了保证上模8和上模座1之间的良好连接，上模8与上模座1之间采用螺栓连接。左下模6、右下模3和下模连接辅具之间采用梯形螺栓连接；左下模6、右下模3和下模座4之间采用燕尾配合方式使左下模6、右下模3能在下模座4中滑动。为了提高生产效率，在生产过程中多向模锻成形设备的移动工作台不动，而是靠专用的上、下料机构进行上、下料；同时由于左下模6、右下模3均较重，因此当下模推送工作缸的柱塞退回到原位时，左下模6、右下模3不能离开下模座4。

由于靠燕尾不能阻止左下模6、右下模3的向上推移，因此在左下模6、右下模3和下模座4上增加了配作的锁紧圆锥台防止左下模6、右下模3上移。为了方便多向模锻件的卸料，在下模座4里设置了顶杆5。由分析可知，顶杆的顶出行程大约需要300mm。由于受模具结构影响，下模座 4 设计得较薄，顶杆 5 将伸出下模座 4 底面约 300mm，这样将给模具的加热带来诸多不便，因此在设计顶杆 5 时采用了如图 11-6 所示的结构，可以不使顶杆 5 伸出下模座 4 的底面。

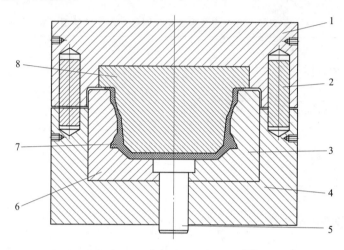

图 11-5　多向模锻模具结构图[39]

1—上模座；2—导柱；3—右下模；4—下模座；5—顶杆；6—左下模；7—多向模锻件；8—上模

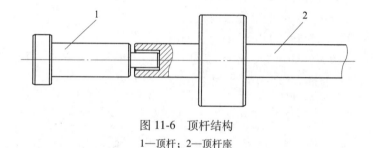

图 11-6　顶杆结构

1—顶杆；2—顶杆座

11.1.4　多向模锻成形工艺试验

多向模锻成形如图 11-2 所示的轮毂锻件所需的垂直工作压力 P_1 约为 85MN，水平工作压力 P_2 接近 50MN，模具各部分活动自如。由于采用了多向等温模锻，在成形过程中模具温度和终锻温度基本不下降，因而生产时间大大减少。在成形过程中工作台固定不动，依靠专用的上、下料机构上、下料，大大缩短了生产辅助时间。

每生产 1 件轮毂需 2~3min，按每班生产 5h 计算，班产量可达到 100~150 件。

由于采用等温多向模锻，金属的变形温度较高，金属流动更加规则、平缓地充满模腔，有效抑制了晶粒长大，因此锻件无粗晶组织，流线分布合理。

11.2　通用汽油发动机铝合金连杆的近净锻造成形

如图 11-7 的铝合金连杆，其材质为 6061 或 6063 锻铝合金。

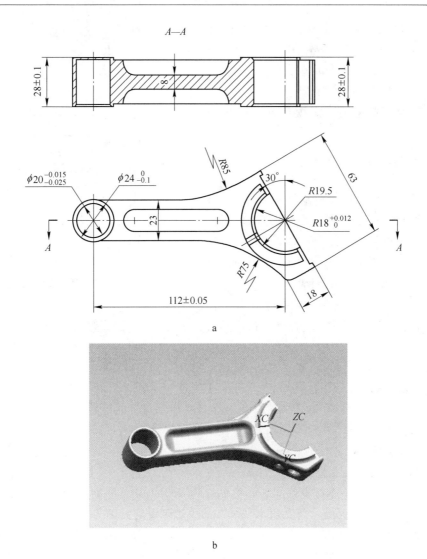

图 11-7　铝合金连杆的零件简图和三维造型图
a—零件简图；b—三维造型图

11.2.1　铝合金连杆的结构特点

由图 11-7 可知，该连杆零件是一个长度与宽度、高度的尺寸相差较大，沿长度方向的横截面变化较大，而且杆部呈工字形断面的长杆状零件。

11.2.2　成形工艺方案的制定

对如图 11-7 所示的小型铝合金连杆，为了达到节约金属材料、提高生产效率、缩短生产周期、降低生产成本的目的，采用如下的近净锻造成形工艺方案比较适宜：圆棒料→楔形横轧制坯→压扁→预锻→多向模锻。

由于 6061 或 6063 锻铝合金的加热温度不高（一般为 400~500℃），因此其近净锻造成形工序可以在热态下进行，也可在冷态下进行。

对于图 11-7 所示的连杆，其多向模锻成形工艺过程如下：在 P_1 压力作用下先将预锻件封闭固定在上、下模具型腔中，随后在 P_2 和 P_3 压力作用下使上、下冲头和侧冲头按一定的运动方式运动，使金属充满模具型腔（如图 11-8 所示）。

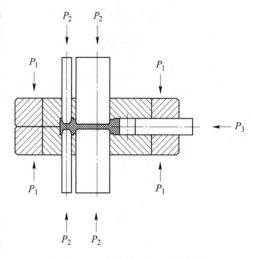

图 11-8　多向模锻成形示意图

11.2.3　多向模锻锻件图的制订

11.2.3.1　加工余量与锻件公差

由于图 11-7 所示连杆为小型铝合金连杆，其质量很小（据估算图 11-7 所示的铝合金连杆零件质量约为：$G_d = 65.082 \times 2.71 \approx 180.00\mathrm{g}$，其中 $65082\mathrm{mm}^3$ 是利用 UG 软件测得的连杆零件体积，连杆的材料为铝合金，其密度取为 $2.71\mathrm{g/cm}^3$）。

由《锻造手册》可知，铝合金的材质系数为 M_0，其锻件形状复杂系数 S 为：

$$S = \frac{G_d}{G_b} = \frac{65082 \times 2.71}{150 \times 50 \times 30 \times 2.71} = 0.29$$

由此可知图 11-7 所示的连杆复杂系数是 3 级复杂系数即 S_3。

由国家标准 GB/T 12362—2003 查得，图 11-7 所示连杆的锻件锻造公差如下：

（1）长度方向的尺寸公差为 $^{+1.9}_{-0.9}$ mm；

（2）宽度方向的公差为 $^{+1.5}_{-0.7}$ mm；

（3）高度方向的尺寸公差为 $^{+1.4}_{-0.6}$ mm。

由于图 11-7 所示的连杆零件的表面粗糙度为 $Ra3.2\mu\mathrm{m}$，即加工精度为 F_1；由国家标准 GB/T 12363—2003 查得：高度及水平尺寸的单边余量均为 1.7~2.2mm，取 2mm。

由于该连杆锻件在机械加工时用大小头端面定位，要求大小头端面在同一平面上的精度要高（100mm 内为 0.6mm），而模锻后的高度公差值较大，不能满足上述要求，故锻件在热处理、清理后要增加一道平面冷精压工序。

锻件精压后，机械加工余量可大大减少，取 0.75mm，冷精压后的锻件高度公差取 0.2mm。

连杆锻件冷精压后，大小头高度尺寸为 $28 + 2 \times 0.75 = 29.5\mathrm{mm}$，单边精压余量取 0.4mm，这样模锻后大小头部的高度尺寸为 $29.5 + 2 \times 0.4 = 30.3\mathrm{mm}$。实际取为 30mm。

由于精压需要余量，若锻件高度公差为负值时（即为 -0.6mm），则实际单边精压余量仅为 0.1mm，这显然不合适。为了保证适当的精压余量，锻件高度公差调整为 ±0.1mm。由于精压后，锻件水平尺寸稍有增大，故水平方向的余量可适当减少。

11.2.3.2　模锻斜度

由于多向模锻为精密模锻，其成形件的精度高，同时成形设备上设有顶出装置，故不设计模锻斜度。

11.2.3.3　圆角半径

锻件高度方向的加工余量为 $0.75 + 0.4 = 1.15\mathrm{mm}$；锻件上需倒角的内圆角半径为 1.15 +

2＝3.15mm，取为 3mm；其余部分的圆角半径均取 1.5mm。

综合上述因素绘制的连杆多向模锻件图如图 11-9 所示[24]。

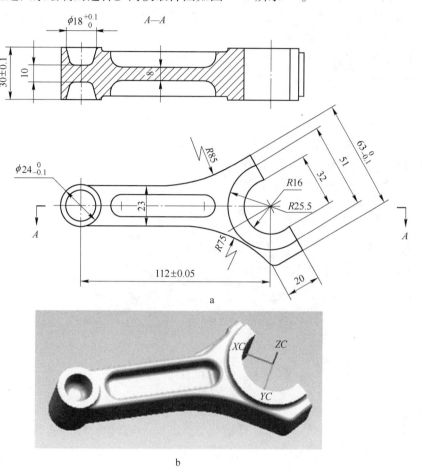

图 11-9 多向模锻件简图及多向模锻件三维造型图

a—锻件图；b—锻件三维造型图

11.2.4 预锻件的形状与尺寸确定

对于图 11-9 所示的多向模锻件，由于其形状较复杂，需要预锻成形工序。

合适的预锻件在随后的多向模锻成形过程中可以改善金属在模具型腔内的流动条件，避免在锻件上产生折叠和充不满等缺陷，使金属易于充满模具型腔；此外还可以减少模具的磨损，提高模具的使用寿命。

连杆作为一种形状复杂的长轴类件，在设计预锻件时，主要考虑如下问题：

（1）要保证预锻件和终锻件的体积一致；

（2）要尽可能地保证金属材料在多向模锻模具型腔内的流动合理，在成形时预防缺陷的产生；

（3）要有利于预锻件在多向模锻模具型腔里的定位，同时保证上、下凹模合模时能顺利把预锻件封闭在模具内。

满足上述要求设计出的预锻件实际是一个形状简化了的连杆，只是在成形上降低了难度。

为了节约金属材料，满足多向模锻成形对预锻件高精度的成形要求，因此，预锻成形采用闭塞锻造成形方式；在预锻模具设计过程中其冲头的选取要考虑该工序所用的坯件是经过压扁成形后的预制坯件，要保证压扁后的预制坯件能够顺利放进闭塞锻造模具型腔内。

针对图 11-9 所示的多向模锻件，基于金属塑性变形前后体积不变原理和轴杆类锻件预锻件形状尺寸确定原则，采用如下方式来确定连杆预锻件的形状及尺寸：连杆锻件图→锻件的三维造型→锻件体积（尺寸）计算→预锻件体积（尺寸）计算。

（1）采用 UG 软件对图 11-9b 所示的多向模锻件进行体积分割。为了保证锻造成形过程中材料的准确分配，使金属均匀地充满模具型腔，根据多向模锻件的形状特点，可把该多向模锻件分为 3 个部分（如图 11-10 所示）：小头部分（长度为 26mm）、杆部（长度为 70.5mm）和大头部分（长度为 45mm）。

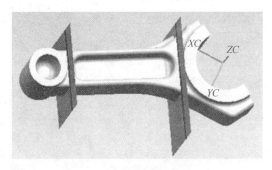

图 11-10　多向模锻件的体积分割

（2）体积分割后的多向模锻件各部分质量计算（如图 11-11 所示）。图 11-9 所示多向模锻件的体积为 63438mm³，实际设计值为 63510mm³，误差 +0.11%；小头部分体积为 13038mm³，实际设计值为 13100mm³，误差 +0.47%；杆部体积为 23715mm³，实际设计值为 23715mm³；大头部分体积为 26685mm³，实际设计值为 26695mm³，误差为 +0.037%。

（3）预锻件形状及尺寸确定：根据上述计算结果确定了两种形状的预锻件图，如图 11-12 所示。

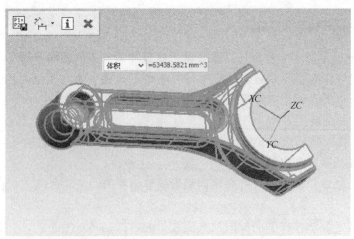

a

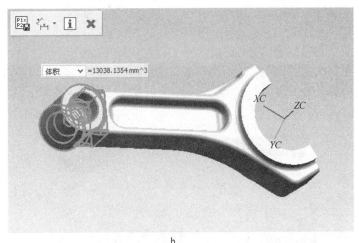

b

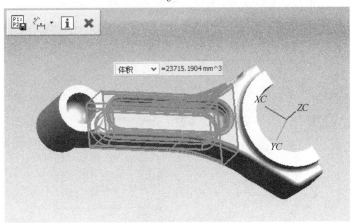

c

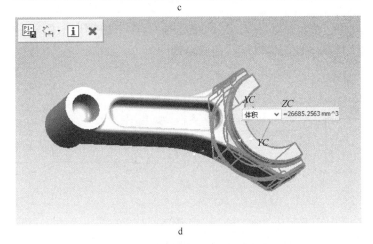

d

图 11-11　多向模锻件各部分体积

a—连杆锻件整体体积；b—连杆锻件小头部分体积；c—连杆锻件杆部体积；d—连杆锻件大头部分体积

11.2.5　预制坯件的形状与尺寸确定

针对图 11-12 所示的预锻件图，基于金属塑性变形前后体积不变原理和轴杆类锻件楔形横轧成形工艺的特点，来确定连杆预制坯的形状及尺寸。按照上述原则确定的预制坯如图 11-13 所示。

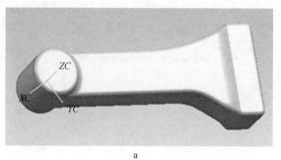

a

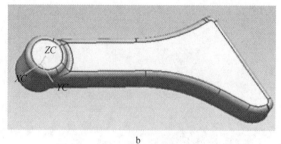

b

图 11-12　预锻件三维造型图

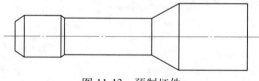

图 11-13　预制坯件

由图 11-13 可知，该预制坯的轴向尺寸较短，因此采用楔形横轧成形工艺预制坯时，可一次轧制出两个预制坯件的楔形横轧坯件，如图 11-14 所示。

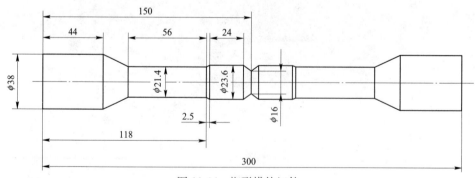

图 11-14　楔形横轧坯件

11.2.6　预制坯件的楔形横轧成形

11.2.6.1　预轧制坯和原始坯料的尺寸确定

先根据图 11-14 所示的楔形横轧坯件用 Pro/E 进行三维造型，以确定坯件各部分的体积，再根据金属塑性变形前后体积不变原理计算出预轧制件和坯料的尺寸。

图 11-14 所示的楔形横轧坯件是由坯料经过两次轧制而成的，第一次轧制得到如图 11-15 所示的预轧制件。

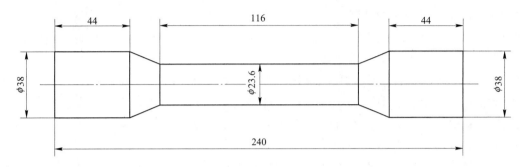

图 11-15　预轧制件

由于如图 11-15 所示预轧制件的大头部分直径为 $\phi38mm$，因此可选用 $\phi38mm$ 的铝合金棒材，再根据体积不变原理，可得坯料的长度为 169mm。

图 11-16 所示为坯料的形状和尺寸。

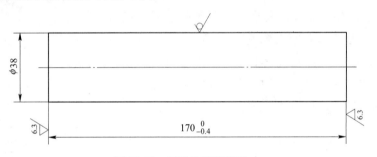

图 11-16　坯料的形状和尺寸

11.2.6.2　楔形横轧成形工艺过程

对于如图 11-14 所示的楔形横轧坯件，其楔形横轧成形过程如图 11-17 所示：先将直径 $\phi38mm$ 的原始坯料（如图 11-17a 所示）轧制成中间为 $\phi23.4mm$ 台阶形状的预轧制件，

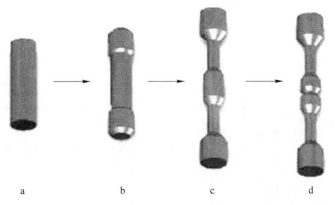

图 11-17　楔形横轧坯件的楔形横轧成形过程
a—原始坯料；b—预轧制件；c—第二道轧制件；d—楔形横轧坯件

如图 11-17b 所示，这一阶段为轧制第一道工序；然后再将图 11-17b 所示的预轧制件中 ϕ23.4mm 部分轧制成 ϕ21.4mm 台阶形状的第二道轧制件，如图 11-17c 所示，这一阶段为轧制第二道工序；最后用切断刀把图 11-17c 所示的第二道轧制件中 ϕ23.4mm 部分轧成 ϕ16mm 的切口，得到图 11-13 所示的预制坯件，这一阶段为轧制第三道工序，如图 11-17d 所示[43]。

11.2.6.3　加热温度、保温时间的确定

6061 或 6063 锻铝合金的氧化能力强，锻造温度范围也窄，一般用电阻炉加热。加热炉应安装有各种自动控制仪表，测量温度的准确度应该在±5℃的范围内。为了减小氧化，达到控制温度、确保被加热坯料的加热质量的目的，坯料的加热温度应控制在（450±10）℃，保温时间在 90min 左右。

11.2.6.4　润滑剂的选择及润滑方式的确定

6061 或 6063 锻铝合金在轧制成形时，具有较大的黏性，若不采用润滑剂，预轧制件的表面质量将会很差，因此必须合理选择润滑剂。

在轧制成形过程中，使用猪油作为润滑剂，不仅润滑效果好、预轧制件的表面质量高，而且预轧制件的表面清理非常简便。其润滑方式为喷淋法，在轧辊转动过程中，轧辊上的模具被喷淋上猪油，使模具始终处于猪油的包围状态。

11.2.6.5　楔形横轧模具的总体布局

图 11-18 所示为楔形横轧坯件在楔形横轧成形过程中楔形模的布置情况，其中图 11-18a 为原始坯料在楔形横轧成形过程中经过楔形模的 A—A、B—B、C—C、D—D、E—E 截面时所得到的预制坯件形状。

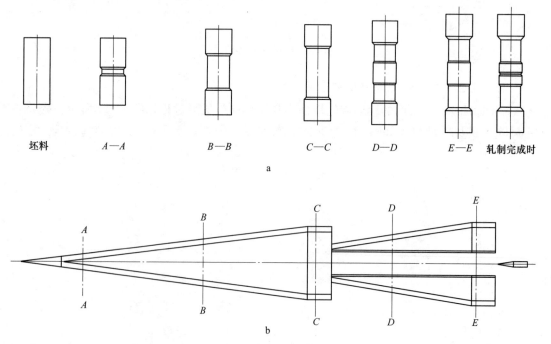

图 11-18　楔形横轧模具

a—楔形横轧成形过程中坯料的形状变化；b—楔形横轧模具的展开布置图

11.2.6.6 楔形横轧模具各部分的设计计算

图 11-19 所示为楔形横轧模具各部分尺寸与预轧制件各部分尺寸的关系[41]。

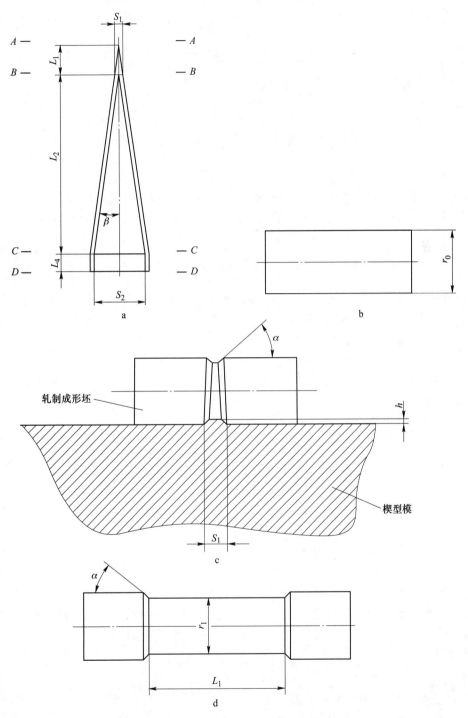

图 11-19　楔形横轧模具各部分的尺寸与预轧制件各部分尺寸的关系

a—楔形模各部分的尺寸；b—坯料；c—坯料经过楔形模 B—B 截面时的形状；
d—坯料经过楔形模 D—D 截面时的形状

A 轧制第一道工序楔形模具的设计计算

轧制第一道工序的楔形模具各部分尺寸如图 11-20 所示。

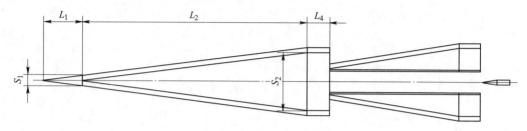

图 11-20 轧制第一道工序的楔形模具各部分尺寸

a 楔入段的尺寸计算

楔入段模具孔型的楔尖高度，按阿基米德螺旋线，由零（模具底面）增至楔顶高 h 处。楔入段的作用是实现预轧制件的咬入和旋转，并将预轧制件压成由浅入深的"V"形槽，其最深处为：

$$\Delta r_1 = \frac{r_0 - r_1}{2}$$

楔顶高 $h_1 = \Delta r_1 + \delta_1$（其中的 δ_1 为预轧制件外径至轧板面的距离，其取值一般为 0.3 ~ 2mm）；

楔入段最宽处：$S_1 = 2 \times h_1 \times \cot\alpha_1$；

楔入段长度：$L_1 = \dfrac{S_1}{2 \times \cot\beta_1} = h \times \cot\alpha_1 \times \cot\beta_1$；

由经验取 $\alpha_1 = 31.2°$，$\beta_1 = 7.0°$，$\delta_1 = 0.8$。

由以上公式及图 11-14 中的尺寸数据，可得：

$$\Delta r_1 = \frac{38 - 23.6}{2} = 7.2\text{mm}$$

$$h_1 = 7.2 + 0.8 = 8.0\text{mm}$$

$$S_1 = 2 \times 8 \times \cot 31.2° = 26.4\text{mm}$$

$$L_1 = 0.2 \times 26.4 \times \cot 7° = 107.51\text{mm}$$

在实际生产中，取 $S_1 = 26\text{mm}$，$L_1 = 108\text{mm}$。

b 展宽段的尺寸计算

展宽段楔形的楔顶高度不变，但楔顶与楔底的宽度由窄变宽。展宽段是楔横轧模具完成变形的主要区段，预轧制件直径的压缩、长度延伸这一主要变形是在这里完成的；此时，楔形模具上顶面宽度 $S_2 = L'$，其中 L' 是预轧制件轧后轧细部分的长度。

展宽段最宽处：$S_2 = L'$；

展宽段长度：$L_2 = \dfrac{S_2}{2 \times \cot\beta_1} = 0.5 \times L' \times \cot\beta_1$。

由图 11-14 的尺寸可知：$L' = 152\text{mm}$，所以有：

$$S_2 = 152\text{mm}$$

由于 $\beta_1 = 7°$，所以有：

$$L_2 = 0.5 \times 152 \times \cot 7° = 620\text{mm}$$

在实际生产中，取 $S_2 = 152\text{mm}$ ，$L_2 = 620\text{mm}$ 。

c 精整段的尺寸计算

精整段楔形的楔顶高与展开段楔形的最高楔顶高相同，其楔底的宽度与展开段楔形的最宽宽度相同，即展宽角 $\beta = 0°$ 。精整段的作用有两个：一是将预轧制件在整周上全部轧成所需的尺寸；二是将预轧制件的全部尺寸精度与表面粗糙度调整后，达到产品的最终要求。

精整段的长度 $L_4 > 0.5 \times \pi \times d_\text{m}$ ，其中 d_m 是预轧制件的滚动半径。

由于 d_m 取值需通过实验取得，设计时往往取预轧制件最大直径以保证预轧制件滚动半圈以上。

所以精整段长度：

$$L_4 > 0.5 \times 3.14 \times 38 = 59.69\text{mm}$$

在实际生产中，取 $L_4 = 60\text{mm}$ 。

B 轧制第二道工序楔形模具的设计计算

轧制第二道工序的楔形模具尺寸如图 11-21 所示。在楔形横轧的第二道工序中，由于第二道工序单边只需轧 1.1mm 的厚度，其值比较小，所以可不需要楔入段。

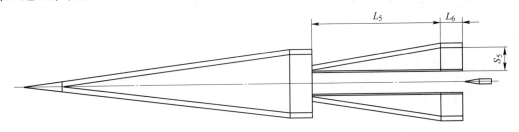

图 11-21 轧制第二道工序的楔形模具尺寸

a 展宽段的尺寸计算

在楔形横轧的第二道工序中，楔形模具上顶面宽度 $S_5 = L_1'$ ，其中 L_1' 是第二道轧制件轧后轧细部分的长度。

展宽段最宽处：$S_5 = L_1'$ ；

展宽段长度：$L_5 = \dfrac{S_5}{2} \times \cot\beta_2 = 0.5 \times L_1' \times \cot\beta_2$ 。

由图 11-14 中的尺寸可知：$L_1' = 56\text{mm}$ ，所以有：

$$S_5 = 56\text{mm}$$

取 $\beta_2 = 9°$ ，所以有：

$$L_5 = \frac{56}{2} \times \cot 9° = 353.57\text{mm}$$

在实际生产中，取 $S_5 = 56\text{mm}$ ，$L_5 = 352\text{mm}$ 。

b 精整段的尺寸计算

精整段的长度 $L_6 > 0.5 \times \pi \times d_m$，其中 d_m 是第二道轧制件的滚动半径。

由于 d_m 取值需通过实验取得，设计时往往取第二道轧制件最大直径以保证第二道轧制件滚动半圈以上。

所以精整段长度：$L_6 > 0.5 \times 3.14 \times 38 = 59.69$mm；

在实际生产中，取 $L_6 = 60$mm。

C 轧制第三道工序楔形模具的设计计算

轧制第三道工序的楔形模具尺寸如图 11-22 所示。预制坯件的轧制第三道工序属于切割过程，故没有展宽段。

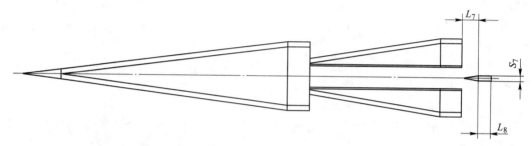

图 11-22 轧制第三道工序的楔形模具尺寸

a 楔入段的尺寸计算

轧制时"V"形槽其最深处为 $\Delta r_3 = \dfrac{r_0 - r_1}{2}$；

楔顶高 $h_3 = \Delta r_3 + \delta_3$（其中的 δ_3 为预轧制件外径至轧板面的距离，其取值一般为 $0.3 \sim 2$mm）；

楔入段最宽处：$S_7 = 2 \times h_3 \times \cot\alpha_3$；

楔入段长度：$L_7 = \dfrac{S_7}{2} \times \cot\beta_3 = h_3 \times \cot\alpha_3 \times \cot\beta_3$；

由经验取 $\alpha_3 = 35°$，$\beta_3 = 9°$，$\delta_3 = 0.8$。

由以上公式及图 11-14 中的尺寸数据可得：

$$\Delta r_3 = \frac{23.6 - 16}{2} = 3.8\text{mm}$$

$$h_3 = 3.8 + 0.8 = 4.6\text{mm}$$

$$S_7 = 2 \times 4.6 \times \cot 35° = 13.2\text{mm}$$

$$L_7 = 0.5 \times 13.2 \times \cot 9° = 41.67\text{mm}$$

在实际生产中，取 $S_7 = 13.2$mm，$L_7 = 44$mm。

b 精整段的尺寸计算

精整段的长度 $L_8 > 0.5 \times \pi \times d_m$，其中 d_m 是预制坯件的滚动半径。预制坯件轧制的第三道工序，其 d_m 可取 23.6mm。

所以精整段长度：$L_8 > 0.5 \times 3.14 \times 23.6 = 37.05$mm；

在实际生产中，取 $L_8 = 38mm$。

11.2.6.7　楔形横轧模具的展开图和三维造型图

图 11-23 所示为预制坯件的楔形横轧模具展开图，图 11-24 所示为楔形横轧成形用模具、模具装配图的三维造型图。

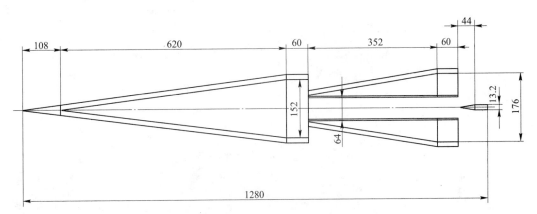

图 11-23　预制坯件的楔形横轧模具展开后各部分尺寸

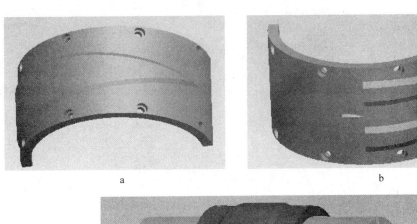

a　　　　　　　　　　　　　b

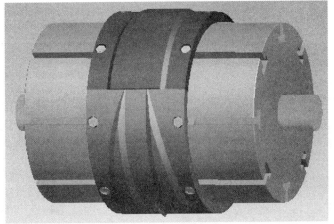

c

d

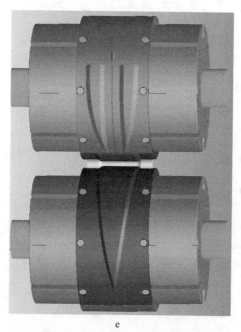

e

图 11-24 预制坯件楔形横轧模具的三维造型图
a—楔形模（1）；b—楔形模（2）；c—楔形模具的装配；
d—楔形模具的三维爆炸图；e—楔形横轧模具总装图

11.2.6.8 楔形横轧机的选择

楔形横轧机选择的主要依据是轧辊圆柱表面的周长一定大于楔形横轧模具楔形部分的总长度。

对于 D46-50-500 二辊式楔横轧机，其轧辊直径为 500mm，其圆柱表面的周长 $L = 3.14 \times 500 = 1570$mm。

由图 11-23 可得，其楔形部分的总长为 1280mm，因此 D46-50-500 二辊式楔横轧机的轧辊圆柱表面周长 1570mm 要大于楔形部分的总长 1280mm。

故选取 D46-50-500 以上的二辊式楔横轧机比较适宜。

11.2.7 多向模锻成形模拟分析

11.2.7.1 预锻件形状和尺寸对连杆多向模锻成形的影响

采用 DEFORM-3D 数值模拟软件对如图 11-7 所示铝合金连杆的多向模锻成形过程进行数值仿真分析，探索不同的预锻件对终锻成形过程中金属充填的影响[40]。

（1）DEFORM-3D 模拟分析用多向模锻成形主要模具零件如图 11-25 所示，该模具由上圆形冲头、上异型冲头、下圆形冲头、下异型冲头、侧冲头、下凹模和上凹模组成。

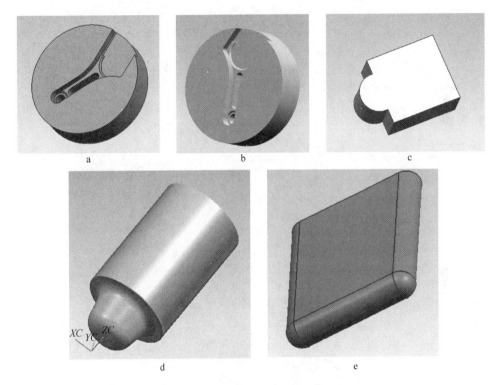

图 11-25　DEFORM-3D 模拟分析用多向模锻成形主要模具零件
a—下凹模；b—上凹模；c—侧冲头；d—上、下圆形冲头；e—上、下异型冲头

图 11-26 所示为 DEFORM-3D 模拟分析用多向模锻成形模具结构图和三维装配图。

（2）模拟主要参数的设置：采用如图 11-12 所示的预锻件，模具设为刚形体；网格划分时采用三维四面体单元，网格数为 15000 个；采用剪切摩擦模型，剪切摩擦因子取 $m = 0.4$；模拟步长取 0.2mm/step，压机速度设为 10mm/s，材料温度取 420℃。

（3）成形方式：当下凹模与上凹模合模以后，上、下圆形冲头，上、下异型冲头和侧冲头均以相同的速度向预锻件方向运动，对预锻件加压进行挤压成形；各冲头的运动速度均为 10mm/s。

（4）预锻件形状及尺寸对连杆多向模锻成形的影响。对于图 11-12a 所示的预锻件，其多向模锻成形过程的 DEFORM-3D 模拟结果如图 11-27 所示[42]。

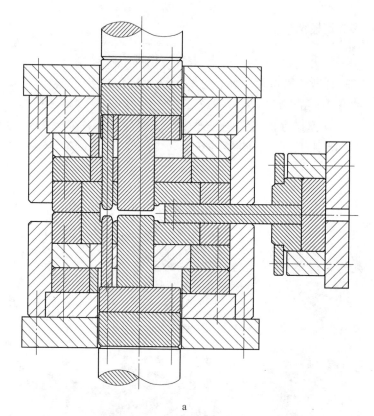

a

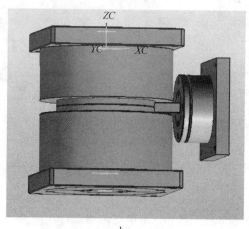

b

图 11-26　DEFORM-3D 模拟分析用多向模锻成形模具结构图和三维装配图
a—模具结构图；b—三维装配图

由图 11-27 可知，对于图 11-12a 所示的预锻件，其多向模锻成形过程中其杆部与大头部分相连接的区域有折皱现象存在，此处会严重影响锻件成品的质量，并且连杆大头端面也仍未完全充满。

对于图 11-12b 所示的预锻件，其多向模锻成形过程的 DEFORM-3D 模拟结果如图 11-28 所示。

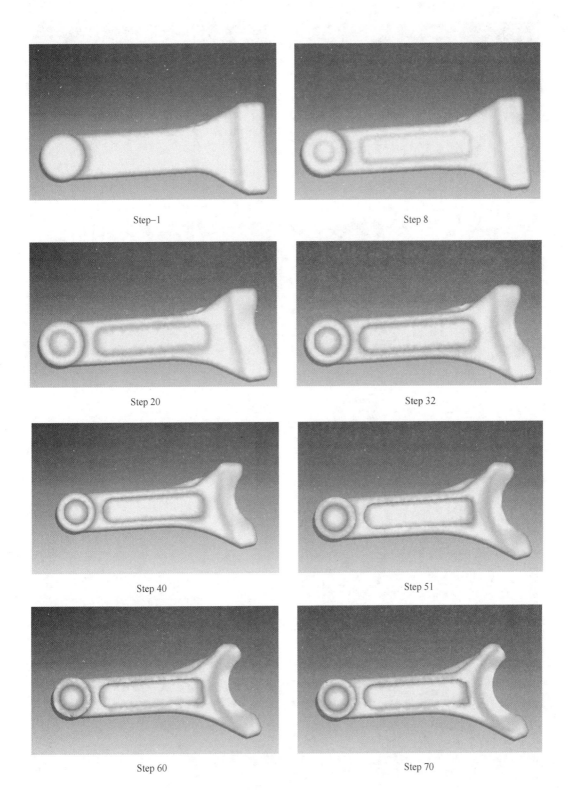

Step-1

Step 8

Step 20

Step 32

Step 40

Step 51

Step 60

Step 70

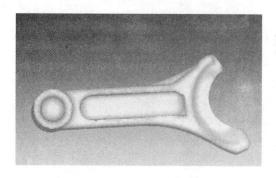

Step 80

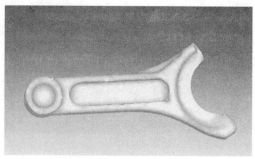

Step 90

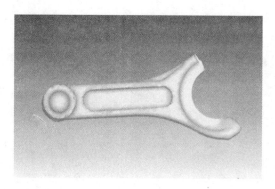

Step 100

图 11-27　图 11-12a 所示预锻件的多向模锻成形过程 DEFORM-3D 模拟结果

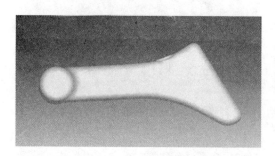

Step−1

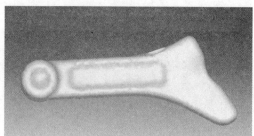

Step 16

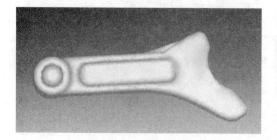

Step 32

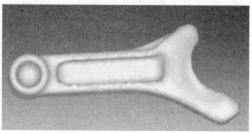

Step 48

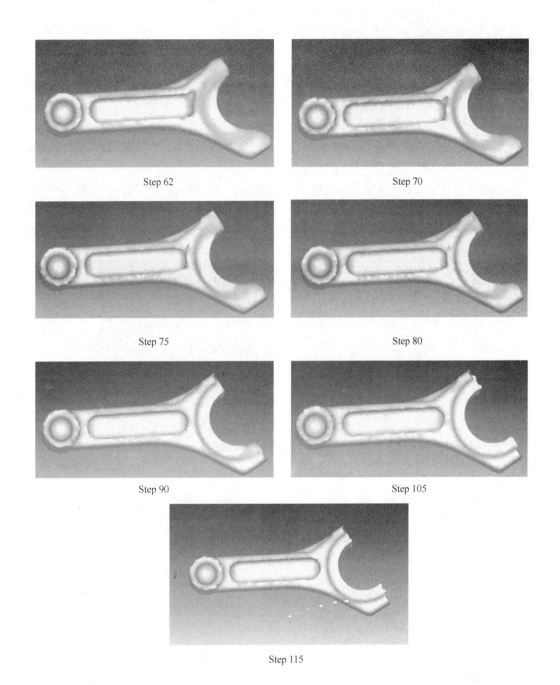

图 11-28　图 11-12b 所示预锻件的多向模锻成形过程 DEFORM-3D 模拟结果

由图 11-28 可知，采用如图 11-12b 所示的预锻件，其多向模锻成形过程中连杆的大头端面已完全充满；但其杆部与大头部分相连接的区域仍有折皱存在。

由图 11-27 和图 11-28 的模拟结构可知，选择如图 11-12 所示的预锻件不能保证得到合格的连杆锻件。

11.2.7.2　冲头的运动方式对多向模锻成形的影响

A　冲头的运动方式

第一种运动方式：上凹模和下凹模合模后，所有冲头同时向预锻件方向运动。

第二种运动方式：上凹模和下凹模合模后，上、下异型冲头和上、下圆形冲头同时向预锻件方向运动到一定位移后，侧冲头才运动。

第三种运动方式：上凹模和下凹模合模后，侧冲头运动到达所要求的位移后，上、下异型冲头和上、下圆形冲头才运动。

B　模拟主要参数的设置

采用如图 11-12 所示的预锻件，模具设为刚形体；网格划分时采用三维四面体单元，网格数为 15000 个；步长取 0.2mm/step，上、下异型冲头的运动速度为 8.0mm/s，上、下圆形冲头的运动速度为 7.0mm/s，侧冲头的运动速度为 11.0mm/s；采用剪切摩擦模型，剪切摩擦因子取 $m = 0.4$；材料温度取 420℃。

C　模拟结果与分析

a　冲头以第一种运动方式运动时

图 11-29 所示为最后一步时的模拟结果，图 11-30 所示是最后一步的等效应变图，图 11-31 所示是最后一步的等效应力图，图 11-32 所示是成形过程中的行程-载荷曲线图，图 11-33 所示为成形过程中铝合金材料的流动方向图，图11-34 所示为成形过程中上、下冲头运行至 5.6mm 时的金属流动方向，图 11-35 所示为成形过程中上、下冲头运行至 7.8mm 时的金属流动方向。

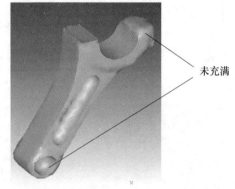

未充满

图 11-29　最后一步时的模拟结果

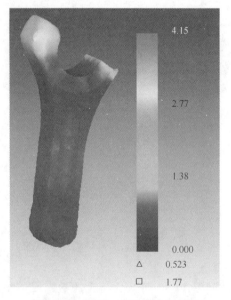

图 11-30　最后一步的等效应变图

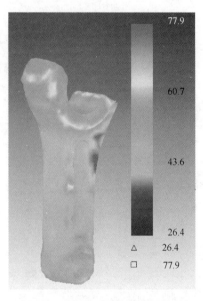

图 11-31　最后一步的等效应力图

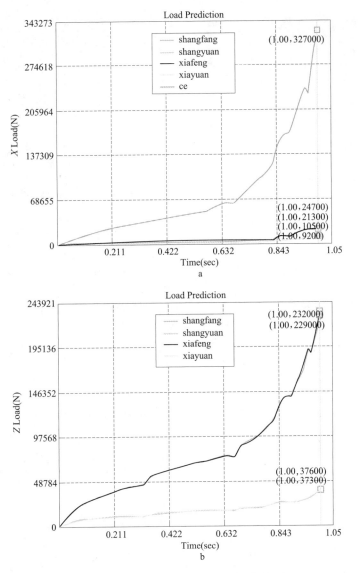

图 11-32 成形过程中的行程-载荷曲线图

a—X 方向行程-载荷曲线；b—Z 方向行程-载荷曲线

图 11-33 成形过程中金属的流动方向

（上、下冲头行程 0~2.8mm）

图 11-34　成形过程中金属的流动方向
（冲头行程至 5.6mm）

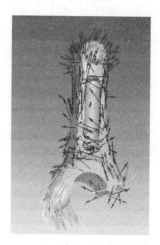

图 11-35　成形过程中金属的流动方向
（冲头行至 7.8mm）

从图 11-29 可知，连杆的小头端及大头的一侧没有充满，这是因为金属材料流到这两个位置所走的行程较远，充填困难。

从图 11-30 和图 11-31 可知，其金属的变形程度较大，等效应力也较大，最大达到 77.9MPa。

从图 11-32 可知，上、下异型冲头所承载的载荷为 240kN 左右，上、下圆形冲头所承载的载荷为 50kN 左右，两者相加得上、下成形力需 300kN 左右，实际可取 630kN 液压缸提供动力；侧冲头所承受的载荷为 340kN 左右，实际也可取 630kN 液压缸提供动力。

由图 11-33 可以看到，当上、下冲头的行程由 0 至 2.8mm 时，金属的流动方向是从大头端流向小头端，且流动比较均匀；而当冲头行程达到 2.8mm 时，杆部的金属才主要沿杆的径向流动。

由图 11-34 可以看到，在冲头行程由 2.8mm 运行至 5.6mm 的过程中，金属流动主要沿杆的径向流动；当冲头运动至 5.6mm 时，开始转向连杆的大头处流动。

由图 11-35 可以看到，当冲头行至 7.8mm 处时，金属大致在杆的中部分流，分别流向连杆的两头；此时连杆大头的一个端面已经充满，金属主要流向另一个端面，直至行程结束，连杆大头的一个断面也没有完全充满。

b　冲头以第二种运动方式运动时

图 11-36 所示为最后一步的模拟结果，图 11-37 所示为最后一步的等效应变图，图 11-38 所示为最后一步的等效应力图，图 11-39 所示为成形过程中行程-载荷曲线图，图 11-40 所示为成形过程中铝合金材料的流动方向图，图 11-41 所示为成形过程中侧冲头运行由 0 至 28mm 时的金属流向。

从图 11-36 可以看出，成形后的连杆锻件，其小头端未有充满。这是因为在成形过程中，连杆的小头端要充填饱满，必须要有大头端的金属流向小头端；在采用上、下冲头先动作，侧冲头

图 11-36　最后一步的
模拟结果图

再动作的成形方式时，开始阶段金属是从小头端流向大头端的，当侧冲头动作后，金属要从大头端向小头端流动时其金属流动的阻力很大，从而导致小头端部不容易充满。

从图 11-37 和图 11-38 可知，最后一步成形时，金属的变形程度较大，最大等效应力达到 76.3MPa。

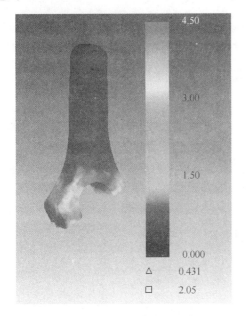 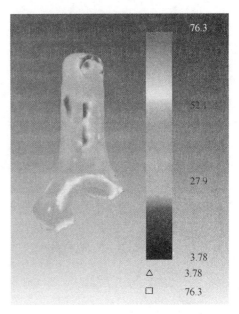

图 11-37　最后一步的等效应变图　　　　　图 11-38　最后一步的等效应力图

从图 11-39 可以看到，当侧冲头未运动，上、下冲头运动到位停止的成形过程中，

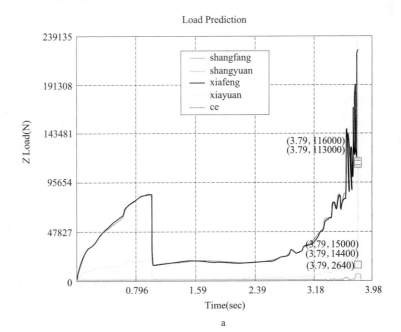

a

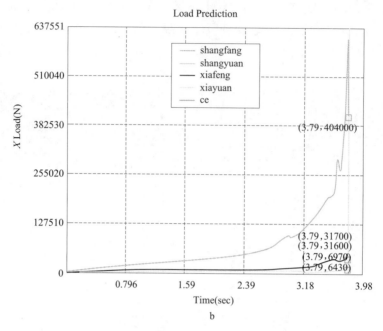

图 11-39　成形过程中的行程-载荷曲线

a—Z 方向行程-载荷曲线图；b—X 方向行程-载荷曲线图

上、下冲头所承受的载荷很小；随着侧冲头的逐渐运动到位，所有的冲头所承受的载荷会逐渐变大；侧冲头运动到位以后，上、下异型冲头所承受的载荷为 240kN 左右，上、下圆形冲头所承受的载荷为 30kN 左右，两者相加和约为 300kN，可选用 630kN 液压缸；侧冲头所承受的载荷为 630kN 左右，可选用 1000kN 液压缸。

从图 11-40 可以看到，当侧冲头不运动，而上、下冲头从开始动作直到行程到位，金属的流向一直比较均匀，分别流向金属的大、小头端以及连杆杆部的径向，没有回流现象，没有缺陷产生，只是小头端及杆部没有充满。

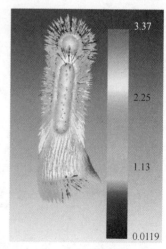

图 11-40　成形过程中金属的流动方向

（上、下冲头从开始至行程结束）

从图 11-41 可以看到，当侧冲头在行程 0~28mm 之间运动时，金属的流向基本都是从大头端流向小头端，至 28mm 处时，大头端的金属以较大速度流向大头端与杆部的过渡部分，因此此时容易出现折叠等成形缺陷。

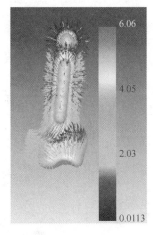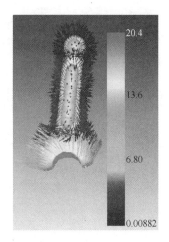

图 11-41　成形过程中金属流动的流动方向
（侧冲头行程 0~28mm）

c　冲头以第三种运动方式运动时

图 11-42 所示为最后一步的模拟结果，图 11-43 所示为最后一步的等效应变图，图 11-44 所示为最后一步的等效应力图，图 11-45 所示为成形过程中的行程-载荷曲线图，图 11-46 所示为成形过程中铝合金材料的流动方向图，图 11-47 所示为成形过程中上、下冲头运行至 3.2mm 时的金属流向，图 11-48 所示为成形过程中上、下冲头运行至 6.8mm 时的金属流向。

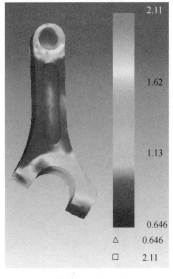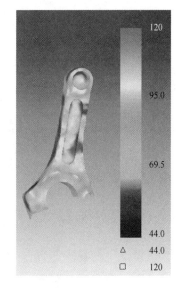

图 11-42　最后一步的模拟效果图　　图 11-43　最后一步的等效应变图　　图 11-44　最后一步的等效应力图

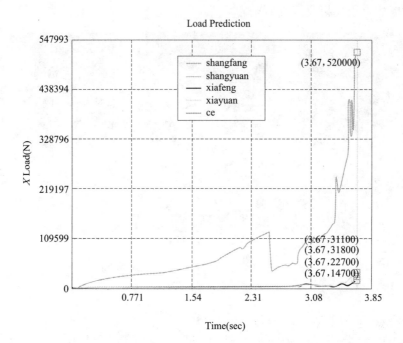

a

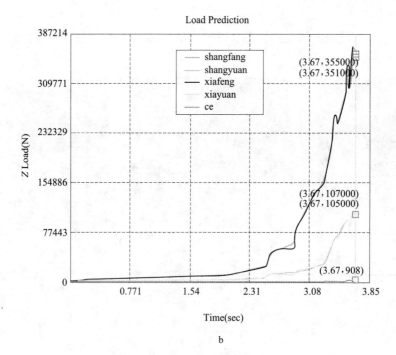

b

图 11-45　成形过程中的行程-载荷曲线

a—X 方向行程-载荷曲线图；b—Z 方向行程-载荷曲线图

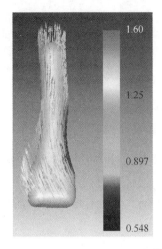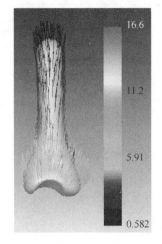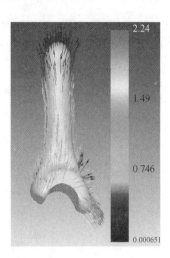

图 11-46 成形过程中金属的流动方向

（侧冲头行程 0~26mm）

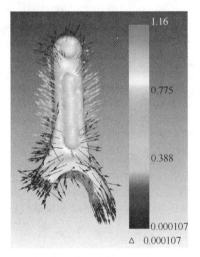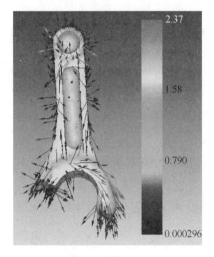

图 11-47 金属的流动方向

（上、下冲头行程至 3.2mm 时）

图 11-48 金属的流动方向

（上、下冲头行程至 6.8mm 时（共 8mm））

从图 11-42 可以看到，该种成形方式的成形效果较好，锻件成形良好，充填饱满。这是因为这种成形方式能最大程度地降低了金属的流动阻力，使之更易于成形。

从图 11-43 和图 11-44 可知，采用该种成形方式成形时的变形程度并不大，但其最大等效应力较大，达到 120MPa。

从图 11-45 可以看到，侧冲头所承受的最大载荷为 540kN 左右，上、下异型冲头所承受的最大载荷为 360kN 左右，上、下圆形冲头所承受的最大载荷为 110kN 左右，可分别选用 1000kN 和 630kN 液压缸即可满足要求。

由图 11-46 可知，侧冲头行程从 0 至 26mm 时，金属主要由大头端流向小头端；侧冲头行程至 26mm，金属也开始流向大头端较难充满的部分。

由图 11-47 可知，当上、下冲头行程至 3.2mm 时，金属在大头与连杆杆部过渡处出现分流，分别流向小头端及大头端。

由图 11-48 可知，当上、下冲头行程至 6.8mm 时，小头端已基本充满，而大头端的较远的一侧尚没有充满，至行程结束时，整个锻件充填饱满，成形比较理想。

11.2.8　多向模锻成形工艺与模具设计

11.2.8.1　多向模锻成形工艺过程

A　预锻件的加热

预锻件在进行多向模锻成形以前必须加热，以降低材料的强度、硬度，提高塑性，从而降低锻造成形力，提高模具的寿命。

对于图 11-9 所示的多向模锻件，其材料是 6061 锻铝合金，其加热规范是：加热到 (420±20)℃，保温时间 1.0~1.5h。

B　模具的预热

为了保证铝合金连杆锻件的良好充填，避免由于模具温度低所引起的预锻件温度下降，需要多模具进行预热，其预热温度在 150~250℃ 为宜。

C　润滑剂及润滑方式

为了降低锻造成形力，以提高锻件的表面质量和延长模具的使用寿命，必须对模具型腔表面和预锻件进行合理的润滑处理。

对于 6061 或 6063 锻铝合金，选用猪油作为润滑剂是适宜的。模具和预锻件的润滑方法为：将猪油均匀地涂抹在模具型腔的表面以及预锻件的表面上。

11.2.8.2　多向模锻成形模具设计

A　多向模锻模具结构图

对如图 11-9 所示的多向模锻件，其多向模锻成形用模具装配图如图 11-49 所示。

B　各个模具零件的设计

各个模具的零件图如图 11-50 所示，各个模具零件的材料及热处理硬度见表 11-3。

表 11-3　多向模锻成形用模具零件的材料及热处理硬度

序号	模具名称	材料牌号	热处理硬度（HRC）
1	侧冲垫	Cr12	56~60
2	侧冲头固定套	45	38~42
3	侧模板	Q235	
4	侧模座	45	28~32
5	侧压板	45	28~32
6	上凹模芯、下凹模芯	H13	44~48
7	上凹模外套、下凹模外套	45	28~32
8	上模垫板、下模垫板	45	38~42
9	上冲垫	Cr12	56~60
10	上冲垫板	45	38~42
11	上冲头固定套	45	28~32

序号	模具名称	材料牌号	热处理硬度（HRC）
12	上模板、下模板	Q235	
13	上模衬垫、下模衬垫	45	38~42
14	下冲垫	Cr12	56~60
15	上凹模垫、下凹模垫	H13	44~48
16	上模座、下模座	45	28~32
17	下冲垫板	45	38~42
18	上异型冲头	H13	48~52
19	上圆形冲头	H13	48~52
20	下异型冲头	H13	48~52
21	下圆形冲头	H13	48~52
22	侧冲头	H13	48~52

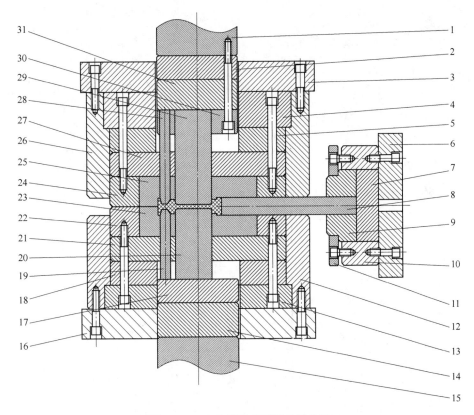

图 11-49 多向模锻成形模具结构图

1—多向模锻压力机上柱塞；2—上冲垫板；3—上模板；4—上模垫板；5—上模衬垫；6—侧模板；7—侧冲垫；
8—侧冲头；9—侧冲头固定套；10—侧模座；11—侧压板；12—下模座；13—下模垫板；14—下冲垫板；
15—多向模锻压力机下柱塞；16—下模板；17—下冲垫；18—下模衬垫；19—下圆形冲头；
20—下异型冲头；21—下凹模垫；22—下凹模外套；23—下凹模芯；24—上凹模外套；
25—上凹模芯；26—上模座；27—上凹模垫；28—上圆形冲头；29—上异型冲头；
30—上冲头固定套；31—上冲垫

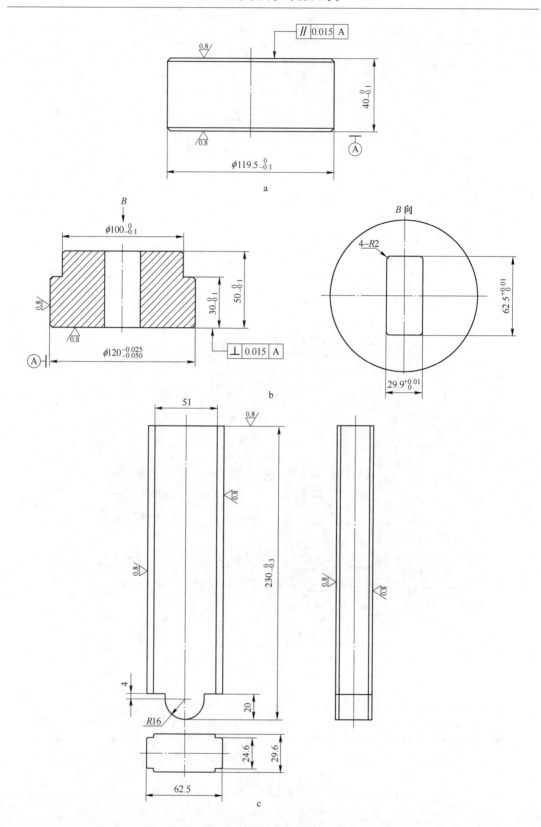

a

b

B 向

c

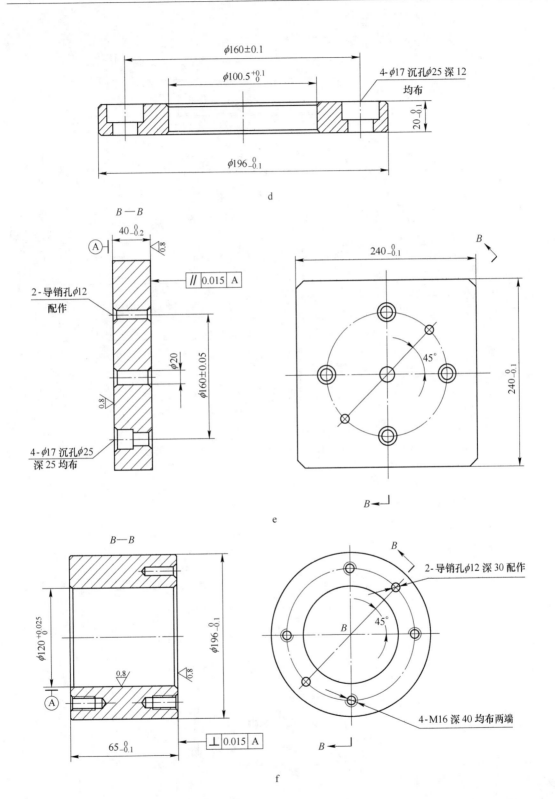

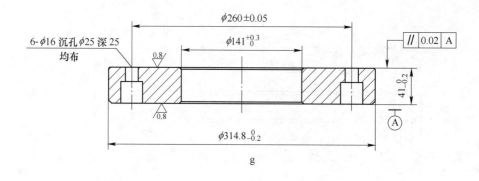

g

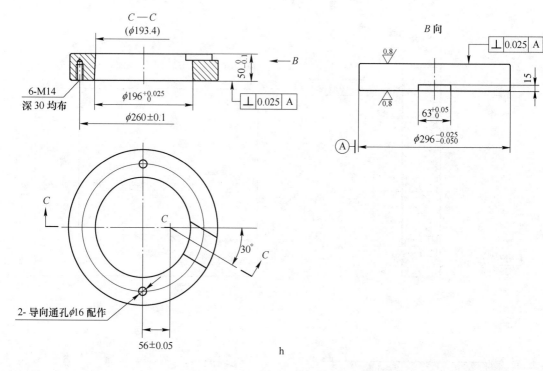

h

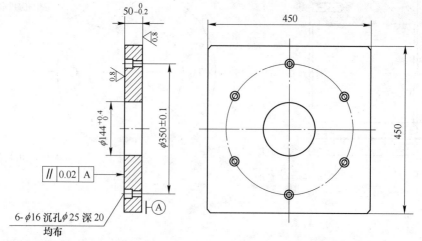

i

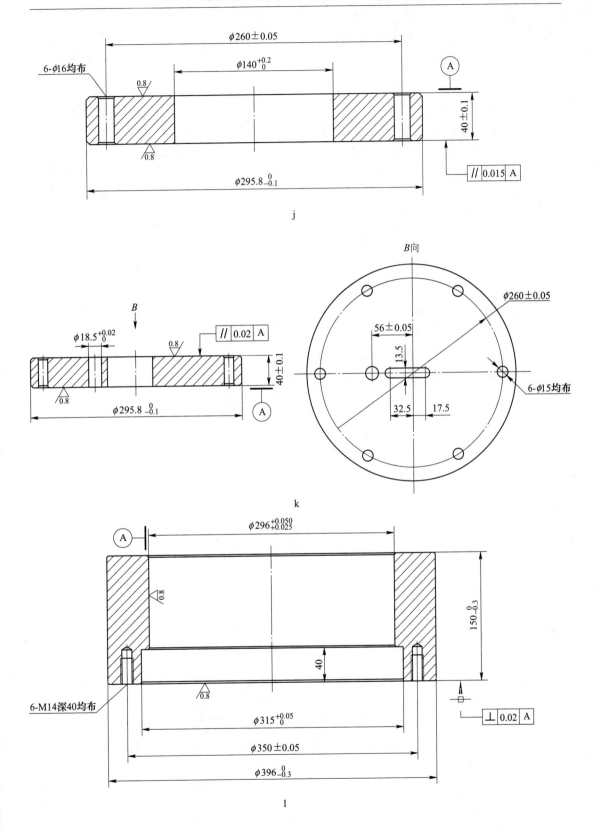

j

k

l

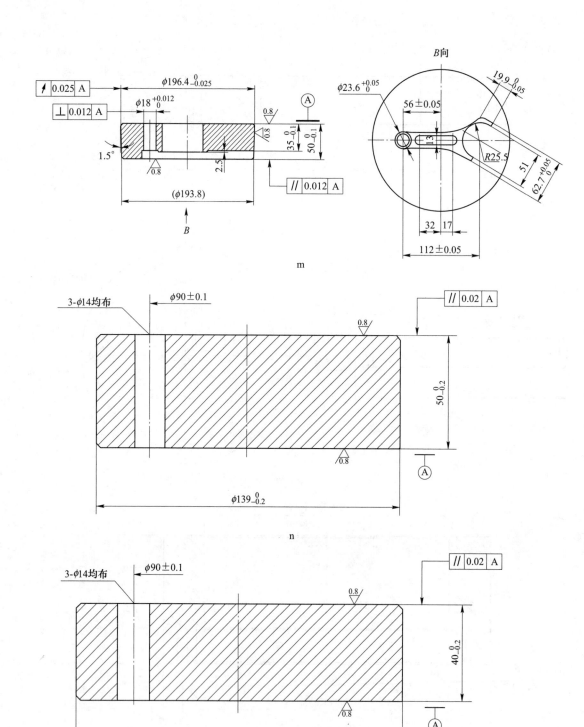

m

n

o

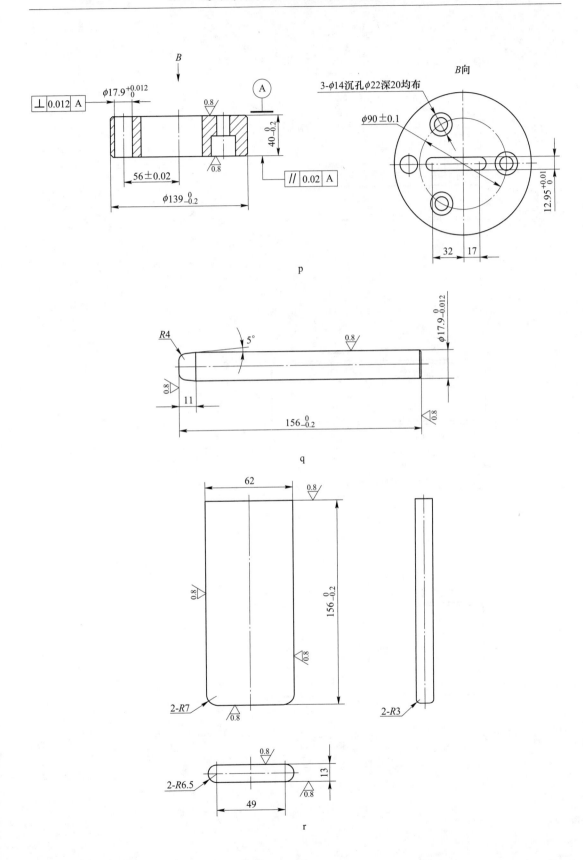

p

q

r

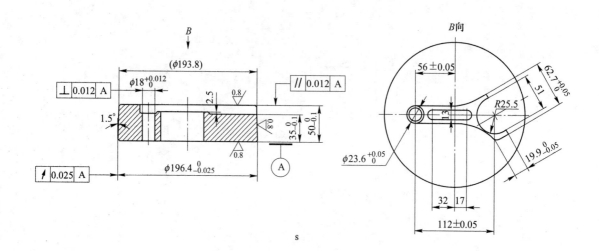

s

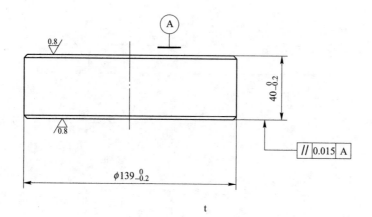

t

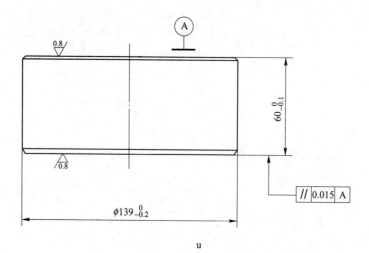

u

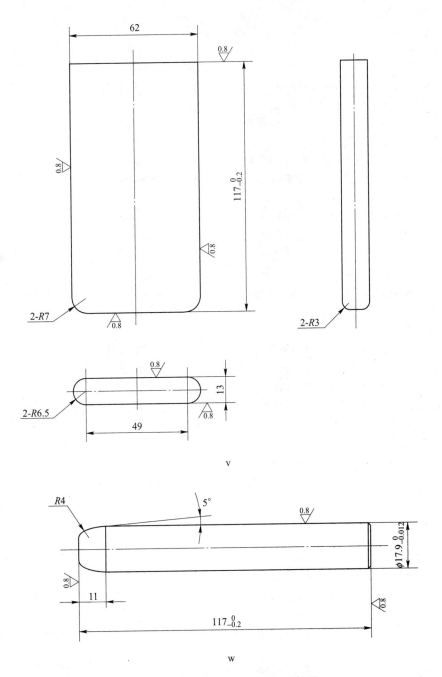

图 11-50 多向模锻成形用模具零件图

a—侧冲垫；b—侧冲头固定套；c—侧冲头；d—侧压板；e—侧模板；f—侧模座；g—上模垫板、下模垫板；
h—上凹模外套、下凹模外套；i—上模板、下模板；j—上模衬垫、下模衬垫；k—上凹模垫、下凹模垫；
l—上模座、下模座；m—上凹模芯；n—上冲垫；o—上冲垫板；p—上冲头固定套；
q—上圆形冲头；r—上异型冲头；s—下凹模芯；t—下冲垫；
u—下冲垫板；v—下异型冲头；w—下圆形冲头

参 考 文 献

[1] 北方交通大学材料系. 金属材料学 [M]. 北京: 中国铁道出版社, 1982.

[2] 中国锻压协会. 特种合金及其锻造 [M]. 北京: 国防工业出版社, 2009.

[3] 杨拥彬, 刘静安, 韩鹏展. 几种中、小型铝合金模锻件压力机模锻技术研发 [J]. 铝加工, 2014 (2): 31-34.

[4] 李岩, 赵业青, 陈修梵, 等. 铝合金锻件的国内外生产简述 [J]. 有色金属加工, 2015, 44 (5): 1-4.

[5] 刘润广, 刘芳, 彭秋才. 2214 铝合金摇臂等温成形工艺 [J]. 航天工艺, 1999 (1): 1-5.

[6] 刘润广, 刘芳, 道淳志, 等. 7075 铝合金防扭臂下接头等温体积成形工艺的研究 [J]. 锻压技术, 1999 (6): 6-9.

[7] 吴凤照, 张忠诚, 夏琴香. 带双侧异形槽铝合金壳体成形工艺研究 [J]. 2002, 30 (12): 35-38.

[8] 王祝堂. 国内外铝合金锻造项目建设进展 [J]. 世界有色金属, 2012 (6): 68-69.

[9] 刘静安, 盛春磊, 王文琴, 等. 几种中小型铝合金模锻件压力机模锻技术 [J]. 轻合金加工技术, 2013, 41 (5): 13-15.

[10] Heinz Lowak. 铝锻件——轻型结构的选择 [J]. 工程设计学报, 2002, 9 (5): 283-284.

[11] 刘静安, 韩鹏展, 王文志, 等. 铝合金锻压生产与技术的发展趋向 [J]. 铝加工, 2012 (6): 4-10.

[12] 李庆军. 铝合金筒体一次热收口成形的影响因素 [J]. 轻合金加工技术, 2002, 30 (5): 49-50.

[13] 大泽佳郎. 汽车铝合金锻件的现状 [J]. 锻压技术, 1993 (6): 2-8.

[14] 大泽佳郎. 汽车悬挂系统和轮毂的轻量化 [J]. 汽车工艺与材料, 1996 (4): 23-25.

[15] 赵升吨, 杨玉海, 王骥. 特大型铝合金锥环的冲压成形 [J]. 金属成形工艺, 2003, 21 (1): 19-22.

[16] 刘建光, 王忠金, 王仲仁, 等. 涡扇发动机铝合金碗形件的粘性介质压力成形 [J]. 推进技术, 2003, 24 (6): 573-576.

[17] 高军, 赵国群. 整体式锻造铝合金车轮及其发展 [J]. 汽车工艺与材料, 2001 (5): 14-16.

[18] 王祝堂. 中国的铝锻压工业 [J]. 有色金属加工, 2016, 45 (2): 5-7.

[19] 邓磊, 夏巨谌, 王新云, 等. 机匣体多向精锻工艺研究 [J]. 中国机械工程, 2009, 20 (7): 869-872.

[20] 伍太宾. 精密锻造成形技术在我国的应用 [J]. 精密成形工程, 2009, 1 (2): 12-18.

[21] 伍太宾, 彭树杰. 锻造成形工艺与模具 [M]. 北京: 北京大学出版社, 2017.

[22] 林峰, 张磊, 孙富, 等. 多向模锻制造技术及其装备研制 [J]. 机械工程学报, 2012, 48 (18): 13-20.

[23] 曲江江, 伍太宾, 涂铭旌, 等. 2A12 铝合金热成形过程中材料参数值的计算 [J]. 热加工工艺, 2016, 45 (1): 131-133.

[24] 曲江江. 铝合金连杆闭式模锻成形研究 [D]. 重庆: 重庆理工大学, 2015.

[25] 工藤英明, 等. 冷锻手册 [M]. 原第一机械工业部机械研究院机电研究所, 译. 北京: 北京机电研究所, 1977.

[26] 韩世煊. 多向模锻 [M]. 上海: 上海人民出版社, 1977.

[27] 伍太宾, 胡亚民. 冷摆辗精密成形 [M]. 北京: 机械工业出版社, 2011.

[28] 洪慎章. 实用冷挤压模具结构图册 [M]. 北京: 化学工业出版社, 2008.

[29] 上海交通大学《冷挤压技术》编写组. 冷挤压技术 [M]. 上海: 上海人民出版社, 1976.

[30] 杨长顺. 冷挤压工艺实践 [M]. 北京: 国防工业出版社, 1984.

［31］上海市徐汇区工人文化科技馆，上海交通大学教育革命小分队．冷挤压工艺与模具设计［M］．上海：上海交通大学革命委员会，1973.

［32］周大隽．金属体积冷成形技术与实例［M］．北京：机械工业出版社，2009.

［33］伍太宾．微波通讯用6061铝合金外壳体温冲锻成形技术研究［C］// 2008年中国机械工程学会年会暨甘肃省学术年会文集．北京：中国机械工程学会塑性工程分会，2008.

［34］伍太宾，孔凡新，赵治国．2A12铝合金薄壁壳体的近净成形加工技术研究［J］．锻压技术，2009，34（4）：105-109.

［35］王自启，伍太宾，张杰，等．2Al2硬铝合金管体精密锻造成形工艺研究［J］．制造技术与机床，2019（10）：79-82.

［36］王自启，伍太宾，唐全波．7A04超硬铝合金壳体的精密成形工艺研究［J］．热加工工艺，2019，48（13）：106-108.

［37］王自启，伍太宾，唐全波，等．2A12铝合金壳体件热反挤压成形工艺研究［J］．轻合金加工技术，2019，47（11）：43-46.

［38］郑廷顺，杨清国．大规格高性能铝轮毂锻件的研制［J］．铝加工，1992，15（3）：6-10.

［39］郑廷顺，杨清国．铝轮毂多向等温模锻技术的开发［J］．铝加工，1995，18（3）：18-21.

［40］伍太宾，马斌，唐文平，等．预制坯形状尺寸和成形方法对铝合金连杆体闭塞锻造成形的影响［J］．热加工工艺，2016，45（1）：169-172.

［41］邱全奎，伍太宾，唐全波，等．铝合金连杆预制件楔形横轧模具的设计计算［J］．模具工业，2007，33（12）：52-55.

［42］伍太宾，马斌，张杰江．铝合金连杆体闭塞锻造成形过程的数值模拟［J］．特种铸造及有色合金，2015，35（9）：991-995.

［43］伍太宾，唐全波，于召波，等．铝合金连杆的台阶轴类毛坯楔型横轧成型加工工艺［J］．汽车技术，2007（8）：56-59.